普通高等院校城乡规划专业系列规划教材
河北省高等学校科学技术研究项目（项目编号：QN20131018）
河北工业大学教育教学改革研究项目（项目编号：201404025）

现代数字测量学

XIANDAI SHUZI CELIANGXUE

杜子涛　杨小明　主编
王德军　白海丽　任海峰　副主编

中国建材工业出版社

图书在版编目（CIP）数据

现代数字测量学 / 杜子涛，杨小明主编 . —北京：中国建材工业出版社，2017.2（2024.1 重印）
普通高等院校城乡规划专业系列规划教材
ISBN 978-7-5160-1751-7

Ⅰ.①现… Ⅱ.①杜… ②杨… Ⅲ.①建筑测量—数字测量法—高等学校—教材 Ⅳ.①TU198

中国版本图书馆 CIP 数据核字（2017）第 004794 号

内容简介

本书以数字化测量为主线，以数字测量学新概念、新技术、新仪器为重点进行叙述，增加了 GPS 测量技术、数字测图和计算机绘图技术，电子经纬仪、全站仪的使用与操作方法。全书共 14 章，内容包括：绪论、现代数字测量学的基础知识、水准测量、角度测量、距离测量与直线定向、测量误差的基础知识、控制测量、现代测量仪器与技术、地形图的基本知识、大比例尺数字地形图的测绘、数字地形图的应用、测设的基本工作、线性工程测量、建筑施工测量、附录（测量实验）。此外，每章前面配有本章提要和学习目标，后面配有习题，便于学生自学和练习。

本书可作为高等院校城乡规划、土木工程、测绘工程及相关专业的教材，也可作为测绘技术人员和从事相关工作的工程技术人员的培训教材和参考用书。

本书配有电子课件，可登录我社网站免费下载。

现代数字测量学
杜子涛　杨小明　主编

出版发行：中国建材工业出版社
地　　址：北京市海淀区三里河路 11 号
邮　　编：100831
经　　销：全国各地新华书店
印　　刷：北京雁林吉兆印刷有限公司
开　　本：787mm×1092mm　1/16
印　　张：19
字　　数：450 千字
版　　次：2017 年 2 月第 1 版
印　　次：2024 年 1 月第 2 次
定　　价：55.00 元

本社网址：www.jccbs.com　　微信公众号：zgjcgycbs
本书如出现印装质量问题，由我社网络直销部负责调换。联系电话：（010）57811387

前 言

PREFACE

“现代数字测量学”是测绘工程、地理信息、工程管理、土木工程等专业的一门主要专业课，重点学习现代测量学的基本知识、测量仪器的操作使用、数字地形图的测绘等内容。本课程与后续的测量课程联系密切，也是今后学习其他课程的基础，对培养学生的专业能力具有重要的作用。

本书以数字化测量为主线，以数字测量学新概念、新技术、新仪器为重点进行叙述，突出学生能力的培养。另外，增加了 GPS 测量技术、数字测图和计算机绘图技术，电子经纬仪、全站仪的使用与操作方法，使学生及时了解当前测绘科学发展的现状，拓宽视野，开阔思路。当前正处于新老测绘技术的转换时期，现代测绘科学的技术和理论正在积极地被开发应用，传统的测绘技术也仍在使用。因此，编者力图在充实新技术的同时，仍保留原有测量学的基本知识、基本测量仪器和基本测量方法，使得新旧内容有机联系，融为一体。对陈旧的和今后使用较少的内容，如三角测量方法、交会测量方法、小平板仪、小三角锁等内容进行删简、压缩。

本书是河北工业大学多年来测量学课程的教学经验的总结。全书力求做到文字精练、定义准确、概念清楚、重点突出、理论完备。全书共分 14 章，包括数字测量学的基本知识、测量的基本方法及测量仪器的使用、测量误差的基本理论、数字地形图的测绘及应用、测设、线性工程测量和建筑工程测量等内容。每章前面增加了导读内容，旨在提示读者本章要讲述的主要内容、学习目标和学习要求；每章后面都有相应的习题，便于学生自学和练习，达到对本章内容学习的巩固与深化。此外，本书最后附有测量实验，培养学生的实操能力。

参加本书编写工作的有：杜子涛（第1、2、9、10、11章）、杨小明（第3、4、5章和附录）、王德军（第6、8章）、白海丽（第12、13章）、任海峰（第7、14章）。本书由杜子涛、杨小明担任主编，由杨小明负责统稿，长安大学金其坤教授、天津城建大学李刚副教授担任主审。在编写的过程中，兄弟院校的多位老师对本书提出了宝贵的建议，在此表示感谢！此外，对于本书中引用有关文献资料的原作者一并表示诚挚谢意！

本书由河北省高等学校科学技术研究项目（QN20131018）和河北工业大学教育教学改革研究项目（201404025）支持出版。

受编者水平所限，书中的缺点和错误在所难免，谨请读者批评指正。

编　者

2017年1月

目录

CONTENTS

1
绪论

本章导读

【本章提要】 本章主要介绍测量学的定义、任务与作用，测量学的历史和发展等有关测量学的基本知识和基本内容，最后阐述了学习本课程的方法及要求。

【学习目标】 掌握测量学的基本概念与内容，了解测量的发展概况，掌握本课程的学习方法及要求。

1.1 测量学研究的内容与作用

1.1.1 测量学的定义

测量学，又称测绘学，是地球科学的一个分支，是研究地球的形状、大小以及其表面（包括地下及地上空间）的各种自然地理要素或者人工设施的形状、大小、空间位置及其属性等，并对这些地理空间信息进行采集、处理、分析和应用的一门科学。它的内容包括测定和测设两个部分。测定是指使用测量仪器和工具，通过测量和计算，得到一系列测量数据，或把地球表面的地形绘制成地形图，供经济建设、规划设计、科学研究和国防建设使用；测设是指把图纸上规划好的建筑物、构筑物的平面位置在地面上标定出来，作为施工的依据。

自 20 世纪 90 年代起，世界各国将测量学（Surveying 或 Geodesy）专业、测量学机构和测量学杂志都纷纷改名为 Geomatics。Geomatics 的含义是比“测绘”更广泛、更深远、更现代的一个学科名词。1996 年，国际标准化组织（ISO）对 Geomatics 定义为：Geomatics 是研究采集、量测、分析、存储、管理、显示和应用空间数据的现代空间信息科学技术。从 Geomatics 的兴起可以看出，借助现代科学技术且适应现代社会需求，测量学已发展成为另外一门新的科学：地球空间信息学。

1.1.2 测量学的任务与作用

测量学的基本任务包括：第一，研究和确定地球的形状、大小以及地球重力场，并以此为基础建立全国统一的、协调一致的、三维、高精度、动态和实用的大地测量参考框架，用以表示地表任一点在地球坐标系统中的位置；第二，使用各种测量仪器和工具，通过测量和计算确定地表各种自然形态以及人类活动所产生的各种人工设施的位置，然后按照一定的比例、规定的符号缩小绘制成各种全国性的和区域性的地形图（包括纸质地形图、数字地形图和建立“数字地球”所需的各种基础地理信息）；第三，为各种经济建设和国防建设的规划、设计、施工以及建成后的运营管理提供测绘服务。

测绘工作是我国国民经济建设中一项基础性、前期性和超前期性的工作，它直接关系着建设规划的科学性、工程的质量和预期效益的实现，在现代城乡规划建设中是不可缺少的一项重要工作。城市测绘成果是城乡规划工作必不可少的基础要件，为编制和实施城乡规划提供基础地理信息支撑和保障，具有不可代替的地位。城市测绘是城市规划建设的重要环节和先行工作，它为城市规划、市政工程、工业与民用建筑设计、施工、地下管线等方面提供各种测绘资料，以不断满足现代化城市建设发展的需要。

1.1.3 测量学的分类

测量学按照研究范围和对象的不同，分为五个主要分支学科：大地测量、摄影测量与遥感、地图制图学与地理信息工程、工程测量和海洋测绘。

1. 大地测量

作为基础性学科，它主要研究地球表面及其外层空间点位的精密测定、地球的形状和大小、地球重力场及其随时间变化的理论和方法。现代大地测量学与地球科学和空间科学的多学科交叉，已成为推动地球科学、空间科学和军事科学发展的前沿学科之一，其研究范围已从地球本体扩展到整个地球外空间。

2. 摄影测量与遥感

它由摄影测量、遥感和空间信息系统以及计算机视觉等交叉组成。主要研究利用各种不同类型的非接触传感器，获取模拟或数字影像，然后通过解析和数字化方式提取所需要的地球空间信息，在空间信息系统中，地球空间信息以数字化的形式进行存储、管理、分析和表达，再通过可视化和符号化技术形成所需要的产品供地学和非地学领域应用。

3. 地图制图与地理信息工程

地图制图学与地理信息工程是研究利用地图图形，科学地、抽象概括地反映自然界和人类社会各种现象的空间分布、相互关系及其动态变化，并对空间信息进行获取、智能抽象、存储、管理、分析、处理、可视化及其应用的科学。当今，随着计算机地图制图和地图数据库技术的快速发展，作为人们认知地理环境和利用地理条件的工具，地图制图学已经进入数字（电子）制图和动态制图的阶段，并且成为地理信息系统的支撑技术。地图制图学已发展成为研究空间地理环境信息和建立相应的空间信息系统的科学。

4. 工程测量

工程测量是研究工程建设和自然资源开发中各个阶段进行的控制测量、地形测绘、施工放样和变形监测的理论和技术的科学。它是测绘学在国民经济和国防建设中的直接应用。工程测量按工程建设的对象分为建筑工程测量、水利工程测量、铁路工程测量、公路工程测量、桥梁工程测量、隧道工程测量、矿山测量、城市市政工程测量、工厂建设测量以及军事工程测量、海洋工程测量等。工程测量按其工作顺序和性质分为勘测设计阶段的工程控制测量和地形测量，施工阶段的施工测量和设备安装测量，竣工和管理阶段的竣工测量、变形观测及维修养护测量等。

5. 海洋测绘

海洋测绘是对整个海洋空间，包括海面水体和海底进行全方位、多要素的综合测量，以获取包括大气和水文以及海底地貌、地质、重力、磁力、海底扩张等各种信息和数据，并绘制成各种用途的专题图件。主要包括海道测量、海洋大地测量、海底地形测量、海洋专题测量，以及航海图、海底地形图、各种海洋专题图和海洋图集等的编制。海洋测绘是海洋事业的一项基础性工作，其成果广泛应用于经济建设、国防建设和科学研究的各个领域。

1.2 测绘发展简史

1.2.1 测量学的发展简史

测量学有着悠久的历史。古代的测绘技术起源于水利和农业。古埃及尼罗河每年洪水泛滥后，需要重新划定土地界线，开始有测量工作。公元前21世纪，中国夏禹治水就使用简单测量工具测量距离和高低。公元前3世纪，古希腊学者埃拉托斯特尼（Eratosthenes）采用在两地观测日影的办法，首次推算出地球子午圈的周长，也是测量地球大小的弧度测量方法的初始形式。公元前168年，西汉绘制在帛上的地图（1973年湖南省长沙马王堆汉墓出土）已注意到比例尺和方位。公元117年，东汉张衡造了一件成就空前的铜铸浑天仪。公元150年，古希腊的C. 托勒密（Claudius Ptolemy）所著《地理学指南》论述了地球的形状、大小、经纬度的测定以及地图的投影方法，他制造了供测量经纬度用的类似中国浑天仪的仪器和角距仪。公元265年，西晋的裴秀总结出制图六体的制图原则，从此地图制图有了标准，奠定了中国古代制图的理论基础。公元724年，唐代的南宫说等人在张遂（一行）的指导下，在今河南滑县至上蔡实测了约300km的子午弧长，并在滑县、开封、扶沟、上蔡测量同一时刻的日影长度，推算纬度1°的子午弧长，这是世界上第一次子午线弧长实测。1617年，荷兰的科学家W. 斯涅耳（Willebrord Snellius）首创三角测量法进行弧度测量，克服了在地面上直接量测弧长的困难。1687年，英国I. 牛顿（Isaac Newton）根据力学理论，提出地球是两极略扁的椭球体。1690年，荷兰C. 惠更斯（Christiaan Huygens）也提出地球是两极略扁的扁球体。后为法国在南美洲和北欧进行的弧度测量所证明，结束了历时半个世纪的有关地球形状的争论。1743年，法国A.C. 克莱罗（Alexis Claude Clairaut）发表《地球形状理论》，奠定了用物理方法研究地球形状的理论基础。1849年，英国的G.G. 斯托克斯（George Gabriel stokes）提出利用地面重力的测量结果研究大地水准面形状的理论。1945年，前苏联M.S. 莫洛金斯基（Mikhail Sergeevich Molodensky）创立了研究地球自然表面形状的理论，并提出“似大地水准面”的概念。1708～1718年完成的《皇舆全图》，是我国历史上首次以实地测量结果绘制的地形图。

测绘学是技术性学科，它的形成和发展不仅依赖测量理论的发展，还在很大程度上依赖测绘仪器的发明与创新。测绘仪器的发展推动着测绘事业的前进，同时，测量理论的发展又给测绘仪器指明了前行的道路。17 世纪以前，人们使用简单的工具，如绳尺、木杆尺等进行测量，以量测距离为主。17 世纪初发明了望远镜。1617 年创立的三角测量法，开始了角度测量。1730 年，英国的机械师 J. 西森（Jonathon Sisson）制成第一架经纬仪，促进了三角测量的发展。1794 年，德国科学家 C. F. 高斯（Carl Friedrich Gauss）发明了“最小二乘法”，为测量的数据处理奠定了理论基础。1806 年，法国的 A. M. 勒让德（Adrien-Marie Legendre）也提出了同样的观测数据处理方法。1859 年，法国的 A. 洛斯达（Aime Laussedat）首创摄影测量方法编制地形图。20 世纪初，由于航空技术发展，出现了自动连续航空摄影机，可以将航摄像片在立体测图仪上加工成地形图，促进了航空摄影测量的发展。

20 世纪 40 年代起，测绘技术朝着电子化和自动化发展。世界上第一台测距仪于 1947 年由瑞典 AGA 公司制成，电磁波测距仪的出现，是测距方法的革命，从而开创了距离测量的新纪元。测距仪的不断改进创新使导线测量得到重视和应用。电子计算机的发明与不断发展，推进了测量仪器的发展，加快了测量计算的速度。最早的电子速测仪（习惯称“全站仪”）是 1970 年 Zeiss 的 Reg Elta 14，它配备了一个电子读数器，不仅可以读取距离而且可以读取竖直和水平度盘；1971 年，AGA（后为 Trimble 收购）推出 Geodimeter 700 全站仪。全站型电子速测仪是一种集测角、测距、坐标测量、计算记录于一体的新型测量仪器。此后各种性能的全站仪层出不穷。1997 年，推出了 Tpocon AP-L1 自动跟踪全站仪；2000 年，Leica 推出了 TCRA“自动目标瞄准”全站仪等。

1950 年，世界第一台自动安平水准仪，标志着水准测量自动化的开端。1990 年，瑞士的 Wild 生产了数字水准测量仪器。1992 年，推出了最早的精密数字水准仪（Wild NA3000）。1994 年，Topcon 和 Zeiss 公司推出自己的数字水准仪。1998 年，Sokkia 公司也推出了数字水准仪。数字水准仪通过电子数据记录的方式而不需要通过望远镜读取水准尺，实现了水准标尺的精密照准，标尺分划读数和视距的读取、数据储存和处理等数据采集的自动化，从而减轻了水准测量的劳动强度，提高了测量成果质量。

在光电测量仪器蓬勃发展的今天，除了大量出现的种类繁多的测距仪、全站仪等以外，还出现了诸如激光经纬仪、激光准直仪、激光水准仪等光电测量仪器。

1957 年，第一颗人造地球卫星发射成功后，给测量学的发展和测绘仪器的发展带来了意义深远的大变革。在测绘学中开辟了卫星大地测量和航天摄影测量等新领域，随后发展起来的甚长干涉测量技术、惯性测量技术，使测绘学增添了新的测量手段。随着电子计算机、微电子技术、激光技术、空间技术等新技术的发展与应用，特别是 GPS（Global Positioning System）、RS（Remote Sensing）、GIS（Geographical Information System）为代表的测绘科学与技术的不断发展完善，使测绘学科从理论到手段发生了根本性的变化，并正步入信息采集、数据处理和成果应用的自动化、实时化、智能化、网络化、社会化、多样化和可视化的新阶段。

1.2.2 我国测绘事业的发展

我国测绘事业的发展是伴随共和国一起成长的。在测绘工作方面，建立和统一了全国大地控制网、国家水准网、基本重力网，完成了大地网和水准网的整体平差；完成了国家基本地形图的测绘工作；进行了珠峰和南极长城站的地理位置和高程的测量；

同时各种工程建设的测绘工作也取得显著成绩，如长江大桥、葛洲坝水电站等。在测绘仪器制造方面从无到有，迅速发展，已经产生了多种不同等级、不同型号的电磁波测距仪。我国全站仪已经批量生产，国产 GPS 接收机已经广泛使用，传统的测绘仪器产品已经配套下线，已经建成全国 GPS 大地控制网。各部门对地理信息系统的建立和应用十分重视，已经着手建立各行业的 GIS 系统，测绘工作已经为建立这一系统提供了大量的基础数据。

综上所述，我国的测绘事业实现了跨越式发展，已从传统的测绘技术体系发展为数字化作业技术体系，为经济建设和国防建设做出了不可磨灭的贡献，但是与国际先进水平相比还有一些差距。

1.3 学习本课程的目的、方法和要求

1.3.1 学习本课程的目的

本书主要阐述现代测量学的基本理论、各种测绘仪器的使用、大比例尺数字地形图的测绘方法等内容。各专业学生学习本课程之后，要求达到掌握测量学的基本知识和基础理论；能熟练使用工程中常用测量仪器和工具，并了解测量新仪器、新技术的一般应用方法；掌握测量数据处理的基本理论和方法；掌握大比例尺地形图的成图原理和方法；在工程设计和施工中能正确应用地形图完成规划、设计和施工各阶段的量测、计算、绘图以及进行一般工程施工测设的能力，以便能灵活应用所学的测量知识为专业工作服务。

1.3.2 学习本课程的方法与要求

本课程是一门实践性很强的课程，因此，在学习进程中，只有做到理论联系实际，多思考、多动手、多实践，才能很好地掌握测量学的知识。在学习过程中，除课堂上认真听讲、学习理论知识外，还要参加与理论教学对应的实验课和教学实习。在掌握课堂讲授内容的同时，认真完成每一次实验课的实验内容，以巩固和验证所学理论。课后要求按思考题和习题的内容加深对基本概念和理论的理解，要自始至终完成各项学习任务。在条件允许的条件下，应使用教师提供的多媒体进行学习，在教师的安排下组织开展一些与本课程相关的专题参观或调查，了解新理论、新技术、新设备在本学科中的应用。

学习本课程的基本要求是：

（1）掌握现代测量学的基本理论、基本知识和基本技能。

（2）了解常用测量仪器的构造与组成，正确掌握仪器的使用与基本操作方法。重点掌握水准测量、角度测量和距离测量的方法。

（3）了解测量误差的基本理论，掌握测量数据处理方法。

（4）掌握建大比例尺数字地形图的基本知识及测绘方法。

（5）了解数字地形图的应用领域及方法。

本课程具有理论严密、概念多、实践性强等特点，通过本课程的学习，除了培养学生的理论分析能力和实际动手能力之外，还要培养学生保持吃苦耐劳、一丝不苟的

优良品德，具备执着的敬业精神、积极主动的工作态度和善于协作的团队意识。

习题

1. 测量学主要包括哪两部分内容？二者的区别是什么？
2. 简述 Geometics 的含义。
3. 测量学的基本任务是什么？对你学的专业起什么作用？

2 现代数字测量学的基础知识

本章导读

【本章提要】本章主要介绍地球的形状和大小，测量坐标系统和高程系统的相关概念，用水平面代替水准面的限度，测量工作的内容、原则和程序等有关地形测量的基本知识和内容。

【学习目标】掌握地球的形状和大小及相关概念，了解测量坐标系统和高程系统的相关概念与规定，掌握用水平面代替水准面的计算方法与规定，了解测量工作的内容、原则和程序。

2.1 地球的形状和大小

测量学的研究对象是地球表面，测量工作也是在地球表面进行的。因此，首先必须对地球的形状、大小等自然形态做必要的了解，然后才能为确定地面点的空间位置选定参考面和参考线，作为描述地面点空间位置的基准。

2.1.1 地球自然表面

测量工作是在地球表面进行的，而地球是一个两极稍扁、赤道略鼓的不规则球体，并且地球自然表面是一个起伏不平、十分不规则的表面，有高山、丘陵、盆地和平原，又有江河湖海等各种形态。其中陆地上最高点珠穆朗玛峰高达8844.43m，与海洋中最深处马里亚纳海沟（−11022m）相差近20km。但是这样的高低起伏，相对于地球庞大的体积来说还是很小的。就整个地球表面而言，海洋的面积约占71%，陆地面积约占29%，因此，人们把地球总的形状看作海水所包围的球体。

2.1.2 大地水准面

当液体处于静止状态时，其表面必处处与重力方向（铅垂线方向）正交，液体静止时的表面称为水准面。与水准面相切的平面称为水平面。水准面是物理表面，因为同一水准面上的重力位相等，水准面上任一点的铅垂线都与这个面正交，因此水准面也是重力等位面。由于地球空间处处都有重力存在，所以通过不同高度的点就有不同的水准面。

在无穷多个水准面中，与平均海水面重合并伸展到大陆内部形成的闭合的曲面称为大地水准面，见图 2-1（a）。大地水准面所包围的形体称为大地体。大地水准面很接近于地球自然表面，同时又具有长期稳定性，因此，在实际测量中，通常采用大地体来代表地球，大地水准面作为基准面，即作为研究地球自然表面形状的参考面，并以处处与大地水准面正交的铅垂线作为测量工作的基准线，见图 2-2。

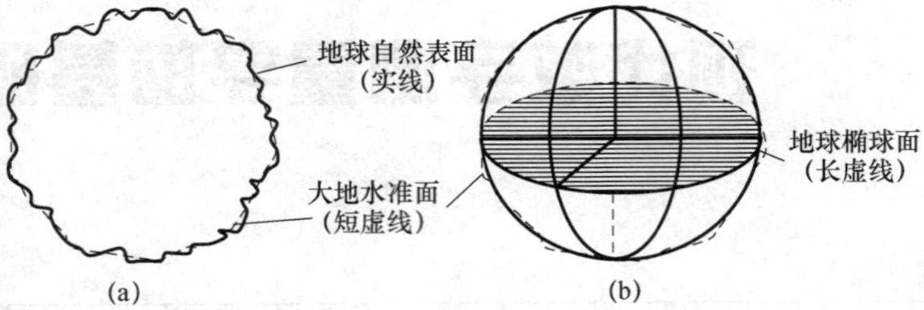

图 2-1　地球表面、大地水准面与地球椭球体

（a）大地水准面；（b）椭球面

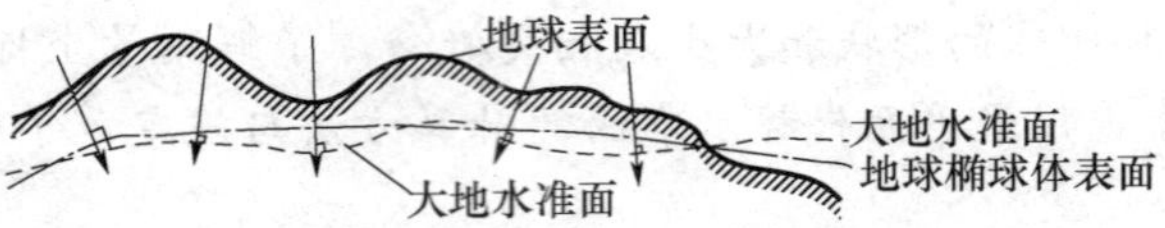

图 2-2　地球表面、大地水准面和地球椭球体之间的关系

大地水准面也是一个不规则的曲面。这是因为地球体内部质量分布不均匀，使地面各点所受的吸引力大小和方向各不相同，引起地面各点铅垂线方向发生不规则变化。于是，处处与铅垂线正交的大地水准面，也就随之成为略有起伏的不规则曲面，见图 2-1、图 2-2。所以，大地水准面是个物理曲面，而不是数学曲面。

2.1.3　参考椭球面

大地水准面不是数学曲面，不能用数学公式表达。这样的曲面难以在其上面进行测量数据的处理。大地水准面形状虽然十分复杂，但从整体来看，起伏是微小的。它非常接近绕短轴旋转的椭球面，见图 2-1（b）。因此，在测量计算和制图中，通常采用一个与大地水准面非常接近的、能够用数学方程表示的椭球面作为基准面，并用这个椭球代替大地体。这个椭球是由长半轴为 a，短半轴为 b 的椭圆绕其短轴旋转而成的旋转椭球，称为地球椭球，也称参考椭球。由地表任一点向参考椭球面所作的垂线称为法线，作为测量计算和制图的基准线。

地球椭球表面，见图 2-1（b），是一个规则的数学表面。其数学方程为：

$$\frac{X^2}{a^2}+\frac{Y^2}{a^2}+\frac{Z^2}{b^2}=1 \qquad (2\text{-}1)$$

式中，a 为地球椭球体的长半轴；b 为短半轴。

根据 a 和 b 定义的地球椭球体的扁率 α，表示椭球的扁平程度。扁率的计算公式为：

$$\alpha=(a-b)/a \qquad (2\text{-}2)$$

17 世纪以来，许多测量工作者根据不同地区、不同年代的测量资料，按不同的处理方法推算出不同的地球椭球参数，表 2-1 摘录了几种地球椭球元素的数值。

表 2-1 地球椭球元素值

椭球体名称	长半轴（m）	短半轴（m）	扁率（1：x）	计算年代
白塞尔	6377397.155	6356078.9628	1：299.15281	1841
克拉克	6378249.145	6356514.8696	1：293.465	1880
海福特	6378388	6356911.9461	1：297	1910
克拉索夫斯基	6378245	6356863.019	1：298.3	1940
1975 大地测量参考系统	6378140	6356755.288	1：298.257	1975
1980 大地测量参考系统	6378137	6356752.3141	1：298.257222101	1980
WGS84	6378137	6356752.3142	1：298.257223563	1984
2000 国家大地坐标系	6378137	6356752.3141	1：298.25722210	2000

由于地球椭球的扁率很小，所以当测区范围不大时，可以近似地把地球当作圆球体看待，这个球体的半径为：

$$R=\frac{1}{3}(a+a+b)\approx 6371\text{km} \tag{2-3}$$

2.2 测量坐标系统

2.2.1 确定地面点位的坐标系

地球表面高低起伏，并分布着许多物体，将地球表面高低起伏的形态称为地貌，将地球表面上人工建造或自然形成的固定物体称为地物。它们的外形和轮廓是由一系列连续的点所组成。确定点的位置实质就是确定其在某个空间坐标系中的三维坐标。测量中，将空间坐标系分为地心坐标系（如 WGS84 和 CGCS2000）和参心坐标系（如 1954 北京坐标系，1980 西安坐标系）。地心是指地球的质心，参心是指参考椭球的中心，由于参考椭球的中心与地球的质心一般不重合，所以它属于非地心坐标。

为了确定和表示这些点的位置，需要设定一个基准面作为点位的投影面。投影的基准线可以是铅垂线，或是法线。基准面是大地水准面、水平面或地球椭球面。地面点沿基准线投影到基准面之后，其位置用球面或平面坐标（二维）和高程（一维）表示。它们分别属于大地坐标系、平面直角坐标系和高程系统；在卫星定位测量中，还要用到空间直角坐标系。

1. 大地坐标系

大地坐标系是地理坐标系的一种，是以法线为投影基准线，以地球椭球面为基准面建立的球面坐标。常用大地经度 L、大地纬度 B、大地高 H 表示地面点的空间位置。

如图 2-3 所示地球椭球，N、S 分别为地球的南极和北极，NS 为短轴。通过地球旋转轴 NS 的平面均称为子午面。各子午面与地球表面的交线称为经线或子午线。过球心且与地球旋转轴正交的平面即为赤道面，此平面与地球表面的交线即为赤道，赤道面作为纬度的起算面。

图 2-3 中，P 点的经度是指过 P 点的子午面与首子午面（也称起始子午面，是指通过英国格林尼治天文台的子午面）所夹的二面角，以 L 表示。自首子午线向东 0°～180°为东经，向西 0°～180°为西经。P 点的纬度，是指该点的法线与赤道面之间的夹

角，以 B 表示。自赤道向北 0°～90°为北纬，向南 0°～90°为南纬 。大地经纬度是地面点在地球椭球面上的二维坐标，另外用“大地高 H”表示第三维。大地高是沿地面点的椭球面法线至椭球面的距离。从椭球面起算，向外为正，向内为负。

地面点的经纬度如果用天文测量的方法得到，分别称为“天文经度（λ）”和“天文纬度（φ）”。这种地理坐标是以铅垂线为投影基准线，以大地水准面为基准面建立的球面坐标。而过某点的铅垂线与法线并不总是重合的，它们之间的夹角称为垂线偏差，因此某点的大地经纬度与天文经纬度并不相等。

2. 空间直角坐标系

空间直角坐标系也称为空间大地直角坐标系，它与大地坐标系相对应。这种坐标系的原点设在地球椭球的中心（可以是参考椭球的中心，亦可是地球的质心），用相互垂直的 x，y，z 三个轴来表示，见图 2-4。x 轴与首子午面和赤道面的交线重合，向外为正。z 轴与地球旋转轴重合，向北为正。y 轴与 xz 平面垂直构成右手系。地面上 M 点的空间直角坐标表示为（x_m，y_m，z_m）。它可与大地坐标系相互转换。

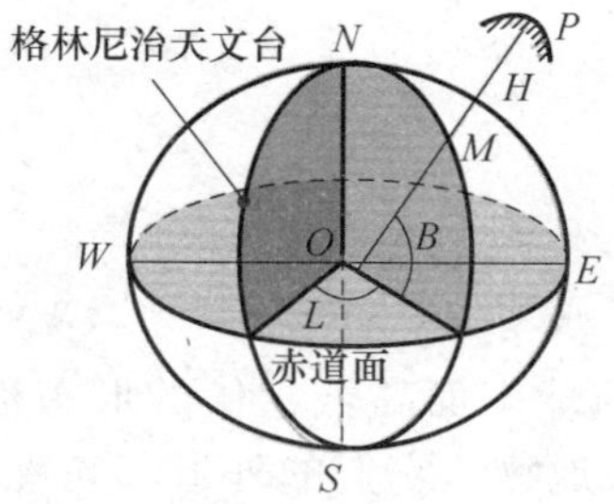

图 2-3　大地坐标系

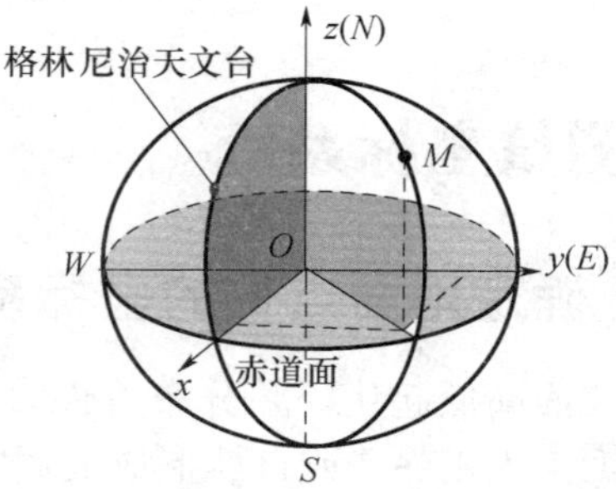

图 2-4　空间直角坐标系

3. 高斯平面直角坐标系

大地坐标系或空间直角坐标系对于地形测图和工程测量中确定地面点位来说，是不直观和不方便的。这就需要采用地图投影的方法，将空间坐标转换为球面坐标，或将球面坐标变换为平面坐标，或直接在平面坐标系中进行测量。地图投影的方法很多，测量工作中通常采用高斯－克吕格投影，所建立的平面直角坐标系称为高斯平面直角坐标系。

（1）高斯－克吕格投影

高斯－克吕格投影简称高斯投影，是一种等角横轴切椭圆柱投影。设想有一个椭圆柱面横套在地球椭球外面，并与某一条子午线（此子午线称为中央子午线或轴子午线）相切，椭圆柱的中心轴通过椭球体中心并与 NS 轴垂直，在椭球面图形与柱面图形保持等角的条件下（称为“正形投影”），将中央子午线两侧各一定经差（通常为 6°或 3°）范围内的地区投影到椭圆柱面上，再将此柱面沿着通过南北极点的母线分别切开展平即成，见图 2-5。

经过高斯投影后，中央子午线的投影是一条直线，其长度无变形，其他子午线的投影为凹向中央子午线的曲线；赤道的投影为一条与中央子午线垂直的直线，其他纬线的投影为凸向赤道的曲线；除中央子午线外，其他线段的投影均有变形，且离中央子午线愈远，长度变形愈大；投影前后图形的角度保持不变。

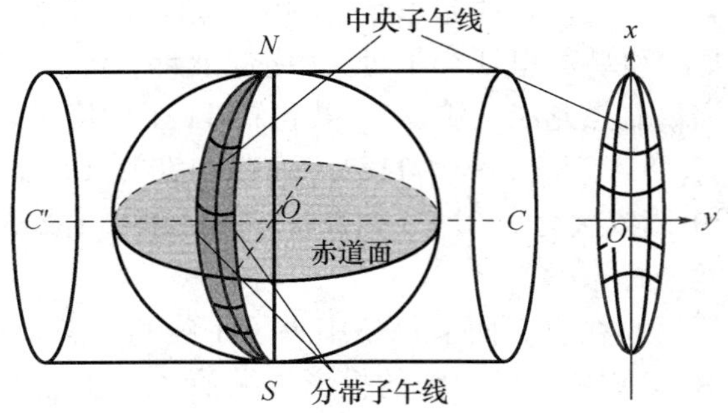

图 2-5 高斯投影

为了有效限制长度变形，高斯投影不是将整个地球一次投影，而是按一定经差将地球椭球面划分成若干投影带，采用分带投影的方法。分带时既要控制长度变形使其不大于测图误差，又要使带数不致过多以减少换带计算工作，据此原则将地球椭球面沿子午线划分成经差相等的瓜瓣形地带，以便分带投影。通常按经差 6°或 3°分为六度带投影或三度带投影，见图 2-6。六度带可用于中小比例尺（如 1∶250000）测图。六度带自首子午线起每隔经差 6°自西向东分带，带号依次编为第 1，2，…，60 带。第一个六度带的中央子午线的经度为 3°，任意带的中央子午线经度 L_0^6，可按式（2-4）计算：

$$L_0^6 = 6N - 3 \tag{2-4}$$

式中，N 为六度投影带的带号。

如果已知某地面点的经度 L，则其所在六度投影带编号的计算公式为：

$$N = \mathrm{Int}(L/6) + 1 \tag{2-5}$$

式中，Int（L/6）函数表示商取整。

三度带是在六度带的基础上分成的，它的中央子午线与六度带的中央子午线和分带子午线重合，即自 1.5°子午线起每隔经差 3°自西向东分带，带号依次编为三度带第 1，2，…，120 带。第一个三度带的中央子午线的经度为 3°，任意带的中央子午线经度 L_0^3，可按式（2-6）计算：

$$L_0^3 = 3n \tag{2-6}$$

式中，n 为三度投影带的带号。

如果已知某地面点的经度 L，则其所在三度投影带的编号计算公式为：

$$n = \mathrm{Int}(L/3 + 0.5) \tag{2-7}$$

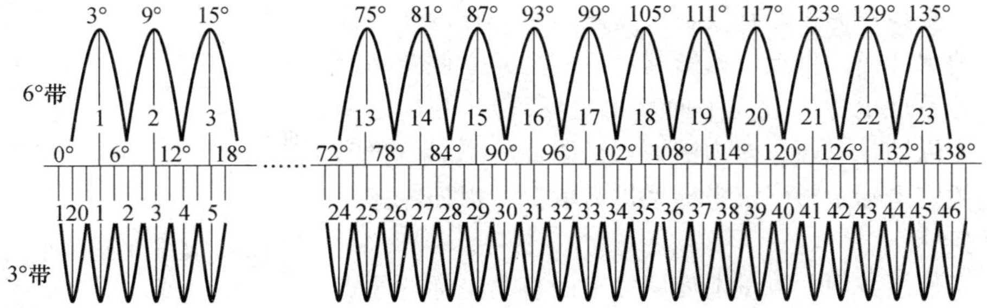

图 2-6 六度带和三度带投影

我国位于北半球，幅员辽阔，西起东经 73°40′（帕米尔高原乌兹别里山口），东至东经 135°02′30″（黑龙江和乌苏里江交汇处），南起北纬 3°52′（南沙群岛曾母暗沙），北至北纬 53°33′（漠河以北黑龙江主航道），共包括 11 个六度带，即 13～23 带，各带中央子午线依次为 75°、81°、87°、…、117°、123°、129°、135°；22 个三度带，即 24～45 带，各带中央子午线依次为 72°、75°、78°、…、129°、132°、135°。

（2）高斯平面直角坐标系

地球椭球分带投影后，在投影面上每条中央子午线和赤道都投影成为相互垂直相交的直线。见图 2-7（a），以中央子午线的投影为纵轴（x 轴），赤道的投影为横轴（y 轴），并按照顺时针方向划分Ⅰ、Ⅱ、Ⅲ、Ⅳ象限，中央子午线和赤道的交点 o 作为坐标原点，如此建立高斯平面直角坐标系，并规定 x 轴以北为正向，y 轴以东为正向。

高斯平面直角坐标系与数学上的笛卡尔坐标系是不同的，主要是由于测量工作中直线方向是以北方向为基准顺时针定义的，高斯平面直角坐标系的定义，可以使数学上定义的各类三角函数在高斯平面上不做任何改变，直接使用。

我国位于北半球，其地理位置分带投影后，高斯坐标的 x 值均为正值，而 y 值则有正有负，即位于中央子午线以东时 y 坐标为正值，以西时为负。见图 2-7（a），P 点位于中央子午线以西，其 y 坐标值为负。对于六度带高斯平面直角坐标系，y 坐标的最小值约为－334km。为了避免横坐标（y 坐标）出现负值，我国规定将每一带的横坐标加上 500km，即纵坐标轴向西平移 500km，见图 2-7（b）。此外，为了能够区分某点位于哪个六度带内，还应在横坐标前面冠以带号（即 y 坐标加上 $N\times10^6$m）以示区别。例如，P 点位于 19 带内，原坐标的自然值为 y＝－143 543.211m，按照上述规定，则它的通用值为 Y_P＝19 356 456.789m。

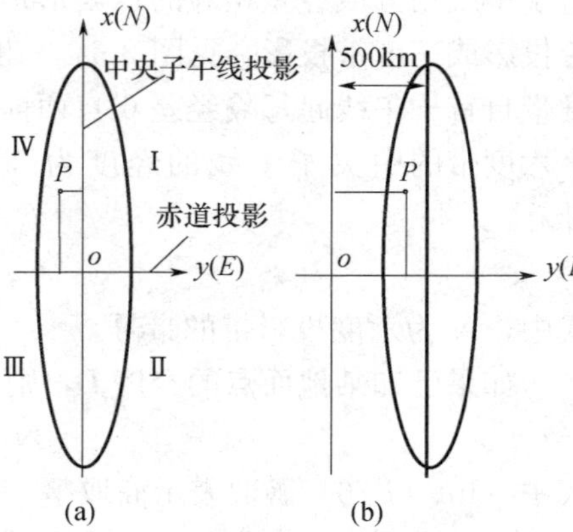

图 2-7　高斯平面直角坐标系

（a）坐标原点西移前；（b）坐标原点西移后

4. 假定平面直角坐标系

《城市测量规范》（CJJ/T 8—2011）规定，面积小于 25km² 的城镇，可不经投影采用假定平面直角坐标系在平面上直接计算。因此，在局部范围内进行测绘工作时，以铅垂线作为投影基线，采用测区中心点的切平面代替大地水准面。将点位投影到水平面上建立假定平面直角坐标系（也称为独立平面直角坐标系），并规定南北方向为纵轴，东西方向为横轴，见图 2-8。如果可能，尽量使假定坐标系与国家坐标系进行联测，以便能够进行坐标换算。

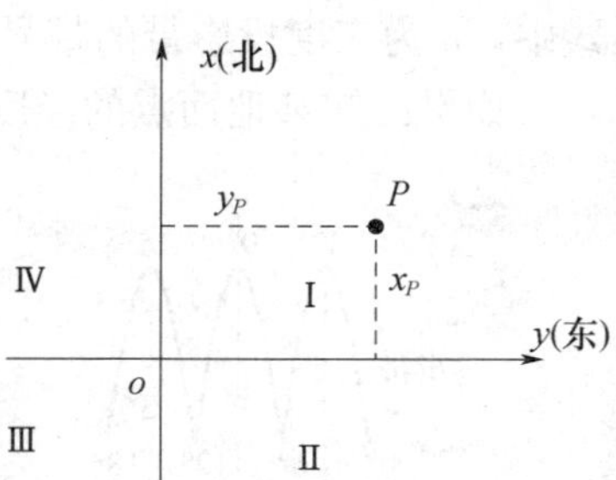

图 2-8　假定平面直角坐标系

为了使用方便，测量上使用的平面直角坐标的原点有时是假设的。假设的原点一般选在测区的西南角的位置，应使测区内的各点坐标均为正值。

5. 我国常用的坐标系

(1) 1954 北京坐标系

1954 北京坐标系属于参心大地坐标系，是新中国成立以后所建立的第一套地理坐标系。我国采用了前苏联的克拉索夫斯基椭球参数，并与前苏联 1942 年坐标系进行联测，经局部平差后，建立了我国地理坐标系，定名为 1954 北京坐标系。因此，1954 北京坐标系可以认为是前苏联 1942 坐标系的延伸。它的原点不在北京而是在前苏联的普尔科沃。

高程基准为 1956 年青岛验潮站求出的黄海平均海水面。

(2) 1980 国家大地坐标系

1978 年 4 月在西安召开全国天文大地网平差会议，确定重新定位，建立我国新的坐标系。为此有了 1980 国家大地坐标系。1980 国家大地坐标系属于参心大地坐标系，原点设在陕西省泾阳县永乐镇石际寺村，它位于西安西北方向约 36km 处，因此，简称西安坐标系。其地球椭球元素，采用 1975 年国际大地测量与地球物理联合会推荐的更精确的参数（GRS1975）。

高程基准为青岛大港验潮站 1952～1979 年确定的黄海平均海水面（即 1985 国家高程基准）。

(3) WGS84 世界大地坐标系

WGS84 世界大地坐标系（World Geodetic System 1984，英文缩写为 WGS84）是 GPS 定位测量中采用的地心大地坐标系，简称 WGS84 坐标系。由美国国防部研制，1987 年 1 月 10 日开始启用。

WGS84 坐标系采用 WGS84 椭球参数。原点是地球的质心，Z 轴由原点指向国际时间局（BIH）1984.0 定义的协议地极（CTP）方向，X 轴指向 BIH 1984.0 的零子午面和 CTP 赤道的交点与地球赤道面的交点，Y 轴与 Z 轴、X 轴构成右手正交坐标系。

(4) 2000 国家大地坐标系

自 2008 年 7 月 1 日起，我国全面启用 2000 国家大地坐标系。2000 国家大地坐标系（China Geodetic Coordinate System 2000，英文缩写为 CGCS2000）属于地心大地坐标系。采用 GRS1980 地球椭球参数。

2000 国家大地坐标系的原点是包括海洋和大气的整个地球的质量中心，Z 轴由原点指向历元 2000.0 的地球参考极的方向，该历元的指向由国际时间局（BIH）给定的历元为 1984.0 的初始指向推算，X 轴由原点指向格林尼治参考子午线与地球赤道面（历元 2000.0）的交点，Y 轴与 Z 轴、X 轴构成右手正交坐标系。

2.2.2 高程系统

地面点的高程是指地面点沿投影基线到某一高程基准面的距离。也就是说高程基准面的高程为零。由于高程基准面与投影基线选择的不同，就产生了不同的高程系统。这里只介绍常用的海拔高。

海拔高也称为正高、绝对高程，是以大地水准面作为高程基准面，即地面点沿铅垂线到大地水准面的距离。图 2-9 中 A、B 两点的绝对高程分别是 H_A、H_B。

一般地，一个国家只采用一个平均海水面作为统一的高程基准面，并用精密水准测量的方法联测到陆地上预先设置好的一个固定点（称为水准原点），由此高程基准面建立的高程系统称为国家高程系。我国规定以黄海平均海水面作为大地水准面，先后建立了1956年黄海高程系和1985年国家高程基准。我国部分地区仍然存在着一些地方高程系，如天津的大沽高程、上海的吴淞高程等。因此，应用高程测量成果时要注意所属的高程基准的统一和换算。

1956年黄海高程系是以青岛验潮站1950～1956年验潮资料算得的平均海水面作为高程基准面而建立的高程系统。水准原点设在青岛市观象山上。该原点以“1956年黄海高程系”计算的高程为72.289m。

由于1956年黄海高程系的平均海水面所依据的验潮资料时间较短，同时发现验潮资料中含有粗差，我国测绘主管部门决定重新计算黄海平均海面，以青岛验潮站1952～1979年的潮汐观测资料为计算依据，并用精密水准测量联测位于青岛的水准原点，得出该原点的1985年国家高程基准高程72.260m。1985年国家高程基准已于1987年5月开始启用。

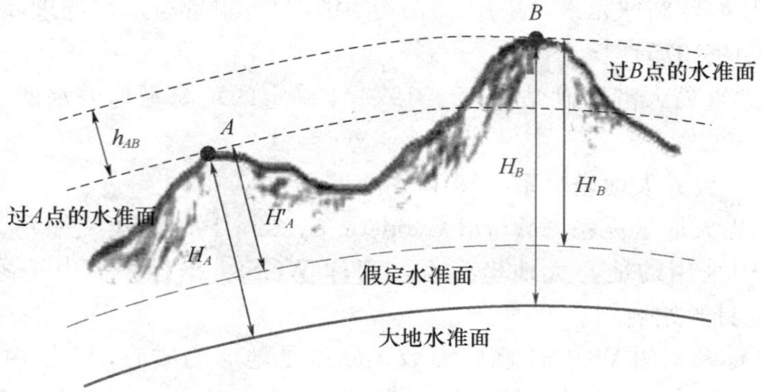

图2-9 高程和高差

以局部地区或某一工程项目当中任意假定的某一水准面作为起算面，而将地面点沿铅垂线到该水准面的距离称为该点的相对高程，或称为假定高程。图2-9中A、B两点的相对高程分别是H'_A、H'_B。

另外，建筑工程中常用的“标高”，也属于相对高程，是指建筑物（构筑物）某一部位相对于基准面的竖向高度。根据基准面选取的不同，标高也分为绝对标高和相对标高。从数值上来说，绝对标高与绝对高程的意义是相同的，绝对标高一般用于总平面图中；相对标高的基准是固定的，通常以建筑物首层主要地面作为标高的零点，建筑物其他部位与之对应的高度差称为该部位的相对标高，除总图外，施工图上其他标高均采用相对标高。

地面上两点间的高程之差称为高差，一般都用h表示。见图2-9，A、B两点的高差为：

$$h_{AB}=H_B-H_A=H'_B-H'_A \tag{2-8}$$

由此可见，对高差而言，只要两点的位置确定，无须顾及绝对高程还是相对高程，其值都是一样的。

2.3 用水平面代替大地水准面的限度

在实际测量工作中，在一定的测量精度要求和测区面积不大的情况下，为了简化投影计算，常常用水平面（曲率 $K=0$）直接代替大地水准面（曲率 $K=1/R$），就是把较小的一部分地球表面上的点投影到水平面上然后确定其位置。在局部区域用水平面代替大地水准面会使大地水准面上的几何图形发生变形，称为地球曲率的影响。但是这样的代替是有限度的，即要求在一定范围内，水平面代替大地水准面所产生的误差不能超过测量精度的要求。本节将要讨论在多大面积范围能够容许用水平面代替大地水准面的问题，并且假定大地水准面作为一个圆球面（$R=6371$km）。

2.3.1 水平面代替大地水准面对距离的影响

见图 2-10，大地水准面 P 与水平面 P' 在 A 点相切，A、B 是处在大地水准面上的两个点。它们在大地水准面上的距离是 D，其投影到水平面 P' 上的距离是 D'。设地球的半径是 R，圆弧 AB 所对应的圆心角为 θ，则水平面代替大地水准面对距离将产生误差 ΔD。

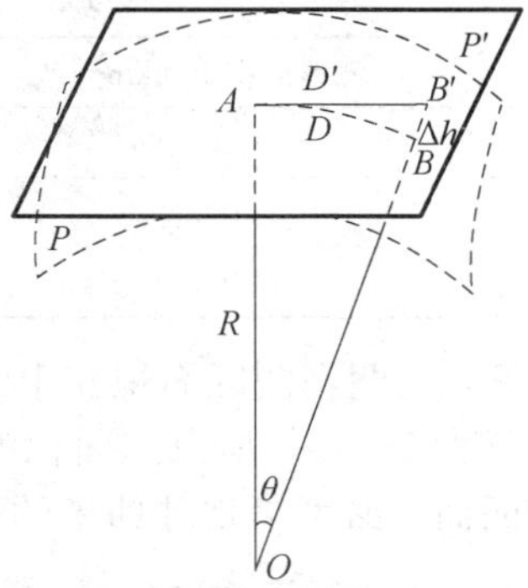

图 2-10 水平面代替大地水准面的影响

由图 2-10 可知：

$$\Delta D=D'-D=R\tan\theta-R\theta=R\,(\tan\theta-\theta) \tag{2-9}$$

由三角函数的级数可知 $\tan\theta=\theta+\frac{1}{3}\theta^3+\frac{2}{15}\theta^5+\cdots$，由于测区范围较小，$\theta$ 角值很小，因此可以略去五次方及以上各项，则：

$$\Delta D=R\left[\left(\theta+\frac{1}{3}\theta^3+\frac{2}{15}\theta^5+\cdots\right)-\theta\right]=\frac{1}{3}R\theta^3 \tag{2-10}$$

又知 $\theta=\frac{D}{R}$，带入式（2-10），则：

$$\Delta D=\frac{1}{3}R\left(\frac{D}{R}\right)^3=\frac{1}{3}\times\frac{D^3}{R^2}$$

$$\frac{\Delta D}{D}=\frac{1}{3}\left(\frac{D}{R}\right)^2 \tag{2-11}$$

取地球近似半径 $R=6371$km，并且 D 以不同的距离值代入，计算结果见表 2-2。

表 2-2 用水平面代替水准面的距离误差和相对误差

距离 D（km）	距离误差 ΔD（cm）	相对误差（$\Delta D/D$）
3.5	0.04	1∶9 940 320
10	0.8	1∶1 217 700
25	12.8	1∶194 830
50	102.7	1∶48 710

由表 2-2 可知，当水平距离为 10km 时，以水平面代替曲面所产生的距离相对误差为 1/1 217 700，这样的微小误差就是进行最精密的距离测量也是容许的。因此，在半径 10km 测量范围内进行距离测量工作，用水平面代替大地水准面而不必考虑地球曲率的影响，其产生的距离误差可以忽略不计。

2.3.2 水平面代替大地水准面对水平角的影响

由球面三角学可知，同一个空间多边形投影到球面上的各内角和，较其投影在平面上的各内角和大一个球面角超 ε，其大小与图形面积呈正比。球面角超 ε 的计算公式为：

$$\varepsilon=\rho''\frac{P}{R^2} \tag{2-12}$$

式中，ρ''为弧度与秒的换算值，即 $\rho''=180\times60\times60''/\pi=206265''$；$P$ 为球面多边形的面积；R 为地球半径，$R=6371\text{km}$。

以不同的面积代入式（2-12）可求得球面角超，见表 2-3。

表 2-3　用水平面代替水准面的水平角误差

测区面积 P（km^2）	球面角超 ε（s）
10	0.05
100	0.51
400	2.03

表 2-3 表明，测区面积在 100km^2 以内时，用水平面代替大地水准面，对角度的影响最大仅为 0.51s，所以在面积为 100km^2 范围内进行角度测量工作，用水平面代替大地水准面而不必考虑地球曲率的影响，其产生的球面角超误差可以忽略不计。

2.3.3 水平面代替大地水准面对高程的影响

在图 2-10 中，A、B 两个点都处在大地水准面上，其高程必相等。B'点是 B 点在水平面上的投影点，则 BB'就是水平面代替大地水准面所产生的高程误差 Δh，于是有：

$$(R+\Delta h)^2=R^2+D'^2$$

$$\Delta h=\frac{D'^2}{2R+\Delta h} \tag{2-13}$$

用 D 代替 D'，同时 Δh 与 R 相比小得可以忽略不计，故式（2-13）可以写成：

$$\Delta h=\frac{D^2}{2R} \tag{2-14}$$

对于不同的距离 D，产生的相应高程误差见表 2-4。

表 2-4　用水平面代替水准面的高程误差

距离 D（km）	0.05	0.1	0.2	0.4	0.5	1	2	5	10
高差误差 Δh（cm）	0.02	0.08	0.3	1.3	2.0	7.8	31.4	196.2	784.8

由表 2-4 可知，以水平面代替大地水准面，在 200m 的距离上就有 3mm 的高程误差，这在高程测量上是不容许的。因此，在高程测量的时候即使距离很短，一般也应该顾及水平面代替大地水准面的影响（也称为地球曲率的影响），采取措施加以改正。

2.4 测量工作的内容与原则

2.4.1 测量工作的内容

在测量工作中，将地球上千差万别的地物和地貌统称为地形，它是由一系列连续的点构成。在这些点中有一部分点对测绘工作具有重要意义，一般称它们为地形特征点（又称为碎部点）。地形特征点是指地物和地貌在投影面上方向的转折点和坡度的变化点。不论是地形图的测绘、施工放样，还是变形观测，都是要确定这些地形特征点的空间位置。也就是说，测量工作的实质就是确定点的空间位置。

确定点的空间位置需要实地测量点之间的距离（水平距离或斜距）、角度（水平角和竖直角）和高差（高程）。见图 2-11，空间多边形 $ABCD$ 由地面上高低不同的一系列点构成，从 A、B、C、D 分别向水平面作铅垂线，得到各点正射投影构成的多边形 $abcd$。各点之间的相对位置是由水平距离 D（或斜距 S）、水平角 β 和高差 h 决定的，若已知其中一点的坐标（x，y）和过该点的标准方向及该点高程 H，则可解算其他点的坐标和高程。因此，测量距离、角度和高差（或高程）是测量的基本工作，高程测量、角度测量和距离测量同时也是测量的基本内容。

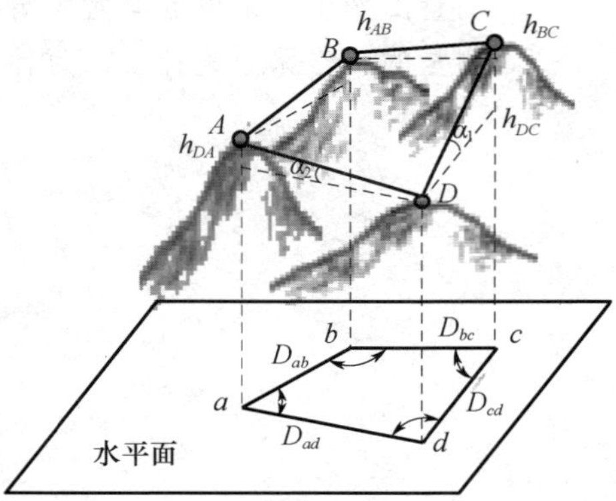

图 2-11 测量的基本工作

2.4.2 测量工作的原则

测量和其他任何度量工作一样，不可避免地存在着一定误差。不论是测绘地形图还是测设工作，在一个测站上完成全部的测量工作往往是不可能做到的。如果从某一个点开始依次逐点测定其他各点，势必导致误差逐渐积累，测至最末一点的累积误差可能会大得无法接受。为此，测量工作确定了布局上“由整体到局部”，精度上“从高级到低级”，并按照“先控制后碎部”的原则开展工作。也就是说，首先从测区整体考虑实施控制测量，并且按照先高级后低级的顺序进行控制测量，然后再进行局部范围的碎部测量工作。

控制测量是指首先在整个测区内，选定若干对全区能起到控制作用的点（简称控制点），以较严密的方法和较精密的测量仪器测量出它们的点位，建立测图和施工放样的坐标框架和依据。控制点的建立使得整个测区分段、分工实施成为可能，不仅加快了工作进度，而且还保证测区整体能够达到较高的精度。

碎部测量就是以控制点为依据，施测控制点周围的碎部点的位置，以便进行绘制地形图和施工放样。这样就减少了误差的积累，提高了测量精度。

在测量工作中还应当遵循“前一步测量工作未做检核不进行下一步工作”的原则。即严格进行检核每一步测量和计算工作，它可以防止错漏发生，保证测量和计算成果的正确性。

习题

1. 名词解释：大地水准面、地球椭球面、绝对高程、相对高程。
2. 测量学的平面直角坐标系与数学上的平面直角坐标系有何不同?
3. 简述我国采用的高斯平面直角坐标系的建立方法。

4. 设我国某处 P 点的横坐标 $y=19\ 729\ 513.12\text{m}$，问该坐标值是按几度带投影计算而得？$P$ 点位于第几带？P 点位于中央子午线东侧还是西侧？距中央子午线有多远？该点在投影带中真实的自然横坐标值是多少？

5. 地面点的三维空间位置通常是怎样测得的？测量的基本要素有哪些？

6. 测量工作中，地球曲率对距离测量和高程测量的影响如何？

7. 测量的工作原则是什么？为什么要遵循这些原则？

3 水准测量

本章导读

【本章提要】本章主要介绍水准测量的原理和方法，水准仪的构造、使用及其检验，水准路线的施测方法及数据处理。此外还介绍了自动安平水准仪、电子水准仪的基本构造和使用。

【学习目标】掌握水准测量的原理和方法，重点掌握水准仪的操作与使用以及普通水准测量的施测方法和数据处理，了解自动安平水准仪、电子水准仪以及水准仪的检验与校正，学会对水准测量的误差进行分析。

3.1 高程测量概述

高程测量是测量工作内容之一，根据所使用的仪器和施测方法的不同，高程测量可分为水准测量、三角高程测量和物理高程测量、GPS高程测量等，物理高程测量又分为气压高程测量和液体静力水准测量。

高程测量的主要方法有水准测量和三角高程测量。它们都是通过测定两点间的高差来计算待定点的高程。水准测量是利用水平视线来测量两点间的高差，由于水准测量的精度较高，所以是高程测量中最主要的方法。三角高程测量是测量两点间的水平距离或斜距和竖直角（即高度角），然后利用三角公式计算出两点间的高差。三角高程测量一般精度较低，只是在适当的条件下才被采用。

高程测量的任务是求出点的高程，即求出该点到某一基准面的垂直距离。为了建立一个全国统一的高程系统，必须确定一个统一的高程基准面，通常采用大地水准面即平均海水面作为高程起算的基准面。新中国成立后，我国在青岛建立验潮站，并建立与验潮站相联系的国家大地水准原点。根据该验潮站1950～1956年观测结果求得的黄海平均海水面作为高程基准面。根据这个基准面得出的高程系统称为“1956黄海高程系”，并求得大地水准原点的高程为72.289m。从1987年起，国家规定采用青岛验潮站1952～1979年的观测资料，计算得出的平均海水面作为新的高程基准面，称为“1985国家高程基准”。根据新的高程基准面，得出青岛水准原点的高程为72.260m。所以在使用已有的高程资料时，应注意到高程基准面的差异。

高程测量也是按照“从整体到局部”的原则来进行。就是先在测区内设立一些高程控制点，并精确测出它们的高程，然后根据这些高程控制点测量附近其他点的高程。

水准测量一般分为普通（等外）水准测量和等级水准测量。本章在全面学习普通水准测量的基础上，还要全面讲解等级水准测量的技术和方法。

3.2 水准测量原理

水准测量是利用一条水平视线，借助水准尺来测得两点间的高差，并由已知点的高程来推求未知点高程的过程。例如图 3-1 中，为了求出 A、B 两点的高差 h_{AB}，在 A、B 两个点上竖立带有分划的标尺——水准尺，在 A、B 两点之间安置可提供水平视线的仪器——水准仪。当视线水平时，在 A、B 两个点的标尺上分别读得读数 a 和 b，则 A、B 两点的高差等于两个标尺读数之差，即：

$$h_{AB}=a-b \tag{3-1}$$

如果 A 点高程已知，B 为待求高程的点，则 B 点的高程为：

$$H_B=H_A+h_{AB} \tag{3-2}$$

假设一个前进方向为 A 点到 B 点，则读数 a 是在后视方向（已知高程点）上的水准尺读数，称为“后视读数”；b 是在前视方向（待定高程点）上的水准尺读数，称为“前视读数”。高差必须是后视读数减去前视读数。高差 h_{AB} 的值可能是正，也可能是负，正值表示待求点 B 高于已知点 A，负值表示待求点 B 低于已知点 A。此外，高差的正负号又与测量进行的方向有关。例如图 3-1 中测量由 A 向 B 进行，高差用 h_{AB} 表示，其值为正；反之由 B 向 A 进行，则高差用 h_{BA} 表示，其值为负。所以说明高差时必须标明高差的正负号，同时要说明测量进行的方向。上述利用高差计算高程的方法，称为高差法。

令 $H_A+a=H_i$，称为仪器视线高程，简称视线高，则有：

$$H_B=H_i-b \tag{3-3}$$

利用视线高计算高程的方法称为视线高法。当可以在同一个点上测量多个点的高程时，这种方法比较方便。

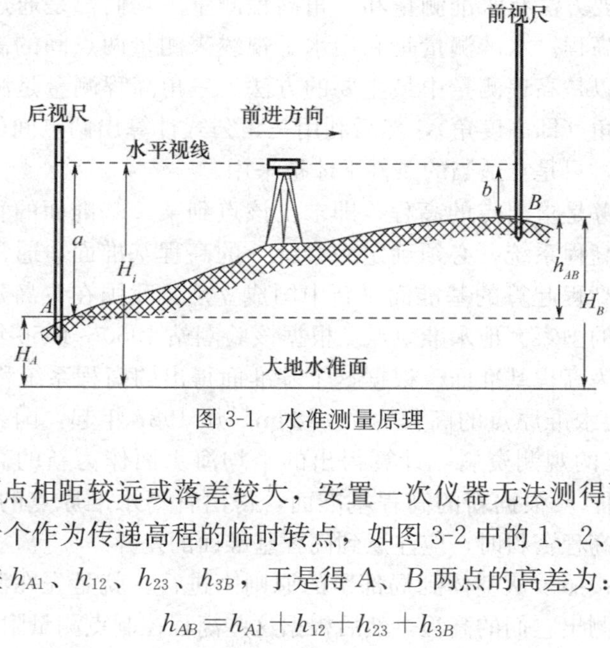

图 3-1　水准测量原理

如果 A、B 两点相距较远或落差较大，安置一次仪器无法测得两点高差时，就需在两点间增设若干个作为传递高程的临时转点，如图 3-2 中的 1、2、3 点，并连续地设站观测，测出高差 h_{A1}、h_{12}、h_{23}、h_{3B}，于是得 A、B 两点的高差为：

$$h_{AB}=h_{A1}+h_{12}+h_{23}+h_{3B} \tag{3-4}$$

式中各测站的高差均为后视读数减前视读数，即：

$$h_{AB}=\sum_1^4 h=(a_1-b_1)+(a_2-b_2)+(a_3-b_3)+(a_4-b_4)$$

$$=(a_1+a_2+a_3+a_4)-(b_1+b_2+b_3+b_4)=\sum_1^4 a-\sum_1^4 b$$

即两点间的高差等于各测站后视读数之和减去前视读数之和。若 A、B 两点间共设置了 n 个测站，测得 n 个高差，其总高差可写成：

$$h_{AB}=\sum_1^n h_i=\sum_1^n a-\sum_1^n b \tag{3-5}$$

实际作业中，可先算出各站高差 h_i，然后求其和 $\sum_1^n h$ 得到 h_{AB}，再用 $\sum_1^n a$ 减去 $\sum_1^n b$ 之差来检核高差计算是否有错误。

图 3-2 中设置仪器的点 P_1、P_2、P_3、P_4 称为测站。立标尺的点 1、2、…称为转点，它们在前一测站先作为待求高程的点，然后在下一测站再作为已知高程的点，转点起传递高程的作用。转点非常重要，转点上产生的任何差错，都会影响到以后所有点的高程。同时由于传递高程的转点是临时性的，故转点上没有固定的标志，可用尺垫作为标记；同时该点的点号可以用 TP_i 或者 ZD_i 表示。

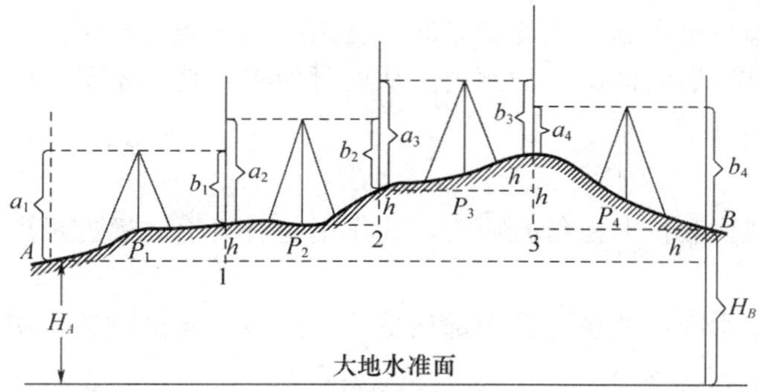

图 3-2 两较远点之间高差测量方法

3.3 水准测量的仪器和工具

水准测量所使用的仪器为水准仪，工具为水准尺和尺垫。

水准仪按其精度可以分为 DS_{05}、DS_1、DS_2、DS_3 等四个等级，D、S 分别为大地测量、水准仪的汉语拼音第一个字母，下标数字表示精度等级。05、1、2、3 分别表示该仪器在每公里往返观测高差中数的中误差（毫米数）。DS_{05}、DS_1 型为精密水准仪，DS_2、DS_3 型为工程水准仪。土木工程测量中广泛使用 DS_3 级水准仪。本章重点介绍这类仪器。

3.3.1 DS_3 微倾式水准仪

根据水准测量原理，水准仪的作用是提供一条水平视线，并能照准水准尺并进行读数。因此水准仪主要由望远镜、水准器、基座三部分组成。图 3-3 是我国生产的 DS_3 级微倾式水准仪。

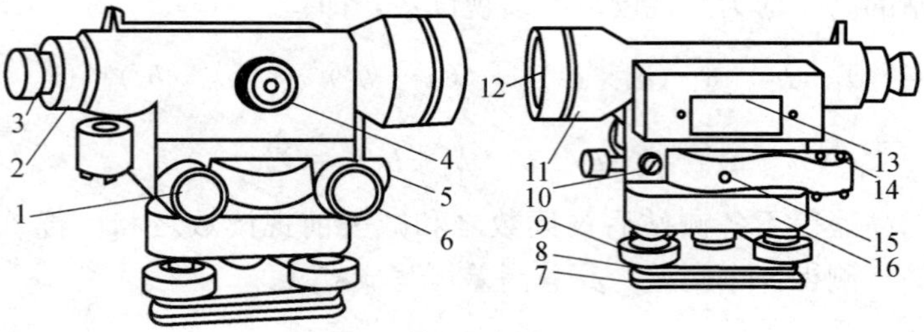

图 3-3　DS_3 型水准仪

1—微倾螺旋；2—分划板护盖；3—目镜；4—物镜对光螺旋；5—水平制动螺旋；6—水平微动螺旋；
7—底板；8—三角压板；9—脚螺旋；10—弹簧帽；11—望远镜；12—物镜；
13—管水准器；14—圆水准器；15—连接小螺钉；16—轴座

水准仪各部分的名称见图 3-3。基座上有三个脚螺旋，调节脚螺旋可使圆水准器的气泡居中，使仪器粗略整平。望远镜和管水准器与仪器的竖轴联结成一体，竖轴插入基座的轴套内，可使望远镜和管水准器在基座上绕竖轴旋转。水平制动螺旋和水平微动螺旋用来控制望远镜在水平方向的转动。水平制动螺旋松开时，望远镜能自由在水平方向旋转；旋紧时，望远镜则固定不动。旋转水平微动螺旋可使望远镜在水平方向做缓慢的转动，但只有在制动螺旋旋紧时，微动螺旋才能起作用。旋转微倾螺旋可使望远镜连同管水准器做俯仰微量的倾斜，从而可使视线精确整平。因此这种水准仪称为微倾式水准仪。

1. 望远镜

望远镜具有成像和扩大视角的功能，其作用是看清不同远近距离的目标和提供照准目标的视线。

图 3-4 是 DS_3 水准仪的望远镜内部构造。望远镜主要由物镜、调焦透镜、十字丝分划板、目镜等组成。

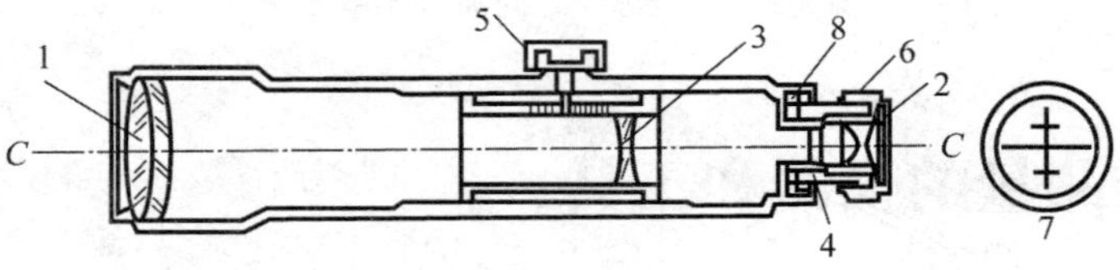

图 3-4　望远镜的内部构造

1—物镜；2—目镜；3—物镜调焦透镜；4—十字丝分划板；5—物镜调焦螺旋；
6—目镜调焦螺旋；7—十字丝影像；8—十字丝座固定螺钉

物镜、调焦透镜、目镜为复合透镜组，分别安装在镜筒的前、中、后三个部位，三者与光轴组成一个等效光学系统。转动调焦螺旋，调焦透镜沿光轴前后移动，改变等效焦距，看清远近不同的目标。

十字丝分划板由平板玻璃圆片制成，十字丝分划板压装在分划板环座上，通过校正螺钉套装在目镜筒内，位于目镜与调焦透镜之间。上面刻有相互垂直的细线，称为十字丝。中间一条横线称为中横丝或中丝，上、下对称平行中丝的短线称为上丝和下丝，统称视距丝，是用来测量距离的。竖向的线称竖丝或纵丝。十字丝是用来照准目标和读数的标志。

物镜光心与十字丝交点的连线，称为望远镜的视准轴或视线，用 C-C 表示。水准测量是在视准轴水平时，用十字丝的中丝截取水准尺上的读数。

望远镜成像原理见图 3-5。目标 AB 反射的光线，经过物镜和调焦透镜后，形成倒立实像 ba，落在十字丝分划板平面上。调节目镜调焦螺旋，目镜又将 ba 和十字丝一起放大形成虚像 b_1a_1，即为望远镜中观察到目标的影像。现代水准仪有的在调焦透镜后装有一个正像棱镜，通过棱镜反射，看到的目标影像为正像。这种望远镜称为正像望远镜。

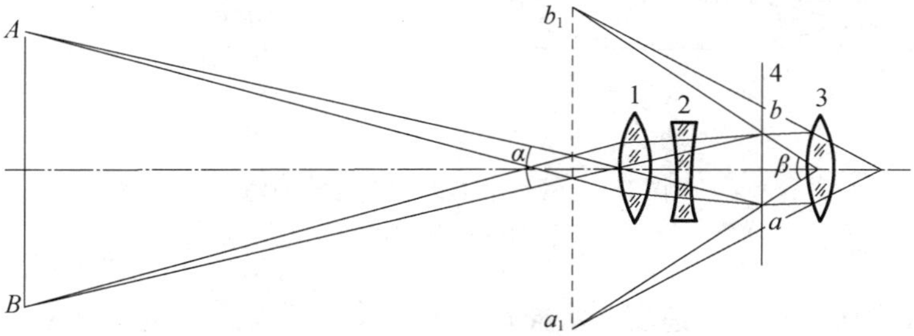

图 3-5 望远镜成像原理

1—物镜；2—调焦透镜；3—目镜；4—十字丝分划板

从望远镜内所看到的目标影像的视角与肉眼直接观察该目标的视角之比，称为望远镜的放大率。在图 3-5 中，从望远镜内看到目标影像所对的视角为 β，用肉眼看目标所对的视角可近似地认为是 α，故望远镜的放大率 $V=\beta/\alpha$。通过望远镜能看到的物面范围大小称为视场，视场边缘对物镜中心形成的张角称为视场角，用 ω 表示。V、ω 是望远镜的重要技术指标，一般说来，V、ω 越大，望远镜看得越远，观察的范围越大。DS_3 级水准仪 V 为 28～32×（×表示倍数），ω 为 $1°30'$。

2. 水准器

水准器是用来衡量视准轴 C-C 是否水平、仪器旋转轴（又称竖轴）V-V 是否铅垂的装置。水准器分为管水准器（又称水准管）和圆水准器两种，前者用于精平仪器，用来指示视准轴是否水平；后者用于粗平仪器，用来指示竖轴是否竖直。

(1) 管水准器见图 3-6（a），是一内壁沿纵向研磨成一定曲率的圆弧玻璃管，管内盛酒精或乙醚或两者混合的液体，加热封闭冷却后形成一空隙，即水准气泡。水准管纵向圆弧的顶点 O，称为管水准器的零点。过零点相切于内壁圆弧的纵向切线，称为水准管轴，用 L-L 表示。当气泡中心与零点重合时，称气泡居中。为了使望远镜视准轴 C-C 水平，水准管安装在望远镜左侧，并满足 $LL /\!/ CC$。当水准管气泡居中时，LL 处于水平，CC 也就随之处于水平位置。这是水准仪应满足的重要条件。沿水准管纵向对称于 O 点间隔 2mm 弧长刻一分划线。两刻线间弧长所对的圆心角，称为水准管的分划值，见图 3-6（b），用 τ 表示。它表示气泡移动一格时，水准管轴倾斜的角值，即：

$$\tau''=2\text{mm}\times\rho''/R \tag{3-6}$$

式中，$\rho''=206265''$；R 为水准管内壁的曲率半径。

DS_3 型水准仪的水准管分划值为 $20''/2\text{mm}$。水准管的内壁半径愈大，角值就愈小，视线置平的精度愈高。但水准管的置平精度还与水准管内壁的研磨质量、液体的性质和气泡的长度有关。在这些因素的综合影响下，使气泡移动 0.1 格时，水准管轴所变动的角值称为水准管的灵敏度。能够被气泡的移动反映出水准管轴变动的角值愈小，水准管的灵敏度就愈高。

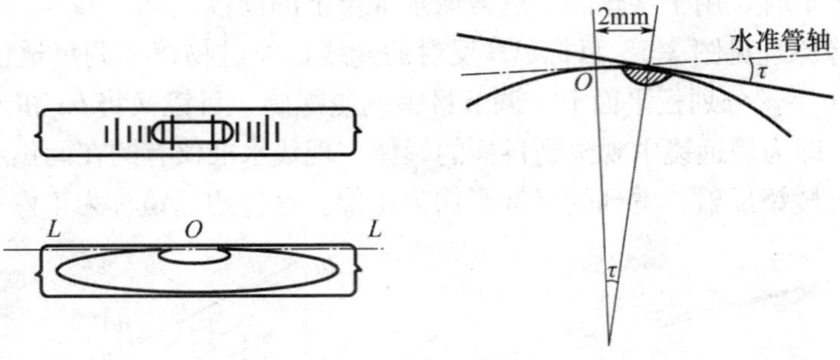

图 3-6 管水准器的构造与分划值

（a）构造；（b）分划值

为提高气泡居中精度和速度，水准管上方安装一组符合棱镜，见图 3-7（a）。通过符合棱镜的反射作用，将气泡同侧两端的半个气泡影像反映到望远镜旁的观察窗中。若气泡不居中，两端气泡影像将错开，见图 3-7（b）。这时需要转动微倾螺旋，左侧气泡移动方向与螺旋转动方向一致，直到气泡影像吻合，见图 3-7（c），表示气泡居中。这种水准器称为符合水准器。

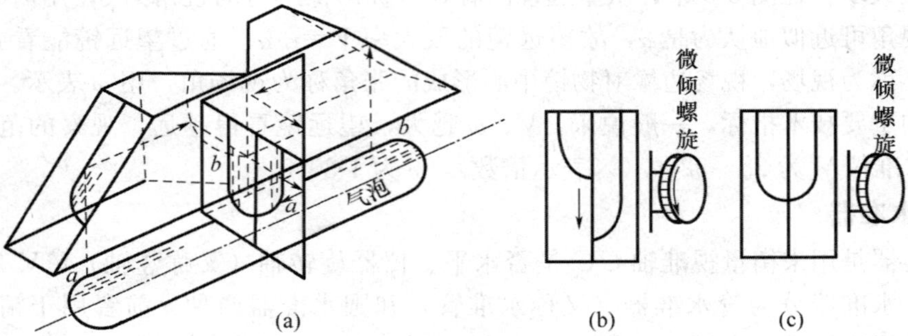

图 3-7 符合水准器棱镜系统

（a）符合棱镜；（b）气泡不居中；（c）气泡居中

（2）圆水准器见图 3-8，是一个封闭的圆形玻璃容器，顶盖的内表面为一球面，内注有乙醚类液体。球面中央有一圆圈，其圆心称圆水准器零点，过零点的球面法线$L'L'$称圆水准器轴。圆水准器装在托板上，并使$L'L'$平行仪器旋转轴VV，即$L'L'//VV$，气泡居中时，$L'L'$与VV处于铅垂位置。气泡由零点向任意方向偏离 2mm，$L'L'$相对于铅垂线倾斜一个角值τ'，称为圆水准器分划值。DS_3型水准仪的分划值$\tau'=8'\sim 10'/2mm$。

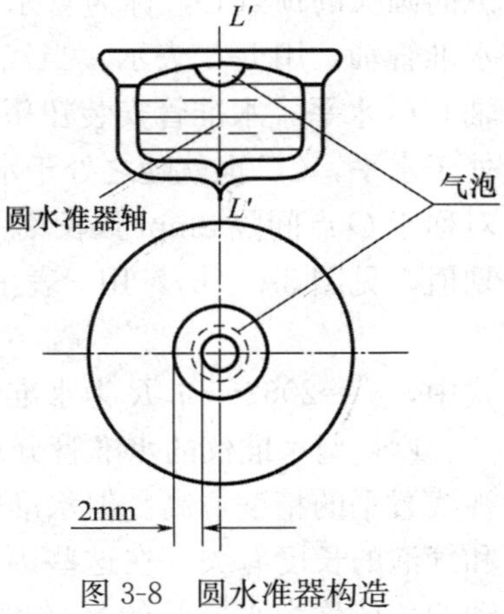

图 3-8 圆水准器构造

3. 基座

基座的作用是支承仪器的上部并与三脚架连接。基座主要由轴座、脚螺旋和连接板组成。仪器上部结构通过竖轴插入轴座中，由轴座支承，用三个脚螺旋与连接板连接。整个仪器用中心连接螺旋固定在三脚架上，脚螺旋是用来整平仪器的。

3.3.2 水准尺和尺垫

水准尺是用干燥木料或玻璃纤维合成材料制成，一般长约 3～4m，按其构造不同可分为折尺、塔尺、直尺等数种。折尺可以对折，塔尺可以缩短，这两种尺运输方便，但其接头处容易损坏，影响尺长的精度，所以三、四等水准测量规定只能用直尺。为使尺子不弯曲，其横剖面做成丁字形、槽形、工字形等。尺面每隔 1cm 涂有黑白或红白相间的分格，每分米有数字注记。为倒像望远镜观测方便起见，注字常倒写。尺子底面钉以铁片，以防磨损。水准尺一般式样见图 3-9。

三、四等水准测量采用的尺长为 3m，是以厘米为分划单位的区格式木质双面水准尺。双面水准尺的一面分划黑白相间称为黑面尺（也称主尺），另一面分划红白相间称为红面尺（也称辅助尺）。黑面分划的起始数字为“零”，而红面底部起始数字不是“零”，一般为 4 687mm 或 4 787mm。该尺成对购买。为使水准尺能更精确地处于竖直位置，可在水准尺侧面装一个圆水准器。

作为转点用的尺垫［或称尺台，见图 3-10（a）］是用生铁铸成，一般为三角形，中央有一个突起的圆顶，以便放置水准尺，下有三个尖脚可以插入土中。尺垫应重而坚固，方能稳定。在土质松软地区，尺垫不易放稳，可用尺桩［或称尺钉，见图 3-10（b）］作为转点。尺桩长约 30cm，粗 2～3cm，使用时打入土中，比尺垫稳固，但每次需用力打入，用后又需拔出。

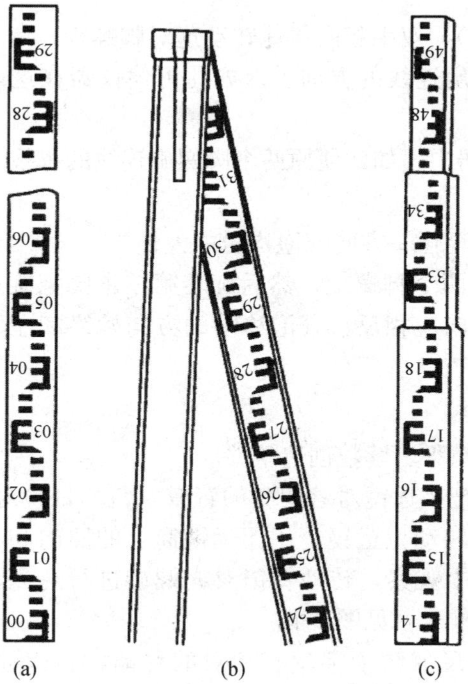

(a) (b) (c)

图 3-9 水准尺

（a）直尺；（b）折尺；（c）塔尺

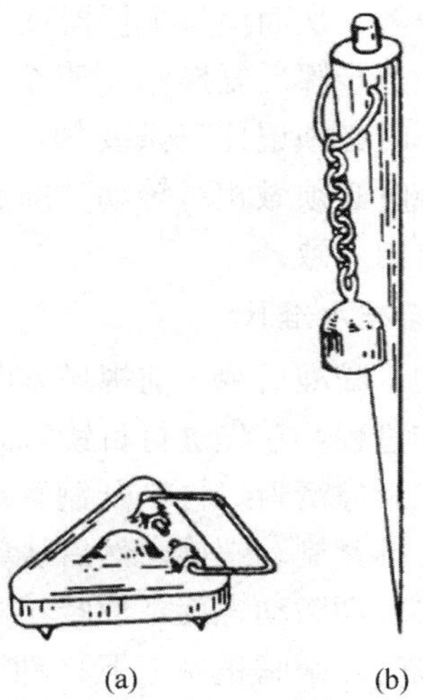

(a) (b)

图 3-10 尺垫与尺桩

（a）尺垫；（b）尺桩

一、二等水准测量使用尺长更稳定的铟瓦水准尺，这种水准尺的分划是漆在铟瓦合金带上，铟瓦合金带则以一定的拉力引张在木质尺身的沟槽中。这样铟瓦合金带的长度不会受木质尺身伸缩变形的影响。

3.4 水准仪的使用

水准仪的操作和使用，以及水准尺和尺垫的使用，是水准测量一项基本操作要求。通过具体操作，能理论联系实际，加深对仪器三大组成部分（望远镜、水准器、基座）功能的认识，达到正确使用仪器的目的。使用水准仪的基本程序是：在适当位置安置水准仪，整平视线后读取水准尺上的读数。微倾式水准仪的操作应按下列步骤和方法进行。

1. 安置水准仪

目的：将仪器脚架快速、稳定地安置到测站位置，使其高度适中、架头粗平，并安置水准仪于三脚架头上。

操作过程：旋松脚架腿三个伸缩固定螺旋，抽出活动腿至适当高度，拧紧架腿上的固定螺旋；张开架腿使脚尖呈等边三角形，摆动一架腿（做圆周运动）使架头大致水平，踏实脚架。然后取出水准仪，置于三角架头上用连接螺旋将仪器牢固地连在三脚架头上。一般要使基座连接板三边与架头三边对齐。在斜坡上安置仪器时可调节位于上坡或下坡一架腿长短来安置脚架。

2. 仪器的粗略整平

目的：将仪器竖轴 VV 置于铅垂位置，这样视准轴 CC 就大致置平。

操作过程：

（1）任选两个脚螺旋 1、2（图 3-11），双手相向等速转动这对脚螺旋，使气泡移到通过圆水准器零点并垂直于这两个脚螺旋连线的方向上。如此可使仪器在这两个脚螺旋连线的方向处于水平位置。

（2）转动另一个脚螺旋 3，使气泡居中。如此使原两个脚螺旋连线的垂线方向亦处于水平位置，从而使整个仪器置平。

按上述步骤反复操作，直至仪器转至任一方向气泡均居中为止。

操作时必须记住三条要领：先旋转两个脚螺旋，然后旋转第三个脚螺旋；旋转两个脚螺旋时必须做相对转动，即旋转方向应相反；气泡移动的方向始终和左手大拇指移动的方向一致。

3. 瞄准水准尺

目的：瞄准后视、前视尺方向，为精平、读数创造条件。

操作过程：首先进行目镜对光，即把望远镜对着明亮的背景，转动目镜对光螺旋，使十字丝影像清晰。再松开制动螺旋，转动望远镜，用望远镜筒上的照门和准星瞄准水准尺，拧紧制动螺旋。然后从望远镜中观察，转动物镜对光螺旋进行对光，使目标清晰，再转动微动螺旋，使竖丝对准水准尺，见图 3-12。

观测时，眼睛稍做上下移动，如果尺像与十字丝有相对的移动，即读数有改变，则表示有视差存在，见图 3-13。照准目标时必须消除视差。产生视差的原因是目标成像的平面和十字丝平面不重合，尺像没有落在十字丝平面上。存在视差时不可能得出准确的读数，因此必须加以消除。消除的方法是重新仔细地进行物镜、目镜调焦，使尺子的影像直接成像在十字丝分划板上，从目镜端见到十字丝与目标的像都十分清晰，这样眼睛上下移动，直至读数都不会改变为止。

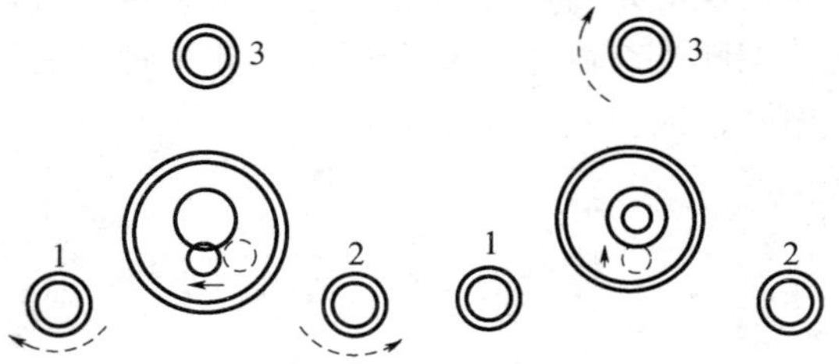

图 3-11 圆水准器整平

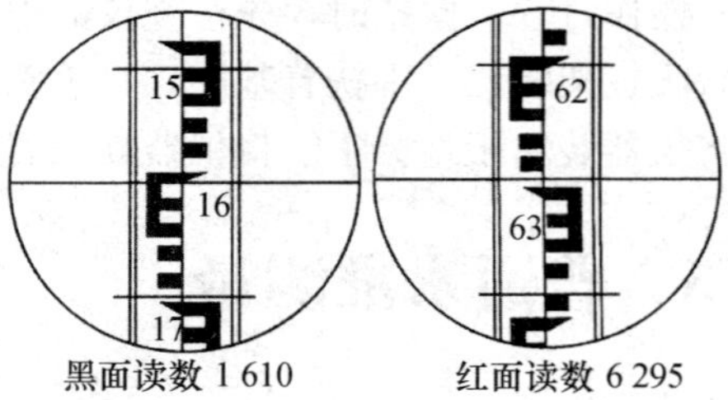

图 3-12 望远镜视场与水准尺读数

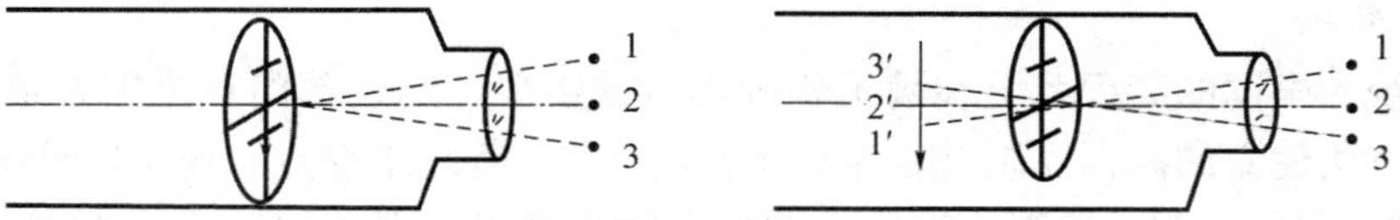

图 3-13 视差影响

4. **精确整平**

目的：将照准方向的视线精确置平。

操作过程：调节微倾螺旋，使符合水准器气泡两半弧影像符合成一光滑圆弧（图 3-7），这时视准轴在瞄准方向处于精密水平。

由于微倾螺旋旋转时，经常在改变望远镜和竖轴的关系，当望远镜由一个方向转变到另一个方向时，水准管气泡一般不再符合。所以望远镜每次变动方向后，也就是在每次读数前，都需要用微倾螺旋重新使气泡符合。

5. **读数**

目的：在标尺竖直、气泡居中、方向正确的前提下读取中横丝截取的尺面数字。

操作过程：读取十字丝中间的横丝对应的水准尺读数。

从尺上可直接读出米、分米和厘米数，并估读出毫米数，所以每个读数必须有四位数。如果某一位数是零，也必须读出并记录，不可省略，如 1.002m、0.007m、2.100m 等。不管水准仪采用的是正像望远镜还是倒像望远镜，从望远镜内读数时都应由小数向大数估读。例如，图 3-12 中，读数分别为 1608、6295。读数前应先认清水准尺的分划特点，特别应注意与注字相对应的分米分划线的位置。为了保证得出正确的水平视线读数，在读数前和读数后都应该检查气泡是否符合。另外，精平后应马上读数，速度要快，以减少气泡移动引起的读数误差。

6. **扶尺**

目的：将水准尺立于测点的铅垂线位置。

操作过程：竖立标尺时要求做到竖直、稳当。水准尺左右倾斜容易在望远镜中发现，可及时纠正。当水准尺前后倾斜时，观测员难以发现，导致读数偏大。所以扶尺员应站在尺后，双手握住把手，两臂紧贴身躯，如果水准尺上有水准器，则可以借助水准尺上的水准器将尺铅直立在测点上。使用尺垫时，应事先将尺垫踏紧，将尺立在半球顶端。使用塔尺时，要注意防止尺段下滑而造成读数错误。

7. 搬站

目的：将仪器顺利、安全地转移到下一测站。

操作过程：搬站时，先检查仪器中心连接螺旋是否固定可靠，将脚螺旋调至等高，然后收拢架腿，一手扶着基座，一手斜抱着架腿夹在腋下，安全搬站。如果地形复杂，应将仪器装箱搬站。不能将仪器扛在肩上搬站，以免发生仪器事故。

3.5 普通水准测量

3.5.1 普通水准测量的外业

1. 水准点

为了统一全国的高程系统和满足各种测量的需要，测绘部门在全国各地埋设并用水准测量方法建立的高程控制点称为水准点，这就是等级水准点（Bench Mark），简称“BM”，它是引测高程的依据。需要长期保存的水准点一般用混凝土或石料制成标石，中间嵌一个半球形金属标志，埋设在冰冻线以下 0.5m 左右的坚硬土基中，并设防护井保护，称永久性水准点，见图 3-14，亦可埋设在岩石或永久性建筑物上。使用时间较短的，称为临时水准点。一般用混凝土标石埋设，或用大木桩顶面加一帽钉打入地下，并用混凝土固定，亦可在岩石或建筑物上用红漆标记，见图 3-15。

为便于寻找水准点，在水准点选埋后，应绘出水准点与附近固定建筑物或其他地物的点位关系图并编号，称为点之记，见图 3-16。水准点编号前通常加 BM 字样，作为水准点的代号。

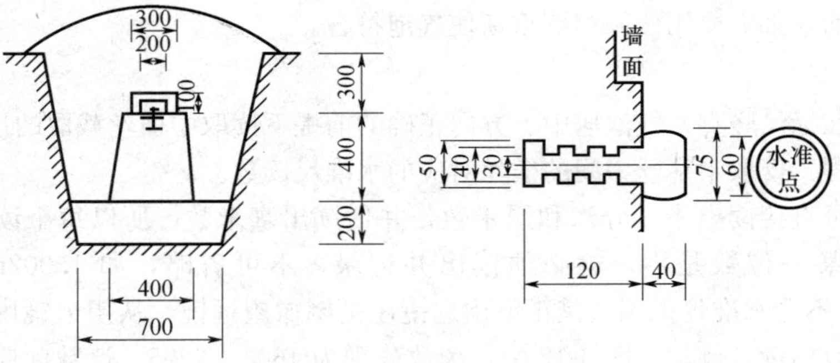

图 3-14　永久性水准点

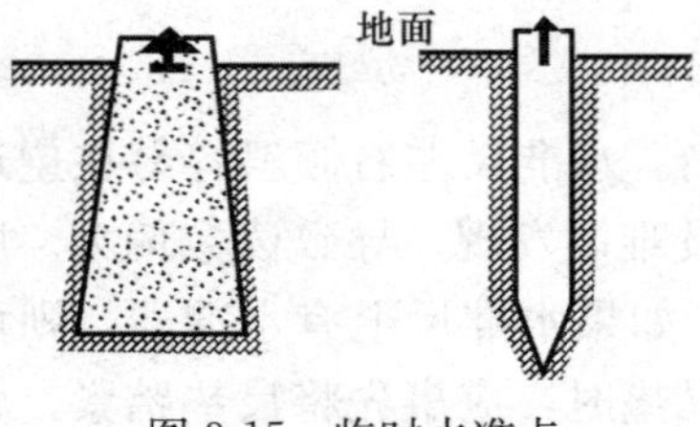

图 3-15　临时水准点

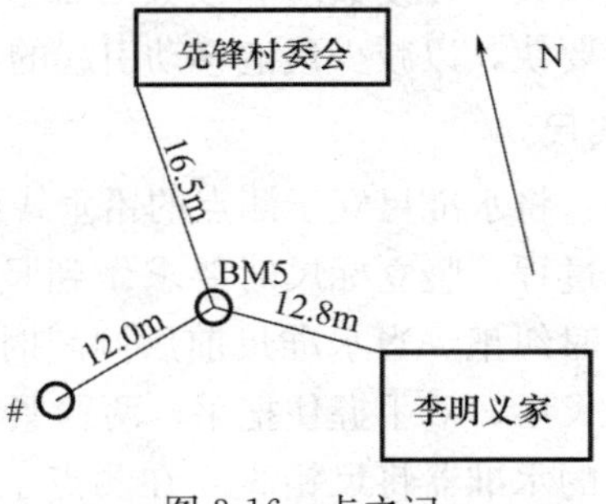

图 3-16　点之记

2. 水准路线

水准测量进行的路径称为水准路线。选定水准路线必须根据作业的任务要求，综合考虑测量的精度、工期、测区状况、资金等因素，选择合适的水准路线布设形式和水准线路，同时考虑水准点位置。通常水准路线可布设成以下几种形式。

（1）附合水准路线：是水准测量从一个高级水准点开始，结束于另一高级水准点的水准路线。这种形式的水准路线可使测量成果得到可靠的检核，见图 3-17（a）。

（2）闭合水准路线：是水准测量从一已知高程的水准点开始，最后又闭合到该起始点上的水准路线。这种形式的水准路线也可以使测量成果得到检核，见图 3-17（b）。

（3）支水准路线：又称支线水准，是由一已知高程的水准点开始，最后既不附合到另外一个已知高程的水准点，也不闭合到本身的一种水准路线。这种形式的水准路线由于不能对测量成果自行进行检核，因此必须进行往测和返测，或用两组仪器进行同时观测，见图 3-17（c）。

（4）水准网：当几条附合水准路线或闭合水准路线连接在一起时，就形成了水准网，见图 3-17（d）、（e）。水准网可使检核成果的条件增多，因而可提高成果的精度。水准网多用于面积较大的测区。

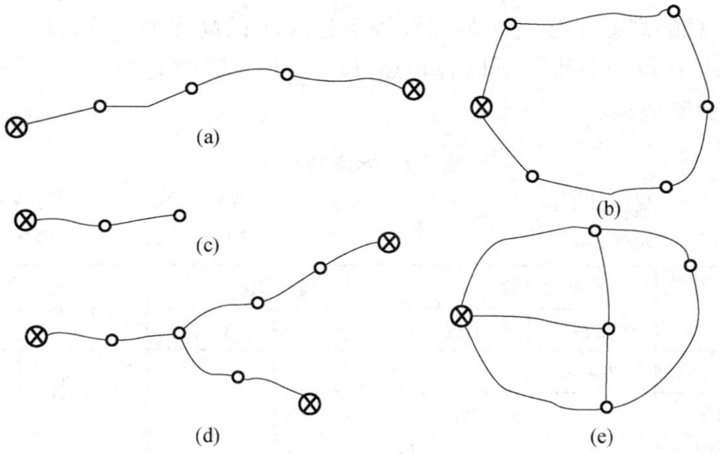

图 3-17　水准路线的布设

水准测量的线路应尽可能沿各类道路选择，使路线通过的地面坚实可靠，保证仪器和标尺稳定，线路的坡度要尽量小，以减少测站数，保证观测精度。

3. 水准测量的实施

水准测量施测方法见图 3-18。图中 A 为已知高程的点，B 为待求高程的点。首先在已知高程的起始点 A 上竖立水准尺，在测量前进方向离起点不超过 200m 处设立第一个转点 TP_1，必要时可放置尺垫，并竖立水准尺。在离这两点等距离处 1 安置水准仪。仪器粗略整平后，先照准起始点 A 上的水准尺，用微倾螺旋使气泡符合后，读取 A 点的后视读数。然后照准转点 TP_1 上的水准尺，气泡符合后读取 TP_1 点的前视读数。把读数记入手簿，并计算出这两点间的高差。此后在转点 TP_1 处的水准尺不动，仅把尺面转向前进方向。在 A 点的水准尺和 1 点的水准仪则向前转移，水准尺安置在与第一站有同样间距的转点 TP_2，而水准仪则安置在离 TP_1、TP_2 两转点等距离处的测站 2。按在第 1 站同样的步骤和方法读取后视读数和前视读数，并计算出高差。如此继续进行直到待定高程点 B。

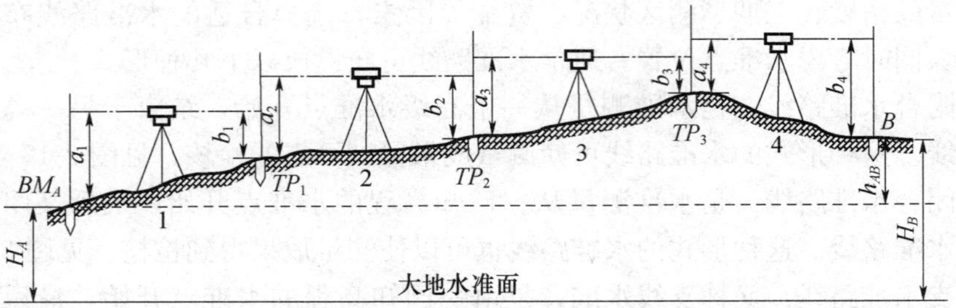

图 3-18　水准测量的外业实施

观测所得每一读数应立即记入手簿，水准测量手簿格式见表 3-1。填写时应注意把各个读数正确地填写在相应的行和栏内。例如仪器在测站 1 时，起点 A 上所得水准尺读数 a_1 应记入该点的后视读数栏内，照准转点 TP_1 所得读数 b_1 应记入 TP_1 点的前视读数栏内。后视读数减前视读数即可得 A、TP_1 两点的高差 h_1 记入高差栏内。以后各测站观测所得结果均按同样方法记录和计算。各测站所得的高差代数和 $\sum h$，就是从起点 A 到终点 B 总的高差。终点 B 的高程等于起点 A 的高程加上 A、B 间的高差。因为测量的目的是求 B 点的高程，所以各转点 TP_1、TP_2 等的高程不需计算。表 3-1 是某次水准测量的观测成果。

表 3-1　水准测量表

仪器型号：DS_3　观测日期：××××.××.××　观测：××　计算：××
仪器编号：050024　天气：××　记录：××　检核：××

测站	测点	水准尺读数（m）		高差（m）		高程（m）	备注
		后视	前视	（+）	（−）		
Ⅰ	A	2.418		0.892		500.000	已知高程点
	TP_1		1.526				
Ⅱ	TP_1	1.624		0.217			
	TP_2		1.407				
Ⅲ	TP_2	1.678		0.286			
	TP_3		1.392				
Ⅳ	TP_3	1.402			0.193	501.202	待定高程点
	B		1.595				
Σ		7.122	5.920	1.395	0.193		
计算检核	$\sum a-\sum b=+1.202$　$\sum h=+1.202$　$H_B-H_A=+1.202$						

4. 水准测量的检核

（1）计算检核

从表 3-1 水准测量手簿可以看出，B 点对 A 点的高差等于各转点之间的高差代数和，也等于后视读数之和减去前视读数之和，因此可以利用该原则来进行检核。表 3-1中：

$$\sum h=+1.202$$

$$\sum a-\sum b=+1.202$$

从上述两式结果相等可以知道，整个计算过程是正确的。

待求点 B 的高程与已知高程点 A 的高程之差，也应等于 Σh，即：

$$H_B-H_A=\sum h \tag{3-7}$$

从表 3-1 中可以看出，该条件是满足的。但是计算检核只能检查计算是否正确，并不能检核观测和记录是否存在错误。

（2）测站检核

如上所述，B 点的高程是根据 A 点的已知高程和各转点之间的高差计算得来的。若其中某个测站测错，B 点高程就会产生错误。为了检核前、后视读数的正确性，对每一站的结果都必须采取措施进行检核。这种检核称为测站检核。测站检核通常有变动仪器高法、双面尺法和双仪器法三种。

变动仪器高法又称为双仪高法，指的是在同一个测站上用两次不同的仪器高度，测得两次高差以相互比较进行检核。在一个测站上观测一次高差，然后，将仪器升高或降低 10cm 左右，再观测一次高差。当两次高差之差（也称较差）不超过容许值，取其平均值作为最后结果，否则必须重测。

双仪器法也就是在安置水准仪的测站点附近再安置另外一台仪器，两台仪器同时读取后尺和前尺上的读数，各自计算其高差。当两次高差之差（也称较差），不超过容许值，取其平均值作为最后结果，否则必须重测。

双面尺法指的是，在一个测站上，用同一仪器高分别观测水准尺黑面和红面的读数，获得两个高差，将这两个高差互相进行检核。若同一水准尺红面与黑面读数（加常数后）之差不超过 3mm，且两次高差之差不超过 5mm，则取平均值作为结果，否则应重测。

（3）成果检核

测站检核只能检核一个测站上是否存在错误或误差超限。对于一条水准路线来说，由于各种外界条件的影响，虽然在一个测站上反映不明显，但是如果测站数较多，由于误差的累积，有时可能会超过规定的限差。因此，还必须进行整个水准路线的成果检核。根据水准路线的不同，成果检核的方法也有所不同。对于附合水准路线，路线中各段高差的代数和，应等于两水准点间已知高差。如果不相等，实测高差的代数和 $\sum h_{测}$ 与高差理论值 $h_{理}$ 之差称为高差闭合差，用符号 f_h 表示，即 $f_h=\sum h_{测}-h_{理}$。如果该值不超过 $f_{h容}$，则表示测量成果符合要求；否则，不符合要求，必须重测。对于闭合水准路线，路线中各段高差的代数和，其理论值应等于 0。如果其值不等于 0，便产生高差闭合差，这个高差闭合差也不应超过容许值 $f_{h容}$。对于支水准路线，从一已知高程点出发，沿待定高程点进行测量，既不符合到另一已知高程的水准点，也不回到原水准点上，因此一般进行往返观测。理论上，这个往返观测所测高差应该绝对值相等，如果该两绝对值不相等，而是存在一个不为零的差值，则定义高差闭合差 $f_h=\sum h_{往}-(-\sum h_{返})=\sum h_{往}+\sum h_{返}$，该值也不应该超过容许值 $f_{h容}$。高差闭合差的容许值，对于不同等级的水准测量，要求不同。

三等水准测量：平地 $f_{h容}=\pm 12\text{mm}\sqrt{L}$；山地 $f_{h容}=\pm 4\text{mm}\sqrt{n}$。

四等水准测量：平地 $f_{h容}=\pm 20\text{mm}\sqrt{L}$；山地 $f_{h容}=\pm 6\text{mm}\sqrt{n}$。

图根水准测量：平地 $f_{h容}=\pm40\text{mm}\sqrt{L}$；山地 $f_{h容}=\pm12\text{mm}\sqrt{n}$。

上述三式中，L 为往返测段单程、附合或闭合水准路线长度，以 km 计；n 为单程测站数；$f_{h容}$ 以 mm 计。

3.5.2 普通水准测量的内业

水准测量的外业工作结束后，应对手簿中的记录和计算做认真检查，如外业成果符合精度要求，则可进行水准路线闭合差的计算及调整，以及计算各待定点的高程。这项工作称为水准测量的内业。水准测量的内业主要有下面三个步骤。

1. 高差闭合差的计算与测量的成果检核

水准测量的路线不同，高差闭合差的计算形式不同。

（1）附合水准路线

设某闭合水准路线的起、终点分别为 A、B，则两点间高差观测值之和的理论值应为：

$$h_{理附}=H_B-H_A \tag{3-8}$$

所以根据高差闭合差计算公式可得 $f_h=\sum h_{测}-(H_B-H_A)$，当这个值小于容许值 $f_{h容}$时，方能进入下一步的高差改正数的计算和闭合差的调整。

（2）闭合水准路线

由于闭合水准路线的起点与终点为同一点，所以其高差观测值之和的理论值应为 0，即：

$$h_{理闭}=0 \tag{3-9}$$

同样根据高差闭合差计算公式可得 $f_h=\sum h_{测}-0=\sum h_{测}$，只有当这个值小于容许值 $f_{h容}$时，方能进入下一步的高差改正数的计算和闭合差的调整。

（3）支水准路线

对于支水准路线，需要采用往返观测的方法，往返测高差的理论值应该是大小相等，但符号相反，即：

$$h_{理支}=\sum h_{往}-(-\sum h_{返})=0 \tag{3-10}$$

根据高差闭合差的计算公式可以得到 $f_h=\sum h_{往}-(-\sum h_{返})-0=\sum h_{往}+\sum h_{返}$，跟前面一样，需要检查这个值是否超限。

2. 高差闭合差的调整及高差改正数的计算

对于闭合水准路线和附合水准路线，当实际的高程闭合差在容许值以内时，可把闭合差分配到各测段的高差上。显然，高程测量的误差是随水准路线的长度或测站数的增加而增加，所以分配的原则是把闭合差以相反的符号根据各测段路线的长度或测站数按比例分配到各测段的高差上去。故各测段高差的改正数为：

$$v_i=-\frac{f_h}{\sum L}L_i \tag{3-11}$$

或

$$v_i=-\frac{f_h}{\sum n}n_i \tag{3-12}$$

式中，L_i 和 n_i 分别为各测段路线之长和测站数；$\sum L_i$ 和 $\sum n_i$ 分别为水准路线总长和测站总数。

在计算的时候，应注意将上面算得的结果一般凑整至 mm，并要利用改正数的理论和应该等于反符号的闭合差，即：

$$\sum v_i = -f_h \tag{3-13}$$

进行检验计算，若上式成立，则表明计算正确；若不成立，则表明计算有误，应重算。

对于支水准路线，当实际的高程闭合差在容许值以内时，取往返测高差的平均值作为观测成果，然后按往测路线或返测路线，用附合水准路线的方法进行计算。

将上述改正数加到原高差上，再利用高差与两点间高程的关系，可以计算各待测高程点的高程。

3. 水准测量内业计算实例

【例 3-1】 图 3-19 为一附合水准施测路线，表 3-2 是该附合水准路线的高差闭合差检核和分配以及高程计算表。附合水准路线上共设置了 5 个待定高程点，各待定高程点间的距离和实测高差均列于表中。起点和终点的高程为已知，实际测得的高差闭合差为＋0.075m，其绝对值小于容许高差闭合差±0.140m。表中高差闭合差是按距离分配的，改正数总和必须等于实际闭合差，但符号相反。实测高差加上高差改正数得各测段改正后的高差。由起点 BM1 的高程累计加上各测段改正后的高差，就得出相应各点的高程。最后计算出终点 BM2 的高程应与该点的已知高程完全符合。

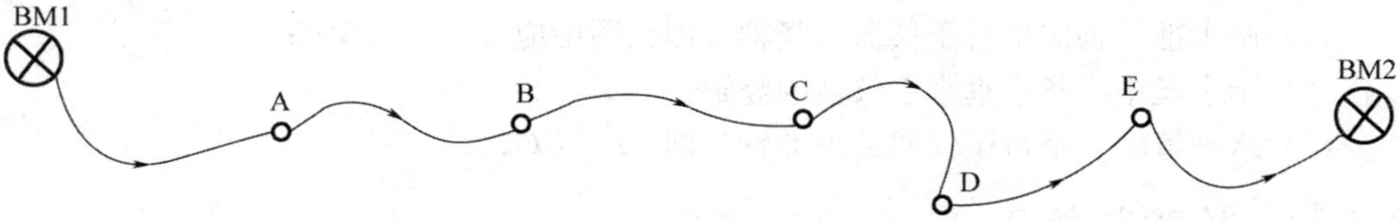

图 3-19 水准测量内业计算实例图

表 3-2 水准路线的高程计算

测段	测点	距离（km）	实测高差（m）	改正数（mm）	改正后的高差（mm）	高程（m）	备注
	BM1					63.475	BM1
BM1-A		1.9	＋1.241	－12	＋1.229		
	A					64.704	A
A-B		2.2	＋2.781	－14	＋2.767		
	B					67.471	B
B-C		2.1	＋3.244	－13	＋3.231		
	C					70.702	C
C-D		2.3	＋1.078	－14	＋1.064		
	D					71.766	D
D-E		1.7	－0.062	－10	－0.072		
	E					71.694	E
E-BM2		2.0	－0.155	－12	－0.167		
	BM2					71.527	BM2
Σ		12.2	＋8.127	－75	＋8.052		
辅助计算	$f_h=\sum h-(H_{终}-H_{起})=+8.127-(71.527-63.475)=+0.075\text{m}$ $f_{h容}=\pm 40\sqrt{L}=\pm 40\sqrt{12.2}=\pm 140\text{mm}$ $\because f_h<f_{h容}$ ∴精度符合要求 $v=-f_h/\sum L=-75\text{mm}/12.2\text{km}=-6\text{mm/km}$ $v_i=v\times L_i$ $\sum v=-0.075\text{mm}=-f_h$ 计算无误						

闭合水准路线的高差闭合差调整与例 3-1 相似，对于支水准路线，应将高差闭合差按相反的符号平均分配在往测或返测所得的高差值上。

【例 3-2】 在 A、B 两点间进行往返水准测量，已知 $H_A=8.475\text{m}$，$\sum h_{往}=+0.028\text{m}$，$\sum h_{返}=-0.018\text{m}$，A、B 间线路长 $L=3\text{km}$，求改正后的 B 点高程。

实测高差闭合差 $f_h=\sum h_{往}+\sum h_{返}=0.028-0.018=+0.010(\text{m})$。

容许高差闭合差 $f_{h容}=\pm 40\sqrt{L}=\pm 40\sqrt{3}=\pm 69(\text{mm})$，由于 $f_h<f_{h容}$，所以精度符合要求。

改正后往测高差 $\sum h'_{往}=\sum h_{往}+\dfrac{-f_h}{2}=+0.028-\dfrac{0.010}{2}=+0.023(\text{m})$。

改正后返测高差 $\sum h'_{返}=\sum h_{返}+\dfrac{-f_h}{2}=-0.018-\dfrac{0.010}{2}=-0.023(\text{m})$。

所以 B 点的高程 $H_B=H_A+\sum h'_{往}=8.475+0.023=8.498(\text{m})$。

3.6 微倾式水准仪的检验和校正

3.6.1 水准仪应满足的条件

根据水准测量的原理，水准仪应能提供一条水平视线，才能正确地测出两点间的高差。因此，其相应的轴线必须满足以下条件（参考图 3-20）：

（1）圆水准器轴应平行于仪器的竖轴，即在图中应有 $L'L'/\!/VV$；

（2）十字丝中横丝应垂直于仪器的竖轴；

（3）水准管轴应平行于仪器的视准轴，即 $LL/\!/CC$。

3.6.2 检验与校正

仪器出厂前，虽然经严格检验合格，但是经过搬运、使用、震动等因素影响，水准仪轴线的几何关系可能发生变化。为此，测量之前应对上述条件进行必要的检验校正。

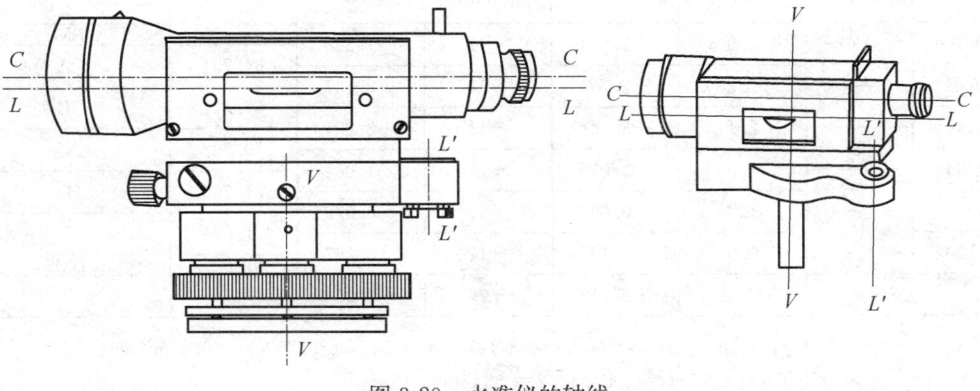

图 3-20 水准仪的轴线

1. 圆水准器的检验与校正

目的：圆水准器气泡居中时，竖轴便位于铅垂位置，视准轴处于粗平。

检验：旋转脚螺旋使圆水准器气泡居中，见图 3-21（a）。然后将仪器上部在水平方向绕竖轴旋转 180°，若气泡仍居中，则表示圆水准器轴已平行于竖轴，若气泡偏离中央则需进行校正，见图 3-21（b）。

校正方法：

（1）用脚螺旋使气泡向中央方向移动偏离量的一半，见图 3-21（c）；然后拨动圆水准器的校正螺旋（圆水准器校正装置的构造见图 3-22）使气泡居中，见图 3-21（d）。由于一次校正不易使圆水准器校正彻底，所以需重复上述的检验和校正，直到使仪器上部旋转到任何位置气泡都能居中为止。

（2）通过装在圆水准器下面的校正螺旋来实现。操作时，按整平圆水准器的方法，分别调动三个校正螺旋使气泡向居中位置移动偏移距离的一半，然后用脚螺旋将仪器整平即可。圆水准器中气泡的运动过程见图 3-21（c）、（d）。

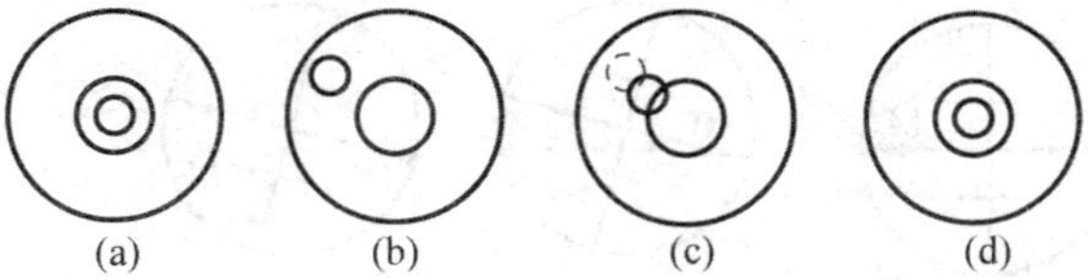

图 3-21 圆水准器的检验与校正

原理：若圆水准器轴与竖轴没有平行，构成一个 α 角，当圆水准器的气泡居中时，竖轴与铅垂线成 α 角，见图 3-23（a）。若仪器上部绕竖轴旋转 180°，因竖轴位置不变，故圆水准器轴与铅垂线成 2α 角，见图 3-23（b）。当用脚螺旋使气泡向零点移回偏离量的一半时，竖轴将变动一个 α 角而处于铅垂方向，而圆水准器轴与竖轴仍保持 α 角，见图 3-23（c）。此时拨动圆水准器的校正螺旋，使圆水准器气泡居中，则圆水准器轴亦处于铅垂方向，从而使它平行于竖轴，见图 3-23（d）。如果采用的是第二种校正方法，则是先使气泡向零点移回偏离量的一半，从而使圆水准器轴与竖轴平行，然后使仪器竖轴处于铅垂状态。

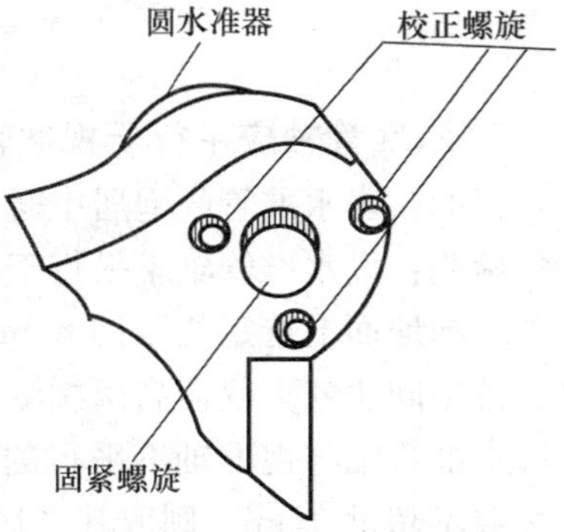

图 3-22 圆水准器校正装置的构造

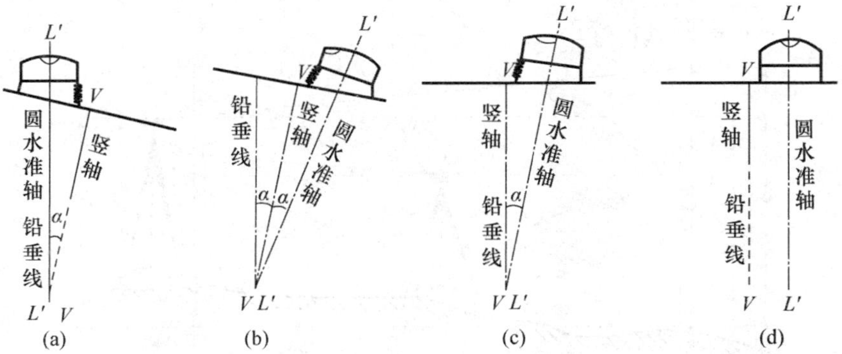

图 3-23 圆水准器检校原理

2. 十字丝中横丝的检验与校正

目的：当竖轴铅垂时，中横丝是一水平线，用横丝上任意位置读数，所得读数均相同。

检验：先用横丝的一端照准一个固定的目标 M [图 3-24（a）、（c）]，然后用微动螺旋转动望远镜，用横丝的另一端观测该目标。如果目标仍在横丝上 [图 3-24（b）]，则说明横丝已与竖轴垂直。若目标偏离了横丝或水准尺读数有变化 [图 3-24（d）]，则说明横丝与竖轴没有垂直，应予校正。

校正：用螺丝刀松开目镜筒固定螺钉（有的仪器有十字丝座护罩，应先旋下），见图 3-24（e），转动目镜筒（连同十字丝分划板座），使 P 点向横丝移动偏离值的一半，然后拧紧固定螺钉（旋上护罩）即可。

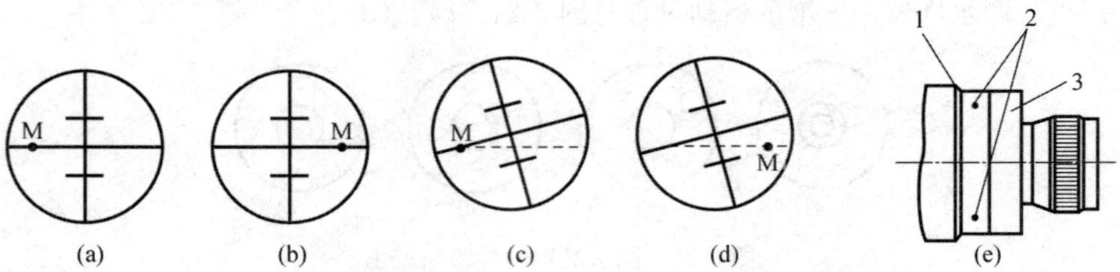

图 3-24　中横丝是否垂直于竖轴的检验与校正

1—物镜筒；2—目镜筒固定螺钉；3—目镜筒

3. 水准管轴应平行于视准轴的检验与校正

目的：当水准管气泡居中时，视准轴处于精确水平位置。

检验：设水准管轴不平行于视准轴，二者在竖直面内投影的夹角为 i，见图 3-25。在平坦的地面上选定相距约 80m 的 A、B 两点，在该两点上钉木桩，并在木桩上立标尺。按中间法变更仪器高两次测定 A、B 间的高差 $h_{AB}=a_1-b_1$，由于采用的是中间法，所以水准管轴与视准轴不平行的影响在计算高差时可以抵消。这样，如果两次所测高差之差不超过 3mm，则取其平均值作为正确高差 $\overline{h}_{AB}$。然后将水准仪搬到 A 点或 B 点外侧约 3m 位置，再次读取 A、B 上标尺读数 a_2、b_2，算得高差 $h'_{AB}=a_2-b_2$。如果 $h'_{AB}=\overline{h}_{AB}$，说明视准轴平行于水准管轴；如果 $h'_{AB}\neq\overline{h}_{AB}$，则两轴之间存在一个夹角 i。

$$i=(h'_{AB}-\overline{h}_{AB})\rho''/D_{AB}\quad(\rho''=206265'')\tag{3-14}$$

当 $i>20''$时，需要进行校正。

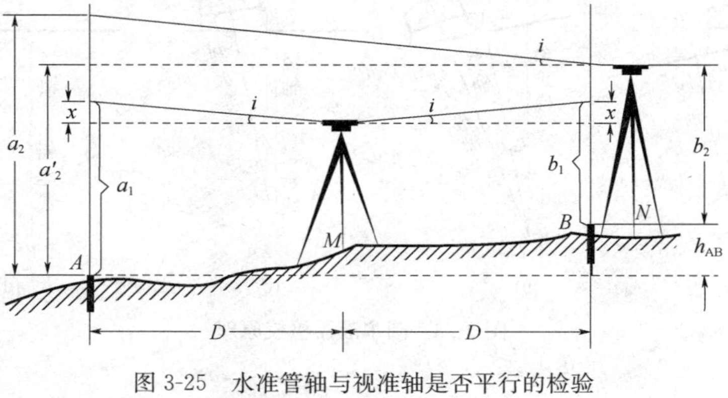

图 3-25　水准管轴与视准轴是否平行的检验

校正：因测站点 N 与 B 点相距很近，可以认为 b_2 读数无误差，根据 b_2 和正确高差 $\overline{h}_{AB}$，可算出 A 尺上应读的正确读数为 $a'_2=b_2+\overline{h}_{AB}$；然后转动微倾螺旋使横丝对准 a'_2 处，此时视准轴处于水平位置，但水准管气泡已不居中；这时用校正针松动符合水准器一端的左右两校正螺钉，然后拨动水准管的上、下两个校正螺钉，使气泡居中，即符合气泡吻合。最后拧紧左右校正螺钉即可。校正过程可对照图 3-26。需要注意的是，由于校正螺钉均为对抗螺钉，应遵循“先松后紧，边松边紧，最后固紧”的原则，以防损坏仪器。

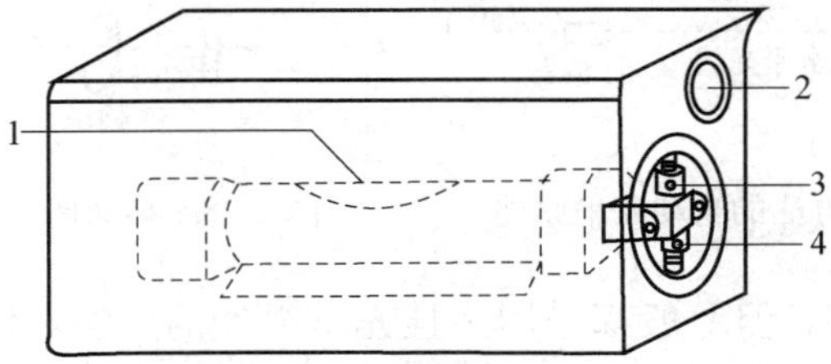

图 3-26　水准管的校正

1—气泡；2—气泡观察镜；3—上校正螺钉；4—下校正螺钉

3.7　现代水准仪和精密水准仪

3.7.1　自动安平水准仪

自动安平水准仪的最大特点是采用补偿器代替符合水准器和微倾螺旋。作业时只需用圆水准器粗略整平仪器，补偿器的灵敏元件就会在重力作用下，使水准尺上的影像或望远镜的十字丝相对移动，从而自动获得视线水平时的尺上读数。用这种仪器作业，可使读数精度更高，观测速度更快，大大提高了水准测量成果的质量。

1. 自动安平原理

自动安平水准仪自 20 世纪 50 年代初问世以来发展很快，现在各国生产的各种不同构造、不同型号的自动安平水准仪有几十种之多，但其基本原理可归纳为下列两种。

（1）移动十字丝的方法

在图 3-27 中，当仪器水平时，水平视线读数为 a，成像在十字丝交点 A。当视准轴倾斜一个小角 α 时（一般在 10′以内），则十字丝交点移至 P，正确读数 a 与物镜光心所连的水平视线将不会通过十字丝交点 P 而仍在 A 处，即实际读数位置 P 与正确的水平视线读数位置 A 产生了偏差。为补偿这一偏差，可在距十字丝板 s 处装置一个补偿器，能使水平视线偏转一个 β 角而刚好通过十字丝交点 P，这样，视准轴虽然倾斜，但十字丝交点 P 处的读数仍为视线水平时的读数 a。由于 α 和 β 角都很小，故从图中可得：

$$AP=l=\beta s=f\alpha$$

$$\frac{\beta}{\alpha}=\frac{f}{s}=v \tag{3-15}$$

式中，f 为物镜的等效焦距；s 为补偿器到十字丝的距离；v 为补偿器的放大系数。

从图 3-27 和式（3-15）可以看出：只要保持 v 为常数，就能使水平光线经补偿器后始终通过十字丝的交点，获得水平视线读数，从而起到自动安平的作用。

(2) 移动像点的方法

也可将补偿器置于倾斜视准轴上，使十字丝交点的影像移至水平视线位置 A 处，此时用十字丝交点读到的也将是正确读数 a，见图 3-28。为了达到以上补偿目的，补偿器也应该满足补偿条件式（3-15）。只要保持 v 为常数，水平方向上的像点就能通过十字丝交点，同样起到自动安平的作用。

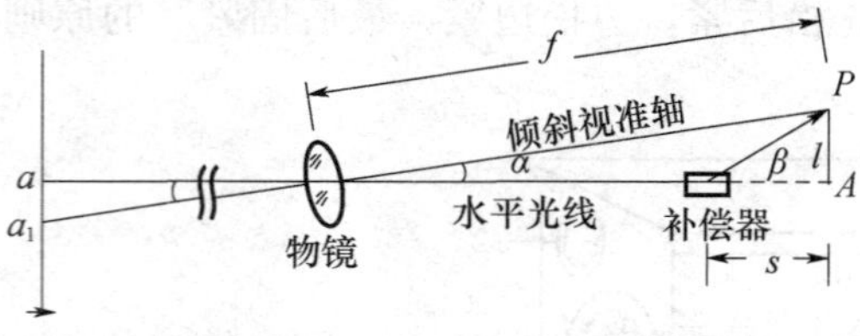

图 3-27　移动十字丝方法的自动安平原理

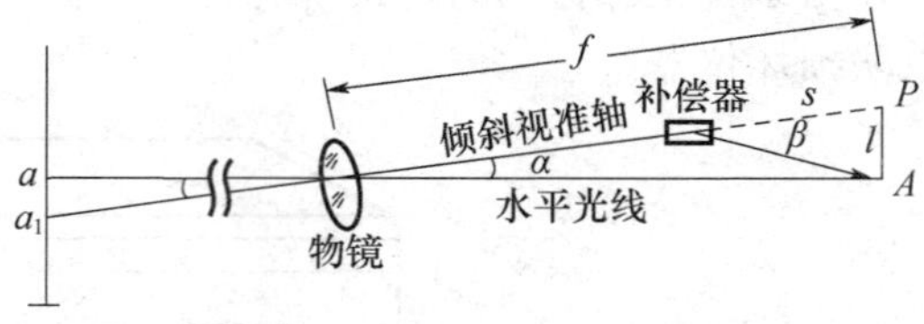

图 3-28　移动像点方法的自动安平原理

补偿器的种类很多，但一般都采用吊挂光学组件的方法，借助重力的作用使补偿器处于一理想设计位置，达到视线自动补偿的目的。所以，自动安平水准仪并不是将水准仪自动安平了，而是利用补偿器将水平视线所成的目标像引至分划板上的十字丝处，从而读得水平视线上的目标读数。

2. 补偿器的构造和补偿原理

图 3-29 是一台 DSZ_3 自动安平水准仪的结构简图。它是在调焦透镜与十字丝分划板之间装置补偿器。这种补偿器是将屋脊棱镜固定在望远镜筒内，在屋脊棱镜的下方用交叉的金属丝吊挂着两个直角棱镜，当望远镜有微小倾斜时，直角棱镜在重力的作用下，将与望远镜做相对的偏转。为了使吊挂的棱镜迅速稳定下来，还装置了阻尼器。

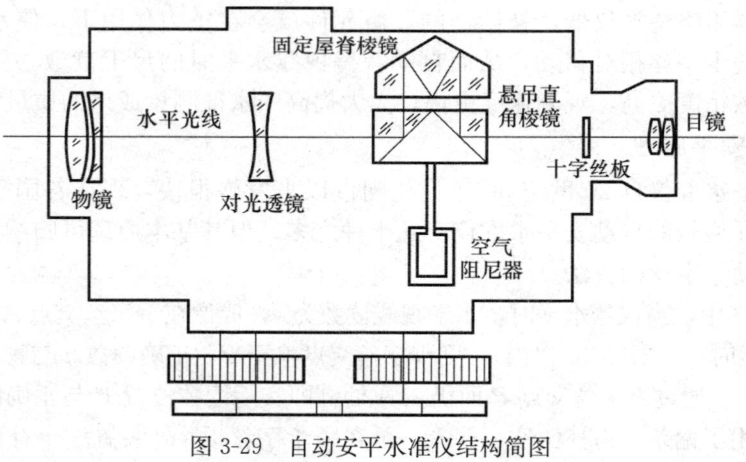

图 3-29　自动安平水准仪结构简图

见图 3-30，当望远镜倾斜一个小角 β 时，未经补偿的水平光线（用虚线表示，经过粗实线直角棱镜的折射）通过 P，而未到达十字丝交点 A 处。若补偿器发生作用，在重力作用下直角棱镜偏转 β 角至细实线位置。此时，水平光线经补偿后（用细实线表示，经细实线直角棱镜折射）刚好通过十字丝交点 A，即在望远镜倾斜状态下，在十字丝交点读得的仍是水平光线的读数 a。只有当视准轴的倾斜角 β 在一定范围内时补偿器才起作用，补偿器起作用的最大容许倾斜角称补偿范围。自动安平水准仪的补偿范围一般为 $\pm 8' \sim \pm 11'$，其圆水准器的分划值为一般为 $8'/2\text{mm}$，因此操作自动安平水准仪时只要旋转脚螺旋，将圆水准气泡居中，补偿器就起作用。由于补偿器相当于一个重摆，因此开始时会有些晃动（表现为十字丝相对于水准尺像的晃动），1～2s 后趋于稳定，即可在水准尺上进行读数。

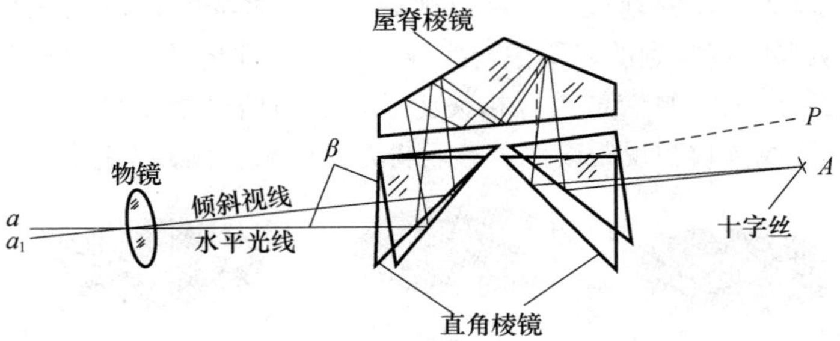

图 3-30 补偿器结构图

3. 自动安平水准仪的使用

自动安平水准仪的使用方法较微倾式水准仪简便。首先也是用脚螺旋使圆水准器气泡居中，完成仪器的粗略整平。然后用望远镜照准水准尺，即可用十字丝横丝读取水准尺读数，所得的就是水平视线读数。由于补偿器有一定的工作范围，即能起到补偿作用的范围，所以使用自动安平水准仪时，要防止补偿器贴靠周围的部件，不处于自由悬挂状态。有的仪器在目镜旁有一按钮，它可以直接触动补偿器。读数前可轻按此按钮，以检查补偿器是否处于正常工作状态，也可以消除补偿器有轻微的贴靠现象。如果每次触动按钮后，水准尺读数变动后又能恢复原有读数则表示工作正常。如果仪器上没有这种检查按钮，则可用脚螺旋使仪器竖轴在视线方向稍做倾斜，若读数不变则表示补偿器工作正常。由于要确保补偿器处于工作范围内，使用自动安平水准仪时应十分注意圆水准器的气泡居中。

3.7.2 电子水准仪

电子水准仪也称数字水准仪，它以自动安平水准仪为基础，是一种集电子、光学、图像处理、计算机技术于一体的自动化智能水准仪。见图 3-31，它由基座、水准器、望远镜、操作面板和数据处理系统等组成。与传统仪器相比有以下特点：①用自动电子读数代替人工读数，不存在读错、记错问题，没有人为读数误差；②精度高，多条码（等效为多分划）测量，削弱标尺分划误差，自动多次测量，削弱外界条件变化的影响；③速度快、效率高，实现自动记录、检核、处理和存储，可实现内外业一体化。它使水准测量作业向自动化方向迈进了一大步。当采用普通水准尺时，该仪器又可当作普通光学水准仪使用。

见图 3-32（a），在仪器的中央处理器（数据处理系统）中建立了一个对单平面上所形成的图像信息自动编码程序，通过望远镜中的光电二极管阵列（相机）摄取水准尺（条码尺）上的图像信息，传输给数据处理系统，自动地进行编码、释译、对比、数字化等一系列数据处理，而后转换成水准尺读数和视距或其他所需要的数据，并自动记录储存在记录器中或显示在显示器上。

电子（数字）水准仪的关键技术是自动电子读数及数据处理，目前各厂家采用了原理上相差较大的三种数据处理方案：徕卡（Leica）NA 系列采用相关法；蔡司 DiNi

系列采用几何法；拓普康（Topcon）DL 系列采用相位法，三种方法各有优劣。图 3-32（b）为采用相关法的徕卡 NA2000 数字水准仪的机械光学结构图。当用望远镜照准标尺并调焦后，标尺上的条形码影像射到分光镜上，分光镜将其分为可见光和红外光两部分，可见光影像成像在分划板上，供目视观测；红外光影像成像在线阵光电探测器（CCD）上，探测器将接收到的光图像转换成电信号，并传送给信息处理机，与机内事先存储好的标尺条形码本源信息进行相关比较，当两信号处于最佳相关位置时，即获得标尺上的水平视线读数和视距读数，最后将处理结果存储并送往屏幕显示。

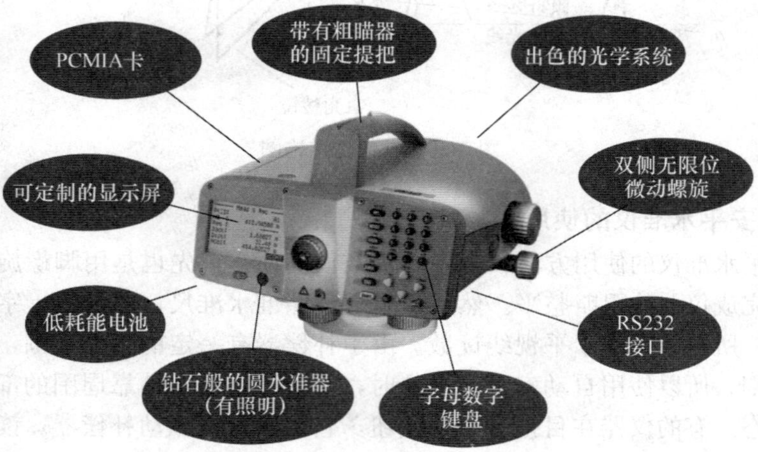

图 3-31 DNA03 中文电子水准仪

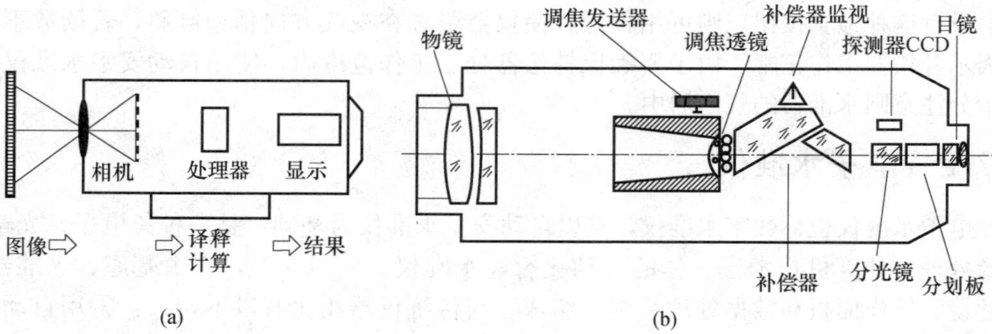

图 3-32 电子水准仪测量原理及结构图

（a）测量原理；（b）光学结构图

条码水准尺是与电子水准仪配套使用的专用水准尺，一般用铟瓦带尺、玻璃钢或铝合金制成单面或双面尺，形式有直尺和折叠尺两种，规格有 1m、2m、3m、4m、5m 几种。尺子的分划，一面为二进制伪随机码分划线（配徕卡仪器）或规则分划线（配蔡司仪器），分划线外形类似一般商品外包装上印制的条纹码。图 3-33 为与徕卡数字水准仪配套的条码水准尺，用于电子水准测量。双面尺的另一面为长度单位的分划线，用于常规水准测量。

电子水准仪的操作步骤同自动安平水准仪一样，分为粗平、照准、读数三步。以徕卡 DNA03 为例。首先是粗平，同普通水准仪一样，转动脚螺旋使圆水准器的气泡居中即可。而后打开仪器电源开关（开机），仪器进行自检。当仪器自检合格后显示器显示程序清单，此时即可进行测量工作。其次是照准，先转动目镜调焦螺旋，看清十字丝；照准标尺，转动物镜调焦螺旋，消除视差，看清目标。按相应键选择测量模式和测量程序。最后是读数，读数轻按一下测量按钮，显示器将显示水准尺读数；按测距键即可得到仪器至水准尺的距离。若按其他键，即可得到其他相应的数据。

3.7.3 精密水准仪与水准尺

精密水准仪主要用于国家一、二等水准测量和大型建（构）筑物的沉降观测，以及大型精密设备安装时的水平基准测量等。

精密水准仪（图 3-34）与普通水准仪相比，其不同之处主要有：①水准管灵敏度较高，即 τ 值较小，一般为 10″/2mm；②望远镜光学性能好，视场亮度大，放大率不小于 40 倍，物镜有效孔径大于 50mm，十字丝横丝刻制成楔形；③仪器结构稳定，特别是视准轴与水准管轴之间的联系相对稳定，仪器的主要构件均用特殊的合金钢制成，并装有起隔热作用的防护罩，受外界变化的影响很小；④仪器上装置有光学测微器及配备了一对精密因瓦合金水准尺，以提高测量精度。测微器的最小分划值不大于 0.1mm。另外，为使脚架坚固稳定，一般采用非伸缩式三脚架。

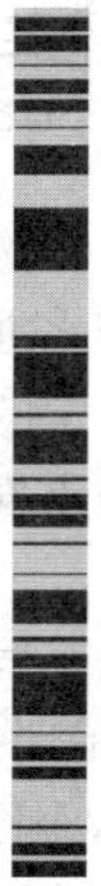

图 3-33　条码水准尺

光学测微器可以精确测定出 0.1～0.05mm 的读数。其工作原理见图 3-35。它由平行玻璃板 P、测微分划尺、传动杆、测微螺旋及测微读数系统构成。平行玻璃板装置在望远镜物镜前，通过传动杆与测微尺相连。当旋转测微螺旋时，传动杆推动平行玻璃板绕其轴 A（该轴与平行玻璃板的两个平面平行，且与望远镜的视准轴正交）仰俯，测微分划尺也随之转动。测微尺上有 100 个分格，它与水准尺上一整分格 10mm 或 5mm 相对应，因此测微器有两种，它们的测微尺格值分别为 0.1mm 和 0.05mm，可分别估读至 0.01mm 和 0.005mm。对于图 3-35，当平行玻璃板与水平视线正交时，视线将不受平行玻璃板的影响，对准水准尺上 B 处，读数应为 148（cm）$+a$。记为 a 值，需转动测微轮，使传动杆带动平行玻璃板绕 A 轴仰俯一个小的角度，由于受平行玻璃板折射的影响，此时水平视线就会向下或向上做平行移动。当视线下移对准水准尺上 148cm 分划线时，从测微尺上可读出 a 的数值。

(a)

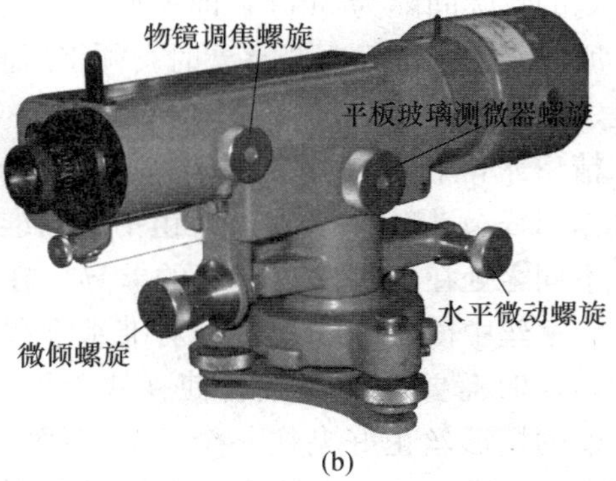

(b)

图 3-34　徕卡 N3 精密水准仪

（a）正像；（b）倒像

光学测微器可以制作成装置在望远镜筒内的内置式，也可制作成外套于望远镜物镜前的外挂式。

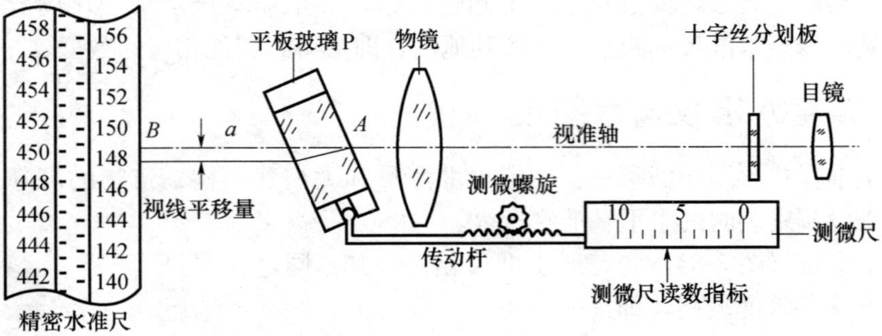

图 3-35　测微器原理

精密水准仪必须配套使用精密水准尺，见图 3-36。这种水准尺是在木质尺身的槽内，以一定的拉力引张一根因瓦合金带，在带上标有分划线，数字则注记在木质尺身上。精密水准尺的分格值有 10mm 和 5mm 两种，分别与装备相应测微器的水准仪配套使用。

根据不同的刻划注记方法，精密水准尺分为基辅分划尺和奇偶分划尺两种。图 3-36（a）是瑞士产的 Wild N3 水准仪使用的精密水准尺，其分划值为 1cm。水准尺全长约 3.2m，因瓦合金带尺上有两排分划，右边一排数字注记从 0cm 至 300cm，称为基本分划；左边一排数字注记从 300 cm 至 600cm，称为辅助分划。在尺子的同一高度基本分划与辅助分划的读数相差一个常数 K（$K=301.550$cm），称为基辅差，也称尺常数。利用尺常数可以检查读数是否存在粗差。这种水准尺称为基辅分划尺。图 3-36（b）是靖江 DS_1 水准仪和蔡司（Zeiss）Ni004 精密水准仪配套使用的水准尺，其分格值为 5mm。因瓦合金带尺上有两排分划，但该尺只有基本分划而无辅助分划。在因瓦合金带上两排刻划中，左边一排为奇数值，右边一排为偶数值，故称为奇偶分划尺。在木质尺身的右边注记为米数，左边注记为分米数。小三角形表示半分米处，长三角形表示分米的起始线。因为该尺上厘米分划的实际间隔为 5mm，即尺面值为实际长度的两倍，所以用该水准尺观测高差时，须将所测数字除以 2 才是实际高差值。

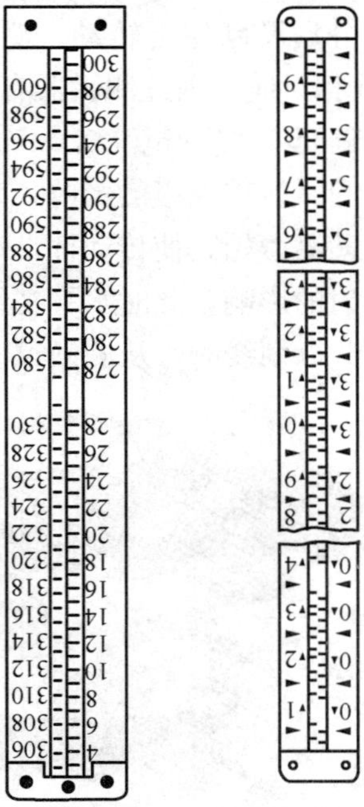

(a)　(b)

图 3-36　精密水准尺

（a）基辅分划尺；（b）奇偶分划尺

精密水准仪的使用方法与一般水准仪基本相同，其操作同样分为 4 个步骤，即粗平、瞄准、精平和读数。不同之处在于其读数方法的差异。在水准仪精平后，十字丝中横丝往往不恰好对准水准尺上某一整分划线，这时需要转动测微轮使视线上、下平行移动，十字丝的楔形丝正好夹住一个整分划线，被夹住的分划线读数为米、分米和厘米。而视线上下平移的距离（毫米数）则由测微器读数窗中读出。

图 3-37（a）是 N3 水准仪的视场图，楔形丝夹住的基本分划读数为 1.48m，测微尺的读数为 6.5mm，所以该次测量的水准尺全读数为 1.48＋0.00650＝1.48650（m）。图 3-37（b）是靖江 DS_1 水准仪的视场图，被夹住的分划线读数为 1.92m，视线在对准整分划过程中平移的距离显示在目镜右下方的测微尺读数窗内，从图中可以看到其读数为 1.50mm。所以该次测量的水准尺全读数为 1.92150m，但是该尺的实际读数还应将其全读数除以 2，即 1.92150/2＝0.96075（m）。

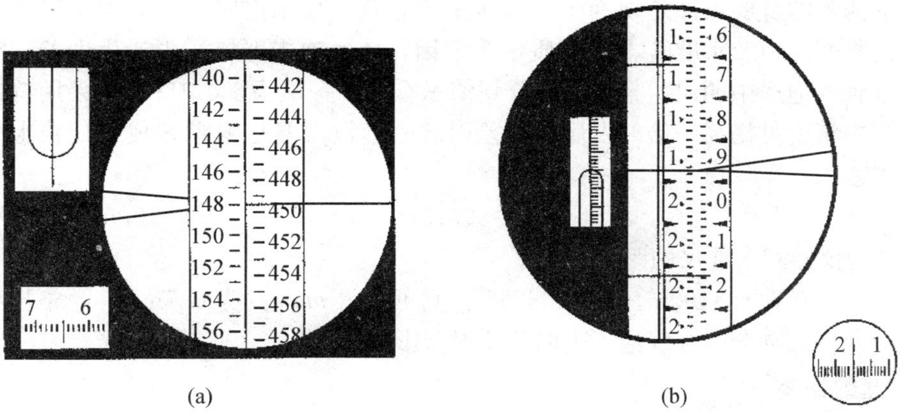

图 3-37 测微器的读数方法

（a）N3 水准仪视场图；（b）靖江 DS_1 水准仪视场图

3.8 水准测量误差来源及注意事项

水准测量误差产生的原因主要有三个方面，即仪器构造上的不完善、观测时观测人员感官灵敏度的限制、外界因素的影响。下面就此三方面做简要讨论，同时提出消除或削弱各种误差影响的方法。

3.8.1 仪器误差

1. 视准轴与水准管轴不平行引起的误差

仪器虽经过校正，但 i 角仍会有微小的残余误差。这种误差的影响与距离成正比，因此在测量时如能保持前视和后视的距离相等，这种误差就能消除，这也是在水准测量中为什么采用“中间法”的原因之一。当因某种原因在某一测站的前视（或后视）距离较大，那么就要在下一测站上使后视（或前视）距离较大，以使误差得到补偿。

2. 调焦透镜运行的误差

物镜对光时，调焦镜应严格按光轴前后移动。但由于仪器受振或其他原因的影响，调焦透镜光心移动的轨迹和望远镜光轴不重合，这将造成目标影像的偏移，导致不能正常读数。这项误差随调焦透镜位置不同而变化，如果在测量中保持前视后视距离相等，就可在前视和后视读数过程中不改变调焦，避免因调焦透镜移动而引起的误差。

3. 水准尺的误差

这项误差包括尺长误差、分划误差和零点差，直接影响读数和高差精度。经检定不符合规定要求的水准尺应禁止使用。尺长误差较大的尺，对于精度要求较高的水准测量，应对读数进行尺长误差改正。零点差是由尺的底部不同程度的磨损而造成的，对使用的水准尺，可采用在测段内设偶数测站的方法来加以消除。这是因为水准尺前后视交替使用时，零点误差对相邻两站高差的影响大小相等、符号相反。

3.8.2 观测误差

1. 水准管气泡居中误差

水准测量的首要条件是视准轴必须水平，它是利用水准管气泡居中来实现的。由于人眼的判断能力及水准管本身的质量等原因，使气泡未严格居中产生误差。实践证明，水准管气泡居中的误差与水准管分划值 τ 有关，一般为 $\pm 0.15\tau$，当采用符合水准器时，居中精度可提高一倍。由居中误差引起的读数误差与视距 S 成正比，水准尺上的读数误差为：

$$m_{居中}=0.15\tau S/2\rho'' \tag{3-16}$$

式中，S 为仪器到水准尺的距离。

若取 $\tau=20''$，$S=100\text{m}$，$\rho''=206265''$，则可算得 $m_{居中}$ 约为 0.7mm。严格控制视距长度，以及仔细吻合符合气泡可削弱此项误差影响。

2. 读数误差

在水准尺上估读毫米数的误差，主要取决于被望远镜放大后的尺上厘米分划间隔的像的宽度，即与望远镜的放大倍数、视距的长度及人眼的分辩能力有关，通常可以按式（3-17）计算：

$$m_V=\frac{60''}{V}\times\frac{S}{\rho''} \tag{3-17}$$

式中，V 为望远镜的放大率；60″为人眼的极限分辨能力。

当 $V=28$ 倍，$S=100\text{m}$ 时，m_V 约为 1.0mm。

3. 视差影响

当存在视差时，十字丝平面与水准尺影像不重合，随着眼睛观察的位置不同，便会在尺上读出不同的读数，因而会产生观测误差。避免这项误差的措施是进行仔细调焦来消除视差。

4. 水准尺倾斜误差

当水准尺竖立不直，左右倾斜时，很容易从望远镜中发现，并进行纠正；前后倾斜时，不能从望远镜中发现，前后倾斜导致尺上读数增大，见图 3-38，其误差可写成：

$$\Delta a=a_1-a=a_1\ (1-\cos\delta) \tag{3-18}$$

由式（3-18）可知，尺子倾斜角 δ 愈大，尺上读数 a_1 愈大，误差也愈大。当 $a_1=2\text{m}$，$\delta=3°$时，将会产生约 3mm 的读数误差。因此，作业时应保证标尺的竖直，从而削弱此项误差的影响。

3.8.3 外界因素的影响

1. 仪器和尺子的升沉误差

在水准测量过程中，由于仪器、尺子受重力作用会下沉，又由于土壤的弹性会使仪器、尺子上升，将引起高差误差。

仪器下沉（上升）对于观测结果的影响。见图3-39，当仪器的脚架随时间而逐渐下沉时，在读完后视读数转向前视读数的时间内，仪器下沉了Δ值，使测得的高差偏大Δ。为了消除或削弱这种误差的影响，可采用“后、前、前、后”（既先后视、再前视、继续前视再后视）的观测程序来解决。

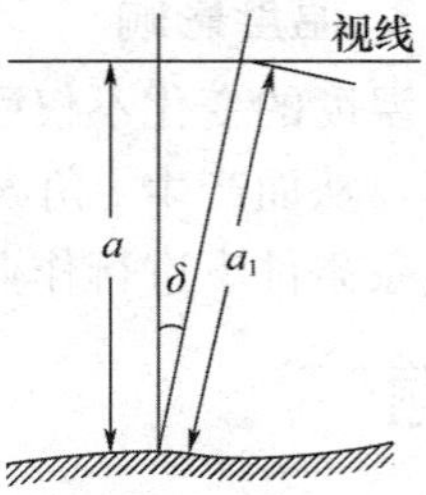

图3-38 水准尺倾斜误差

尺子下沉（上升）对于观测结果的影响。见图3-40，是在迁站的过程中，由原来的前视尺转为后视尺而产生下沉，总使后视尺读数偏大，使各测站的观测高差都偏大，成为系统性误差。这种误差的影响，当采用往返测的方法测高差，并取往返测高差的平均值作为结果时，可以得到有效削弱。

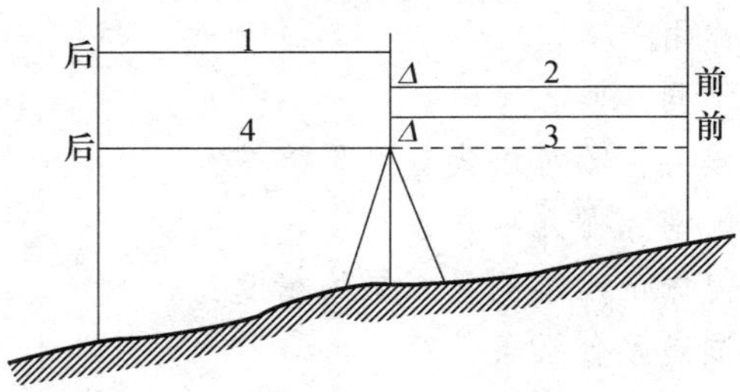

图3-39 仪器的升沉误差

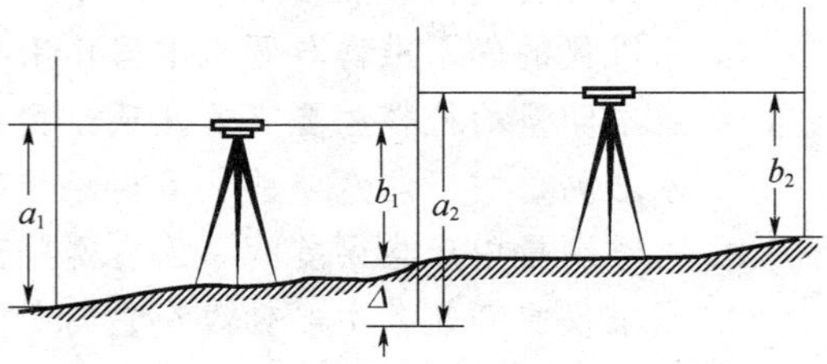

图3-40 尺子的升沉误差

2. 地球曲率与大气折光影响

见图3-41，水平视线在水准尺上的读数 a 应改算为相应水准面截于尺上的读数 a_1，此差值 $a-a_1=c$ 就是地球曲率改正。用水平视线代替大地水准面在尺上读数产生的误差 $c=D^2/2R$，其中 D 是仪器到水准尺的距离，R 是地球的平均半径。它对水准测量的影响可通过使测站的前、后视距离相等（即中间法）来消除。另外，由于地面大气层密度不匀，使仪器的水平视线产生折光弯曲而成一曲线，曲线在尺上截于 a_2 处，差值 $a-a_2=r$ 就是大气折光改正。大气折光所形成的曲线的曲率半径约为地球半径的7倍，所以 $r=D^2/(2\times7R)$，符号意义同前。在气象稳定的条件下，它对观测高差的影响也可通过使测站的前、后视距离相等来消除。但影响折光的因素很复杂，所以，减弱其影响的相应措施还有：限制视线长度；使视线离地面有足够的高度（不小于0.3m）；分上、下午两时段进行测量；往返测量等。大气折光和曲率半径的影响之和为 $f=c-r=(D^2/2R)-(D^2/14R)=0.43D^2/R$。

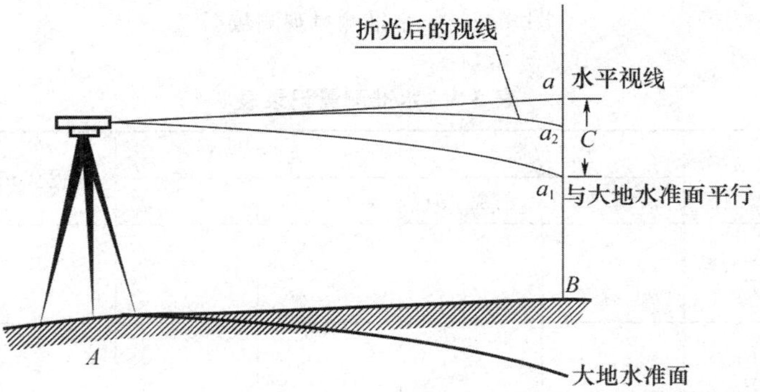

图3-41 地球曲率与大气折光影响

3. 温度影响

温度的变化不仅引起大气折光的变化，还会使仪器各部件产生不同程度的膨胀和收缩，从而产生 i 角误差、气泡居中误差等。因此，进行水准测量时，应尽量避免在不利气象条件下进行作业，在烈日照射下作业时，要撑伞遮阳，避免太阳直射仪器。

习题

1. 名词解释：视线高、望远镜视准轴、水准管轴、圆水准器轴、水准管分划值、圆水准器分划值、附合水准路线、闭合水准路线、支水准路线、水准点、高差闭合差。

2. 在同一测站上，前、后视读数之间，为什么不允许仪器发生任何位移？

3. 何为视差？产生视差的原因是什么？如何检查？怎样消除？

4. 什么是转点？转点在水准测量中起什么作用？

5. 水准仪的管水准器与圆水准器作用有何不同？

6. 水准测量的检核主要有哪几项？测站检核为何不可以代替成果检核？

7. 水准测量中，注意使前、后视距相等可以消除哪几项误差？

8. 水准测量中产生误差的原因有哪些？如何保证水准测量成果的精度？

9. 水准仪有哪几条主要轴线？它们之间应该满足什么条件？

10. 为什么在使用自动安平水准仪进行水准测量时，只需要将圆水准器气泡居中，即可进行测量？

11. 精密水准仪的读数方法和普通水准仪有什么不同？其最小读数的单位是什么？

12. 简述圆水准器、十字丝中横丝的检验和校正的原理与方法。

13. 设 A 点为后视点，B 点为前视点，若某次测量得后视读数 $a=1.135$m，前视读数 $b=1.485$m，问 A、B 两点的高差是多少？A、B 两点哪个更高？如果 A 点的高程 $H_A=203.145$m，那么 B 点的高程是多少？此站水准测量的仪器高是多少？

14. 图 3-42 为附合水准路线的外业测量实景断面图，请把图中的测量数据记录于水准测量记录表 3-3 中，并计算出 B 点的高程。水准测量的前进方向设置为 A-B。

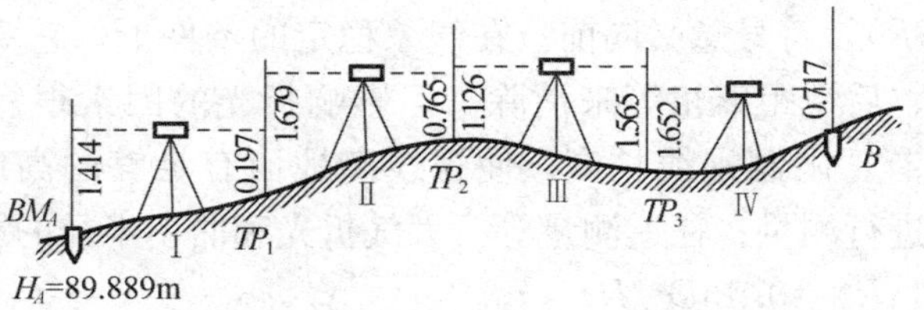

图 3-42 水准测量观测数据

表 3-3 水准测量记录表

测站	测点	水准尺读数		高差（m）		高程（m）	备注
		后视（a）	前视（b）	+	−		
Ⅰ	BM_A TP_1						已知高程点
Ⅱ	TP_1 TP_2						

续表

测站	测点	水准尺读数		高差（m）		高程（m）	备注
		后视（a）	前视（b）	+	−		
Ⅲ	TP_2 TP_3						
Ⅳ	TP_3 B						
辅助计算							

15. 某附合水准路线，见图 3-43，对各点的观测数据已列入水准路线高程计算表 3-4 中，试完成表格，并计算各点的高程（按距离分配高差闭合差）。

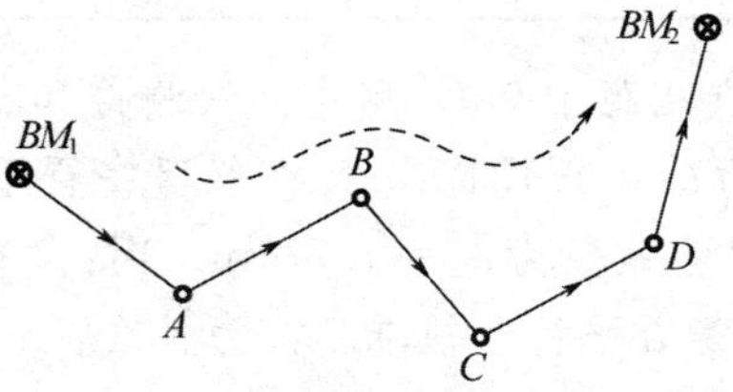

图 3-43 附合水准路线

表 3-4 水准路线高程计算表

测段	测点	距离（km）	实测高差（m）	改正数（mm）	改正后的高差（mm）	高程（m）	备注
	BM_1					98.211	已知高程点
BM_1-A		0.8	+2.363				
	A						
A—B		2.2	+4.411				
	B						
B—C		1.3	−3.121				
	C						
C—D		0.7	+1.665				
	D						
D—BM_2		1.1	−3.201				
	BM_2					100.363	已知高程点
Σ							
辅助计算							

16. 某闭合水准路线，见图 3-44，对各点的观测数据已列入水准路线高程计算表 3-5 中，试完成表格，并计算各点的高程（按测站数分配高差闭合差）。

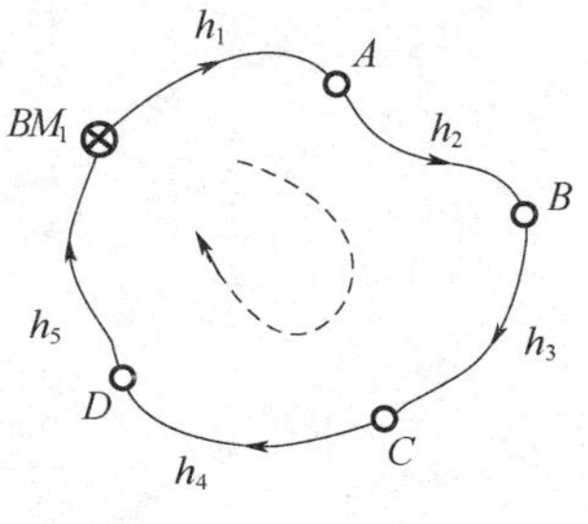

图 3-44 闭合水准路线

表 3-5　水准路线高程计算表

测段	测点	测站数	实测高差	改正数（mm）	改正后的高差（mm）	高程（m）	备注
	BM_1					129.257	已知高程点
BM_1-A		10	+1.254				
	A						
$A-B$		8	−1.478				
	B						
$B-C$		8	+1.733				
	C						
$C-D$		11	+1.665				
	D						
$D-BM_1$		12	−3.201				
	BM_1					129.257	已知高程点
Σ							
辅助计算							

17. 设地面上 A、B 两点相距 100m，用中间法测得其高差时，后视 A 点得读数 $a_1=1.335$m，前视 B 点读数为 $b_1=1.131$m，又将仪器安置于 B 点附近，测出 B 点上水准尺读数 $b_2=1.545$m，A 尺上读数为 $a_2=1.774$m。问：

（1）该水准仪水准管轴是否平行于视准轴？为什么？

（2）若仪器的水准管轴不平行于视准轴，那么视线偏于水平线的上方还是下方？这个偏离值有多大？需要校正吗？

（3）如需要校正，该如何校正？

4 角度测量

本章导读

【本章提要】 本章主要介绍角度测量的原理，光学经纬仪的构造、使用，水平角和竖直角的测量方法，经纬仪的检验和校正等基本内容。

【学习目标】 掌握角度测量的概念和测量原理，掌握水平角和竖直角观测方法与技巧，掌握不同方法水平角、竖直角观测相对应的计算方法，了解光学经纬仪的基本构造以及检验和校正，学会对水平角和竖直角的误差进行分析。

4.1 角度测量原理

4.1.1 水平角测量原理

水平角就是相交的两直线之间的夹角在水平面上的投影，角值0°～360°。例如在图4-1中，角 AOC 为直线 OA 与 OC 之间的夹角，测量中所要观测的水平角是 AOC 角在水平面上的投影，即 $\angle A_1O_1C_1$，而不是斜面上的 $\angle AOC$。

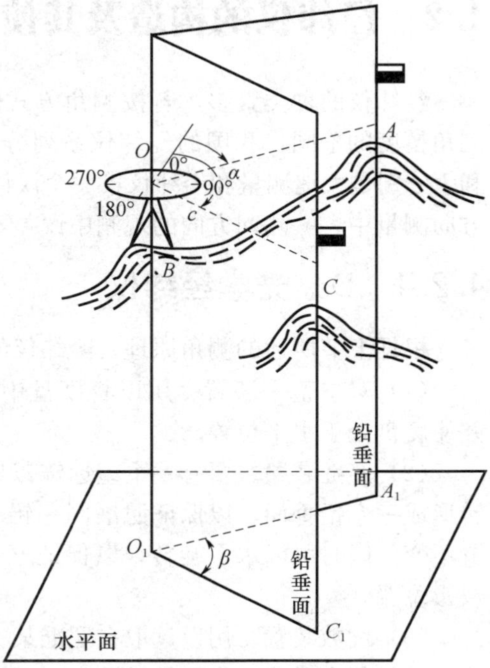

图 4-1　水平角测量原理

由图4-1可以看出，$\angle A_1O_1C_1$ 就是通过 OA 与 OC 的两竖面所形成的两面角。此两面角在两竖面交线 OO_1 上任意一点可进行量测。设想在竖线 OO_1 上的 O 点放置一个按顺时针注记的全圆量角器（称为度盘），使其中心正好在 OO_1 竖线上，并成水平位置。从 OA 竖面与度盘的交线得一读数 a，再从 OC 竖面与度盘的交线得另一读数 c，则 c 减 a 就是圆心角 β，即：

$$\beta = c - a$$

这个 β 就是水平角 $\angle A_1O_1C_1$ 的值。

包含水平度盘的仪器就是经纬仪，根据以上分析可知，用经纬仪观测水平角时，度盘中心应安放在过测站点的铅垂线上，并能使之水平。为了瞄准不同方向，经纬仪的望远镜应能沿水平方向转动，也能高低俯仰。当望远镜高低俯仰时，其视准轴应划出一竖直面，这样才能使得在同一竖直面内高低不同的目标有相同的水平读盘读数。

同时假设一个前进方向，设为 $A \to O \to C$，则 β 角度在前进方向的左边，定义为左角；当 β 在前进方向的右边时，即为右角，所以水平角根据前进方向有左、右角之分。同时读盘读数 a 为后视读数，c 为前视读数。左角为前视读数减去后视读数；右角为后视读数减去前视读数。

4.1.2 竖直角测量原理

竖直角是同一竖直面内视线方向与水平方向线之间的夹角，竖直角又称垂直角、高度角。见图 4-2，并规定视线上倾所构成的仰角为正值，下倾所构成的俯角为负值，竖直角取值范围为 0°～±90°。另一种表述竖直角的方法是指视线方向与铅垂线天顶方向之间的夹角，称为天顶距，其值为 0°～180°。天顶距与竖直角互余，即 $Z+\alpha=90°$，见图 4-2。

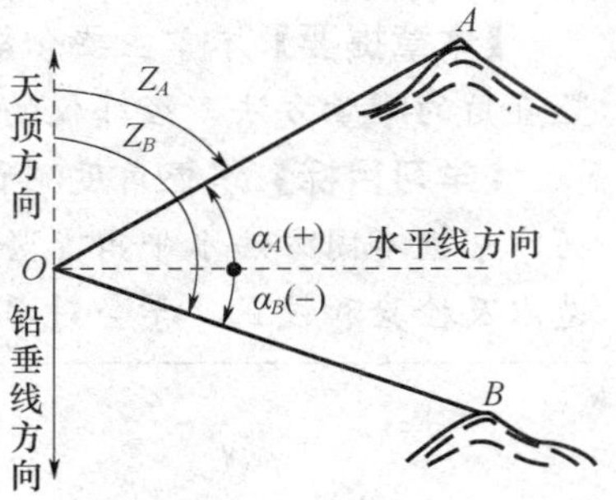

图 4-2 竖直角测量原理

根据竖直角的基本概念，测定竖直角必然也与观测水平角一样，其角值也是度盘上两个方向读数之差。所不同的是两方向中必须有一个是水平方向。不过任何注记形式的竖直度盘（简称竖盘），当视线水平时，其竖盘读数应为定值（如 0°、90°、180°、270°）。因此，在测量竖直角时，只需观测目标点方向并读取读数，便可算得该目标点的竖直角，而不必观测水平线方向。

4.2 经纬仪的构造及其使用

经纬仪的种类繁多，若按测角方式的不同，可分为光学经纬仪和电子经纬仪。按测角精度的不同，我国的经纬仪系列分为 DJ_{07}、DJ_1、DJ_2、DJ_6、DJ_{30} 等几个等级。D 和 J 分别是大地测量和经纬仪第一个汉语拼音的首字母，07、1、2、6、30 表示在水平方向测量中，一测回方向的观测中误差不超过的秒数。本节主要介绍普通光学经纬仪。

4.2.1 DJ_6 光学经纬仪

根据上节所述的测角原理，经纬仪的构造必须具有以下装置。

（1）对中整平装置。用以将度盘中心（即仪器中心）安置在测站点的铅垂线上，并使度盘处于水平位置。

（2）照准装置。要有一个望远镜以照准目标，即建立方向线。且望远镜可上下旋转形成一个铅垂面，以保证照准同一铅垂面上的不同目标时，其在水平面上的投影位置不变。同时可以水平旋转，以保证不在同一铅垂面上的目标，在水平面上有不同的投影位置。

（3）读数装置。用以读取在照准某一目标时水平度盘和竖直度盘的读数。

经纬仪中目前最常用的是 DJ_6 和 DJ_2 级光学经纬仪。图 4-3 是 DJ_6 级光学经纬仪的外观。下面分别说明光学经纬仪各种装置的具体构造。

1. **对中整平装置**

该装置包括三脚架、垂球或光学对点器、脚螺旋、圆水准器及管水准器。

三脚架的作用是用来支撑仪器。移动三脚架的架腿，可使仪器的中心粗略地位于测站点的铅垂线上，并使安装仪器的三脚架头平面粗略地处于水平。架腿一般可以伸缩，以便于携带，但也有不能伸缩的，其优点是较为稳定，故多用于精度较高的经纬仪。

垂球的作用是用来标志仪器是否对中的，它悬挂于连接三脚架与仪器的中心连接螺旋上。当仪器整平，即仪器的竖轴铅垂时，它即与竖轴位于同一铅垂线上。当垂球尖对准测站点的标志时，即表示竖轴的中心线及水平度盘的刻划中心与测站点在同一条铅垂线上。

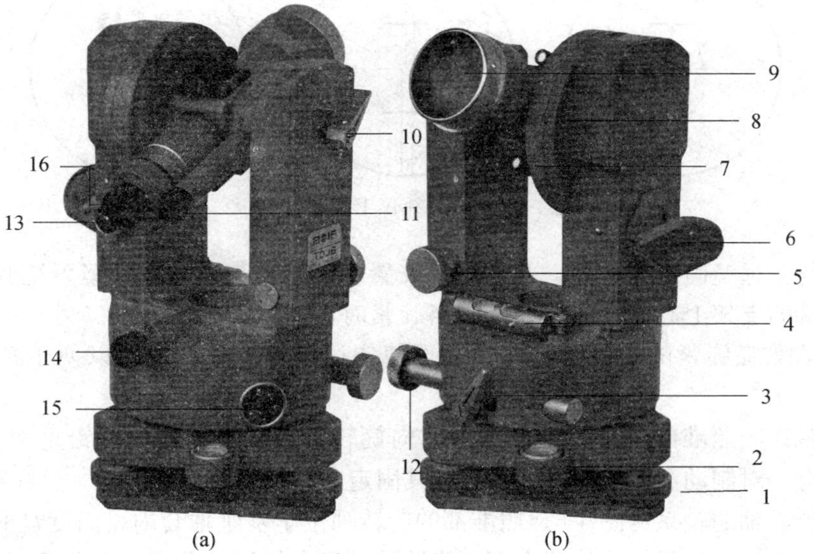

图 4-3 DJ_6 级光学经纬仪

1—三脚螺旋；2—圆水准器；3—水平制动螺旋；4—照准部水准管；5—竖直微动螺旋；6—度盘反光镜；7—望远镜粗瞄准星；8—竖直度盘；9—望远镜物镜；10—竖直制动；11—度盘读数窗口；12—水平微动螺旋；13—竖盘指标自动归零装置；14—光学对点器；15—水平度盘变换螺旋；16—望远镜目镜

光学对点器也是用来标志仪器是否对中的。其优点是不像垂球那样在对中时会受风力的影响，所以对中精度较垂球为高。它的构造见图 4-4。它是在一个平置的望远镜前面，安装一块直角棱镜。望远镜的视线通过棱镜而偏转 90°，以使其处于铅垂状态，且要保持与仪器的竖轴重合。当仪器整平后，从光学对点器的目镜看去，如果地面点与视场内的圆圈重合，则表示仪器已经对中。旋转目镜可对分划板调焦，推拉目镜可对地面目标调焦。

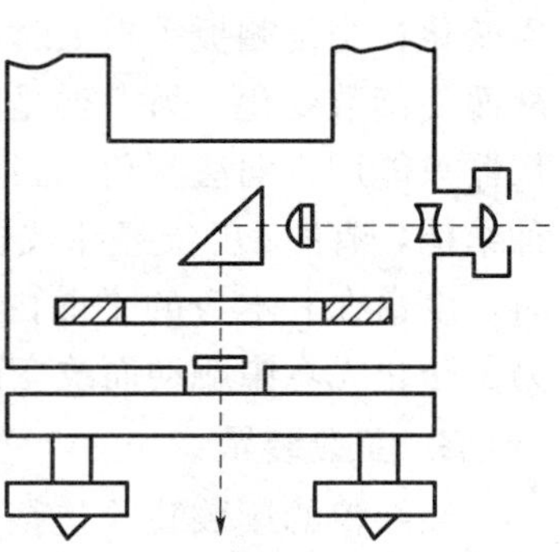

图 4-4 光学对点器

光学对点器安置的位置，有的是在照准部上，有的则在基座上。

经纬仪的三个脚螺旋位于基座的下部，当旋转脚螺旋时，可使仪器的基座升降，从而将仪器整平。

水准器用于标志仪器是否已经整平。它一般有两个：一个是圆水准器，用来粗略整平仪器；另一个是管水准器，用来精确整平仪器。

2. 照准装置

经纬仪的照准装置又称照准部，包括望远镜、横轴及其 U 形支架、竖轴和控制望远镜及照准部旋转的制动和微动螺旋。

望远镜的构造与水准仪的基本相同。不同之处在于望远镜调焦螺旋的构造和分划板的刻线方式。望远镜调焦螺旋不在望远镜的侧面，而在靠近目镜端的望远镜筒上。分划板的刻划方式见图 4-5，以适应照准不同目标的需要。

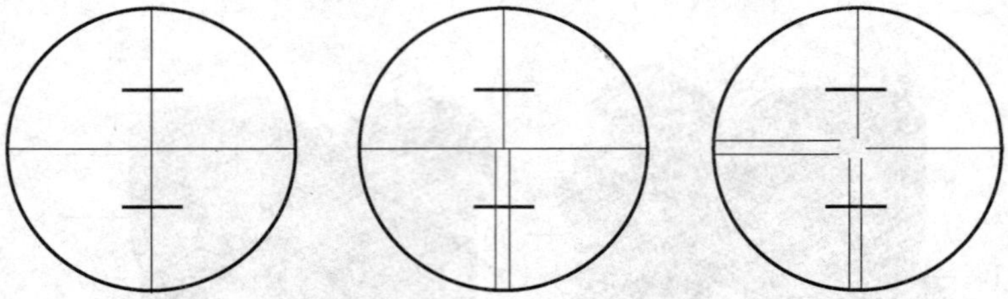

图 4-5 DJ_6 经纬仪十字丝分划板

横轴与望远镜固连在一起，并且水平安置在两个支架上，望远镜可绕其做圆周转动。在一端的支架上有一个制动螺旋，当旋紧时，望远镜不能转动。另有一个微动螺旋，在制动螺旋旋紧的条件下，转动它可使望远镜做上下微动，以便于精确地照准目标。

望远镜连同照准部可绕竖轴在水平方向旋转，以照准不在同一铅垂面上的目标。照准部也有一对制动和微动螺旋，以控制其固定或做微小转动。

经纬仪竖轴的轴系见图 4-6。照准部的旋转轴位于基座轴套内，而度盘的旋转轴则套在基座轴套外，其目的是使照准部的旋转轴与度盘旋转轴分离，避免两者互相带动。根据照准部与度盘的关系，可分为两类：一类是照准部和度盘可以共同转动，也可以各自分别转动。这种仪器可以用复测法测水平角，因而也称作复测经纬仪。它是利用一个复测扳手，使照准部与度盘可以脱开，也可以固连。其结构见图 4-7。当复测扳手扳下时，弹簧夹将度盘夹住，则旋转照准部时，度盘也一起转动，因而度盘读数不发生变化；当复测扳手扳上时，弹簧夹与度盘脱离，则旋转照准部时，度盘仍保持不动，从而使读数变化。另一类是照准部和度盘都可单独转动，但两者不能共同转动。这类仪器只能用方向法测角，因而也称为方向经纬仪。精度在 DJ_2 级以上的经纬仪都是这种结构，有的 DJ_6 级经纬仪也采用这种结构。这类仪器有一个度盘变换手轮，转动它时，度盘在其本身的平面内单独旋转，可以在照准方向固定后，任意安置度盘读数。为了防止无意中触动而改变读数，通常都设有保护装置。

3. 读数装置

经纬仪的读数装置包括度盘、读数显微镜及测微器等。不同精度、不同厂家的产品的基本结构是相似的，但测微机构及读数方法则差异很大。现只介绍在我国应用最为普遍的几种。

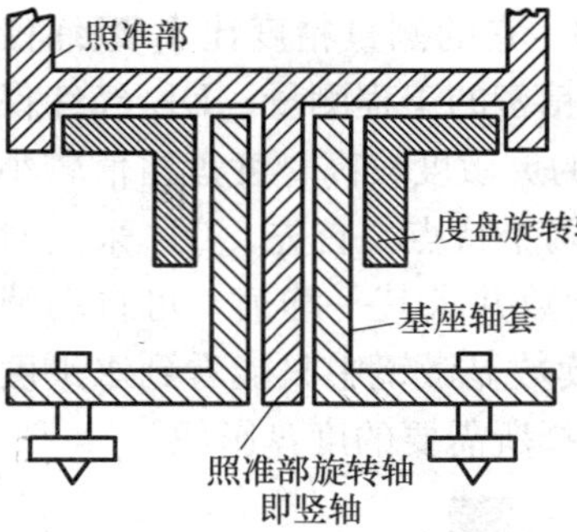

图 4-6 经纬仪竖轴轴系

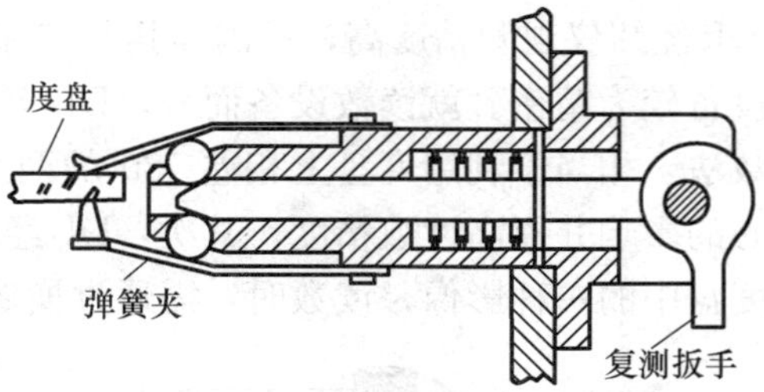

图 4-7 经纬仪复测扳手

光学经纬仪的水平度盘及竖直度盘皆由环状的平板玻璃制成，在圆周上刻有 360°分划，在每度的分划线上注以度数。在工程上常用的 DJ_6 级经纬仪一般为 1°或 30′一个分划，DJ_2 级仪器则将 1°的分划再分为 3 格，即 20′一个分划。

读数显微镜位于望远镜的目镜一侧。通过位于仪器侧面的反光镜将光线反射到仪器内部，通过一系列光学组件，使水平度盘、竖直度盘及测微器的分划都在读数显微镜内显示出来，从而可以读取读数。DJ_6 光学经纬仪读数装置的光路见图 4-8。

最常见的读数方法有分微尺法、单平板玻璃测微器法和对径符合读数法。在目前教学和工程中大多数都是采用的分微尺法，而后两种由于操作不便，且有隙动差，现已很少采用。分微尺法构造原理及读数方法如下：

分微尺法也称带尺显微镜法，多用于 DJ_6 级仪器。由于这种方法操作简单，不含隙动差，其应用很广。

分微尺的长度等于度盘上 1°影像的宽度，即分微尺全长代表 1°。将分微尺分成 60 小格，每 1 小格代表 1′，可估读到 0.1′，即 6″。每 10 小格注有数字，表示 10′的倍数。读数时，先调节读数显微镜目镜对光螺旋，使读数窗内度盘影像清晰，然后，读出位于分微尺中的度盘分划线上的注记度数，最后，以度盘分划线为指标，在分微尺上读取不足 1°的分数，并估读秒数。见图 4-9，注有“H”的是水平度盘读数窗；注有“V”的是竖直读数窗，其水平度盘读数为 214°54′42″，竖直度盘读数为 79°05′30″。

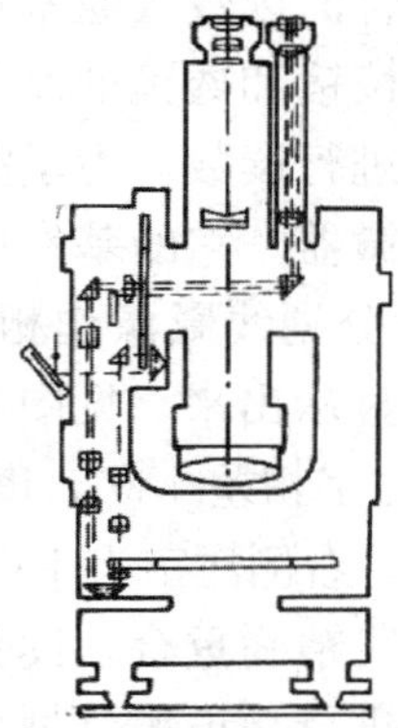

图 4-8 DJ_6 级经纬仪水平读数装置光路图

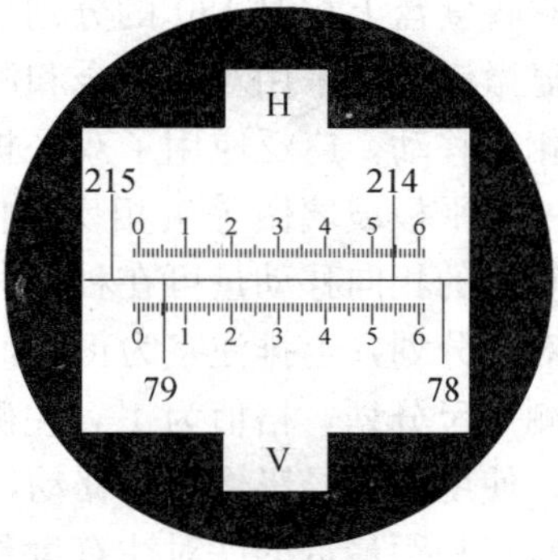

图 4-9 分微尺读数窗视场

4.2.2 DJ_2 光学经纬仪

2 秒级的经纬仪在平时的测量工作中主要有 DJ_2 系列、威特系列和蔡司系列。

DJ_2 光学经纬仪，简称 J_2 经纬仪，构造见图 4-10。它的测量精度比 J_6 经纬仪高一个等级，可用于精密导线测量，三、四等三角测量和精密的工程测量。DJ_2 经纬仪之所以比 DJ_6 经纬仪观测精度高，是因为其照准部水准管的灵敏度较高、度盘格值较小以及读数设备较为精密。就读数设备而言，DJ_2 经纬仪有两个特点。首先，DJ_2 采用对径符合读数法，相当于利用度盘上相差 180°的两个指标读数并求其平均值，可自动消除度盘偏心的影响并提高读数精度；其次，DJ_2 经纬仪在读数显微镜中只能看到水平度盘或竖直度盘中的一种影像，读数时，需通过换像手轮选择所需要的度盘影像。

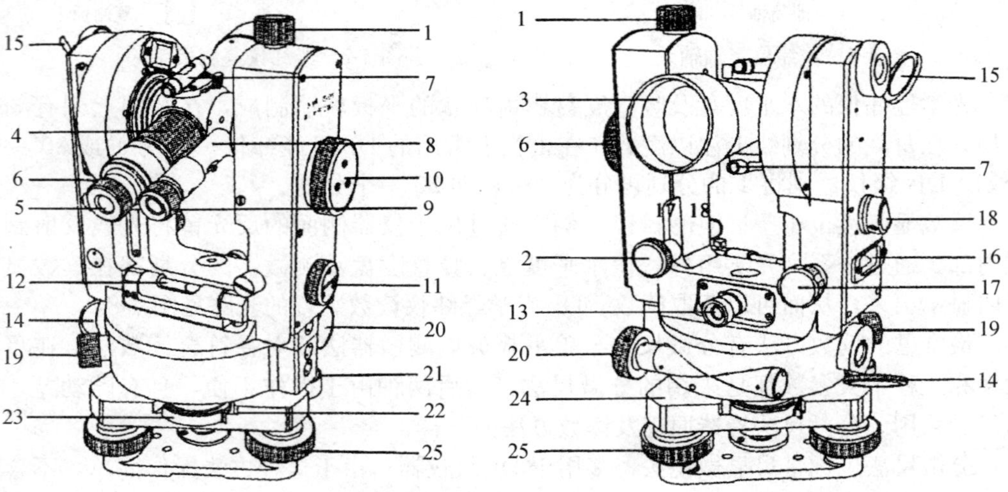

图 4-10　DJ_2 光学经纬仪的构造

1—望远镜制动螺旋；2—望远镜微动螺旋；3—物镜；4—物镜调焦螺旋；5—目镜；6—目镜调焦螺旋；7—光学瞄准器；8—度盘读数显微镜；9—度盘读数显微镜调焦螺旋；10—测微轮；11—水平度盘与竖直度盘换像手轮；12—照准部管水准器；13—光学对中器；14—水平度盘照明镜；15—垂直度盘照明镜；16—竖盘指标管水准器进光窗口；17—竖盘指标管水准器微动螺旋；18—竖盘指标管水准气泡观察窗；19—水平制动螺旋；20—水平微动螺旋；21—基座圆水准器；22—水平度盘位置变换手轮；23—水平度盘位置变换手轮护盖；24—基座；25—脚螺旋

对径符合读数法，是利用对径分划线影像符合的读数（通常称为双指标读数）设备。它将度盘上相对 180°的分划线，经过一系列棱镜和透镜的反射与折射，而显现于读数显微镜内，采用对径符合和测微显微镜原理进行读数。为了测微时获得度盘分划线的相对移动，广泛应用了双平板玻璃的光学测微器。它的基本原理是转动测微手轮时，一对平板玻璃做等量相反方向转动可使度盘分划线影像作相向移动而彼此接合，这个等量的相向移动量可在秒盘相应的转动量上显示出来。见图 4-11（a），大窗口为度盘对径分划，上排注字为正像，下排为倒像，注字相差 180°，度盘格值为 20′。小窗口为测微尺分划，格值为 1″，左侧注字单位为 1′，右侧注字为 10″。读数时，转动测微手轮，使度盘对径影像相对移动，直至上下分划线精确重合，读数应按正像在左、倒像在右且相距最近的一对注有读数的对径分划线进行。正像分划线所注度数即为所要读出的度数，正像分划线和对径的倒像分划线间的格数乘以度盘分划值的一半即为应读的 10′，不足 10′的余数在分微尺上读得。图 4-11（a）中读数为 30°28′12″。

上述这种读数方法，读数十分不便。现在新的仪器产品，都改为“光学数字读法”。这种读数方法，其读数显微镜视场见图 4-11（b）。中间小窗为度盘直径两端的影像，上面的小窗可读取度数及10′数，下面小窗即为测微分划尺影像。当旋转测微手轮，使中间小窗的上下刻划线对齐后，可从上面小窗读出度数及10′数，再从下面小窗的测微尺上读出不足10′的分、秒数。图4-11（b）中的完整读数为32°24′34.0″。

在使用这种仪器时，读数显微镜不能同时显示水平度盘及竖直度盘的读数。在支架左侧有一个刻有横线的旋钮称为换像手轮。当横线水平时，显示的是水平度盘读数；而横线竖直时，则显示的是竖直度盘读数。此外，读数时应打开水平度盘或竖直度盘各自的反光镜。

威特系列经纬仪主要有威特T2和T3两种光学仪器，其仪器的构造和DJ_2相似，主要的差别在于读数装置，在此只讲解其读数方法。图4-12为威特T2光学经纬仪两种显微镜读数视场。

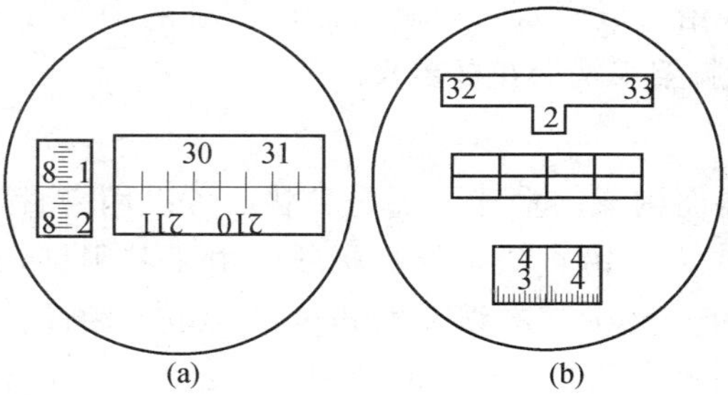

图4-11　DJ_2经纬仪的读数视窗

（a）对径符合读数法；（b）光学数字读法

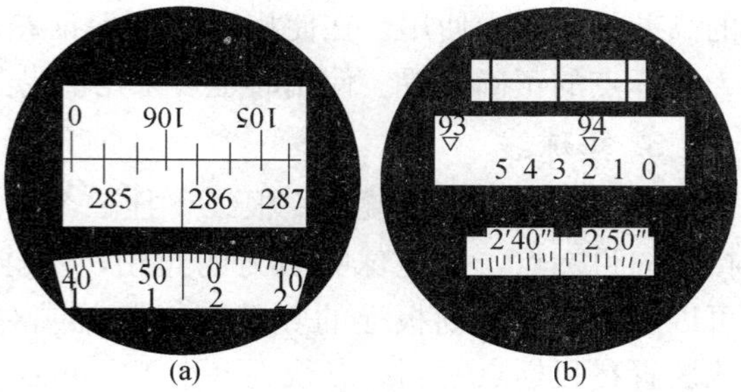

图4-12　威特T2光学经纬仪两种显微镜读数视场

（a）读数为285°51′55.0″；（b）读数为94°22′44.0″

蔡司系列经纬仪的读数方法也是采用对经分划原理的读数装置，其读数方法和DJ_2相似，在此就不赘述了。

4.2.3　目标点的设置

在角度测量原理（图4-1）中，每个角度的测量都涉及三个点，其中一个为测站点（图4-1中的O点），在该点位处安置经纬仪。而另外两个点位为目标点，对图中A-O-B点设置前进方向，则A点为后视目标点，简称后视；C点为前视点，简称前视。由于目标点距测站点都很远，距离由几十米到数千米之遥。在这么远的距离上是根本看不到的，加之受地形要素的影响，比如杂草、树木和构筑物的遮挡等，因此有必要对目标点设置必要的装置并具有一定的高度，以避开这些物体的影响。这些装置有测钎、花杆、垂球线、觇板等，见图4-13。

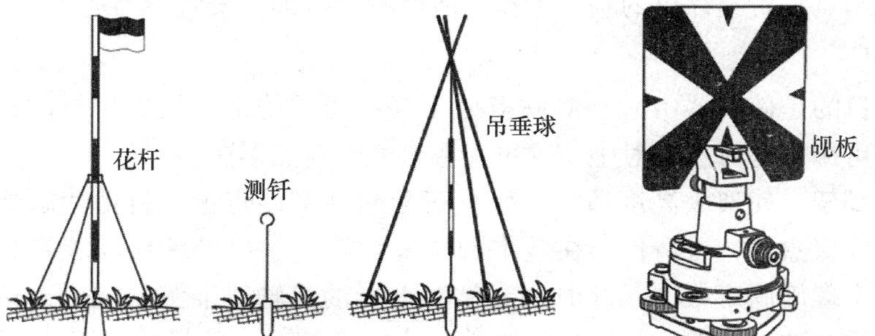

图4-13　目标点设置装置示意图

1. **测钎**

测钎是以金属钢材制作的具有一定强度的钎状测量工具，具有重量轻、简易的特点。该装置在地面比较平坦、没有或者几乎没有遮挡物、距离适中的平面区域内测角中使用，目的是用其对目标点进行指引，引导仪器操作者瞄准目标的正确位置。在使用时，目标设置人员并不必须把测钎竖直或铅直于目标点上，只要测钎的前部尖端对目标点进行指引即可。

2. **花杆**

花杆为木质或铝制的细杆测量工具，直径约为 2cm，长度有 2m、3m 两种，由于对杆进行了每 20dm 为一红白颜色设置，故名花杆，并对其一端进行削尖处理，该尖处于花杆的中心线上。该工具的使用是在观测距离比较远，且目标点和测站点具有一定的高差的区域中使用。在使用时必须保证花杆铅直或竖直。观测者需以花杆的中心线为目标点的正确位置。使用时也可采用简易三脚架来辅助花杆铅直。

3. **垂球线**

垂球线顾名思义就是一根线下挂一个垂球而构成。垂球下部是尖状，可以用来直接指向目标点，受地球吸引力的作用，垂球线为一铅直状态的目标线。由于其很细，可以用十字丝分划板上的竖丝直接覆盖或对准，减少瞄准误差对角度的影响。因此，该装置在目标点距测站点很近（小于 15m），且两点的高差很大时使用。

4. **觇板**

觇板是一个舶来品的测量目标设置装置，其样式见图 4-13。其下部是一经纬仪的基座，上面有光学对点器、圆气泡、长气泡，因此可以完全利用经纬仪的操作过程把该装置精确安置于目标点的铅垂方向上。而上面的板子进行了很有意义的图案刻划，其形状为三角形，颜色设置为具有醒目和反光效果明显的色彩。对于横向的四个三角尖连线构成水平线，垂直方向的四个三角尖连线构成铅垂线，并与目标点的铅垂线完全吻合。因此，在使用时用经纬仪十字丝分划板上的竖丝和觇板的竖丝吻合，可以测量目标点的水平方向值；用十字丝分划板上的横丝和觇板的水平丝吻合，可以测量目标点的竖直方向值。该装置的使用在任何情况下都可以采用，是目前角度的测量的主要目标点的设置装置。

4.2.4 经纬仪的操作

经纬仪技术操作，主要包括仪器的对中、整平、照准、读数四项。其中，对中和整平是在测站点安置经纬仪的基本工作。所谓测站，即为安置仪器的点。

1. **对中**

对中的目的是使仪器中心与测站点处于同一铅垂线上。根据仪器的结构，可用垂球对中，也可用光学对点器对中。这里主要讲光学对点器法。

先张开脚架，使架头高度适中，张开三角架在测站点上，目估使脚架顶面大致水平。打开经纬仪盒盖，看清仪器在盒中的位置，然后拿出经纬仪安置在架头上，并用脚架上的固定螺旋固定仪器。此时用光学对点器的光轴对准测站点，而该光轴是与仪器的竖轴相重合的。显然，只有光轴铅垂，才能达到对中的目的。因此 用光学对点器对中必须与整平同时进行。为此，可先用目估法粗略对中和粗略整平，再调节对点器的目镜调焦螺旋，使分划板清晰。拉出或推进对中器镜筒做物镜调焦，使测站点标志成像清晰，再用精密整平方法将仪器整平，然后微松中心螺旋，在脚架头孔径内平移仪器，使对中器分划圈中心与测站点重合。此时，照准部水准管气泡必然不再居中，可再次重复上述整平和平移的操作，直至对中与整平同时满足要求为止。光学对点器的对中误差一般不大于1mm。

粗略整平可以用伸缩三角架的方法使圆气泡居中来实现。先目估三角架头大致水平，且三角架中心大致对准地面标志点，踩紧一条架腿。双手分别握住另两条架腿稍离地面前后左右摆动，眼睛看对点器，直到分划板上的十字丝中心对准地面点中心为止，放下两架腿并踩紧。调节架腿使圆气泡居中，然后用脚螺旋精确整平。检查对点器，若不居中，可稍旋松架头的固定螺旋，在架头上移动仪器，使其精确对中。

2. **整平**

经纬仪整平的目的，乃是使竖轴居于铅垂位置，亦即水平度盘居于水平位置。整平通常是用三个脚螺旋来完成。

精确整平的操作过程：首先转动照准部，使照准部水准管平行于任意两脚螺旋连线，见图4-14。两手以相反的方向转动两脚螺旋，使水准管气泡居中，气泡移动的方向与左手拇指转动的方向一致。然后，转动照准部约90°，使水准管垂直于原两脚螺旋的连线，转动第三个脚螺旋使气泡居中。如此反复进行，直至照准部转至任一方向上气泡都居中为止。

3. **照准**

照准的目的是确定目标方向所在的位置并对目标进行读数。照准时，将望远镜对向空中，调节目镜对光螺旋使十字丝清晰。利用望远镜上的照门和准星粗略照准目标，然后拧紧望远镜制动螺旋和水平制动螺旋，进行物镜对光，使目标影像清晰，并消除视差。最后，转动水平和望远镜微动螺旋，使十字丝的交点与照准点重合。测水平角时，视目标的大小，用纵丝平分目标，或与目标重合（单丝）。测竖直角时，则用中横丝与目标顶部相切，见图4-15。

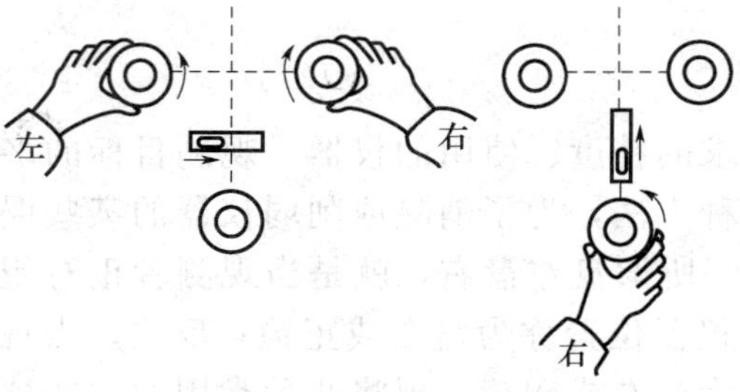

图4-14 经纬仪的精平

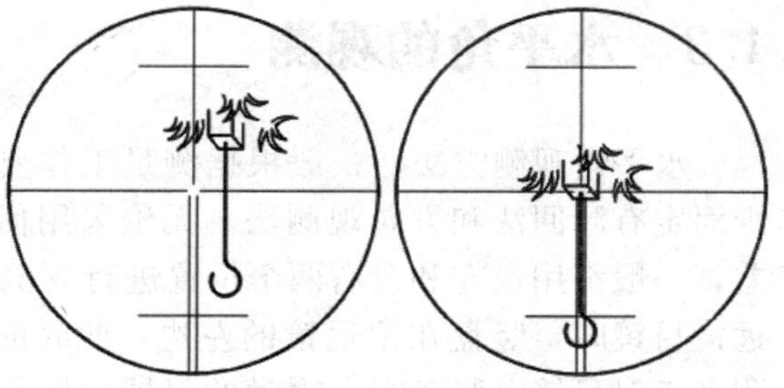
图4-15 目标照准

4. **读数**

读数的目的是读出目标方向所在度盘上的方向值。读数时，先将采光镜张开成适当角度，调节反光镜镜面，照亮读数窗。调节读数显微目镜的对光螺旋，使视场影像清晰，然后按测微装置类型和前述的读数方法读数。

以上是经纬仪的四项基本操作。除此之外，有时在测量水平角时，为了减少度盘分划不均匀的误差影响，需要将水平度盘配置为0°00′00″或任一预定值，该工作称为配置度盘。由于仪器构造的不同，配置度盘的方法亦有所不同，现分别介绍如下。

（1）复测经纬仪配置度盘

见图 4-16（a），装置复测器的经纬仪称为复测经纬仪。用复测器配置度盘时（以单平板玻璃测微器仪器为例），应先调节测微轮，将测微尺读数配置成 00′00″（或指定读数如 14′12″），然后将复测器扳手扳上，旋转照准部，用照准部微动螺旋将度盘 0°（或指定的度）刻线安置在双指标线的正中央，再把复测器扳手扳下。转动照准部，当望远镜照准目标后，再将复测器扳手扳上。这时，照准目标方向的水平度盘读数即为 0°00′00″（或指定的 76°14′12″）。

（2）方向经纬仪配置度盘

见图 4-16（b），装有拨盘手轮的经纬仪称为方向经纬仪。用拨盘手轮配置度盘时，先将望远镜照准目标，打开拨盘手轮护盖，观察读数显微镜，转动拨盘手轮，使水平度盘读数为 0°00′00″（或指定读数），然后盖上拨盘手轮护盖。

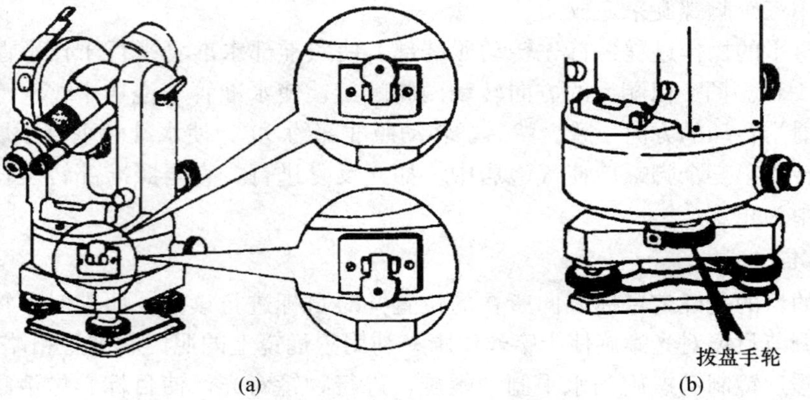

图 4-16　配置度盘装置

（a）复测经纬仪；（b）方向经纬仪

4.3　水平角的观测

水平角观测方法，一般根据测量工作要求的精度、使用的仪器、观测目标的多少而定有测回法和方向观测法。无论采用何种方法，为了消除或削弱仪器的某些误差，一般都用盘左和盘右两个位置进行观测。所谓盘左盘右，就是当观测者正对望远镜目镜时，竖盘在望远镜的左边，此时的仪器位置称为盘左或正镜；反之，当观测者正对目镜，竖盘在右边时的仪器位置称为盘右或倒镜。现将两种常用的方法分述如下。

4.3.1　测回法

测回法是测角的基本方法。适用于只有两个方向的单角观测。见图 4-17，设 *O* 为测站，*A*、*B* 为观测目标，用测回法观测 *OA*、*OB* 间水平角的步骤如下。

1. 安置仪器

在 *O* 点上安置经纬仪，对中、整平；在 *A*、*B* 点设置观测标志，一般是设置花杆。

2. 盘左观测

松开照准部及望远镜的制动螺旋。利用望远镜上的粗瞄器，以盘左粗略照准左方目标 A。制动照准部及望远镜的螺旋，再用微动螺旋精确照准目标，同时需要注意消除视差及尽可能照准目标的底部。读取该方向上的读数 a_L。然后松开照准部及望远镜的制动螺旋，顺时针方向转动照准部，粗略照准右方目标 B。再关紧制动螺旋，用微动螺旋精确照准，并读取该方向上的水平度盘读数 b_L。盘左所得角值即为：$\beta_L = b_L - a_L$。以上称为上半测回。

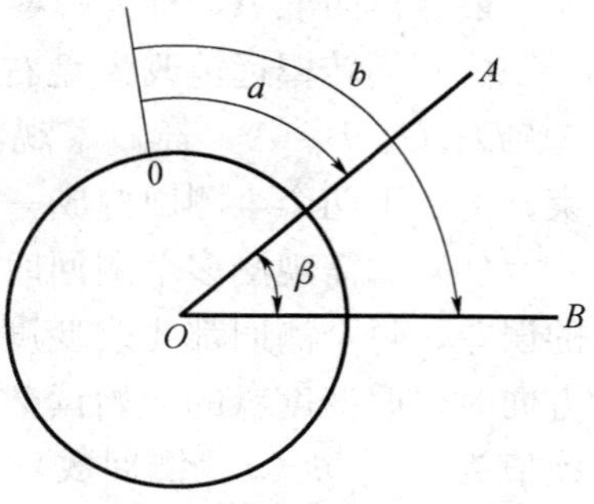

图 4-17 测回法测水平角

3. 盘右观测

将望远镜纵转 180°，改为盘右。重新照准右方目标 B，并读取水平度盘读数 b_R。然后顺时针或逆时针方向转动照准部，照准左方目标 A。读取水平度盘读数 a_R，则盘右所得角值 $\beta_R = b_R - a_R$。以上称为下半个测回。

两个半测回角值之差不超过规定限值时，取盘左盘右所得角值的平均值，即为一测回的角值。

$$\beta = \frac{\beta_L + \beta_R}{2} \tag{4-1}$$

根据测角精度的要求，可以测多个测回而取其平均值，作为最后成果。观测结果应及时记入手簿（表 4-1），并进行计算，看是否满足精度要求。

表 4-1 测回法观测手簿

测站	盘位	目标	水平度盘读数（° ′ ″）	半测回角值（° ′ ″）	一测回角值（° ′ ″）	备注
O	左	A	0 02 30	86 24 06	86 24 03	
		B	86 26 36			
	右	A	180 02 24	86 24 00		
		B	266 26 24			

值得注意的是：上、下两个半测回所得角值之差，应满足有关测量规范规定的限差，对于 DJ_6 级经纬仪，限差一般为 40″。如果超限，则必须重测。

4.3.2 方向观测法

方向观测法又称全圆测回法，用于多于两个方向的水平角观测。见图 4-18，设 O 为测站点，A、B、C、D 为观测目标，用方向观测法观测各方向间水平角，其操作步骤如下：

（1）安置仪器于 O 点，对中、整平后使仪器处于盘左状态。

（2）选择一个距离适中且影像清晰的方向作为起始方向（又称零方向），设为 OA。

（3）照准 A 点，并配置水平度盘读数，使其稍大于 0°，读取照准后的水平度盘读数，记入观测手簿。

（4）以顺时针方向依次照准 B、C、D、A 诸点，读取水平度盘读数并记入观测手簿。最后再照准 A，称为归零。以上称为上半测回。

（5）倒转望远镜改为盘右，以逆时针方向依次照准 A、D、C、B、A。若归零观测符合要求，下半测回结束，上、下两个半测回构成一个测回。

（6）如需观测多个测回时，为了消减度盘刻度不匀的误差，每个测回都要改变度盘的位置，即在照准起始方向时，改变度盘的初始读数，各测回初始方向读数变换值为 $180°/n$（n 为测回数）。

每次读数后，应及时记入手簿。手簿的格式见表 4-2。

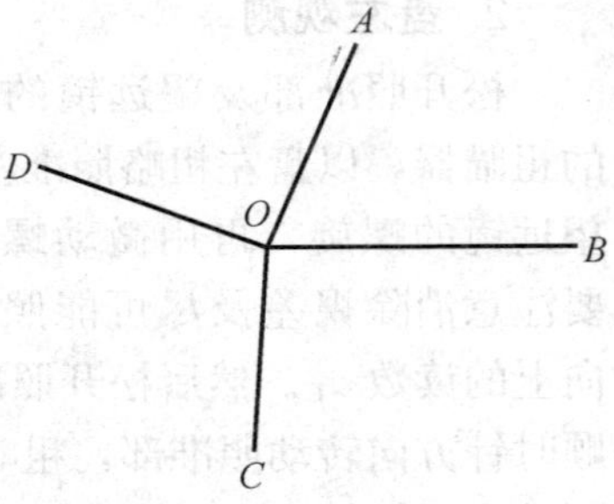

图 4-18 方向观测法

表 4-2 方向法观测手簿

测站	测回	目标	读数 盘左 (° ′ ″)	读数 盘右 (° ′ ″)	2C ″	平均读数 (° ′ ″)	归零后的方向值 (° ′ ″)	各测回归零方向值的平均值 (° ′ ″)	备注
1	2	3	4	5	6	7	8	9	10
O	1	A	0 02 12	180 02 00	+12	(0 02 10) 0 02 06	0 00 00	0 00 00	
		B	37 44 15	217 44 05	+10	37 44 10	37 42 00	37 42 04	
		C	110 29 04	290 28 52	+12	110 28 58	110 26 48	110 26 52	
		D	150 14 51	330 14 43	+8	150 14 47	150 12 37	150 12 33	
		A	0 02 18	180 02 08	+10	0 02 13			
	2	A	90 03 30	270 03 22	+8	90 03 24 90 03 06	0 00 00		
		B	127 45 34	307 45 28	+6	127 45 31	37 42 07		
		C	200 30 24	20 30 18	+6	200 30 21	110 26 57		
		D	240 15 57	60 15 49	+8	240 15 53	150 12 29		
		A	90 03 25	270 03 18	+7	90 03 22			

全圆测回法的计算步骤如下：

1. 计算两倍照准差（2C）值

$$2C = \text{盘左读数} - (\text{盘右读数} \pm 180°)$$

上式中盘右读数大于 180°时取“－”号，小于 180°时取“＋”。按各方向计算 2C 并填入表 4-2 的第 6 栏。$2C$ 变动范围是衡量观测质量的一个指标，在不同精度的观测中都有相应的规定，方向观测法的技术要求见表 4-3 中的规定。超过限差时，应在原度盘位置上重测。

表 4-3 方向观测法的限差

仪器	半测回归零差（″）	一测回内 2C 互差（″）	同一方向值各测回互差（″）
DJ_1	6	9	6
DJ_2	8	13	9
DJ_6	18	—	24

2. 各方向的平均读数

平均读数=1/2［盘左读数+（盘右读数±180°）］

计算的结果称为方向值，填入表 4-2 的第 7 栏。起始方向有两个平均值，应将此两数值再次平均。所得值作为起始方向的方向值，填入表 4-2 的第 7 栏上方，并括以括号，如本例中的（0°02′10″）和（90°03′24″）。

3. 归零后的方向值

将各方向的平均读数减去起始方向的平均读数（括号内），即得各方向的归零方向值，填入表 4-2 的第 8 栏。起始方向的归零值为零。

4. 各测回归零后方向值的平均值

同一方向值各测回互差如在限差（通常定为 24″）之内，可取其平均值作为该方向的最后结果，填入表 4-2 的第 9 栏。

5. 计算各目标间水平角值

表 4-2 的第 9 栏中相邻两方向值相减即可求得。

4.4 竖直角观测

4.4.1 竖直度盘

为测定竖直角，在经纬仪上装置了一个呈铅垂状态的度盘，称为竖直度盘。与水平角测量相类似，竖直角角值也是两个方向读数之差，对于任何注记形式的竖盘，制作时都要求视线在水平时的读数为一固定值（如 0°、90°、180°、270°）。因此，在测量竖直角时，只需观测目标点方向并读取读数，便可算得该目标点的竖直角，而不必观测水平线方向。

光学经纬仪的竖盘装置包括竖直度盘、竖盘指标或竖盘指标补偿装置。

竖盘固定安置于望远镜旋转轴（横轴）的一端，其刻划中心与横轴的旋转中心重合。所以在望远镜做竖直方向旋转时，度盘也随之转动。

竖盘指标是在竖盘转动在不同位置时，用来指示视线在水平时的读数装置。对竖盘指标的要求，是始终能够读出与竖盘刻划中心在同一铅垂线上的竖盘读数。为了满足这个要求，它有两种构造形式：一种是借助于与指标固连的水准器来指示，使其处于正确位置，在早期的仪器都属此类；另一种是借助于自动补偿器，使其在仪器整平后，自动处于正确位置。

竖直度盘的刻划也是在全圆周上刻为 360°，但注字的方式有顺时针及逆时针两种。通常在望远镜方向上注以 0°及 180°，见图 4-19。在视线水平时，指标所指的读数为 90°或 270°。竖盘读数也是通过一系列光学组件传至读数显微镜内读取。

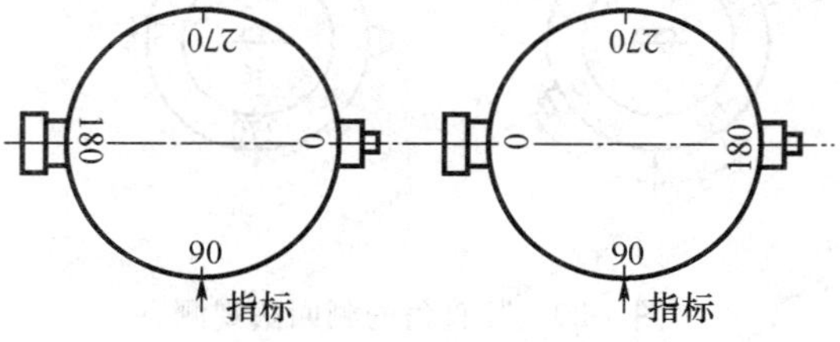

图 4-19 竖直度盘与望远镜的相对关系

4.4.2 竖直角的观测

由竖直角的定义已知，它是倾斜视线与在同一铅垂面内的水平视线所夹的角度。由于水平视线的竖盘读数为已知常数，故竖直角观测时不必观测水平方向，只需观测所瞄目标，读出倾斜视线的竖盘读数，即可求算出竖直角值。但为了消除仪器误差的影响，提高测量精度，需要用盘左、盘右观测。其具体观测步骤为：

（1）在测站上安置仪器，对中，整平。

（2）以盘左照准目标，如果是指标带水准器的仪器，必须用指标微动螺旋使水准器气泡居中，然后读取竖盘读数 L，称为上半测回。

（3）将望远镜倒镜，盘右用同样方法照准同一目标，使指标水准器气泡居中后，读取竖盘读数 R，称为下半测回。

如果用指标带补偿器的仪器，打开补偿装置，在照准目标后即可直接读取竖盘读数。

观测结果应及时记入手簿，手簿的格式见表 4-4。

表 4-4　竖直角观测手簿

测站	目标	竖盘位置	竖盘读数	竖直角		指标差
				半测回值	一测回值	
O	A	左	88°22′30″	1°37′30″	1°37′24″	−6″
		右	271°37′18″	1°37′18″		

4.4.3 竖直角的计算

竖直角 β 是水平视线读数（90°、270°）与观测目标读数之差。但哪个是减数，哪个是被减数，因竖盘刻划的方式不同而异。在观测之前，将望远镜大致水平，此时与竖盘读数最接近的 90°的整倍数即为初始读数。然后将望远镜上仰，若读数增大，则竖直角等于目标读数减去初始读数；若读数减小，则竖直角等于初始读数减去目标读数。图 4-20 为顺时针注记的度盘，其计算公式为：

盘左：
$$\beta=\beta_L=90^\circ-L \tag{4-2}$$

盘右：
$$\beta=\beta_R=R-270^\circ \tag{4-3}$$

由于存在测量误差，取盘左、盘右的平均值，即为一个测回的竖直角值，即：

$$\beta=\frac{\beta_L+\beta_R}{2}=\frac{R-L-180^\circ}{2} \tag{4-4}$$

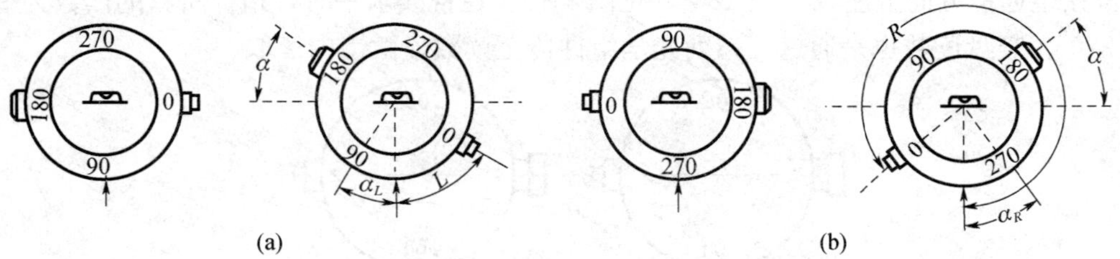

图 4-20　竖直角的测回法观测

（a）盘左；（b）盘右

4.4.4 竖盘指标差

上述竖直角的计算公式，是认为指标处于正确位置上，此时盘左始读数为 90°，盘右始读数为 270°。如果指标不位于竖盘刻划中心的铅垂线上，视线水平时的读数不是 90°或 270°，而相差 x，这样用一个盘位测得的竖直角值，即含有误差 x，这个误差称为竖盘指标差。见图 4-21，盘左时起始读数为 90°+x，则正确的竖直角应为：

$$\beta=(90^\circ+x)-L \tag{4-5}$$

同样，盘右时正确的竖直角应为：

$$\beta=R-(270^\circ+x) \tag{4-6}$$

将式（4-2）和式（4-3）代入式（4-5）和式（4-6），得：

$$\beta=\beta_L+x \tag{4-7}$$

$$\beta=\beta_R-x \tag{4-8}$$

此时 β_L、β_R 已不是正确的竖直角。

将式（4-7）、式（4-8）两式相加并除以 2，得：

$$\beta=\frac{1}{2}(\beta_L+\beta_R) \tag{4-9}$$

与式（4-4）完全相同。可见在竖直角观测中，利用盘左盘右结果的均值可以消除竖盘指标差的影响，提高成果质量。

将式（4-7）和式（4-8）两式相减，可得：

$$x=\frac{1}{2}(\beta_R-\beta_L) \tag{4-10}$$

对图 4-21 中形式的竖盘，将式（4-2）和式（4-3）代入上式即得：

$$x=\frac{1}{2}(R+L-360^\circ) \tag{4-11}$$

即利用盘左、盘右照准同一目标的读数，可按上式直接求算指标差 x。如果 x 为正值，则说明视线水平时的读数大于 90°或 270°，如果为负值，则情况相反。

指标差 x 可用来检查观测质量。在观测的不同测回中或不同的目标时，指标差的较差应不超过规定的限值，对 J_6 级经纬仪来说不应超过 25″。另外，在精度要求不高或不便纵转望远镜时，可先测定 x 值，以后只做正镜观测，求得 β_L，按式（4-7）计算竖直角。

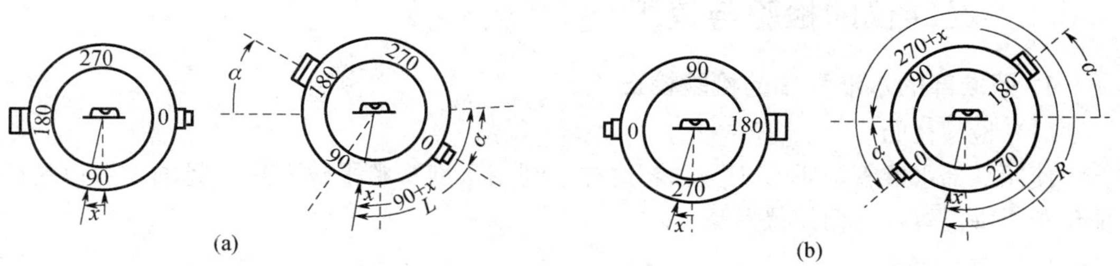

图 4-21 竖盘指标差

（a）盘左；（b）盘右

4.5 经纬仪的检验和校正

4.5.1 经纬仪的几何轴线及其关系

经纬仪是由光学部件组成的测量仪器，各部件之间必须满足一定的几何关系。仪器各部件间的正确关系，在制造时虽已在一定程度上满足要求，但由于运输和长期使用，各部件间的关系必然会发生一些变化，故在作业前应针对经纬仪必须满足的几何条件进行检验校正，以使仪器经常处于正确状态。

见图 4-22，经纬仪的主要轴线有：竖轴、横轴、望远镜视准轴和照准部水准管轴。由测角原理知，观测角度时，经纬仪的水平度盘必须水平，竖盘必须铅直，望远镜上下转动的视准面（视准轴绕横轴的旋转面）必须为铅垂面。观测竖直角时，竖盘指标还应处于其正确位置。为此，经纬仪应满足下列条件：

（1）照准部的水准管轴应垂直于竖轴，即 $LL \perp VV$；

（2）视线应垂直于横轴，即 $CC \perp HH$；

（3）横轴应垂直于竖轴，即 $HH \perp VV$；

（4）竖盘指标的位置正确，应为 90°或 270°。

此外，为了工作方便起见，经纬仪望远镜十字丝竖丝垂直于横轴；有光学对点器的仪器，其对点器光轴应与仪器竖轴重合。

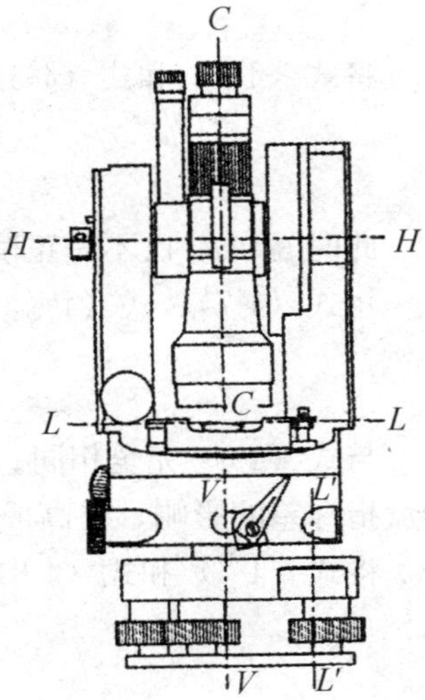

图 4-22 经纬仪的轴系

在经纬仪使用前，必须对以上各项条件按下列顺序进行检验，如不满足，应进行校正。对校正后的残余误差，还应采用正确观测方法消除其影响。检验和校正应按一定的顺序进行，确定这些顺序的原则是：

（1）如果某一项不校正好，会影响其他项目的检验时，则这一项先做。

（2）如果不同项目要校正同一部位，则会互相影响，在这种情况下，应将重要项目在后边检验，以保证其条件不被破坏。

（3）有的项目与其他条件无关，则先后均可。

4.5.2 经纬仪的检验与校正

1. 照准部的水准管轴的检验校正

（1）检验目的

使照准部水准管轴垂直于竖轴，这样，利用水准管整平仪器后，竖轴才可以精确地位于铅垂位置，从而使仪器整平。

（2）检验方法

将仪器粗略整平，转动照准部使水准管平行于任意两脚螺旋的连线，调此脚螺旋使水准管气泡居中。此时，水准管轴居于水平位置，若水准管轴垂直于竖轴，则竖轴处于大致铅垂位置。如果两者不垂直的偏差为 α，见图 4-23（a），则竖轴必与铅垂方向

偏斜 α 角。

将照准部水平转动 180°，若气泡仍然居中，表明条件满足。若气泡不居中，表明二轴不垂直，需要校正，见图 4-23（b）。此时，水准管轴与水平线的夹角为 2α，它的大小可由气泡偏离的格数量出。

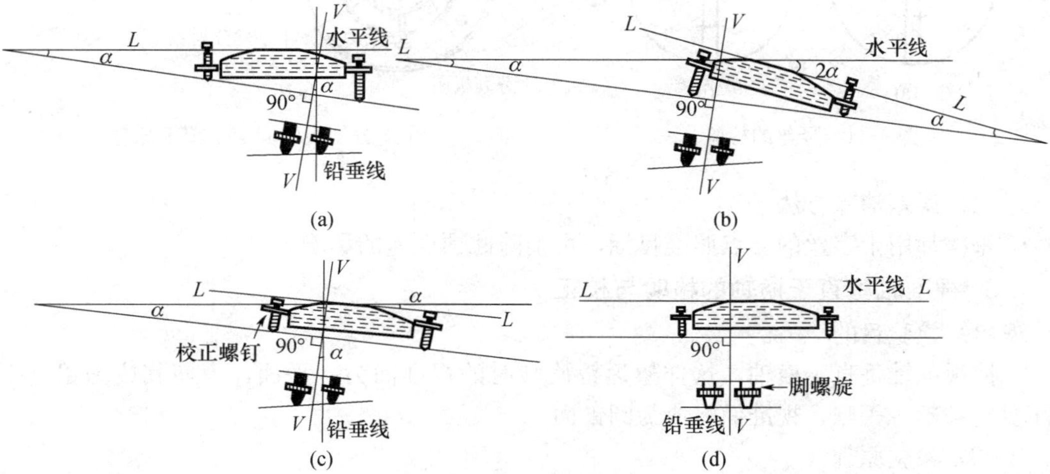

图 4-23 水准管的检验与校正

（3）校正方法

校正时用脚螺旋使气泡向中央移回偏离值的一半，见图 4-23（c），此时竖轴处于垂直位置，而水准管轴仍倾斜 α 角。然后用校正针拨动水准管一端的校正螺钉，使气泡居中，见图 4-23（d）。此时，水准管轴水平，竖轴垂直，即水准管轴垂直于竖轴的条件满足。

校正后，应再将照准部旋转 180°，若气泡仍不居中，应按上法再行校正。如此反复进行，直至照准部转至任何位置，气泡中心偏离零点不超过一格为止。为了确保检验效果，在某一方向校正合格后，再把照准部旋转 90°，在该方向上重新再做一次检验与校正，直到合格，方为校正合格。

照准部圆水准器的检校，可用已校正的水准管将仪器严格整平后观察圆气泡是否居中，若不居中，可直接调圆水准器校正螺钉将气泡调至居中。

2. 十字丝竖丝垂直横轴的检验与校正

（1）检验目的

满足十字丝竖丝垂直于横轴，亦就是使竖丝位于视准面内。这样，观测水平角时，可用竖丝的任何部位代替十字丝交点照准目标；观测竖直角时，可用横丝的任何部位代替交点照准目标。这将给观测带来极大的方便。

（2）检验方法

整平仪器后用十字丝竖丝精确照准一清晰目标后，固定照准部和望远镜，再用望远镜微动螺旋使望远镜慢慢上仰或下俯，若目标点始终在竖丝上移动，说明此条件满足，否则需做校正，见图 4-24。

（3）校正方法

卸下十字丝护盖，松开四个压环螺钉，见图 4-25，慢慢转动十字丝分划板座，然后再做检验，待条件满足后再拧紧压环螺钉，装上十字护盖。

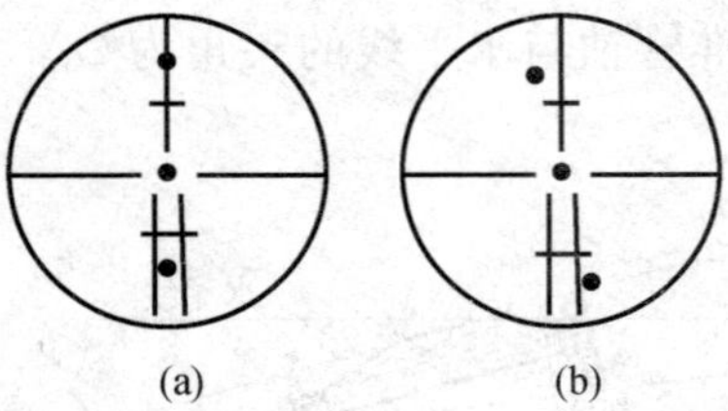

图 4-24　竖丝的检验

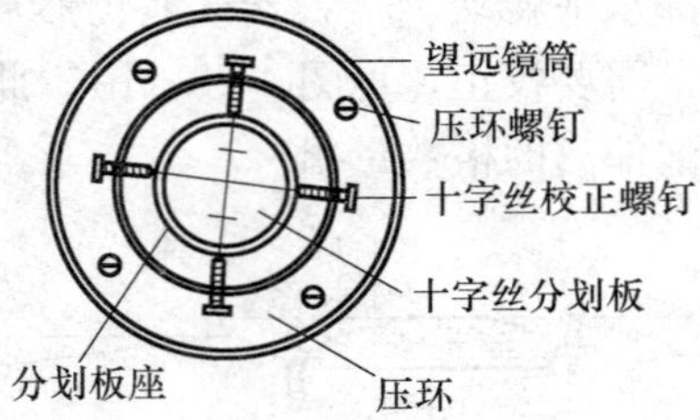

图 4-25　十字丝分划板的固定于校正螺钉

（4）误差消除方法

每次都用十字丝的交点照准目标，可消除此项误差的影响。

3. 视准轴垂直于横轴的检验与校正

（1）检验目的

使视准轴垂直于横轴，这样望远镜旋转时的视准面为一平面，为使其成为铅垂平面奠定基础。否则，视准面将成为圆锥面。

（2）检验原理

望远镜的视准轴不垂直于横轴时，其偏离垂直位置的角值 C 称为视准轴误差或照准差，见图 4-26。经纬仪整平后，LL 轴水平，VV 轴铅垂，HH 轴水平。当视准轴位置正确时，旋转望远镜，它将划出一竖直面 OPB。如若不正确，则视准轴划出的是一个圆锥面（过 P_1 的一条曲线，即为平面 Q 与此圆锥面的交线）。如果用改仪器观测同一竖直面内不同竖直角的目标，将有不同的水平度盘读数。

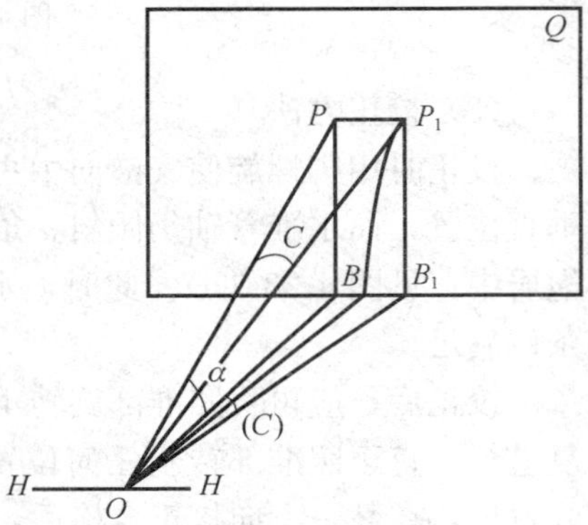

图 4-26　视准轴的检验原理图

设欲测量竖直角为 α 的 P 点的水平方向，过 P 点做一竖直面 Q 平行于横轴 HH，当无视准轴误差时，望远镜抬起 α 角刚好瞄准 P 点；当存在视准轴误差时，望远镜瞄到的是 P_1 点，$\angle P_1OP=C$。要瞄准 P 点，必定要转动照准部，使水平读盘读数改变数值（C）$=\angle B_1OB$（B_1、B 分别为 P 在过 O 点的水平面上的垂直投影）。由于 C 及（C）都很小，所以：

$$(C)''=\frac{\overline{B_1B}}{\overline{OB}}\rho'',\quad C''=\frac{\overline{P_1P}}{\overline{OP}}\rho''$$

而

$$\overline{OB}=\overline{OP}\cos\alpha,\quad \overline{BB_1}=\overline{PP_1}$$

所以

$$(C)''=\frac{\overline{PP_1}}{\overline{OP}\cos\alpha}\rho''=\frac{C}{\cos\alpha}=C\sec\alpha \tag{4-12}$$

由于一个角度是由两个方向构成的，则它对角度的影响为：

$$\Delta C=(C)''_2-(C)''_1=C\ (\sec\alpha_2-\sec\alpha_1)$$

式中，α_2、α_1 为两个方向的竖直角。

由式（4-12）可知，对同一目标用盘左、盘右观测时，竖直角相同，其影响大小相同而符号相反，所以在取盘左盘右的平均值时，可自然抵消；对一个角度而言，则与照准

差 $(C)''$ 及两方向竖直角余割之差的大小成正比，如两方向的竖直角相同，则影响为零。

（3）检验方法

检验 J_6 经纬仪，常用四分之一法。

检验时，应选一平坦场地，见图 4-27，A、B 两点相距 60～100m，在其中点 O 安置仪器，在 A 点立一标志，在 B 点横置一根水准尺，并使 A、B 与 O 大致等高，使尺子与 OB 垂直。以盘左照准 A 点，倒转望远镜在水准尺上读得读数 B_1，见图 4-27（a）；再以盘右位置照准 A 点，倒转望远镜在水准尺上读得读数 B_2，见图 4-27（b）。若 B_1、B_2 重合，说明此条件满足。若存在 C 角误差，则盘左的 BB_1 之长为 $2C$ 的反映，盘右的 BB_2 之长也为 $2C$ 的反映，即 B_1B_2 之长为 $4C$，此时可算得 C 角角值为：

$$C''=\frac{\overline{B_1B_2}}{4\,\overline{OB}}\rho'' \tag{4-13}$$

当 $C>60''$ 时，则需校正。

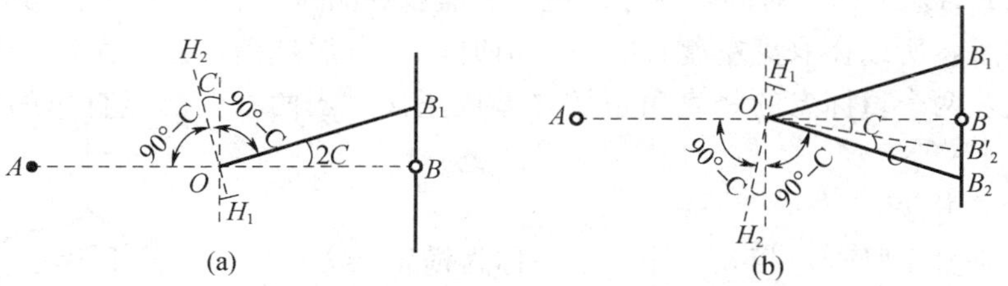

图 4-27 四分之一法检验与校正

（4）校正方法

在水准尺上定出一点 B'_2，使 $\overline{B_2B'_2}=\frac{1}{4}\overline{B_1B_2}$；用拨针拨动图 4-25 中左右两个十字丝校正螺钉，一松一紧，左右移动十字丝分划板，直至十字丝交点与 B'_2 影像重合为止。

这项检核需反复进行。

4. 横轴垂直于竖轴的检验与校正

（1）检验目的

使横轴垂直于竖轴，这样，当仪器整平后竖轴铅直、横轴水平，视准面为一个铅垂面；否则，视准面将成为倾斜面。

（2）检验原理

见图 4-28，P_1 为目标点，当横轴与竖轴垂直时，仪器整平后，横轴水平，转动望远镜，视准轴可以划出一个竖直面 OP_1P'。若横轴不垂直竖轴，则仪器整平后竖轴位于铅垂位置，横轴必发生倾斜。视准轴绕横轴旋转所形成的是一个倾斜平面 OP_1P。过目标点 P_1 作一垂直于视线方向的铅垂面 Q，P' 点位于过 P_1 的铅垂线上。如果存在这项误差，则仪器照准 P 点，将视线放平后，照准的不是 P_1 点而是 P_M 点。如果照准 P' 点，则需将照准部转动 (i) 角。这就是在一个方

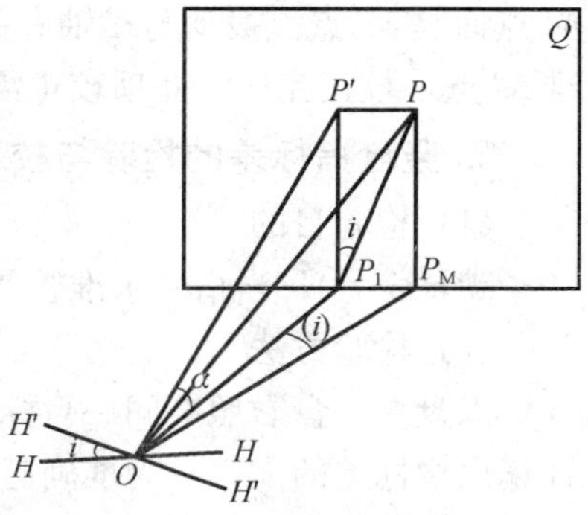

图 4-28 横轴检验原理图

向上，由于横轴不垂直竖轴，而对水平度盘读数的影响，倾斜直线 P_1P 与铅垂线之间的夹角 i 与横轴的倾角相同，从图 4-28 可知：

$$i''=\frac{\overline{P'P}}{P_1P'}\rho''=\frac{\overline{P_1P_M}}{P_1P'}\rho''$$

$$(i)''=\frac{\overline{P_1P_M}}{OP_1}\rho''=\frac{\overline{P'P_1}}{OP_1}\cdot\frac{\overline{P_1P_M}}{P'P_1}\rho''=\frac{\overline{P'P_1}}{OP_1}i''$$

因为

$$\tan\alpha=\frac{\overline{P'P_1}}{OP_1}\rho''$$

所以

$$(i)''=i''\tan\alpha \tag{4-14}$$

式中，i''为横轴的倾斜角；α 为视准轴的竖直角。

该误差对角度的影响为：

$$\Delta(i)=(i)''_2-(i)''_1=i''(\tan\alpha_2-\tan\alpha_1) \tag{4-15}$$

由式（4-14）可知，对同一目标用盘左、盘右观测时，竖直角相同，其影响大小相同而符号相反，所以在取盘左盘右的平均值时，可自然抵消；它对角度的影响，则与横轴的倾角及两个目标点的竖直角正切之差成正比。当两方向的竖直角相等时，其影响为零。

（3）检验方法

横轴不垂直于竖轴，相差一个 i 角，称为横轴误差。检验时，在距高墙 20～30m 处安置仪器，见图 4-29。盘左照准墙上一高处目标 M（仰角应大于 30°），将望远镜放平，由十字丝交点在墙上定出一点 m_1；以盘右位置再次照准 M 点，再放平望远镜，在墙上又定出一点 m_2。m_1、m_2 应在同一水平线上，且与横轴平行。若 m_1 与 m_2 重合，说明此条件满足，否则需做校正。i 角可按式（4-16）计算：

$$i=\frac{\overline{m_1m_2}}{2}\cdot\frac{\rho''}{D}\cot\delta \tag{4-16}$$

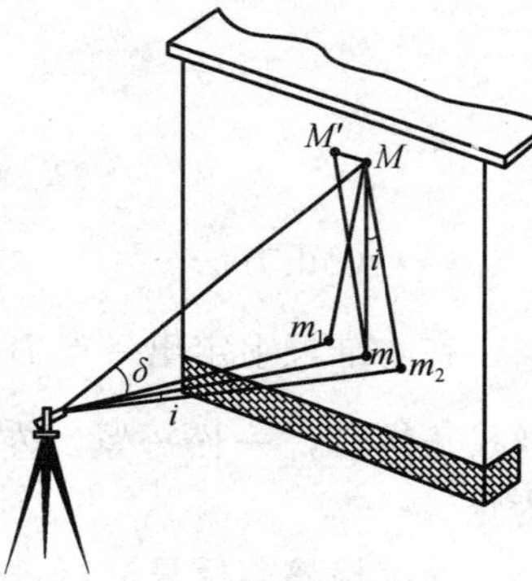

图 4-29　横轴检验与校正

式中，δ 为 M 点之竖直角；D 为仪器至 M 点的水平距离。

（4）校正方法

用望远镜照准 m_1m_2 的中点 m，然后抬高望远镜，此时的十字丝交点对中的将不是 M 点而是 M' 点。拨动与横轴有关的校正螺丝将横轴一端升高或降低，使十字丝交点对准 M 点，校正完毕。此项校正需打开支架护盖，因此，一般应由专业维修人员来处理。

5. 竖盘指标差的检验与校正

（1）检验目的

满足 $x=0$，当指标水准管气泡居中时，竖盘指标处于正确位置。

（2）检验方法

以盘左、盘右照准同一目标，并读得其读数 L 和 R，即可按指标差计算式（4-11）计算出指标差的大小。为准确起见，检验时，应选择若干个明显目标进行观测，若各目标检验所得的 x 值的相差不超过 25″，可取其平均值作为最后结果。当指标差超过 ±60″时，仪器需要校正。

(3) 校正方法

指标差是由于指标水准管位置不正确造成的，而指标水准管的位置可以用指标水准管校正螺旋来调整。为此，在检验的基础上，先求得所测目标的正确竖直角，并按竖直角计算公式反求正确竖直角的竖盘读数。在保持仪器检验时精确照准的状态下，调竖盘指标水准管微动螺旋，使竖盘读数等于上述计算值，此时，竖盘指标已处于正确位置，这时水准管气泡必不再居中，为了在保持指标正确位置不变的情况下将指标水准管气泡调成居中，可打开竖盘指标水准管一端的校正螺旋护盖，判定校正方向后，用校正针拨动校正螺旋，使气泡居中。校正后，应再次进行检验。如此反复进行，直至条件满足为止。

自动归零型仪器的竖盘指标差的检验方法与上述相同，但校正应送检修部门进行。

6. 光学对点器的检验与校正

(1) 检验目的

使光学对点器的光轴与仪器竖轴重合。

(2) 检验方法

常用的光学对点器有两种，一种是装在仪器的照准部上（图 4-30），另一种装在仪器的三角基座上（图 4-31）。其检验校正方法亦有所不同。

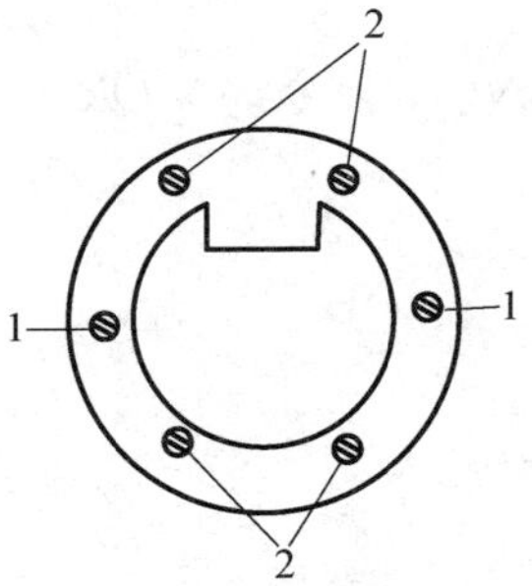

图 4-30 转像棱镜座

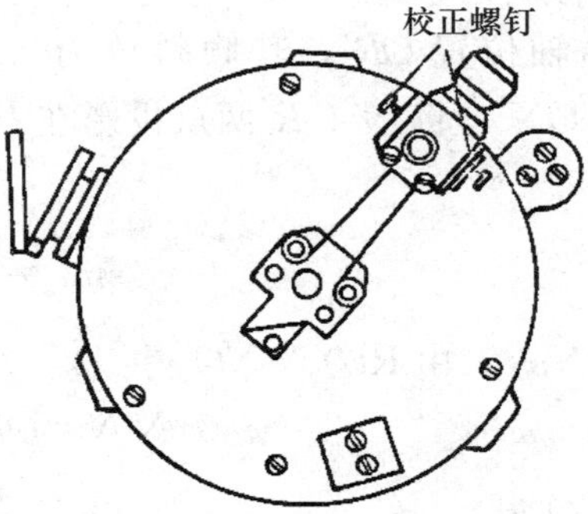

图 4-31 基座上的对点器

安装在照准部上的光学对点器：

① 检验方法。安装仪器于三角架上，并大致整平。在光学对点器下方的地面放一块画有“+”字的硬纸板。移动纸板，使对中器的刻划圈中心对准“+”字影像。然后，将照准部旋转 180°。如刻划圈中心不对准“+”字中心，则需要进行校正。

② 校正方法。在纸板上找出“+”字中心与刻划圈中心连线的中点，设为 P。打开两支架间的圆形护盖，可见图 4-30 中的转像棱镜座。调节螺钉 1 可使刻划圈中心左右移动，调节螺钉 2 可使刻划圈中心前后移动，直至刻划圈中心与 P 点重合为止。

安装在基座上的光学对点器：

① 检验方法。整平仪器后，沿基座的边缘，用铅笔将基座轮廓画在三脚架顶部的平面上。在地面上放一张毫米纸，并在其上面标出对中器刻划圈的中心位置。稍松连接螺旋，转动基座 120°后固定，注意每次应将基座底板放在所画的轮廓线里并整平仪器，分别标出刻划圈中心在毫米纸上的位置。若所画三点不重合，则找出示误三角形的中心以便校正。

②校正方法。见图 4-31，用校正针拨动光学对点器目镜后的三个校正螺钉（图中另一个在目镜下方），使刻划圈中心对准示误三角形中心点。此项检校需反复进行，直至条件满足为止。

7. 竖轴倾斜误差

若视准轴与横轴正交，横轴垂直于竖轴，而竖轴与照准部水准管轴已垂直，仅由于仪器：未严格整平而使竖轴不在竖直位置，竖轴偏离铅垂线一微小角度，这就是竖轴倾斜误差。

见图 4-32，OT 为处于竖直位置的竖轴，此时横轴必在水平面 P 上，OT' 为倾斜了 V 角的竖轴位置，此时横轴必在倾斜平面 P' 上。由几何学知，P、P' 两平面的交线 O_1O_2 与平面 TOT' 垂直，若横轴位于此处，则无论 V 有多大，它也始终保持水平。除此以外，横轴在平面 P' 上的任何位置均将产生不同大小的倾斜，其中以垂直于 O_1O_2 的 ON' 位置的倾斜角最大，并等于竖轴的倾斜角 V。

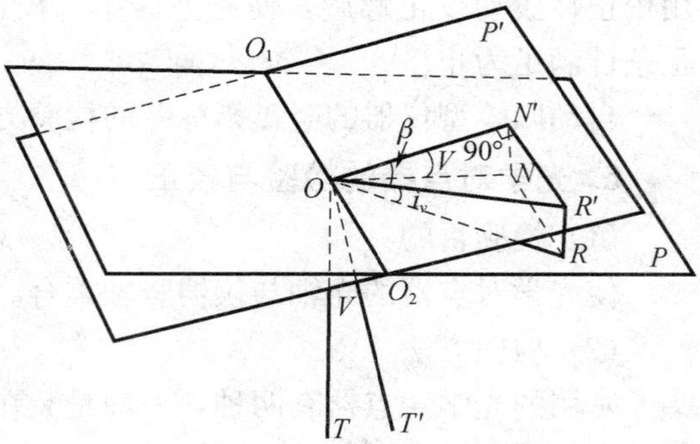

图 4-32 竖轴倾斜误差

任取一横轴位置 OR'，其倾斜角为 i_v，作 $R'N' \perp ON'$，将 N'、R' 两点投影在 P 上得 N、R，令 $\angle N'OR' = \beta$，由 Rt$\triangle R'RO$ 得：

$$\sin i_v = \frac{R'R}{OR'}$$

因 $R'R = N'N$，由 Rt$\triangle N'NO$ 得：

$$N'N = ON' \sin V$$

Rt$\triangle R'N'O$ 得：

$$OR' = \frac{ON'}{\cos\beta}$$

由此，并顾及 V 和 i_v 均为小角，得：

$$i_v = V\cos\beta \tag{4-17}$$

注意到式（4-14），竖轴倾斜对目标 A 的影响 x_v 为：

$$x_v = V\cos\beta\tan\alpha \tag{4-18}$$

4.6 角度测量误差分析及其注意事项

在角度测量中存在着各种各样的误差，对这些误差进行分析研究，以便提出消除或削弱这些误差影响的措施。

影响测角误差的因素有三类，即仪器误差、观测误差、外界条件的影响。

4.6.1 仪器误差

仪器误差主要包括仪器验校后的残余误差和仪器制造、加工不完善所引起的误差。

经纬仪各轴线之间，如果不满足应有的几何条件，将会产生仪器误差，即使经过校正，也难免存在残余误差。但只要仔细地检验校正，并采用正确的观测方法，仪器误差的影响，大部分均可得到消除。

主要的仪器误差有：水准管轴不垂直于竖轴，视线不垂直横轴、横轴不垂直竖轴、照准部偏心，光学对点器视线不与竖轴旋转中心线重合及竖盘的指标差等。

1. 水准管轴不垂直于竖轴

这项误差影响仪器的整平，即竖轴不能严格铅垂，横轴也不水平。但安置好仪器后，它的倾斜方向是固定不变的，不能用盘左盘右消除。如果存在这一误差，可在整平时于一个方向上使气泡居中后，再将照准部平转 180°，这时气泡必然偏离中央。然后用脚螺旋使气泡移回偏离值的一半，则竖轴即可铅垂。这项操作要在互相垂直的两个方向上进行，直至照准部旋转至任何位置时，气泡虽不居中，但偏移量不变为止。

2. 照准部偏心

照准部旋转中心 O' 与水平度盘刻划中心 O 不重合而产生的误差称为照准部偏心差。见图 4-33，不存在该项误差时瞄准目标的盘左正确读数为 $\alpha_{左}$，存在该项误差时盘左读数 $\alpha'_{左}$，$\alpha'_{左}$ 将比 $\alpha_{左}$ 大 x，盘右读数将比正确读数小 x，x 即为该项误差的影响，该影响的大小及符号是依偏心方向与照准方向的关系而变化。如果照准方向与偏心方向一致，其影响为零；两者互相垂直时，影响最大。对于 DJ_6 单指标读数类型的仪器，同一目标盘左盘右观测取平均值即可消除照准部偏心差的影响。对于 DJ_2 双指标度盘对径分划符合读数类型的仪器，一个盘位读取度盘对径 180°方向读数的平均值，就可消除照准部偏心差的影响。

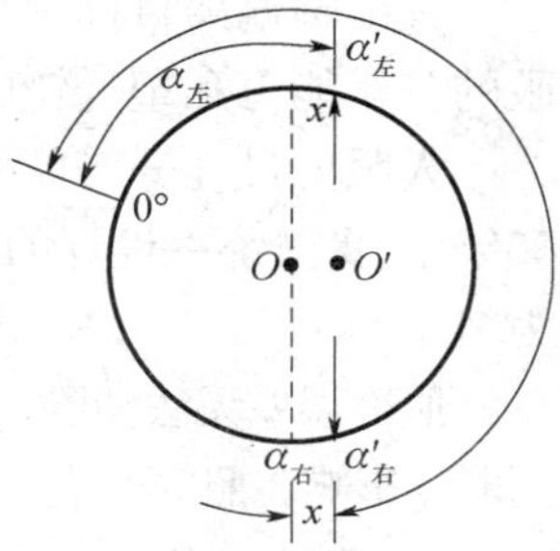

图 4-33 照准部偏心差

3. 光学对点器视线不与竖轴旋转中心线重合

这项误差是影响测站偏心，将在后边详细说明，如果对中器是附在基座上，在观测测回数的一半时，可将基座平转 180°再进行对中，以减少其影响。

4. 竖盘指标差

这项误差是影响竖直角的观测精度。如果工作时预先测出，在用半测回测角的计算时予以考虑，或者用盘左、盘右观测取其平均值，则可得到抵消。

4.6.2 观测误差

造成观测误差的原因有二：一是工作时不够细心；二是受人的器官及仪器性能的限制。观测误差主要有：测站偏心、目标偏心、照准误差及读数误差。对于竖直角观测，则有指标水准器的调平误差。

1. 测站偏心

测站偏心差又称对中误差，系仪器中心与测站中心不重合所引起的误差见图 4-34。B 为测站点，B' 为仪器中心，e 为偏心距，则实际测得的角为 β' 而非应测的 β，δ_1、δ_2 为对中误差产生的测角影响。

$$\Delta\beta=\beta-\beta'=\delta_1+\delta_2=\left[\frac{\sin\theta}{d_1}+\frac{\sin(\beta'-\theta)}{d_2}\right]e\rho'' \tag{4-19}$$

则由式（4-19）可知，该项误差与偏心距成正比，与边长成反比，还与测角大小有关，测角越接近 180°影响越大。测角时，对于短边、钝角尤其要注意对中。对中偏心在测角时是误差的来源，但在有些不适合安置仪器的地方可以采用这种偏心来进行水平角的测量，成为偏心观测。

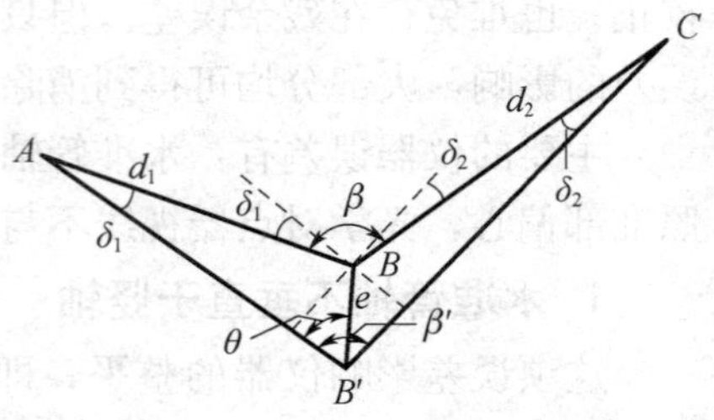

图 4-34　测站偏心

2. 目标偏心

瞄准中心与目标点标志中心不一致时，产生目标偏心误差。其对观测的影响与仪器对中误差类似，偏心距越大，边长越短，则目标偏心对测角的影响越大。所以在短边测角时，观测时标杆应竖直，并尽可能照准底部或者尽可能用垂球线作为观测标志。

3. 照准误差

视准轴偏离目标理想瞄准线的夹角称为照准误差。照准误差的大小主要取决于人眼的分辨能力和望远镜的放大率。

人眼的最佳分辨能力一般为 60″。设望远镜的放大率为 v，则照准时的分辨能力为 60″/v。我国统一设计的 DJ_6 及 DJ_2 级光学经纬仪放大率为 28 倍，所以照准时的分辨力为 2.14″。

照准误差无法消除，只能从照准标志的形状、大小、颜色、亮度等方面加以改进，来削弱其影响。照准时应仔细操作，对于粗的目标宜用双丝照准，细的目标则用单丝照准。

4. 读数误差

主要取决于仪器的读数设备、照度和判断的准确性。对于分微尺读法，主要是估读最小分划的误差，对于对径符合读法，主要是对径符合的误差所带来的影响，所以在读数时宜特别注意。对于 DJ_6 级仪器，读数的最大误差为±12″，DJ_2 级仪器一般在±2″～±3″。

5. 竖盘指标水准器的整平误差

在读取竖盘读数以前，须先将指标水准器整平。DJ_6 级仪器的指标水准器分划值一般为 30″，DJ_2 级仪器一般为 20″。这项误差对竖直角的影响是主要因素。操作时宜分外注意。

4.6.3　外界条件的影响

外界条件的影响因素很多，如天气的变化、植被的不同、地面土质松紧的差异、地形的起伏，以及周围建筑物的状况等，都会影响测角的精度。有风会使仪器不稳，地面土松软可使仪器下沉，强烈阳光照射会使水准管变形，视线靠近反光物体，则有折光影响。因此，要选择目标成像清晰稳定的有利时间，避开不利的条件进行观测，以减弱外界条件的影响。

4.7　电子经纬仪

微电子技术和计算机技术的迅速发展，给传统的测绘技术和测绘仪器带来了很大的冲击，使测绘仪器的发展产生了革命性的变化，电子经纬仪也是其中之一。

电子经纬仪采用了电子细分或光电细分技术以及码盘技术，缩小了电子度盘的尺寸，简化了生产工艺，提高了测量精度。电子经纬仪只需通过简单的按键操作，就可自动地进行所需的测量和计算，并将数据清晰地显示出来。通过机内的传感器系统可自动地修正和补偿各轴系误差，提高测量精度。同时还配有测距联用接口和联用功能，以及数据输出接口，可与红外测距机联用，构成组合式电子速测仪，一次观测就可获得所要的距离角度以及归算结果等测定值。而且测量值可通过数据输出接口自动地记录到电子手簿上，既简化了作业，又减少了读数误差和记录误差，从而实现了野外测量到室内数据处理过程的自动化，减轻了体力劳动，缩短了测量时间，深受使用者欢迎。

4.7.1 电子经纬仪的读数系统

电子经纬仪区别于光学经纬仪的主要特点是在测角读数系统上。电子经纬仪采用光电测角读数系统，光学经纬仪采用光学读数系统，目前采用的光电读数装置大致有两种类型：采用光栅度盘利用莫尔条纹测量技术的光电读数系统，采用的测量方式为增量式；采用编码度盘及编码测微器的光电读数系统，采用的测量方式为绝对式。

目前各国生产的不同型号的电子经纬仪大多采用第一种类型。用其模拟角度测量系统，主要作用是将光栅莫尔条纹光信号转变为电信号（正弦波信号），电信号经放大后，送入数字角度测量系统，转变为脉冲信号，然后再次细分、处理、计算。最后将角度数值在液晶显示器上显示读数。

1. 编码法

编码法是直接将度盘按二进制制成多道环码，用光电的方法或磁感应的方法读出其编码，根据其编码直接换算成角度值。编码的方法很多，图 4-35 列出了某型电子经纬仪使用的编码方案，由 4 条码道组成编码度盘，共有 16 个方向值的二进制代码。

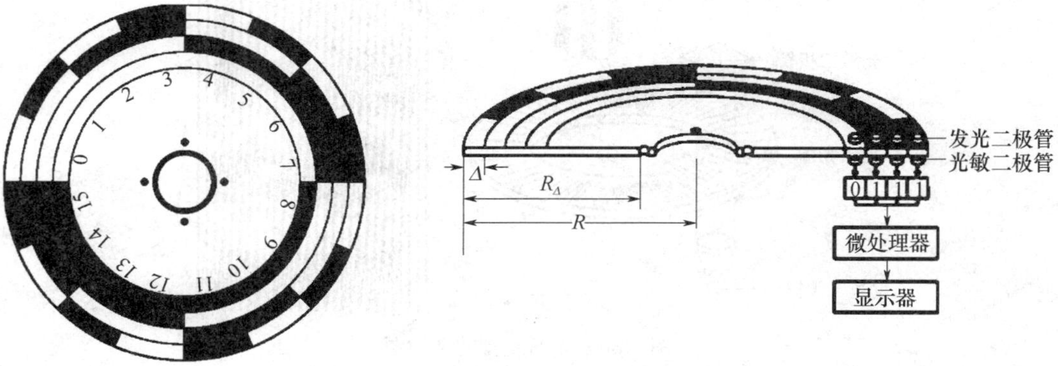

图 4-35 编码度盘的结构图

见图 4-35，沿度盘径向将发光二极管与接收光电二极管组成的角度传感器排列成一线，测角时传感器对度盘做相对旋转，即进行“角度扫描”。当传感器停留在一个码区上时，接收光电二极管接收来自发光二极管的光信号。当有光信号通过码道时，相应的接收光电二极管产生一个电信号，否则输出 0。这样的一组信号可以形成一个确定的二进制码。将这组二进制编码送入微处理器，微处理器根据码盘设计时的换算关系，直接换算成角度值显示出来。按照码道的组合，每一个度盘位置均可以获得一个确定的角度值。因而编码法亦可以称为“绝对法”测角。该法角度的分辨率自接与码道数有关。假定某码盘可以直接分辨 2″的角度，则需要的码道数 n 为：

$$360°\times60\times60''=2''\times2^n$$

$$n=\frac{\ln\ (360\times60\times60''/2'')}{\ln2}=19.3 \tag{4-20}$$

即需要 20 条码道的编码度盘才能自接分辨出 2″的角度。由于技术上的原因，对外业工作使用的仪器，要满足此要求是很困难的。通常采用较少的码道来获取角度的“粗值”，然后通过细分提高分辨率。

2. 增量法

与编码法相比较，增量法使用光栅度盘，所测得角值是照准部所旋转过的角值，因此增量法亦可称为“相对法”。图 4-36 表明了增量法测角的原理。当由一个发光二极管和一个接收二极管构成的传感器相对于光栅度盘旋转时，接收二极管将接收到的光信号变成电信号送入计数器，从而确定其角值。由于度盘直径的限制，分划线不可能很多。例如直径为 70～100mm 的度盘，可以刻划出 25000 条光栅线，这样光栅栅距为 51.84″，也是满足不了测量的要求，还需进行细分。

采用增量法测角时，为获得正确的读数，还需判别光栅度盘的旋转方向。为此需设置两组传感器，两组传感器相隔 $n\times d+d/4$，其中 d 为光栅度盘的光栅栅距。

当传感器相对于度盘顺时针方向旋转时，传感器将获得图 4-37（a）所示的信号：当信号 1 为高时，信号 2 由高降至低，或当信号 1 为低时，信号 2 由低升至高。当传感器相对于度盘逆时针方向旋转时，传感器将获得如图 4-37（b）所示的信号：当信号 1 为低时，信号 2 出高降至低，或者当信号 1 为高时，信号 2 由低升为高。

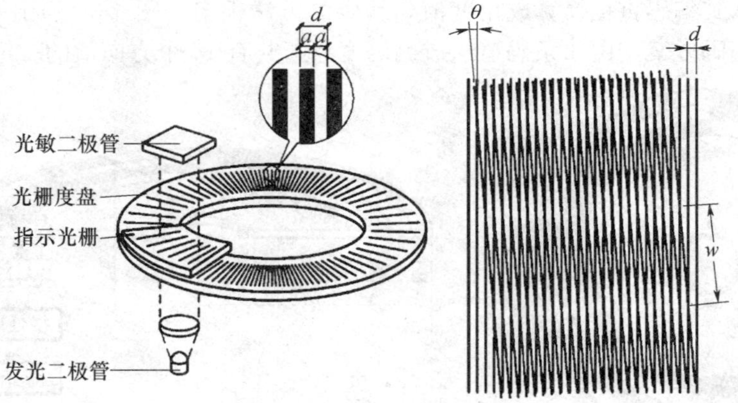

图 4-36　光栅度盘的结构图

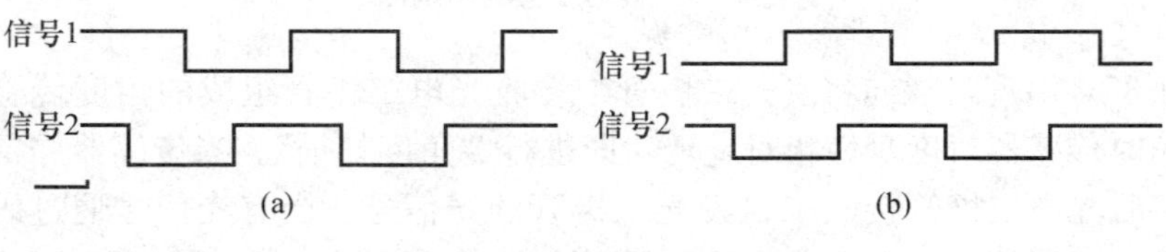

图 4-37　光栅度盘的信号模型

（a）顺时针；（b）逆时针

综上所述，即当仪器顺时旋转时，信号 2 比信号 1 超前 $T/4$（90°）；当仪器逆时针旋转时，信号 1 比信号 2 超前 $T/4$（90°）。同时两组传感器还能将分辨率提高一倍。

4.7.2 电子经纬仪的特点

电子经纬仪型号众多，有如下相同的特点：

（1）仪器横轴和竖轴采用相同的合金钢制造的密珠式轴系，轴与轴套之间是螺旋形排列的滚珠，采用轻压过盈配合。其间隙为零，它的误差仅仅是加上形状误差，因此这样轴系具有精度高、温度影响小、低温转动灵活、抗震性能好、不易卡死、寿命长等特点，从而保证仪器的可靠性和稳定性。

（2）光栅条数少（水平盘的光栅条数仅 6480 条），因此降低结构的技术要求，从而增大仪器的稳定性，提高仪器抗振能力。

（3）具有自动修正功能，能修正仪器指标差、视准轴误差值和横轴误差，从而提高仪器精度。

（4）电路板小，采用信号自动平衡数字电路，实现电调自动化，增强仪器可靠性。

（5）耗电小，工作电流低。

（6）采用激光对中，对中醒目、清晰，使用方便。

（7）有全站仪操作功能。

（8）角度有三种表示形式：60 进制（度分秒），400 进制（格恩），6400 制密位。

4.7.3 国产 ET/DT 系列电子经纬仪

该系列电子经纬仪有 ET 和 DT 两个系列，其中 ET 为光栅度盘模式，DT 为绝对编码度盘模式。仪器的各个部件和光学经纬仪没有太大的出入，只是在构成上更精简和使用上更便利，比如其都采用的是制动螺旋和微动螺旋同轴设置，大部分情况下外侧的螺旋是制动，里侧的为微动螺旋。ET 系列的仪器由于采用光栅度盘模式，因此在开机后大部分情况下都要对照准部或者望远镜旋转一个周期，比如旋转 360 度。判断的依据就是在 HR 或 V 处显示 0SET 的时候，该度盘即为相对编码度盘，需要转动该部分 360 度。如 HR：0SET，则转动照准部 360 度，0SET 警示消失，代之而显示的是某个方向的方向数值；而 V：0SET，则把望远镜绕其旋转轴转动 360 度，0SET 警示消失，显示某个竖直方向的方向值。而 DT 系列由于采用的是绝对编码度盘模式，开机即显示数值。该仪器的竖盘指标自动归零装置采用电子传感补偿器，在仪器精平的情况下，即可直接测量竖直角。同时仪器的盘左和盘右方向都分别设置显示面板和同样的 7 个功能键，见下图。下面分别介绍面板上的各个功能和用法。

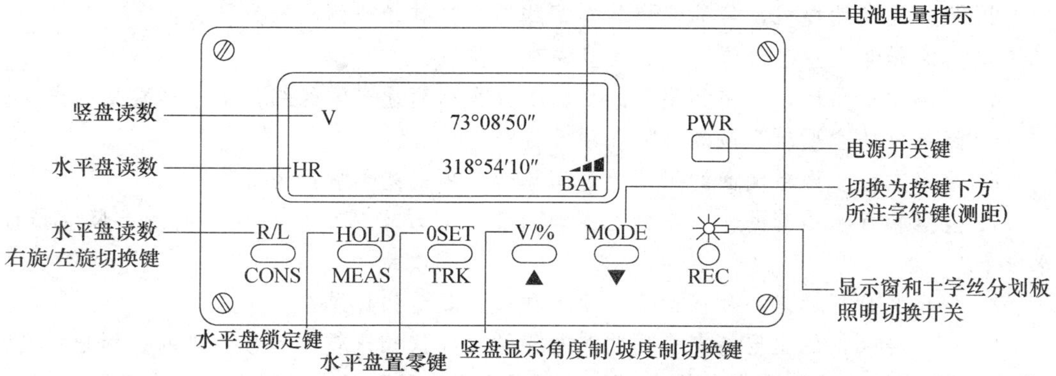

图 4-38 ET/DT 电子经纬仪显示面板和功能键

1. **开机**

在上图中，右侧的PWR键为电源开关键。按下该键 2 秒即可开机或者关机。

2. **显示面板介绍**

HR 字符的 H 为水平方向值，R 为电子水平度盘顺时针设置注记，即顺时针度盘读数增加，当 R 变换为 L 时，即为电子水平度盘逆时针设置注记；V 为数值方向值；显示面板右下角处为电池的电量指示。

3. **功能键介绍**

R/L键：即 HR 和 HL 显示转换。

HOLD键：该型仪器对水平方向值的设置只能为零，其他的方向值都不能用按键来实现。比如我们想把某个方向的方向值设置为 318°56′27″，而现在在该方向上显示的是 78°12′25″，这样的设置只能通过该键来实现。先转动仪器至 HR 显示为 318°56′27″时，连续按该键两次，则显示面板上的方向值 318°56′27″即被锁定，然后再回到需要的方向上，按一下该键，即把 318°56′27″数值解锁并设置为该方向的方向值。

0SET键：水平方向置零。在需要的方向上连续按下该键两次，则该方向就设置为零方向值了。

V/%键：竖直角以角度的度分秒制显示或以坡度的制式显示，按V/%键在这两种制式之间切换。

值得注意的是，在功能键下面还有文字注记，该注记表示第二功能键，由于电子经纬仪不具备测距功能，因此，第二功能键不起作用。

4. **电子经纬仪的使用**

电子经纬仪的使用和光学经纬仪的本质区别即为读数系统之间的差别，其他的都是一样的。因此在使用时，电子经纬仪的安置还是按照光学仪器的操作进行，也即安置流程为：安置⇒粗平⇒对中⇒精平⇒对中。在测角度的流程中完全和经纬仪一样有测回法和方向观测法，在读数时，电子经纬仪就很方便，不用去估读，直接把数据记录下来即可。

习题

1. 什么是水平角和竖直角？它们的取值范围和符号有何不同之处？
2. 根据测角的要求，经纬仪应具有哪些功能？其相应的构造是什么？
3. 什么是盘左观测位置？什么是盘左观测位置？
4. 观测水平角时，对中和整平的目的是什么？简述光学经纬仪对中和整平的方法。
5. 经纬仪的主要轴线应满足哪几项条件？为什么？
6. 取盘左盘右两半测回的平均值可消除哪几项误差影响？为什么？
7. 竖盘指标水准管的作用是什么？竖盘指标自动归零的经纬仪为何没有竖盘指标水准管？
8. 何谓竖盘指标差？如何计算、检验和校正竖盘指标差？
9. 电子经纬仪的主要特点有哪些？与光学经纬仪相比较，其最主要的区别是什么？
10. 试述测回法测水平角的步骤，并整理表 4-5 用测回法观测水平角的记录。

表 4-5 测回法测水平角手簿

测站	盘位	目标	水平度盘读数 (° ′ ″)	半测回角值 (° ′ ″)	一测回角值 (° ′ ″)	备注
O	左	1	0 00 06			
		2	78 48 54			
	右	1	180 00 36			
		2	258 49 06			

11. 在方向观测法的记录表（表 4-6）中，完成其记录的计算工作。

表 4-6 方向观测法记录表

测站	测回数	目标	水平度盘读数		2C (″)	方向值 (° ′ ″)	归零方向值 (° ′ ″)	角值 (° ′ ″)
			盘左 (° ′ ″)	盘右 (° ′ ″)				
M	1	*A*	00 01 06	180 01 24				
		B	69 20 30	249 20 24				
		C	124 51 24	304 51 30				
		A	00 01 12	180 01 18				

12. 完成表 4-7 中竖直角观测的各项计算。

表 4-7 竖直角观测手簿

测站	目标	竖盘位置	竖盘读数	竖直角		指标差
				半测回值	一测回值	
O	*A*	左	72°28′12″			
		右	287°32′00″			
	B	左	96°32′48″			
		右	263°27′30″			

5 距离测量与直线定向

本章导读

【本章提要】本章主要讲述钢尺量距方法及量距成果处理，视距测量原理、方法和成果计算；介绍电磁波测距原理、直线定向的方法。

【学习目标】掌握钢尺量距的方法、使用条件和精度分析；掌握视距测量方法、使用条件和精度分析；掌握电磁波测距的方法、使用条件和精度分析；掌握直线定向的方法、象限角和方位角的关系。

确定地面点的位置，除了需要测量水平角和高程外，还需要测量两点之间的距离以及两点间直线与某个标准方向线之间的方向关系。有了距离和方向，两点之间的平面相对位置也就确定了。因此距离测量和直线定向都是基本的测量工作。

地面上两点间的距离是指这两点沿铅垂线方向在大地水准面上投影点间的弧长。在测区面积不大的情况下，可用水平面代替水准面。两点间连线投影在水平面上的长度称为水平距离。不在同一水平面上的两点间连线的长度称为两点间的倾斜距离。

距离测量根据所使用的仪器和测量方法的不同，分为钢尺量距、视距测量、光电测距和 GPS 测距等方法。本章介绍前三种方法，GPS 测距在现代测量技术一章介绍。

5.1 钢尺量距

5.1.1 钢尺量距的一般方法

1. 量距的工具

钢尺量距的工具主要包括钢尺、标杆、测钎和垂球。钢尺是钢制的带尺，宽 10～15mm，厚 0.2～0.4mm，长度有 20m、30m、50m 等几种，卷放在圆形盒内或金属架上。钢尺的基本分划为厘米，最小分划为毫米，在米处和分米处有数字注记，见图 5-1。

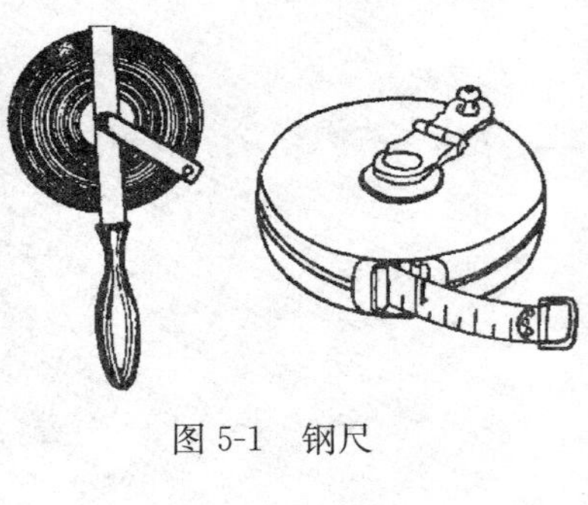

图 5-1　钢尺

由于钢尺的零点位置不同，钢尺分为端点尺和刻线尺两种。端点尺是以尺的最外缘作为尺的零点［图 5-2 (a)］的一种钢尺。刻线尺是以尺的前端某一刻线作为尺零点［图 5-2 (b)］的钢尺。目前大多数钢尺都为刻线尺，而端点尺基本上都用于皮尺。

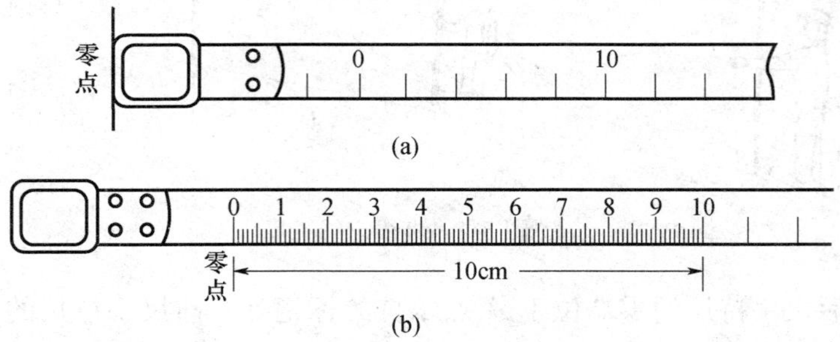

图 5-2 端点尺和刻线尺

（a）端点尺；（b）刻线尺

标杆主要是用来标定直线（定线）。测钎用细钢筋制成，用来标志尺段的起、迄点和标定整尺段数。测钎一组为 6 根或 11 根。垂球是用来投点和读数的。此外还有弹簧秤和温度计，用来控制拉力和测定温度。

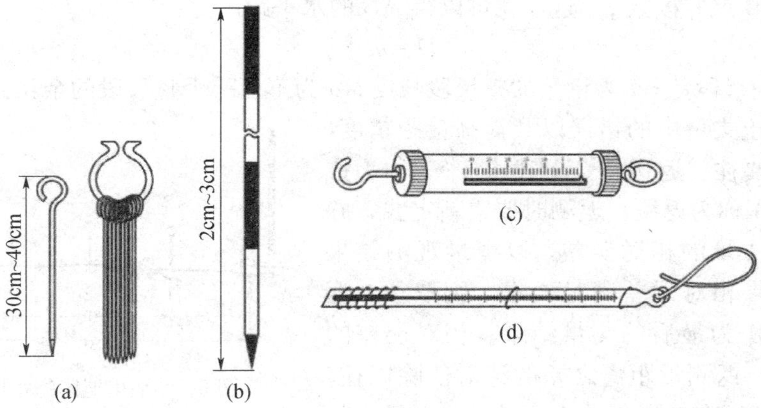

图 5-3 距离测量辅助工具

（a）测钎；（b）标杆；（c）弹簧秤；（d）温度计

2. 直线定线

如果地面两点之间的距离较长或地形起伏较大，需要分段进行测量。为了使所量线段在一条直线上，需要将每一尺段首尾的标杆标定在待测直线上，这一工作称为直线定线。

一般量距用目视定线，方法见图 5-4。A、B 为待测距离的两个端点，先在该两端点上竖立标杆，测量员甲站在 A 点后 1～2m 处，由 A 瞄向 B，使视线与标杆边缘相切，然后甲指挥乙持标杆 2 左右移动，直到 A、2、B 三根标杆位于同一直线上，然后将标杆竖直地插下。直线定线一般应由远及近，对于图 5-4，即先定 1 点，再定 2 点。

3. 量距方法

（1）平坦地面的丈量

见图 5-5，丈量前，首先清除直线方向上的障碍物，再用木桩将 A、B 两点标定出来（桩上钉一小钉），然后在两点的外侧各竖立一标杆，即可开始丈量。丈量工作一般

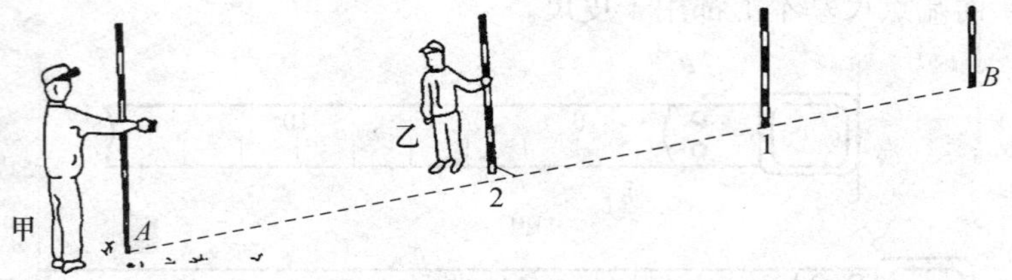

图 5-4　直线定线

由两人进行，后尺手持尺的零端位于 A 点木桩的标记处，前尺手持尺的末端并携带一组测钎的其余 5 根（或 10 根），沿 AB 方向前进，行至一尺段处停下。后尺手以手势指挥前尺手将钢尺拉在 AB 直线方向上。后尺手以尺的零点对准 A 点并发出信号“好”时，两人同时把钢尺拉紧，并保持尺面水平，前尺手在钢尺的末端刻划处竖直地插下一测钎，确定分段点 1，这样就完成了第一个尺段 A-1 的丈量工作。前、后尺手共同举尺前行，当后尺手到达插测钎处时停住，再重复上述操作，量出第二个尺段 1-2。如此继续，直到最后一个不到一整尺段（$n-B$）时，后尺手以尺的零点对准测钎，前尺手用钢尺对准 B 点并读数 q，这样就可以得 AB 的水平距离为：

$$D=nl+q \tag{5-1}$$

式中，n 为整尺段数；l 为钢尺的整尺段长度；q 为不足一个整尺段的余长。

为了防止丈量中的错误以及提高量距精度，距离丈量需要往、返进行。上述由 $A\rightarrow B$ 称为往测，由 $B\rightarrow A$ 称为返测。返测时要重新定线，并计算往、返丈量的相对误差，以衡量观测结果的精度，如果相对误差满足要求，则取往、返测的平均值作为最后的丈量结果。相对误差的定义是：往、返测量距离之差的绝对值除以往、返测距离的平均值，并化为分子为 1，分母为整数的分数形式。通常用 K 表示：

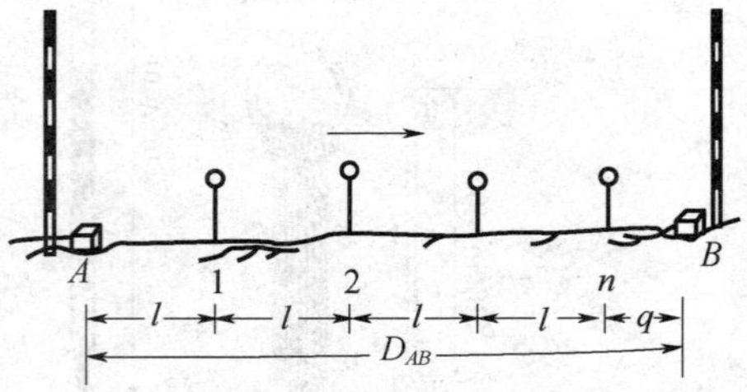

图 5-5　平坦地区的距离丈量

$$K=\frac{|D_{往}-D_{返}|}{D_{平均}}=\frac{1}{N} \tag{5-2}$$

例如，对于某距离 AB，往测值 185.38m，返测值为 185.32m，平均值为 185.35m，则其相对误差为：

$$K=\frac{|D_{往}-D_{返}|}{D_{平均}}=\frac{|185.38-185.32|}{185.35}\approx\frac{1}{3100}$$

对于平坦地区，钢尺一般量距的相对误差应小于或等于 1/3000，困难地区也应不大于 1/1000。只有当相对误差未超出上述限值时，才可以取往、返测的平均值作为距离测量值的最终结果。

(2) 倾斜地面的丈量

对于倾斜地面，根据地势的不同，距离丈量有如下两种方法。

① 平量法

当倾斜地面的坡度不大时，可以将钢尺抬平丈量。见图 5-6，需要丈量由 AB 之间的距离，甲测量员立于 A 点，指挥乙测量员将尺拉在 AB 方向线上，甲将尺的零端对准 A 点，乙将尺子抬高，并目估尺身水平，然后用垂球尖将尺段的末端投影到地面上，再插上测钎。如果地面倾斜度较大，将钢尺整尺段抬平有困难，可以将一尺段分成几段来进行丈量，如图中的 MN 段。为了减小垂球投点误差，可以借助于垂球架上的垂球线来投点。

② 斜量法

见图 5-7，当倾斜地面的地面坡度均匀时，可以沿斜坡量出 AB 的斜距 L，然后通过计算求得 AB 的水平距离 D。为了计算水平距离 D，需要测量 AB 两点之间的高差 h，或测出倾斜角 α，由图可以看出，D 的计算式如下：

$$D=\sqrt{L^2-h^2} \tag{5-3}$$

或

$$D=L\cos\alpha \tag{5-4}$$

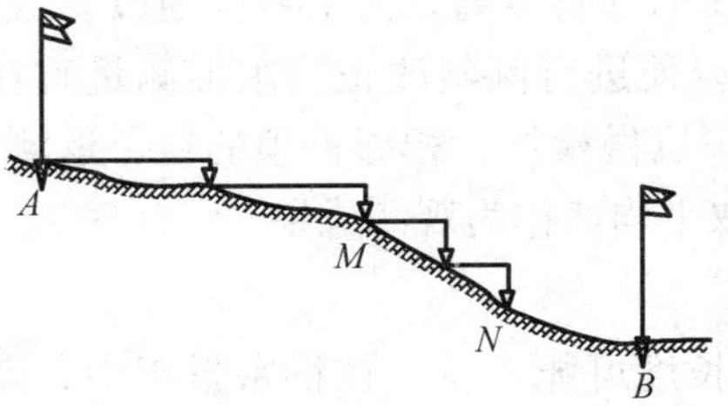

图 5-6　平量法测距离

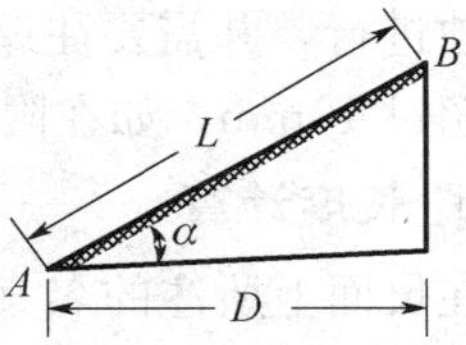

图 5-7　斜量法测距离

5.1.2　钢尺量距的精密方法

用一般方法量距，量距精度只能达到 1/1000～1/10000。当量距精度要求更高时，例如要求达到 1/10000～1/40000，则必须采用精密量距的方法。采用精密量距的方法时，使用的钢尺必须经过检定，测量时还需使用拉力计和温度计，以控制施加在钢尺上拉力和测定温度，进行相应的改正。钢尺量距的精密方法步骤如下。

1. 经纬仪定线

在定线前，首先要将丈量直线方向上的杂草、土坎等影响丈量的障碍物清除。见图 5-8，欲精密丈量直线 AB 的距离，在清除障碍物后，将经纬仪置于 A 点上，瞄准 B 点，用经纬仪进行定线。根据丈量所使用的钢尺长度，在经纬仪所指的方向上用钢尺进行概量（一般钢尺量距方法），依次定出比一整尺段略短的 A1、12、23 等尺段。在各尺段端点打下木桩，桩顶高出地面 3～5cm。在桩顶钉一白铁皮，用经纬仪进行定线，在各白铁皮上划一条与 AB 重合的线，再划一条与 AB 方向垂直的线，形成十字，十字中心作为丈量的标志，即 AB 直线的分段点。

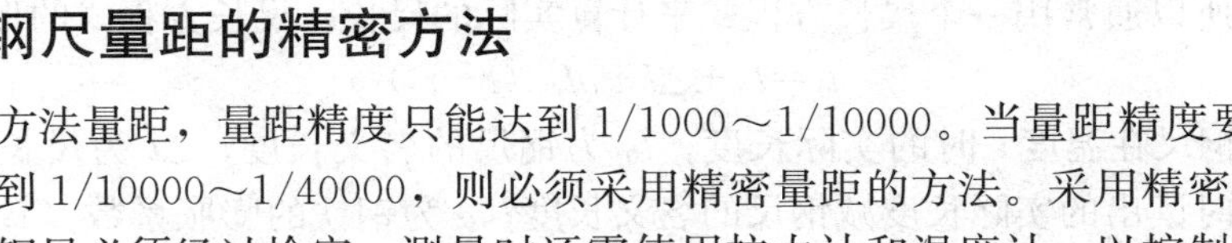

图 5-8　经纬仪定线

2. 尺段丈量

用检定过的钢尺丈量两木桩之间的斜距。丈量一般由 5 人组成一组，2 人拉尺，2 人读数，1人指挥兼记录和温度测量。丈量时，拉直钢尺置于相邻两木桩顶上，并使钢尺有刻划线的一侧紧贴十字线。后尺手将弹簧秤挂在尺的零端，以便使施加在钢尺上的拉力等于标准拉力（如50m为15kg，30m为10kg）。钢尺拉紧后，前尺手以尺上某一个整分划对准十字交点时，发出读数口令“预备”，后尺手回答“好”。在喊“好”的一瞬间，两端的读尺员同时根据十字交点读取读数，估读到0.5mm记入手簿。为了提高测量成果的精度，每尺段要移动钢尺位置丈量三次，三次测得的结果较差视不同要求而定，一般不超过2～3mm，否则要重测。如在限差以内，则取三次结果的平均值作为该尺段的观测成果。每一尺段要读记温度一次，估读到0.5℃。上述由直线起点A丈量到终点B为往测，往测完毕后应立即返测，每条直线所需丈量的次数根据量边的精度要求而定。

3. 测量桩顶间高差

在第2步中所测得的距离是相邻桩顶间的倾斜距离，为了将斜距改算成水平距离，需用水准测量方法测出相邻桩顶的高差，以便进行倾斜改正。水准测量宜在量距前或量距后单独进行，并需要往返各观测一次，以做检核。相邻桩顶的往、返测高差之差，一般不得超过10mm，如在限差以内，则取平均值作为观测成果。

4. 尺段长度计算

钢尺在尺面上所注的名义长度与实际长度可能不符，在精密量距中，就需要进行尺长改正。钢尺因拉力不同，尺长会发生变化，为减小这项误差，在丈量时需要采用标准拉力。钢尺在不同温度下，长度也会有变化，因此在尺段长度计算中，需要进行温度改正，所以通常用一个尺长方程式来计算实际的尺长。尺长方程式的形式为：

$$l_t = l_0 + \Delta l + \alpha l_0 (t - t_0) \tag{5-5}$$

式中，l_t为钢尺在温度t时的实际长度；l_0为钢尺的名义长度；Δl为尺长改正数，等于钢尺检定时读出的实际长度减钢尺的名义长度；α为钢铁的膨胀系数（1.15×10^{-5}～1.25×10^{-5}）；t为钢尺使用时的温度；t_0为钢尺检定时的标准温度（一般为20℃或者25℃）

（1）钢尺的实际长度的计算

由于每一尺段都有相应的温度值，代入尺长方程中可以计算出实际长度l_t，l_t为加入尺长改正和温度改正的实际长度。因此采用比例关系即可计算出每一尺段的实际长度。设每一尺段丈量长度为l_{ij}，则实际长度为l_{ij}^t，即：

$$\frac{l_t}{l_0} = \frac{l_{ij}^t}{l_{ij}} \tag{5-6}$$

利用上式即可计算每一尺段的实际长度。

（2）倾斜改正

见图5-9，设量得的尺段斜距为l（实际距离），h为尺段两端间的高差，现在要将斜距l换算成水平距离d，就需要加尺长改正数Δl_h，从图中可以看出：

$$\Delta l_h = d - l = \sqrt{l^2 - h^2} - l = l\left(1 - \frac{h^2}{l^2}\right)^{\frac{1}{2}} - l \tag{5-7}$$

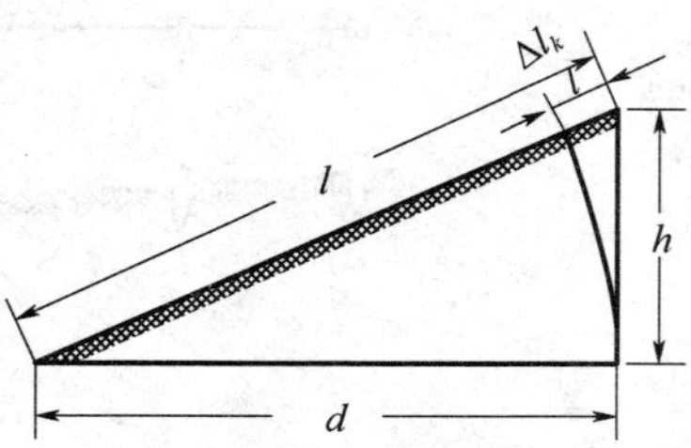

图5-9　斜距改算平距

将$\left(1 - \frac{h^2}{l^2}\right)^{\frac{1}{2}}$用级数展开，并代入式（5-7）可得：

$$\Delta l_h = l\left(1-\frac{h^2}{2l^2}-\frac{h^4}{8l^4}-\cdots\right)-l=-\frac{h^2}{2l}-\frac{h^4}{8l^3}-\cdots$$

由于 h 一般不大，所以上式右端只取第一项，则：

$$\Delta l_h = -\frac{h^2}{2l} \tag{5-8}$$

可见，倾斜改正数恒为负值。

5. 计算全长和相对误差

将改正以后的各尺段水平距离加起来，便得到 AB 水平距离的全长；同理可以计算返测的水平距离，并计算其相对误差为：

$$K=\frac{|D_{往}-D_{返}|}{D_{平均}}=\frac{1}{N} \tag{5-9}$$

如果相对误差在限差范围内，则取往返测的平均值为观测结果。如果相对误差超限，则应重测。

5.1.3 钢尺量距的误差与注意事项

通常对于同一距离，进行几次丈量，其结果一般不会绝对相同，这说明丈量中不可避免地存在着误差，造成钢尺量距误差的原因有很多，主要有以下几种。

1. 尺子本身误差，即尺长误差

钢尺未经检定或未按尺长方程式进行改算，仅用名义长度计算丈量的距离，则其中包含尺长误差。用同一钢尺往返丈量，这种误差不会发现，但是实际是存在的。用两根钢尺丈量同一距离，所反应的是两根钢尺的 Δl 之差与整尺段数的乘积，距离愈长，该误差愈明显。即使使用的是检定后的钢尺仍存在残余误差，一般尺长检定方法只能达到±0.5mm 的精度。

2. 温度变化的误差

根据钢尺温度改正公式 $\Delta l_t=\alpha(t-t_0)l$，当温度变化±8℃时，由此引起的距离误差为 1/10000。另外，在测温时，温度计显示的是空气环境的温度，而不是钢尺本身的温度，当在阳光暴晒的条件下，丈量沿地面进行时，钢尺温度与空气温度可能相差较大。

3. 拉力误差

钢尺具有弹性，会因受拉而伸长。如果丈量不用弹簧秤衡量拉力，仅凭司尺员手臂感觉，则与检定时标准拉力难免存在误差。这个差值所产生的长度误差可以根据胡克定律计算：

$$\Delta l_{拉}=\frac{1}{E}\cdot\frac{\Delta P}{A}\cdot l \tag{5-10}$$

式中，$\Delta l_{拉}$ 为拉力误差而引起的测距误差；ΔP 为拉力误差的大小；A 为钢尺的截面积；E 为钢尺的弹性模量。

当取钢尺的弹性模量 $E=2\times10^6\text{kg/cm}^2$，$A=0.04\text{cm}^2$，拉力误差 $\Delta P=3\text{kg}$，$l=30\text{m}$ 时，钢尺量距误差为 1mm，所以在精密量距时，要使用弹簧秤控制拉力。

4. 丈量本身的误差

它包括钢尺端点对准的误差、插测钎的误差等。又如钢尺基本分划为厘米，若读数只要求读到厘米，就可能会产生 5mm 的凑整误差。这些误差是在测量工作进行中由于人的感官能力限制而产生的，其性质可正可负，或大或小，在实际结果中已抵消了一部分，但仍是丈量工作中一项主要误差来源，无法全部消除。

5. **钢尺垂曲的误差**

垂曲是指钢尺悬空丈量时中间下垂而产生的误差。悬空丈量时，尺子中间必然有下垂现象，所以钢尺检定时要考虑这一因素，把尺子分悬空与水平两种情况分别予以检定，得出各自相应的尺长方程式。在成果整理时，若按实际情况采用相应的尺长方程式，这项误差就大大减小了。

6. **钢尺不水平的误差**

直接丈量水平距离时钢尺应尽量水平，否则会产生距离量长的误差，这与把倾斜距离改算为水平距离具有相同的性质。根据计算，对一根 30m 的钢尺，若尺的两端高差达 0.4m，则使 30m 距离增长约 2.67mm，其相对误差约为 1/11200。要求这样的钢尺整尺段两端高差小于 0.4m 是不难达到的。

精密量距时，测出尺段两端点的高差 h，设测定高差的误差为 δh，进行倾斜改正，则由此而产生的距离误差 $\Delta h=-\frac{h}{l}\delta h$。欲使 $\Delta h\leqslant 1\text{mm}$，当 $l=50\text{m}$，$h=1\text{m}$ 时，高差误差 δh 应小于 50mm，这用普通水准测量的方法是容易达到的。

7. **定线误差**

钢尺丈量时应使尺身紧靠所量直线，如果偏离定线方向，就会变成一条折线，而把实际距离量长了，见图 5-10。这类情况与上述钢尺不水平相似，只不过前者是在水平面内的偏斜，而后者是在竖直面内的倾斜。

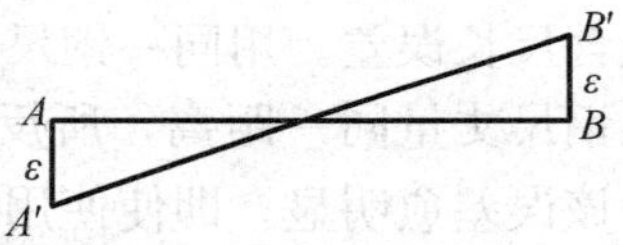

图 5-10　定线误差对距离测量的影响

在图 5-10 中，AB 为正确的直线位置，$A'B'$ 为钢尺位置，它使得量距结果偏大。设定线误差为 ε，由此引起的一个尺段 l 的量距误差 Δl 为：

$$\Delta l=\sqrt{l^2-(2\varepsilon)^2}-l=-\frac{2\varepsilon^2}{l} \tag{5-11}$$

当 $l=30\text{m}$ 时，欲使量距误差 $\Delta l\leqslant\pm 3\text{mm}$，则应使定线误差 $\varepsilon\leqslant 0.21\text{m}$，采用目估定线的方法，就很容易做到这一点。精密量距时，采用经纬仪定线，则精度更高。

上述就是造成量距误差的一些主要原因，为了削弱上述误差的影响，要求必须做到：新购置的钢尺必须经过严格检定，以获得精确的尺长改正数。还要注意将钢尺放置在干燥的地方以防生锈，使用的过程中要做到防折、防碾压和不在地面上拖拉。量距宜选择在阴天、无风或微风的天气条件下进行，测量温度时，要尽可能直接测定钢尺本身的温度。进行精密量距时应使用检定过的弹簧秤以控制拉力。在丈量中采用垂球投点，对点、读数、插测钎尽量做到配合协调。采用悬空方式测量时，应采用悬空情况下的尺长改正式或进行垂曲改正。一般量距时，尺子要拉到尽量水平；精密量距时，应限制每一尺段的高差（小于 1m）或直接采用勾股定理进行改正。

5.2　视距测量

视距测量是利用测量仪器望远镜中的视距丝并配合视距尺（水准尺），根据几何光学及三角学原理，同时测定两点间的水平距离和高差的一种方法。这种方法具有操作方便，速度快，不受地面高低起伏限制的优点。但测距精度较低，一般为1/200～1/300,但这个精度已经能够满足碎部测图的要求，因而广泛用于碎部测量中

5.2.1 视距测量原理

1. 视线水平时的距离和高差公式

见图5-11，欲测定A、B两点间的水平距离D和高差h，首先在A点安置经纬仪，在B点竖立视距尺，当望远镜视线水平时，视线与视距尺垂直，经对光后，通过上、下两条视距丝m、n在视距尺上读数为M、N，M、N两点读数的差值称为视距间隔或尺间隔，用l表示。其中d可由图中两相似三角形MNF和mnF求得：

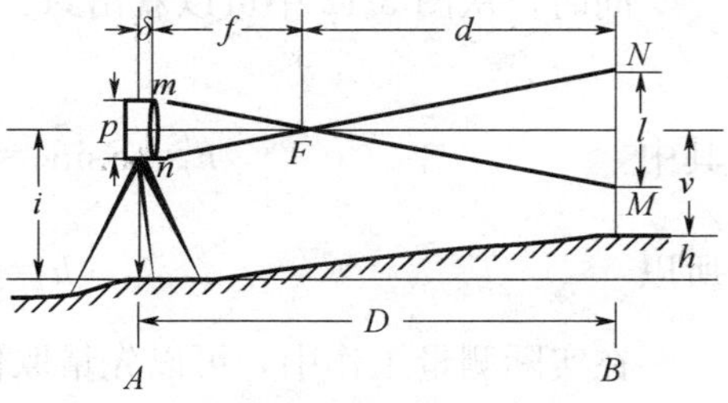

图5-11 视线水平时的视距测量原理

$$\frac{d}{f}=\frac{l}{p} \tag{5-12}$$

$$d=\frac{f}{p}l \tag{5-13}$$

因此，A、B点之间的平距D为：

$$D=d+f+\delta=\frac{f}{p}l+(f+\delta) \tag{5-14}$$

式中，f为物镜焦距；p为视距丝间隔；δ为物镜至仪器中心的距离，d为物镜焦点到标尺的距离。

令$\frac{f}{p}=K$，称为视距乘常数，$f+\delta=c$，称为视距加常数，则：

$$D=Kl+c \tag{5-15}$$

在设计望远镜时，适当选择有关参数后，可使$K=100$，c接近于0。于是，视线水平时的视距公式为：

$$D=100l \tag{5-16}$$

同时，从图5-11中可以看出两点间的高差为：

$$h=i-v \tag{5-17}$$

式中，i为仪器高；v为望远镜的中丝在尺上的读数。

2. 视线倾斜时的视距测量公式

当地面起伏较大时，必须将望远镜倾斜才能照准视距尺，见图5-12，由于此时的视准轴不再垂直于视距尺，所以前面推导的公式就不适用了。若想引用前面的公式，测量时则必须将尺子置于垂直于视准轴的位置，但不太可能实现。因此，在推导倾斜视线的视距公式时，必须加上两项改正：①视距尺不垂直于视准轴的改正；②倾斜视线（距离）化为水平距离的改正。对于图5-12，可以通过在E点做AE垂线的方法来实现这个过程。

在图5-12中，设视准轴倾斜角为δ，由于φ角很小，约为$17'$，故可将$\angle NN'E$和$\angle MM'E$均近似看成直角，又$\angle NEN'=\angle MEM'=\delta$，于是：

$$l'=M'N'=M'E+EN'=ME\cos\delta+EN\cos\delta$$
$$=(ME+EN)\cos\delta=l\cos\delta \tag{5-18}$$

根据视线水平时的相应公式，可得倾斜距离：

$$S=Kl'=Kl\cos\delta \tag{5-19}$$

则 A、B 两点的水平距离为：

$$D=S\cos\delta=Kl\cos^2\delta \tag{5-20}$$

同时，从图 5-12 中可以看出 A、B 两点间的高差为：

$$h=h'+i-v \tag{5-21}$$

其中
$$h'=S\sin\delta=Kl\cos\delta\sin\delta=\frac{1}{2}Kl\sin2\delta$$

所以
$$h=\frac{1}{2}Kl\sin2\delta+i-v \tag{5-22}$$

在实际测量工作中，可以先量取仪器高 i，然后以望远镜中横丝瞄准标尺上的值 v，使 $v=i$，这时可以简化式 (5-22)，即：

$$h=\frac{1}{2}Kl\sin2\delta \tag{5-23}$$

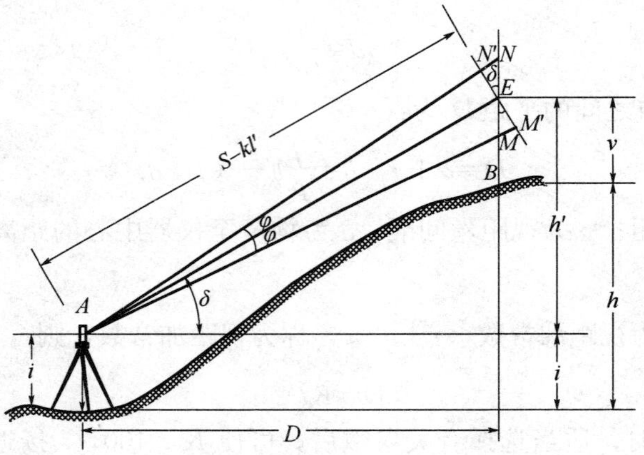

图 5-12　视线倾斜时的视距测量原理

5.2.2　视距测量的观测与计算

视距测量的观测一般按以下步骤进行（以图 5-12 为例）：

（1）安置经纬仪于测站点 A 上，对中、整平后，量取仪器高 i，在待测点 B 上竖立视距尺。

（2）转动仪器照准部，照准 B 点上视距尺，在望远镜中分别用上、下、中丝读得读数 M、N、v，读至 mm，要求 $(M+N)/2-v\leqslant\pm3\text{mm}$，计算尺间隔 l：

$$l=|M-N| \tag{5-24}$$

（3）使竖盘指标水准管气泡居中（如为有竖盘指标自动补偿的经纬仪，则无此项操作），在读数显微镜中读取竖盘读数，再计算竖直角 δ。

（4）将有关数字代入视线倾斜时的计算公式，即可计算相应的水平距离、高差或待求点的高程。

5.2.3 视距测量的误差及注意事项

视距测量的精度较低，一般为1/200～1/300，只能满足碎部测量的精度要求。

1. 视距测量的误差

（1）读数误差。用视距丝在水准尺上读数的误差与水准尺的最小分划线的宽度、经纬仪至水准尺的距离及望远镜的放大倍率等因素有关，因此读数误差的大小，视所使用的经纬仪及作业条件而定。

（2）水准尺倾斜引起的误差。视距公式是在视距尺严格与地面垂直条件下推导出的。若视距尺倾斜，设其倾角为$\Delta\gamma$。现对视距测量公式$D=S\cos\delta=Kl\cos^2\delta$进行微分，得视距测量误差：

$$\Delta D=-2kl\cos\delta\sin\delta\frac{\Delta\gamma}{\rho''} \tag{5-25}$$

其相对误差为：

$$\frac{\Delta D}{D}=\left|\frac{-2kl\cos\delta\sin\delta}{kl\cos^2\delta}\cdot\frac{\Delta\gamma}{\rho''}\right|=2\tan\delta\frac{\Delta\gamma}{\rho''} \tag{5-26}$$

由于一般视距测量精度为1/300，要保证$\frac{\Delta D}{D}\leqslant\frac{1}{300}$，视距测量时倾角误差应满足：

$$\Delta\gamma\leqslant\frac{\rho''\tan\delta}{600}=5.8'\cot\delta$$

根据上式可计算出不同竖直角测量时倾角的允许值。例如，当竖直角为3°时，$\Delta\gamma$的允许值为1.8°；当竖直角为5°时，$\Delta\gamma$的允许值为1.1°；当竖直角为10°时，$\Delta\gamma$的允许值为0.5°。由此可见，视距尺倾斜，对视距测量影响较大，不可忽视，特别在山区，由于竖直角较大，更要注意将尺子扶直。必要时需要使用附加圆水准器的视距尺。

（3）大气折光的影响。地球表面上高度不同的区域内的空气密度不同，视距尺上不同部分的光线就是通过这样密度的不同空气层到达望远镜的。经验证明，越接近地面的光线受折光影响越显著，并且这种误差与距离的平方成比例地增加。因此应抬高视线或选择在有利的气象条件下进行视距测量。

上述三项误差是视距测量的主要误差来源。此外，视距乘常数K的误差、视距尺分划的误差、竖直角观测的误差以及风力使尺子抖动引起的误差等，都将影响视距测量的精度。

2. 注意事项

（1）观测时应抬高视线，使视线距地面在1m以上，以减少大气折光的影响。

（2）作业时，应尽量将视距尺竖直，最好使用带有水准器的视距尺，以减少水准尺倾斜误差的影响。

（3）严格检核乘常数K值，使K位于100±0.1的范围之内，否则应加改正数。

（4）视距尺一般应是厘米刻划的整体尺，尽量少用或不用塔尺。如果使用塔尺，应注意检查各节尺的接头是否准确。

（5）竖直角观测时，应注意将竖盘水准管气泡居中或将竖盘自动补偿开关打开，在观测前，应对竖盘指标差进行检验与校正，确保竖盘指标差满足要求。

（6）对视距长度必须加以限制。根据资料分析，在比较良好的外界条件下，视距在 200m 以内时，精度较好。

（7）观测应选择在风力较小，成像清晰、稳定的条件下进行。

5.3 光电测距

钢尺量距劳动强度大、效率低，在山区、沼泽区等复杂地形甚至无法工作。以普通的视距测量方法测距，虽然迅速、简便，但其精度较低。因此在很长一个时期，测距成为制约测量工作的一个重要因素。

为了提高测距速度和精度，20 世纪 40 年代末人们研制成了光电测距仪。但当时的光电测距仪主要采用白炽灯、高压汞灯等普通光源，再加上受到电子元件的限制，致使仪器较重，操作和计算也比较复杂，而且需在夜间观测，所以难以在工程测量中应用。60 年代初，随着激光技术的出现及电子与计算机技术的发展，各种类型的光电测距仪相继出现。激光技术的出现提高了光源的质量，电子技术的高度发展，又大大提高了仪器的自动化水平。90 年代又出现了将测距仪和电子经纬仪组合为一体的全站型电子速测仪，即全站仪，它可以同时进行角度和距离的测量。测量结果经过内部程序计算得到平距、高差、坐标增量等，并能自动显示在液晶屏上。配合电子记录手簿，可以自动记录、存储、输出测量结果，使测量工作大为简化，并已发展成为全野外数字化测图。测距仪和全站仪已在小面积控制测量、大比例尺测图及各种工程测量中得到广泛应用。本节主要介绍测距仪的相关知识。

以电磁波为载波的测距仪统称为电磁波测距仪。根据测程、载波和测量时间的不同可分为以下几类：

（1）按测程分为短程（3km 以内）、中程（3～15km）和远程（15km 以上）。

（2）按精度可分为Ⅰ级（$m_D \leqslant 5$mm）、Ⅱ级（5mm$< m_D \leqslant$10mm）和Ⅲ级（$m_D >$10mm），m_D 为每千米的测距中误差。

（3）根据载波的不同，它又可以分为以光波为载波的光电测距仪和以微波为载波的微波测距仪。光电测距仪所使用的光源有激光光源和红外光源，使用激光光源的激光测距仪多用于远程测距，使用红外光源的红外测距仪则主要用于中、短程测距。

（4）按测定时间方式的不同，光电测距仪又分为脉冲式测距仪和相位式测距仪。脉冲式测距仪是通过直接测定脉冲光在测线上往返传播的时间来求得距离。相位式测距仪是利用测相电路测定调制光在测线上往返传播所产生的相位，间接测得时间，从而求出距离，测距精度较高。

5.3.1 测距原理

光电测距是通过测量光波在待测距离上往返一次所经历的时间，来确定两点之间的距离的。见图 5-13，在 A 点安置测距仪，在 B 点安置反射棱镜，测距仪发射的调制光波到达反射棱镜后又返回到测距仪。设光速 c 为已知，如果调制光波在待测距离 D 上的往返传播时间为 t，则距离 D 计算式为：

$$D=\frac{1}{2}ct \tag{5-27}$$

$$c=c_0/n$$

式中，c_0 为光在真空中的速度，其值为 299792458m/s±1.2m/s；n 为大气折射率，它与测距仪所使用的光波波长 λ、测线上的气温 T、气压 P 和湿度 e 有关。

因此，测距时还需测定气象元素，对距离进行气象改正。

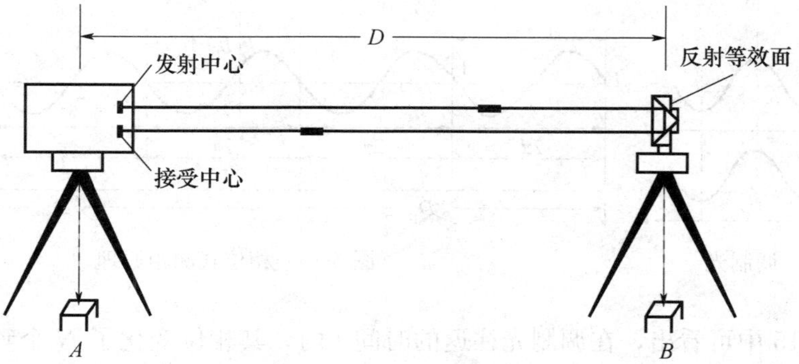

图 5-13 光电测距原理

由距离 D 的计算式可知，测定距离的精度主要取决于时间 t 的测定精度，由于 $\mathrm{d}D=\frac{1}{2}c\mathrm{d}t$。当要求测距误差 $\mathrm{d}D$ 小于 1cm 时，时间测定精度 $\mathrm{d}t$ 要求准确到 6.7×10^{-11}s，直接测量时间难以做到这样高的精度。因此，时间的测定一般采用间接测量的方式来实现。间接测定时间的方法有两种。

1. **脉冲法测距**

脉冲法测距是指由测距仪的发射系统发出光脉冲，经反射棱镜反射后，又回到测距仪而被其接收系统接收，测出这一光脉冲往返所需时间间隔 t 的钟脉冲的个数，进而求得距离 D。由于钟脉冲计数器的频率所限，所以测距精度只能达到 0.5～1m。此法常用在激光雷达、微波雷达等远距离测距上。20 世纪 90 年代，出现了将测线上往返的时间延迟 Δt 变成电信号，对一个精密电容进行充电，同时记录充电次数，然后用电容放电来测定 Δt 的方法。这种方法的测量精度可达到毫米级。

2. **相位法测距**

相位法测距是通过测量连续的调制光波在待测距离上往返传播所产生的相位变化来间接测定传播时间 t，从而求得被测距离 D 的。红外测距仪就是典型的相位式测距仪。

红外光电测距仪的红外光源是由砷化镓（GaAs）发光二极管产生的。如果在发光二极管上注入一个恒定电流，它发出的红外光光强则恒定不变。若在其上注入频率为 f 的交变电流（交变电压），则发出的光强随着注入的交变电流呈正弦变化，见图 5-14，这种光称为调制光。

测距仪在 A 点发射的调制光在待测距离上传播，被 B 点的反射棱镜反射后又回到 A 点而被接收机接收，然后由相位计将发射信号与接收信号进行相位比较，得到调制光在待测距离上往返传播所引起的相位移 φ，其相应的往返传播时间为 t。如果将调制波的往程和返程沿测线方向展开，则有图 5-15 所示的波形。

设调制光的频率为 f（每秒振荡次数），其周期 $T=\frac{1}{f}$［每振荡一次的时间（s）］，

则调制光的波长 λ 为：

$$\lambda = cT = \frac{c}{f} \tag{5-28}$$

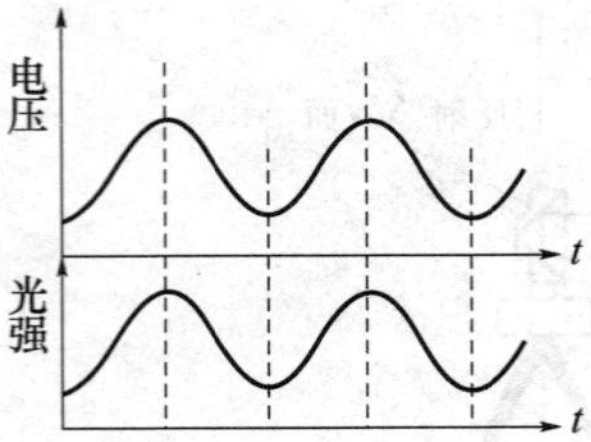

图 5-14　调制光

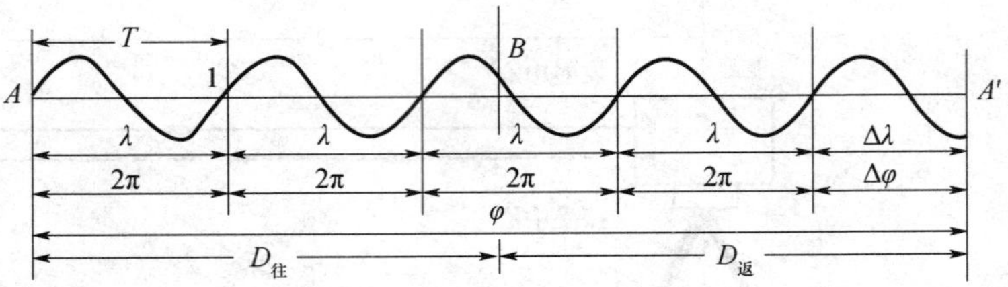

图 5-15　相位式测距原理

从图 5-15 中可看出，在调制光往返的时间 t 内，其相位变化了 N 个整周（2π）及不足一周的余数 $\Delta\varphi$，而对应 $\Delta\varphi$ 的时间为 Δt，则 t 计算式为：

$$t = NT + \Delta t \tag{5-29}$$

由于变化一周的相位差为 2π，则不足一周的相位差 $\Delta\varphi$ 与时间 Δt 的对应关系为：

$$\Delta t = \frac{\Delta\varphi}{2\pi} T \tag{5-30}$$

因此，可以得到相位测距的基本公式：

$$D = \frac{1}{2}ct = \frac{1}{2}c\left(NT + \frac{\Delta\varphi}{2\pi}T\right) = \frac{1}{2}cT\left(N + \frac{\Delta\varphi}{2\pi}\right) = \frac{\lambda}{2}\ (N + \Delta N) \tag{5-31}$$

式中，$\Delta N = \frac{\Delta\varphi}{2\pi}$ 为不足一整周的小数。

将上面的相位测距基本公式与钢尺量距公式相比，如果将 $\frac{\lambda}{2}$ 看作一把“测尺”的尺长，则测距仪就是用这把“测尺”去丈量距离。N 则为整尺段数，ΔN 为不足一整尺段之余数。两点间的距离 D 就等于整尺段总长 $\frac{\lambda}{2}N$ 和余尺段长度 $\frac{\lambda}{2}\Delta N$ 之和。

测距仪的测相装置（相位计）只能分辨出 0～2π 的相位变化，故只能测出不足整周（2π）的尾数相位值 $\Delta\varphi$，而不能测定整周数 N，这样使相位测距的基本公式产生多值解，只有当所测距离小于光尺长度时，才能有确定的数值。例如，“测尺”为 10m，只能测出小于 10m 的距离；“测尺”为 1000m，则可测出小于 1000m 的距离。又由于仪器测相装置的测相精度一般为 1/1000，故测尺越长，测距误差越大，其关系可参见表 5-1。为了解决扩大测程与提高精度的矛盾，目前的测距仪一般采用两个调制频率，即两把“测尺”进行测距。用长测尺（称为粗尺）测定距离的大数，以满足测程的需要；用短测尺（称为精尺）测定距离的尾数，以保证测距的精度。将两者结果衔接组合起来，就是最后的距离值，并自动显示出来。

例如：某测距仪以 10m 作精尺，显示米位及米位以下的距离值，以 1000m 作粗尺，显示百米位、十米位距离值。如实测距离为 425.837m，则：

粗测尺结果　420
精测尺结果　　5.837
显示距离值　425.837m

表 5-1 测尺长度、测尺频率与测距精度

测尺长度（$\lambda/2$）	10m	20km	100m	1km	2km	10km
测尺频率（f）	15MHz	7.5MHz	1.5MHz	150kHz	75kHz	15kHz
测距精度	1cm	2cm	10cm	1m	2m	10m

设仪器中采用了两把测尺配合测距，其中精测频率为 f_1，相应的测尺长度 $u_1=\frac{c}{2f_1}$；粗尺频率为 f_2，相应的测尺长度为 $u_2=\frac{c}{2f_2}$。若用两者测定同一距离，则由式（5-32）可写出下列方程组：

$$\left.\begin{aligned} D=u_1\ (N_1+\Delta N_1) \\ D=u_2\ (N_2+\Delta N_2) \end{aligned}\right\} \tag{5-32}$$

将以上两式稍加变换即得：

$$N_1+\Delta N_1=\frac{u_2}{u_1}\ (N_2+\Delta N_2)\ =K\ (N_2+\Delta N_2)$$

$$K=\frac{u_2}{u_1}=\frac{f_1}{f_2}$$

式中，K 为测尺放大系数。

若已知 $D<\mu_2$，则 $N_2=0$。因为 N_1 为正整数，ΔN_1 为小于 1 的小数，等式两边的整数部分和小数部分应分别相等，所以有 $N_1=k\Delta N_2$ 的整数部分。为了保证 N_1 值正确无误，测尺放大系数 K 应根据的 ΔN_2 测定精度来确定。

3. 反射棱镜

反射棱镜是光电测距的必需工具，其形状是一个玻璃材质的圆柱体，末端加工为锥形。其主要作用是测距仪发射过来的光源能够按照原路径返回到仪器的位置处。由于受到反射棱镜横截面积限制，使得返回的光线强度远远小于发射光强，因此单块棱镜只能测到 1000m 左右，当被测距离大于 1000m 时，往往需要三块或更多棱镜组成的棱镜组，见图 5-16 中（a）、（b）。目前由于测量机器人（自动全站仪）的出现，使测量自动化成为现实，于是出现了 360°棱镜为其自动搜索棱镜。图 5-16（c）为徕卡型 360°棱镜，该棱镜能在 360°范围内反射光源并进行测量。最适宜与自动全站仪搭配使用，在各种场合和方向进行自动跟踪测量从而达到人机一体化操作，提高工作效率。

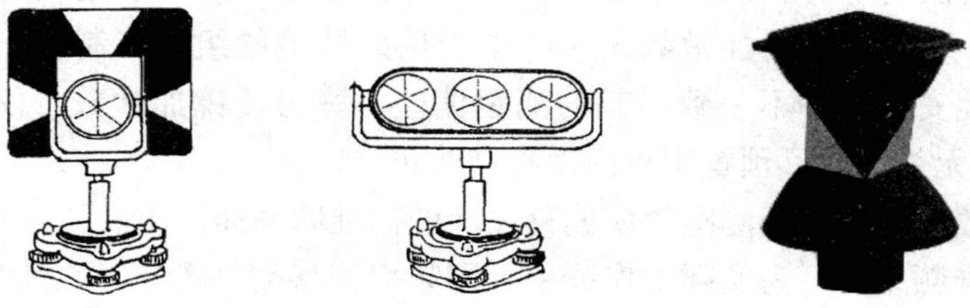

(a) (b) (c)

图 5-16 反射棱镜

（a）单棱镜；（b）三棱镜；（c）360°棱镜

5.3.2 距离测量的有关规定

外业进行距离测量，首先应选择经检验合格的光电测距仪、辅助仪器（气压、温

度测量仪器）和工具等，具体的作业流程需满足有关作业规程的规定。

1. 观测时间的选择

（1）观测时间的选择，应考虑地形、地面植被、地面的质地构成、温度、云量、风速和大气透明度等环境因素的影响。

（2）在平原、丘陵地区，晴天无云雾时，距离测量作业的最佳观测时间是上午日出后半小时至一个小时和下午日落前三小时至半小时；在山地沟谷地区则应选择在下午日落前的时间观测。

（3）阴天、有微风时，全天可以观测。

（4）雷雨前后，大雾、大风、雨、雪天和大气透明度很差时，不应进行距离测量作业。

2. 测量作业

正确安置距离测量仪器和反射棱镜，量取仪器和棱镜高度两次，读至毫米，取其平均值。为保证仪器周边大气流通性较好，晴天应张伞遮阳。严禁将仪器正对太阳，以免损伤仪器。测量时，在测线方向不应有其他强反光体。任何时候，仪器和棱镜均应有人看守。

3. 测定气象要素

气象要素包括气温、气压和空气绝对湿度。绝对湿度是通过测定空气的干湿和湿温后计算而取得的。干、湿温度表应放置在高于仪器和棱镜并通风良好的迎风处，防止日晒和其他热源的影响。对于二、三和四等平面控制网的起始边的测量，则应在测线两端同时测定气象要素，取其平均值。在每次测量时间超过 2min 时，还应在观测始、末各测定一次气象要素，并取其平均值。

5.3.3 测距成果整理

在测距仪测得初始斜距值后，还需加上仪器常数改正、气象改正和倾斜改正等，最后求得水平距离。

1. 仪器常数改正

仪器常数有加常数 K 和乘常数 R 两项。

由于仪器的发射中心、接收中心与仪器旋转竖轴不一致而引起的测距偏差值，称为仪器加常数。实际上仪器加常数还包括由于反射棱镜的组装（制造）偏心或棱镜等效反射面与棱镜安置中心不一致引起的测距偏差，称为棱镜加常数。仪器的加常数改正值 δ_K 与距离无关，并可预置于机内做自动改正。

仪器乘常数主要是由于测距频率偏移设计的标准频率而产生。

设 f 为标准频率，f' 为实际工作频率，则频率漂移 $\Delta f = f - f'$。其乘常数 $R = \Delta f / f'$。乘常数改正值 δ_R 与所测距离 S 成正比关系。在测距仪中也可预置乘常数做自动改正。

仪器常数改正的最终式可写成：

$$\Delta S = \delta_K + \delta_R = K + RS \tag{5-33}$$

2. 气象改正

仪器的测尺长度是在一定的气象条件下推算出来的。野外实际测距时的气象条件不同于制造仪器时确定仪器测尺频率所选取的基准（参考）气象条件，故测距时的实际测尺长度就不等于标称的测尺长度，使测距值产生与距离长度成正比的系统误差。所以在测距时应同时测定当时的气象元素（温度和气压），利用厂家提供的气象改正公式计算距离改正值。例如某测距仪的气象改正公式为：

$$\Delta d=\left(283.43-\frac{106.2837p}{273.19+t}\right)S\text{（mm）} \tag{5-34}$$

式中，P 为气压，hPa；t 为温度，℃；S 为距离测量值，km。

目前，所有的测距仪都可将气象参数预置于机内，在测距时自动进行气象改正。

3. 周期误差改正

周期误差是由仪器内部的电子线路的串扰信号干扰测距信号引起的，当多次检定表明仪器存在明显的周期误差时，就要进行此项误差的改正，其改正数的计算公式为：

$$V_i=A\sin(\varphi_0+\varphi_i) \tag{5-35}$$

式中，V_i 为周期误差改正数，其正负号由正弦函数值决定；A 周期误差振幅；φ_0 为初相角；φ_i 为与待测距离的尾数相应的相位角。

如果发现周期误差的振幅过大，则必须送厂进行调整。

5.3.4 测距成果的归算

经过上述仪器的加、乘常数改正、周期误差改正和大气改正后的测距（斜距），还需要进一步的将其归算至测线平均高程面的平距、参考椭球面上的弧长、高斯平面上的平距，为最终的数据计算做准备。

1. 斜距换算为平距

见图 5-17，设野外测定的斜距为 d，它是测站点 A 和棱镜站 B 点不等高的情况下测得的，为两点间的倾斜距离。将 d 换算为平距时，首先要选取所在的高程面，高程面不同，平距值也不同，因此在换算为平距时一般将 d 换算至两点间的平均高程面上。

在距离测定中，d 一般不超过 10km，它与地球的平均半径相比较仍是一个微小量，因此可以把两点间的椭球面区域近似视为圆球面，圆球面的半径可以用该点处椭球面的极曲率半径 R_A 来代替。图中 a 和 b 是 A 和 B 点在椭球面上的投影点，H_1 和 H_2 分别为其大地高。

过 A 点作直线 AE 交 OB 于 B''，使 $AE/\!/ab$，$BE\perp AE$，取 BB'' 的中点为 B'，作 $A'B'/\!/ab$。由于 $\angle\frac{\sigma}{2}$ 极其微小，则 $BE=BB''=H_2-H_1=h$。可以证明，A、B 两点间的平均高程面平距 $d_0=A'B'=AE$，即：

$$d_0=\sqrt{d^2-h^2} \tag{5-36}$$

2. 平距归算至椭球面上的弧长

（1）归算为椭球面上的弦长 S_0。设图 5-17 中椭球面上 a、b 两点间的弦长为 S_0。根据相似形的比例关系可知：

$$S_0=d_0\frac{R_A}{R_A+H_m}=d_0\left(1+\frac{H_m}{R_A}\right)^{-1}$$

对上式进行函数线性化并取至第二项得：

$$S_0=d_0+\Delta d_0=d_0-\frac{H_m}{R_A}d_0 \tag{5-37}$$

上式中的第二项为平距归算至椭球面弦长的改正数，其中H_m为平均高程面的高程。

（2）由弦长S_0归算为弧长S。在图 5-17 中的$\triangle aOb$，由正弦函数定义可知：

$$\sin\frac{\sigma}{2}=\frac{S_0}{2R_A}$$

所以

$$\sin\frac{S}{2R_A}=\frac{S_0}{2R_A}$$

于是

$$\frac{S}{2R_A}=\sin^{-1}\frac{S_0}{2R_A}=\frac{S_0}{2R_A}+\frac{S_0^3}{48R_A^3}+\cdots$$

因此有

$$S=S_0+\frac{S_0^3}{24R_A^2}+\cdots \tag{5-38}$$

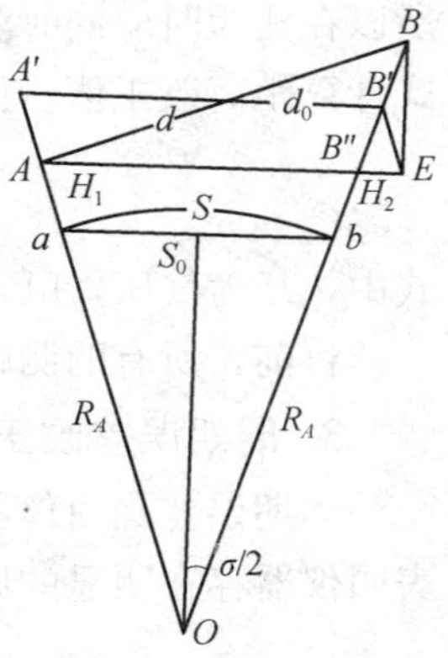

图 5-17 距离归算

通常，当$S\leqslant10$km 时，$S-S_0\leqslant1$mm，所以通常可以忽略弦长与弧长的差异。

3. 椭球面弧长归算至高斯平面的距离

如果测区控制点按高斯投影计算至 3°带或者 6°带中的直角坐标系坐标，则需将椭球面弧长归算至高斯平面上的距离，略去中间的公式推导，其改正数为：

$$\Delta S=\frac{y_m^2}{2R^2}S \tag{5-39}$$

式中，y_m为测线两端点的高斯平面横坐标的平均值；R为椭球的平均半径，一般取 6371km。

5.3.5 测距误差与测距仪标称精度

当顾及仪器加常数K，并将$c=c_0/n$（c_0为光在真空中的速度值；n为大气的群折射率，它是载波波长、大气温度、大气压力、大气湿度的函数）代入相位测距的基本公式，则其可写成：

$$S=\frac{c_0}{2nf}\left(N+\frac{\Delta\varphi}{2\pi}\right)+K \tag{5-40}$$

式（5-40）中，c_0、n、f、$\Delta\varphi$和K的误差，都会使距离产生误差，分别为m_{c_0}（真空中光速值测定中误差）、m_n（折射率求定中误差）、m_f（测距频率中误差）、$m_{\Delta\varphi}$（相位测定中误差）、m_K（仪器中加常数测定中误差）。若对式（5-40）做全微分，并应用误差传播定律，则测距误差可表示成：

$$M_S^2=\left(\frac{m_{c_0}^2}{c_0^2}+\frac{m_n^2}{n^2}+\frac{m_f^2}{f^2}\right)S+\left(\frac{\lambda}{4\pi}\right)m_{\Delta\varphi}^2+m_k^2$$

上式中的测距误差可分成两部分，前一项误差与距离成正比，称为比例误差。而后两项与距离无关，称为固定误差。因此，常将上式写成如下形式，作为仪器的标称精度：

$$M_S=\pm(A+BS) \tag{5-41}$$

式中，A为固定误差，mm；B为比例误差系数，mm/km（ppm）；S为距离，km。

例如，某测距仪的标称精度为±（3mm+2ppm·S），说明该测距的固定误差 $A=$3mm，比例误差 $B=$2mm/km（ppm），S 的单位为 km。使用该仪器观测一段 1000m 的距离，则测距中误差为：

$$M=\pm(3\text{mm}+2\text{ppm}\cdot 1\text{km})=\pm 5\text{mm}$$

此外，理论研究和实践均表明：仪器内部信号的串扰会产生周期误差，并以一定距离（通常是一个精测尺长度）为周期重复出现误差。例如发射的信号通过电子开关、电源线或空间等渠道耦合，串到接收部分，形成相位固定不变的串扰信号，使得相位计测得的相位未必是测距信号的相位，而是串扰信号与测距信号合成矢量的相位，因此在高精度的距离测量中，必须考虑对该误差的改正。

5.4 直线定向

确定一条直线与一条标准方向线之间的水平角，称为直线定向。为了确定两个地面点的相对位置，不但需要确定直线的长度，还需要确定直线的方向。直线的方向也是确定地面点位置的基本要素之一，所以直线方向的测量也是基本的测量工作。确定直线方向首先要有一个共同的标准方向，此外还要有一定的方法来确定直线与标准方向之间的角度关系。

5.4.1 标准方向的种类

作为直线定向用的基本方向有下列三种。由于我国位于北半球，所以取以下三个方向的北方向：真北方向、磁北方向、坐标北方向，见图 5-18。

1. 真北方向

过地球上某点及地球的北极和南极的半个大圆称为该点的真子午线。过地面上某点真子午线的切线方向称为该点的真子午线方向，其北端所示方向，称为真北方向。真子午线方向要用天文测量方法测定，如观测太阳、北极星等，也可用陀螺经纬仪来测定。

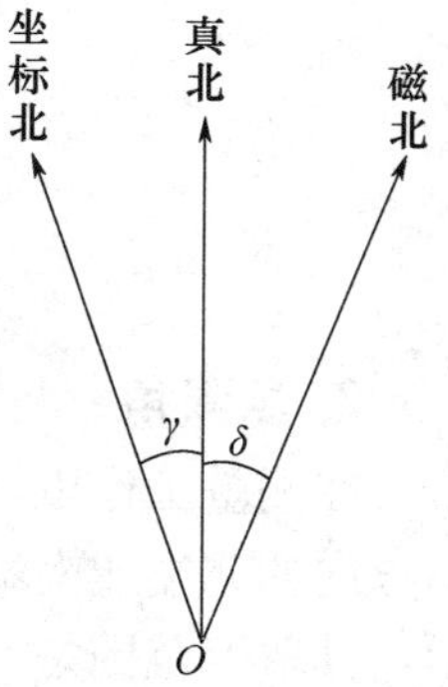

图 5-18　三北方向

2. 磁北方向

过地球上某点及地球南北磁极的半个大圆称为该点的磁子午线。所以自由旋转的磁针静止下来所指的方向，就是磁子午线方向。其北端所示方向，称为磁北方向。磁子午线方向可用罗盘仪来确定。

3. 坐标北方向

不同点的真子午线方向或磁子午线方向都是不平行的，这使直线方向的计算很不方便。如果采用坐标纵轴方向作为基本方向，那么各点的基本方向都是平行的，这也就使方向的计算比较方便。坐标纵轴正向所示方向，称为坐标北方向，简称轴北方向。

我国采用高斯平面直角坐标系，每一个 6°或 3°带内都以该带的中央子午线作为坐标纵轴，在该带内直线定向时，就用该带的坐标纵轴方向作为基本方向。如果采用的是假定坐标系，则采用假定坐标系的坐标纵轴（X 轴）作为基本方向。

5.4.2 表示直线方向的方法

测量工作中，常采用方位角和象限角表示直线方向。

1. 方位角

由基本方向的北端起，顺时针方向量至某直线的水平夹角，称为该直线的方位角。方位角的取值范围是 0°～360°。根据基本方向的不同，方位角又分为真方位角、磁方位角和坐标方位角三种，见图 5-19（a）。

（1）真方位角。由真北方向起，顺时针量到某直线的水平夹角，称为该直线的真方位角。用 A 表示。

（2）磁方位角。由磁北方向起，顺时针量到某直线的水平夹角，称为该直线的磁方位角。用 A_m 表示。

（3）坐标方位角。由坐标北方向起，顺时针量到某直线的水平夹角，称为该直线的坐标方位角。用 α 表示。

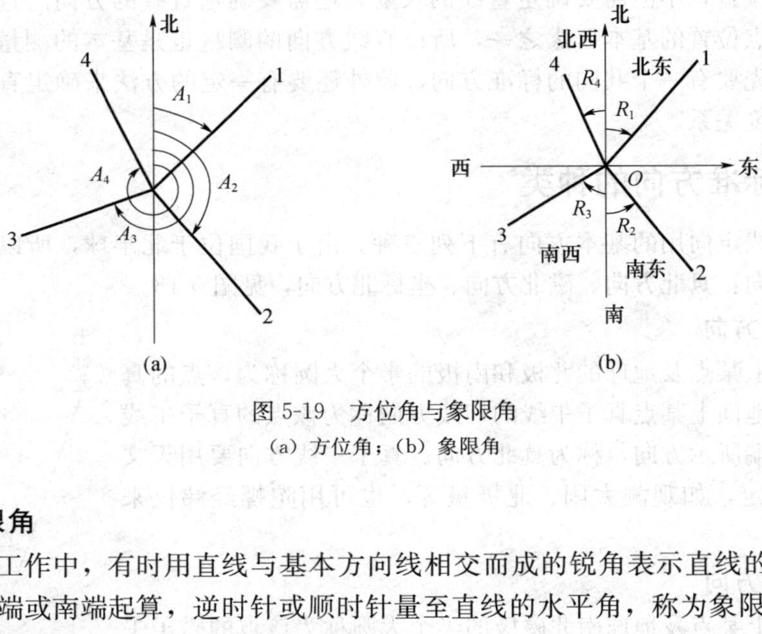

图 5-19 方位角与象限角

（a）方位角；（b）象限角

2. 象限角

在测量工作中，有时用直线与基本方向线相交而成的锐角表示直线的方向。从基本方向的北端或南端起算，逆时针或顺时针量至直线的水平角，称为象限角，用 R 表示，其取值范围是 0°～90°，见图 5-19（b）。

象限角不但需要表示角度大小，而且还需要注明该直线所在的象限。象限分为Ⅰ～Ⅳ象限，分别用北东、南东、南西和北西表示。如果图 5-19（b）中，R_{O1}、R_{O2}、R_{O3}、R_{O4} 的角值分别为 35°20′、48°32′、56°47′和 29°43′，则直线 $O1$、$O2$、$O3$、$O4$ 的象限角分别表示为：

$$R_{O1}=\text{北东}\ 35°20' \quad R_{O2}=\text{南东}\ 48°32'$$
$$R_{O3}=\text{南西}\ 56°47' \quad R_{O4}=\text{北西}\ 29°43'$$

由于基本方向的不同，象限角也有真象限角、磁象限角、坐标象限角之分。真象限角以真子午线南北方向为准；磁象限角以磁子午线南北方向为准；坐标象限角以坐标轴纵线南北方向为准。

不过象限角一般只是在坐标计算时使用，即象限角一般指坐标象限角。在测量计算中，常需要将直线的坐标象限角与坐标方位角进行相互转换。坐标象限角与坐标方位角之间的关系如下：

Ⅰ象限：$\alpha=R$	$R=\alpha$
Ⅱ象限：$\alpha=180^\circ-R$	$R=180^\circ-\alpha$
Ⅲ象限：$\alpha=180^\circ+R$	$R=\alpha-180^\circ$
Ⅳ象限：$\alpha=360^\circ-R$	$R=360^\circ-\alpha$

5.4.3 三种方位角之间的关系

1. 真方位角和磁方位角之间的关系

由于地磁的两极与地球的两极并不一致，北磁极约位于西经 100.0°北纬 76.1°；南磁极约位于东经 139.4°南纬 65.8°。所以过地面上同一点的磁北方向与真北方向并不重合，其夹角称为磁偏角，用符号 δ 表示，见图 5-20。当磁北方向在真北方向东侧时称东偏，δ 为正；磁北方向在真北方向西侧时称西偏，δ 为负。磁偏角的大小不是固定不变的，而是因地点、时间的不同而异，在我国磁偏角的变化约在+6°（西北地区）到−10°（东北地区）之间。由于地球磁极的位置不断地在变动，以及磁针受局部吸引等影响，所以磁子午线方向不宜作为精确定向的基本方向。但由于用磁子午线定向方法简便，所以在精度要求不高的独立小区域测量工作中仍可采用。

真方位角和磁方位角可以按下式进行转换：

$$A=A_m+\delta \tag{5-42}$$

2. 真方位角与坐标方位角之间的关系

采用高斯平面直角坐标系，中央子午线在高斯平面上是一条直线，作为该坐标系的坐标纵轴，而其他子午线投影后为收敛于两极的曲线，见图 5-21。这样过某点的真北方向与坐标北方向之间就存在一个夹角，这个夹角就称为子午线收敛角，以 γ 表示。当某点位于中央子午线以东地区（图中 A）时，坐标北方向在真北方向东侧，γ 为正；当某点位于中央子午线以西地区（图中 B）时，坐标北方向在真北方向西侧，γ 为负。

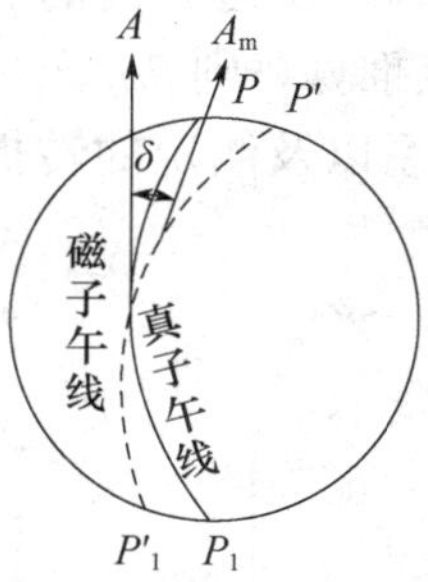

图 5-20 真北方向和磁北方向之间的关系

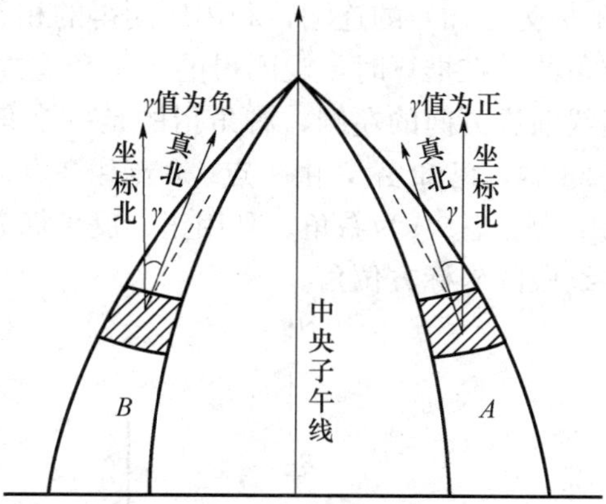

图 5-21 子午线收敛角

某点的子午线收敛角 γ，可以用该点的高斯平面坐标为引数，在测量计算用表中查到。也可以通过下式计算：

$$\gamma_c=(L_c-L_0)\sin B_c \tag{5-43}$$

式中，L_0 为待求子午线收敛角点 C 所在投影带的中央子午线的大地经度；L_c、B_c 为待

求子午线收敛角点 C 的大地经度和大地纬度。

真方位角和坐标方位角之间的关系，可以按下式进行转换：

$$A=\alpha+\gamma \tag{5-44}$$

3. **坐标方位角与磁方位角之间的关系**

根据磁偏角与子午线收敛角的定义可以知道，如果已知某点的磁偏角 δ 与子午线收敛角 γ，则坐标方位角和磁方位角之间可以用下式进行换算：

$$\alpha=A_m+\delta-\gamma \tag{5-45}$$

例如，某点处一直线的真方位角为 146°，在该点处的子午线收敛角 $\gamma=3'32''$，磁偏角 $\delta=2'13''$。要计算该直线的磁方位角 A_m 和坐标方位角 α，则利用几个角度的转换关系式即可。

$$A_m=A-\delta=146°-2'13''=145°57'47'',\ \alpha=A-\gamma=146°-3'32''=145°56'28''$$

5.4.4 正反坐标方位角

在测量工作中，直线都是具有一定方向的。在图 5-22 中，直线 AB，A 为起点，B 为终点。直线 AB 与过起点 A 且平行于坐标纵轴的直线北方向的夹角 α_{AB}，称为直线 AB 的正坐标方位角。而直线 BA 与过终点 B 且平行于坐标纵轴的直线的北方向的夹角 α_{BA}，称为直线 AB 的反坐标方位角。由于坐标纵轴的北方向是相互平行的，所以同一条直线的正、反坐标方位角相差 180°，也即：

$$\alpha_{AB}=\alpha_{BA}\pm180° \tag{5-46}$$

由于地面各点的真子午线（磁子午线）是收敛于两极的，即不是相互平行性的，这样直线的反真方位角（磁方位角）不与正真方位角（磁方位角）相差 180°，这就给测量计算带来不便，因此在测量工作中通常采用坐标方位角来表示直线的方向。

5.4.5 坐标方位角的推算

在实际测量工作中，不是直接测定每条直线边的坐标方位角，而是通过与已知点（其坐标为已知）的连测，利用所测得的相邻边水平夹角（转折角）来推算各边的坐标方位角的。在推算时，观测得的水平角有左角和右角之分。左角指的是一个角位于推算路线前进方向的左侧，右角指的是一个角位于推算路线前进方向的右侧。例如，在图 5-23 中，已知 α_{12}，由 1 点、2 点往 3 点、4 点、5 点推算，则 $\beta_{2左}$、$\beta_{3左}$、$\beta_{4左}$ 为左角，而 $\beta_{2右}$、$\beta_{3右}$、$\beta_{4右}$ 为右角。利用正、反坐标方位角的关系以及测定的转折角，可以推算出各线段的坐标方位角。

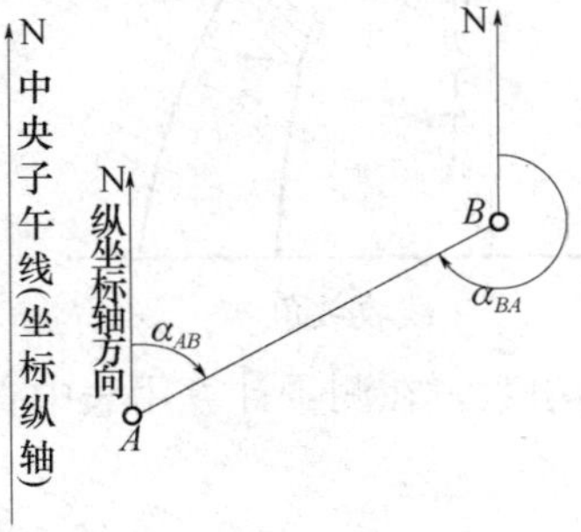

图 5-22 正、反方位角

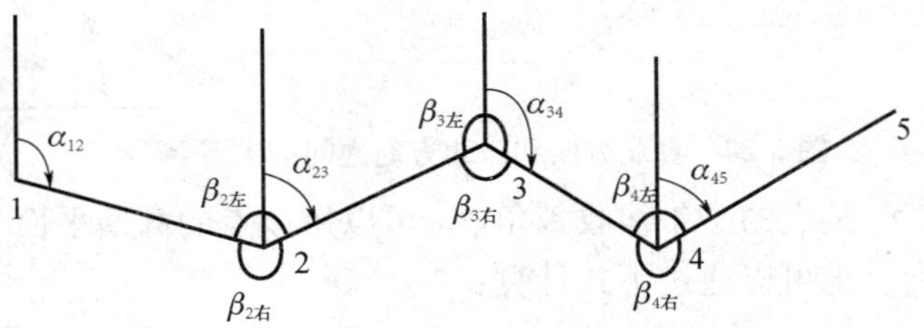

图 5-23 坐标方位角的推算图

图 5-23 中：

$$\alpha_{23}=\alpha_{12}+\beta_{2左}-180°$$
$$\alpha_{34}=\alpha_{23}+\beta_{3左}-180°$$
$$\alpha_{45}=\alpha_{34}+\beta_{4左}-180°$$

利用左角推算方位角的通式为：

$$\alpha_{i,i+1}=\alpha_{i-1,i}+\beta_{i左}-180° \tag{5-47}$$

利用右角计算，则有：

$$\alpha_{23}=\alpha_{12}-\beta_{2右}+180°$$
$$\alpha_{34}=\alpha_{23}-\beta_{3右}+180°$$
$$\alpha_{45}=\alpha_{34}-\beta_{4右}+180°$$

利用右角推算方位角的通式为：

$$\alpha_{i,i+1}=\alpha_{i-1,i}-\beta_{i右}+180° \tag{5-48}$$

式（5-47）和式（5-48）中，$\alpha_{i-1,i}$、$\alpha_{i,i+1}$分别表示导线前进方向上相邻边中，后一边的坐标方位角和前一边的坐标方位角。

一般通式为：

$$\alpha_{前}=\alpha_{后}\pm\begin{pmatrix}\beta_{左}\\ \beta_{右}\end{pmatrix}\mp180° \tag{5-49}$$

推算坐标方位角的规律用文字可概括为：前一边的坐标方位角等于后一边的坐标方位角加左角，再减 180°，或者后一边的坐标方位角减右角再加 180°。若计算结果大于 360°，应减去 360°；若计算结果小于 0°，则应加 360°。

5.5 陀螺经纬仪的使用

5.5.1 陀螺经纬仪测定真方位角的基本思想和指北原理

陀螺经纬仪一种将陀螺仪和经纬仪结合成一体的用于测量真方位角的测量仪器。图 5-24 是国产 JT-15 型陀螺经纬仪，它可以分为上下两个部分，上半部分是陀螺仪，下半部分是光学经纬仪。

陀螺仪是测定真方位角的核心设备，其基本任务是按自身的指北原理为真方位角的测定提供真北方向。由图 5-24 可以看出，当陀螺仪的观测镜能提供真北方向时，如果经纬仪望远镜的视准轴处在真北方向的竖直面内，配置水平度盘的读数为 0°，那么当经纬仪望远镜瞄准其他目标方向时得到的水平角值便是仪器所在地面点至目标点的真方位角。这就是陀螺经纬仪测定真方位角的基本思路。

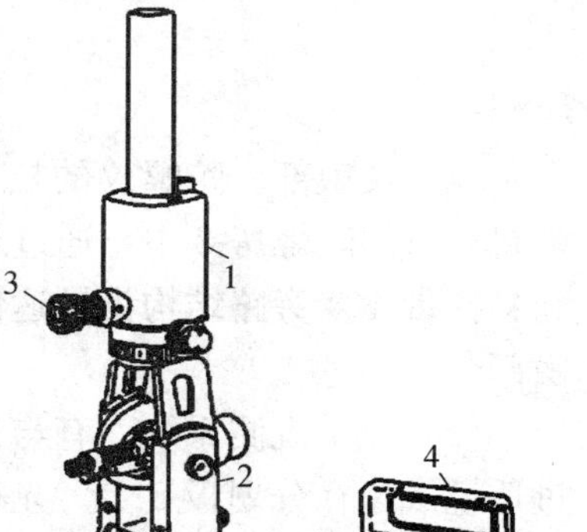

图 5-24 JT-15 型陀螺经纬仪

1—陀螺仪；2—经纬仪；

3—观测镜；4—电源箱

陀螺仪的核心部分是一个匀质的转子，该转子质量大多集中在轮缘上，它能绕其质量对称轴做高速旋转。陀螺仪之所以能自动指向真北，在于当转子高速旋转时，陀螺仪具有两个重要的特性：定轴性和进动性。

陀螺仪的定轴性指的是在无外力矩作用的条件下，陀螺转子轴的空间方位保持不变。

陀螺仪的进动性指的是在陀螺轴受外力矩作用的条件下，陀螺转子轴的空间方位将按一定的规律产生进动。

陀螺经纬仪常采用一根金属悬带把陀螺房挂起来，陀螺轴保持在水平面内，陀螺仪的重心在悬挂轴上且位于转子轴的下方。图 5-25 是陀螺仪定向原理图。这种陀螺仪在转子高速旋转和地球自转的共同作用下，陀螺房的重量将产生一重力矩，因为定轴性和进动性的共同影响，陀螺轴在测站处的真北方向两侧做有规律的往复转动，从而可以得出测站处的真北方向。这就是陀螺经纬仪的指北原理。

5.5.2 陀螺经纬仪的构造

陀螺经纬仪由经纬仪、陀螺仪和电源箱三大部分组成。图 5-26 是国产 JT-15 型陀螺经纬仪，其陀螺方位角的测定精度为±15″，经纬仪属 DJ_6 级。

陀螺仪的构造由灵敏部、光学观测系统、锁紧和限幅装置等几部分组成，见图 5-26。

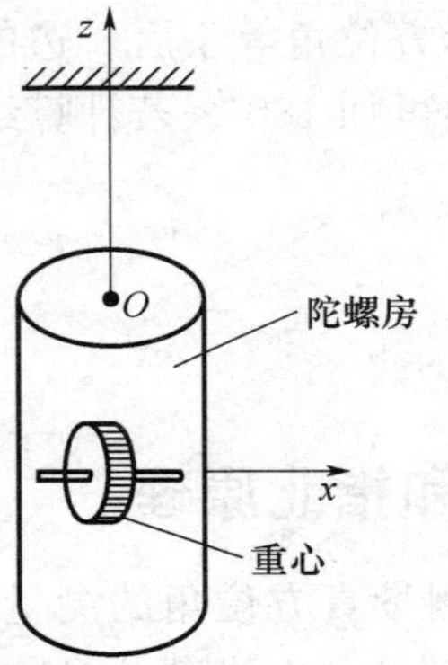

图 5-25 陀螺仪定向原理

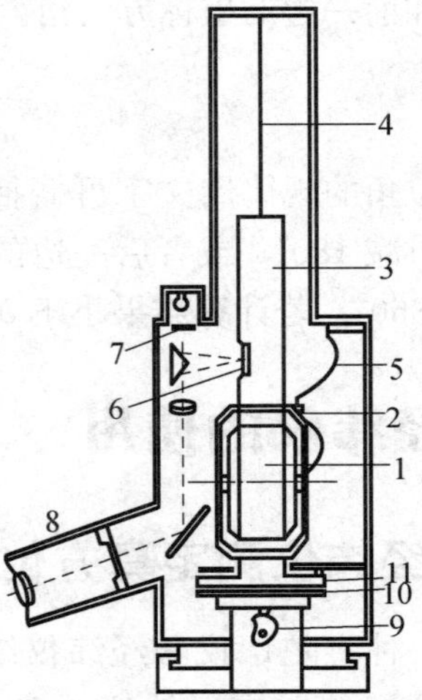

图 5-26 陀螺仪的构造

1—陀螺马达；2—陀螺房；3—悬挂柱；4—悬挂带；5—导流丝；6—反光镜；7—光标线；8—分划权；9—凸轮；10—锁紧限幅装置；11—灵敏部底座

(1) 灵敏部。陀螺仪的核心部分是陀螺马达 1，它的转速为 21500r/min，安装在密封充氢的陀螺房 2 中，通过悬挂柱 3 由悬挂带 4 悬挂在仪器的顶部，有两根导流丝 5 和悬挂带 4 及旁路结构为马达供电，悬挂柱上装有反光镜 6，它们共同组成陀螺仪的灵敏部。

(2) 光学观测系统。有与支架固连的光标线 7，经过反射棱镜和反光镜反射后，通过透镜成像在分划板 8 上。光标像在视场内的摆动反映了陀螺灵敏部的摆动。

(3) 锁紧和限幅装置。用于固定灵敏部或限制它的摆动。转动仪器的外部手轮，通过凸轮 9 带动锁紧限幅装置 10 的升降，使陀螺仪灵敏部被托起（锁紧）或放下（摆动）。

陀螺仪外壳的内壁有磁屏蔽罩，用于防止外界磁场的干扰，陀螺仪的底部与经纬仪的桥形支架相连。不用陀螺仪时，可从支架上将其取下。

电源箱是一个直流的晶体管电子设备，分为两层。下层是蓄电池箱，内装两组镍镉密封蓄电池，并联使用，输出电压 18V，端部装有输出插座。上层是逆变器，使用时由专用导线和蓄电池箱连接。逆变器将直流电变为交流电输出，供马达使用。逆变器面板上设有操作指示机构。

5.5.3 陀螺经纬仪的使用

为了测定一条直线 PQ 的真方位角，先将陀螺仪安置在待测直线的一端 P，使望远镜位于盘左位置，并大致对向北方，首先进行粗略定向，然后再精密定向。

1. 粗略定向

（1）两个逆转点法。接通电源，启动陀螺，当陀螺达到额定转速时，旋转陀螺仪操作手轮，放下陀螺灵敏部，松开经纬仪水平制动螺旋，用手轻转照准部进行跟踪。这里的跟踪指的是通过陀螺仪目镜观测分划板的零刻划线与视场上移动的光标像位置情况，使两者随时重合。当光标像接近逆转点时，光标像移动速度慢下来，此时制动照准部，用水平微动螺旋继续跟踪，直至达到逆转点时读出水平度盘读数 u'_1。松开制动螺旋，用同样的方法开始向反方向继续跟踪，直至达到另一个逆转点，读出在该逆转点时水平度盘读数 u'_2。旋转陀螺仪操作手轮，托起陀螺灵敏部，制动陀螺，取 u'_1 和 u'_2 的平均数，可以计算近似北方在水平度盘上的读数 $N'=1/2\ (u'_1+u'_2)$。当水平度盘的读数为 N'时，望远镜所指的方向就近似北的方向。

（2）四分之一周期法。按前述，在启动和放下陀螺灵敏部后，用手转动照准部跟踪，使分划板的零刻线走在光标像的前面，当光标像慢下来时，固定照准部，停止跟踪。等到光标像与分划板的零刻线重合时，启动秒表，光标像会继续行进，到达逆转点后又会返回来。当光标像再与分划板零刻线重合时，在秒表上读出时间 t（但不停止秒表），将 $t/2$ 加上 $T/4$，此处 T 为陀螺摆动周期，在仪器说明书上会给出。算出此数后，松开经纬仪水平制动螺旋继续跟踪。当跟踪到（$t/2+T/4$）时刻时，固定照准部，停止跟踪，这时望远镜就处在近似北的方向。

2. 精密定向

按上述粗略定向方法使望远镜指向近似北方，一般再采用下述跟踪逆转点法精密定向。

松开制动螺旋，将水平微动螺旋旋至中间位置，固定经纬仪照准部，启动陀螺使其达至额定转速，在陀螺马达运转几分钟后，放下灵敏部，并进行限幅（使摆幅不要超过水平微动螺旋行程范围，一般为 2°～4°）。然后用微动螺旋跟踪，当光标到达逆转点时，使零刻线准确与光标重合，读取水平度盘读数 u_1。接着朝相反方向继续跟踪和读数。一般，这样依次连续观测 4～5 个逆转点的读数后结束观测，托起陀螺灵敏部分，并制动陀螺马达。

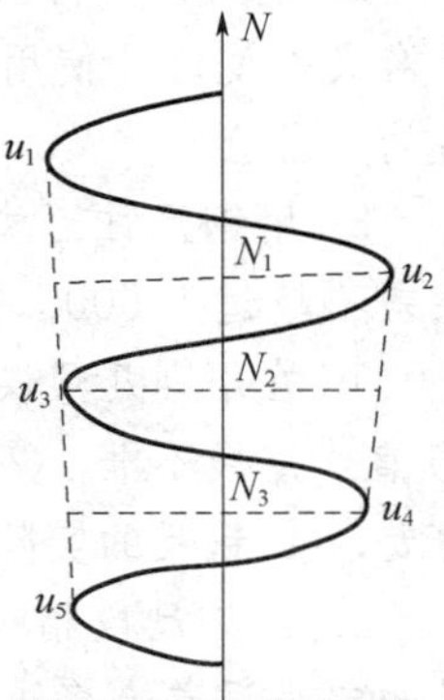

图 5-27 跟踪逆转点法陀螺摆动波形

陀螺在子午面的左右摆动，呈略有衰减的正弦波形，见图 5-27。在图中，N 就是子午线的位置，如果 5 次跟踪时读取的水平度盘读数依次为 u_1、u_2、u_3、u_4 和 u_5，则 N 的计算公式为：

$$\left.\begin{aligned} N_1&=\frac{1}{2}\left(\frac{u_1+u_3}{2}+u_2\right)\\ N_2&=\frac{1}{2}\left(\frac{u_2+u_4}{2}+u_3\right)\\ N_3&=\frac{1}{2}\left(\frac{u_3+u_5}{2}+u_4\right)\end{aligned}\right\} \tag{5-50}$$

$$N=\frac{N_1+N_2+N_3}{3} \tag{5-51}$$

当然为了更精确地测出 N，可以观测更多的逆转点，用上面类似的式子算出更多的 N_i 值，再对这些 N_i 值取平均值。

最后直线的真方位角 A 按下式计算：

$$A=M-N+\Delta+\Delta a \tag{5-51}$$

式中，M 为直线 PQ 方向值，是观测 N 值前后在测站 P，各用盘左、盘右照准 Q 点观测，取几次观测值的平均值；Δ 为仪器常数改正；Δa 为陀螺仪悬带零位改正，它的测定和计算方法，可以详见仪器使用说明书。

5.5.4 陀螺经纬仪使用的注意事项

陀螺仪使用需要注意的问题主要如下：

（1）启动和制动陀螺时，陀螺仪的灵敏部分必须处在托起（锁紧）状态，以防止悬挂带和导流丝受损，在陀螺运转时不得搬动仪器。

（2）在给蓄电池充电时，不要充过量，当发现单体蓄电池有鼓胀或电压高于1.55V时，应立即停止充电。

（3）使用电源逆变器时，必须保证接线位置正确，没有陀螺负载时不得开启电源。

（4）在仪器的运输、搬运过程中，要注意防震，仪器箱不得倒置。

习题

1. 名词解释：端点尺、刻线尺、直线定线、相对误差、尺间隔、视距乘常数、视距加常数、脉冲法测距、相位法测距、光电测距仪的加常数和乘常数、直线定向、真北方向、磁北方向、坐标北方向、方位角、象限角、子午线收敛角、磁偏角、坐标方位角。

2. 钢尺的实际长度、名义长度分别指的是什么？当钢尺的实际长度分别小于和大于名义长度时，使用这样的钢尺会把距离量长了，还是量短了？为什么？钢尺检定的目的是什么？

3. 用钢尺往返丈量一段距离，测得该距离的平均值为215.68m，要求测距的相对误差不超过1/5000，那么往返测量所的距离之差不能超过多少？

4. 在下列几项误差中，哪些使丈量结果比实际值更大？哪些使丈量值比实际值更小？① 直线定线不准；② 丈量时，钢尺没有拉平；③ 丈量时，施加在钢尺上的拉力比标准拉力大；④ 钢尺的实际长度比名义长度长；⑤ 丈量时的温度比钢尺检定时的温度低。

5. 设某尺段精确长度为50m，因定线误差使量得的距离为50.004m，那么此次测量的定线误差有多大？

6. 光电测距仪中使用“粗尺”和“精尺”分别起什么作用？

7. 为什么要进行直线定向？怎样确定直线的方向？

8. 某钢尺的尺长方程式为 $l_t=30\text{m}-0.010\text{m}+1.25\times10^{-5}\times30\times(t-20)\ \text{m}$，现用它丈量1、4两点的距离，丈量时，使用的拉力是标准拉力，分为三个尺段进行，每个尺段丈量的结果见表5-2，试进行尺长改正、温度改正和倾斜改正，求出各尺段的水平长度，以及1、4两点之间的水平距离。

表5-2 丈量结果

尺段	尺段长度	温度（℃）	高差（m）
12	29.967	28.2	0.258
23	29.925	19.3	0.654
34	18.568	25.3	0.339

9. 表5-3为某点 O 上进行视距测量时所得的观测值，O 点处的仪器高为1.300m，试计算测站点至各观测点的水平距离和测站点与观测点之间的高差。

表5-3 视距法距离测量记录表格

测站点	待测点	上丝读数（m）	下丝读数（m）	中丝读数（m）	竖直角
O	A	1.865	0.889	1.377	20°11′35″
	B	2.305	0.977	1.641	37°25′37″
	C	1.884	1.306	1.595	45°53′44″

10. 某测距仪的标称精度为±(5mm+3ppm·D)，如果用该测距仪测得的某距离 $D=1050.225\text{m}$，那么测得的这个距离值的绝对中误差和相对中误差分别是多少？

11. 如果一条直线 AB 的坐标方位角 $\alpha_{AB}=152°13'26''$，试求 α_{BA}、R_{AB}、R_{BA}。

12. P 点处的子午线收敛角为 $-12'$，磁偏角为 $+15'$，如果直线 AB 的真方位角为 $123°25'$，那么直线 AB 的坐标方位角和磁方位角分别是多少？

13. 图5-28中，四边形的四个内角依次为 $\beta_1=89°$，$\beta_2=114°$，$\beta_3=84°$，$\beta_4=73°$，已知 $\alpha_{12}=122°$，试计算其余各边的坐标方位角。

14. 图5-29中，已知 $\alpha_{12}=62°$，$\beta_2=147°$，$\beta_3=241°$，试计算23、34两边的坐标方位角。

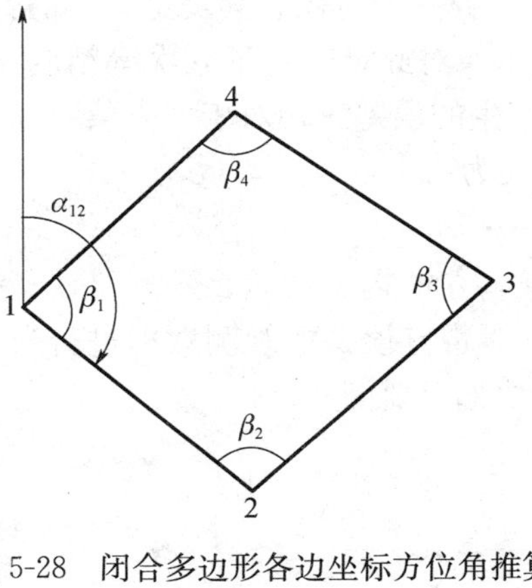

图5-28 闭合多边形各边坐标方位角推算

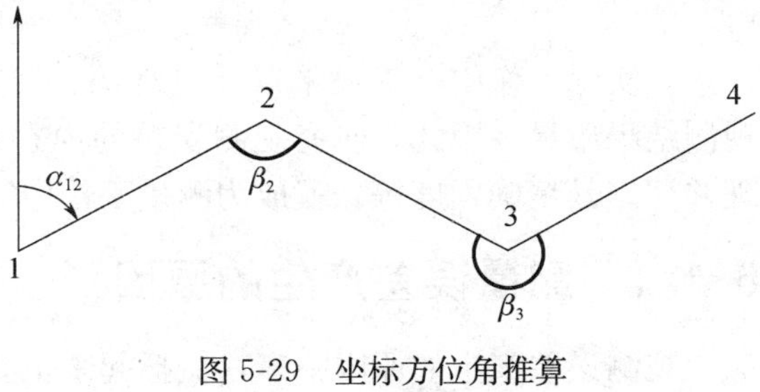

图5-29 坐标方位角推算

6
测量误差的基础知识

本章导读

【本章提要】 本章主要讲述测量误差的基本知识，主要内容包括：测量误差概述、偶然误差的特性、评定精度的标准、误差传播定律、等精度观测直接平差及不等精度观测直接平差、间接平差及精度评定。

【学习目标】 了解误差的概念和产生的原因；掌握系统误差和偶然误差的特性及处理方法，中误差、相对误差、容许误差的概念及计算；重点掌握误差传播定律及应用。

6.1 测量误差概述

测量实践表明，当测量足够精细时，同一量的多次观测结果，常会有一定的差异。存在固有关系的几个量的观测结果，常会出现某种程度的不符，这就是测量误差存在的反映。例如，对一段距离重复测量若干次，量得的长度不是总完全相同的。再如对三角形的三个内角进行多次观测，则三个内角观测值之和常常不等于 180°，而是有差异的。

在同一量的各观测值之间，或在各观测值与其理论上的应有值之间存在差异的现象，在测量工作中是普遍存在的。为什么会产生这种差异呢？这是由于观测值中包含有观测误差的缘故。任何一个观测值，客观上总存在着一个能代表其真正大小的数值。这一数值就称为该观测量的“真值”，一般用 $\widetilde{L}$ 表示。对此量进行了 n 次等精度观测，设得到的观测值为 l_1，l_2，…，l_n，在各次观测中产生的误差（相对于“真值”而言又可称之为“真误差”）为 Δ_1，Δ_2，…，Δ_n，将其定义为：

$$\Delta_i = l_i - \widetilde{L} \quad (i=1,\ 2,\ \cdots,\ n) \tag{6-1}$$

在实际工作中，一般采取反复观测、多方印证，才能揭示误差、发现错误、提高观测结果质量。因此，研究观测误差的内在规律，对带有误差的观测数据进行数学处理并评定其精确程度等，就成为测量工作中需要解决的重要问题。

6.1.1 测量误差产生的原因

观测误差产生的原因很多，概括起来主要有以下三个方面。

1. 观测者

由于观测者感觉器官的鉴别能力有一定的局限性，因此在仪器的安置、照准、读数等方面都会产生误差。同时，观测者的技术水平、工作态度以及情绪的变化，也会对观测成果的质量产生影响。

2. 测量仪器和设备

由于测量仪器结构的不完善，测量的精密度有一定的限度，因而使观测值产生误差。例如，利用具有厘米分划的水准尺进行水准测量时，就难以保证毫米读数正确无误；同时，仪器本身也有一定的误差，如水准仪的视准轴不严格平行于水准轴，经纬仪度盘的刻划误差等；此外，即使使用自动化精密仪器如全站仪、GPS 接收机等采集数据也会存在仪器误差。另外，观测目标本身的结构、状态和清晰程度等，也会对观测结果直接产生影响，如三角测量中的观测目标觇标和圆筒由于风吹日晒而产生了偏差都会使测量结果产生误差。

3. 外界环境

观测过程所处的客观环境，如温度、湿度、风力、风向、大气折光、电离层延迟等因素都会对观测结果产生影响；同时，随着这些因素的变化，如温度的高低、湿度的大小、风力的强弱及大气折光的不同，其对观测结果的影响也不同。在这种多样而变化的外界自然条件下进行观测，必然会使观测结果产生误差。

观测者、测量仪器、外界环境这三个方面的因素是使测量产生误差的主要来源，三个因素合称观测条件。显然，观测条件的好坏直接影响着测量成果的质量。观测条件好，产生的误差就会小，测量成果的质量就会高；观测条件差，产生的观测误差就会大，测量成果的质量就会低。

通常把观测条件相同的观测称为等精度观测，在相同观测条件下所获取的观测值称为等精度观测值；而观测条件不同的观测称为非等精度观测，相应的观测值称为非等精度观测值。

6.1.2 测量误差分类

观测误差根据对测量结果的影响性质的不同，可分为系统误差、偶然误差和粗差三类。

1. 系统误差

由于观测条件中某些特定因素的系统性影响而产生的误差称为系统误差。同等观测条件下的一系列观测中，系统误差的大小和符号常固定不变，或呈系统性变化。

观测条件中能引起系统误差的因素有许多。例如，用带有一定误差的尺子量距时，使结果带有的系统误差，属于仪器误差；风向、风力、温度、湿度、大气折射、地球弯曲等外界因素，也都可能引起系统误差。

系统误差对观测结果的影响一般具有累积性，它对成果质量的影响也特别显著。所以在测量结果中，应尽量消除或减弱系统误差对观测成果的影响。为达到这一目的，通常采取如下措施：

（1）找出系统误差出现的规律并设法求出它的数值，然后对观测结果进行改正。例如用钢尺丈量距离时，对丈量的结果进行尺长改正，就可消除尺长误差的影响。

（2）制订有效的观测方法和操作程序，使系统误差按数值接近、符号相反的规律交错出现，从而在观测结果的综合中实现较好的抵消。例如，在水准测量中，可尽量使前、后视距离相等的方法来消减由于视准轴不平行于水准管轴以及地球曲率和大气折光所造成的系统误差。

（3）认真仔细检校仪器，使系统误差对结果的影响降低到最低。

从测量结果中，完全消除系统误差是不可能的。实际上只能尽量使它们的影响减少到最低限度。

2. 偶然误差

由观测条件中各种随机因素的偶然性影响而产生的误差称为偶然误差。偶然误差的出现，就单个而言，无论数值和符号，都无规律性，而对于大量误差的总体，却存在一定的统计规律。

偶然误差是由许多随机因素影响所致的小误差的代数和。例如，用经纬仪测角时，测角误差主要是由照准、读数等引起的误差所构成，而这里的每项误差又是由许多随机因素所致。如其中的照准误差就可能是由于脚架或觇标晃动及扭转、风力风向变化、目标背景、大气折光与大气透明度等的影响。可见，测角误差是许多微小误差的代数和，而每一项微小误差又随着偶然因素影响的不断变化，其数值可大可小，符号或正或负。因此，测量中数不清的受偶然因素影响而产生的小误差，它们的大小和正负，既不能控制，也不能事先预知。当然由它们的代数和所构成的偶然误差，其数值的大小和符号的正负也是偶然的。

根据概率论与数理统计理论可知，如果各个误差项对其总和的影响都是均匀的小，那么它们的总和将是服从或近似服从正态分布的随机变量。因此有时偶然误差又称为随机误差。

在一切测量中，误差是不可避免的。观测数据只带有偶然误差的情形占大多数，是普遍存在的。为了检验观测结果的精确性和提高观测结果的可靠性，实践中得出的有效方法是进行多余观测。所谓多余观测就是多于必要观测的观测。如直接测量某一段距离的大小时，不是只观测一次，而是观测多次，这时，其中一次是必要观测，其他则为多余观测；又如，进行闭合水准路线测量时，不是观测 $n-1$ 个测段的高差，而是观测了 n 个测段的高差，其中一个测段的高差就是多余观测。

由于进行了多余观测，而每个观测值又带有偶然误差，就会产生一定的问题。如前面所述，多次观测某一段距离，就会产生不符值；进行 n 个测段的闭合水准路线测量就会产生闭合差（高差闭合差）。如何处理由于多余观测引起的观测值之间的不符值或闭合差？一种方法是采用近似平差的方法，即采用不符值或闭合差的相反数，以适当的原则分配给观测值，最终消除不符值或闭合差；另一种方法是测量平差（严密平差），即根据偶然误差的概率统计特性，依照某种最优化准则（如最小二乘理论），由一系列带有观测误差的测量数据，求定未知量的最佳估值及精度。

3. 粗差

粗差主要是由失误引起的，一般以异常值或孤值形式表现出来。如测错、读错、记录错、计算错、仪器故障等所引起的偏差。经典测量中，这类粗差一般采取变更仪器或操作程序、重复观测和检核验算、分析等方式，检出粗差并予以剔除。因此，可以认为观测值中已基本没有粗差。现代测量中，观测过程中的电子化、自动化程度日益提高，观测数据自动记录、自动传输和计算，粗差的检测和分析，已成为一个重要问题。所以，在观测方案的设计和实施、观测中的检核及测后的分析处理中，采取有效措施进行粗差的探测和消除，是非常重要的。

6.1.3 偶然误差的规律性

测量误差理论主要研究以下问题：在具有偶然误差的一系列观测值中，如何求得最可靠的结果和评定观测成果的精度。为此需要对偶然误差的性质做进一步的讨论。

偶然误差是由无数偶然因素影响所致，因而单个偶然误差的数值大小和符号正负都是偶然的（或随机的）。然而，反映在个别事物上的偶然性，在大量同类事物的统计分析中却呈现出一定的统计规律性。例如，一个具有一定技术水平的射手进行射击实验，假设仅考虑许多偶然因素的影响，每发射一弹命中靶心的上、下、左、右都有可能，但当射击次数足够多时，弹着点就会呈现出明显的规律性，即越靠近靶心越密，越远离靶心越稀，差不多围绕靶心对称分布。偶然误差具有与之类似的规律性。为寻求偶然误差的规律性，下面通过测量实例来说明。

在某测区，在相同观测条件下，独立地观测了 358 个平面三角形的全部内角，由 $\Delta_i=(A_i+B_i+C_i)-180°$ 算得各三角形的真误差（称为三角形闭合差）。将真误差取误差区间 $d\Delta=0.5''$，并按绝对值大小进行排列，分别统计在各区间的正负误差个数 n_i，并计算相对个数 n_i/n，n_i/n 称为该区间的误差出现的频率，结果列于表 6-1 内。

表 6-1 偶然误差的区间分布

误差的区间(s)	Δ为负值			Δ为正值			备注
	个数 n_i	频率 $\frac{n_i}{n}$	$\frac{n_i}{nd\Delta}$	个数 n_i	频率 $\frac{n_i}{n}$	$\frac{n_i}{nd\Delta}$	
0.00～0.50	45	0.126	0.63	46	0.128	0.640	等于区间左端值的误差列入该区间内
0.50～1.00	40	0.112	0.56	41	0.115	0.575	
1.00～1.50	33	0.092	0.46	33	0.092	0.460	
1.50～2.00	23	0.064	0.32	21	0.059	0.295	
2.00～2.50	17	0.047	0.235	16	0.045	0.225	
2.50～3.00	13	0.036	0.18	13	0.036	0.180	
3.00～3.50	6	0.017	0.085	5	0.014	0.070	
3.50～4.00	4	0.011	0.055	2	0.006	0.030	
4.00～∞	0	0	0	0	0	0	
总和	181	0.505		177	0.495		

考察这一统计表，可以归纳出偶然误差的规律：①这些闭合差在数值上不会超出一定界限，或者说超出一定界限的闭合差出现的概率为零；②绝对值小的闭合差比绝对值大的闭合差出现的概率要大；③绝对值相等的正负闭合差个数大致相等。

为了更直观地了解偶然误差的分布情况，下面根据表 6-1 的数据做出图形（图 6-1）。具体做法是，以横坐标表示误差的大小，纵坐标代表各区间内误差出现的频率除以区间的间隔值，即 $\frac{n_i}{nd\Delta}$（此处取 $d\Delta=0''.5$），做成一系列长方形。图中每一长方形面积即为误差出现于该相应区间的频率。例如，图 6-1 中画有斜线的长方形面积就是代表误差出现在 0″.00～0″.50 区间内的频率 0.128，所有长方形面积之和等于 1。这种图通常称为误差分布直方图，它形象地表示了误差的分布情况。

见表 6-1，如果在观测条件不变的情况下，再继续观测更多的三角形，则可以预见，随着观测个数的增加，误差出现在各区间的频率变动的幅度也就愈来愈小，当 $n \to \infty$ 时，各频率将趋于一个完全确定的值，这个值即为误差出现在各区间的概率。这就是说，一定的测量条件对应着一种确定的误差分布。

实际上误差的取值是连续的，设想误差个数无限增多，所取区间间隔无限缩小时，则图 6-1 的直方图中各长方形顶边所形成的折线的极限将形成一条光滑曲线，设以 $f(\Delta)$ 表示，则得图 6-2 所示的光滑曲线。这种曲线就是偶然误差的分布曲线。这一曲线随着 n 的增大，与正态分布密度曲线极为接近，所以一般认为偶然误差的频率分布为其经验分布，当 $n \to \infty$ 时，偶然误差的频率分布是以正态分布为其极限的，将正态分布看作偶然误差的理论分布。

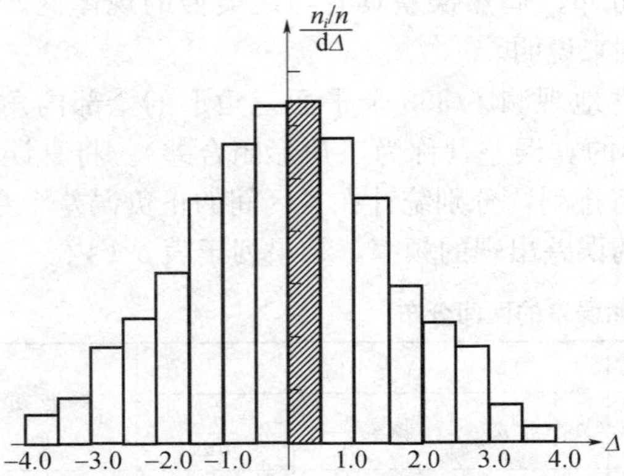

图 6-1　误差分布直方图

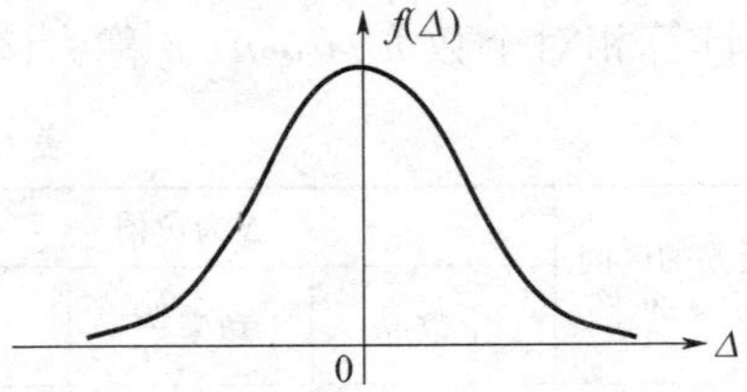

图 6-2　误差分布曲线

理论上，可由概率论中的中心极限定理给出证明。中心极限定理指出：若随机变量 y 是众多随机变量 x_i（$i=1, 2, \cdots, n$）之和，$y=x_1+x_2+\cdots+x_n$，如果 x_i 相互独立，且对 y 的影响均匀的小，则当 n 相当大时，随机变量 y 趋于服从正态分布。偶然误差正是这一类型的随机变量，即 $\Delta=\Delta_1+\Delta_2+\cdots+\Delta_n$。

通过以上讨论，可以进一步用概率的术语来概括偶然误差的几个特性：

（1）在一定观测条件下，偶然误差在数值上不会超出一定界限（即有界性）。

（2）绝对值小的误差比绝对值大的误差出现的概率要大（即聚中性）。

（3）绝对值相等的正负误差出现的概率大致相等（即对称性）。

（4）偶然误差的数学期望为零。

$$E(\Delta)=0 \quad 或 \quad \lim_{n \to \infty}\frac{\sum_{i=1}^{n}\Delta_i}{n}=0 \tag{6-2}$$

即偶然误差的理论平均值，随着观测次数的无限增加而趋向于零（即抵偿性）。

其中第四个特性是偶然误差的对称性推导出的。正负偶然误差的分布对称于零，故其密度函数必为偶函数，于是得到偶然误差的数学期望：

$$E(\Delta)=\int_{-\infty}^{+\infty}\Delta f(\Delta)\,d\Delta=0 \tag{6-3}$$

图 6-1 中的各长方形的面积为出现在该区间的频率。如果将这个问题提升到理论的角度，则以理论分布取代经验分布（图 6-2），此时，图 6-1 中的各长方形的纵坐标就是 Δ 的概率密度函数 $f(\Delta)$，而长方形的面积为 $f(\Delta)\,d\Delta$ 即代表误差出现在该区间的概率：

$$P(\Delta)=f(\Delta)\,\mathrm{d}\Delta \tag{6-4}$$

偶然误差 Δ 是服从 $N(0,\sigma^2)$ 分布的随机变量。则可以写出 Δ 的概率密度表达式为：

$$f(\Delta)=\frac{1}{\sigma\sqrt{2\pi}}\mathrm{e}^{-\frac{\Delta^2}{2\sigma^2}} \tag{6-5}$$

式中，σ 在统计学上称为标准差。

当式（6-5）中的参数 σ 确定后，即可画出它所对应的误差分布曲线。由于观测值 L 和其真值 $\tilde{L}$ 的关系是：$\tilde{L}=L+\Delta$，可知观测值 L 服从 $N[E(L),\sigma^2]$。

6.2 衡量精度的指标

测量数据中不可避免地含有误差，在测量工作中，判断观测成果质量好坏是用"精度"来衡量的。精度指误差分布的密集或离散程度，即离散度的大小。在一定的观测条件下进行的一组观测，都对应着一种确定的误差分布。如果分布较为密集，即离散度较小时，则表示该组观测质量较好，观测精度较高；反之，如果分布较为离散，即离散度较大时，则表示该组观测质量较差，观测精度较低。

为了衡量观测值的精度高低，可以按上节的方法，把在一组相同条件下得到的误差，用误差分布表、绘制直方图或画出误差分布曲线的方法来比较。在实际应用中，这样做是比较麻烦的，有时甚至是很困难的。因此通常用一些数字特征来反映误差分布的密集或离散的程度，称它们为衡量精度的指标。衡量精度的指标有很多种，下面介绍几种常用的精度指标。

6.2.1 中误差

偶然误差是服从正态分布随机变量，其概率密度函数是：

$$f(\Delta)=\frac{1}{\sigma\sqrt{2\pi}}\exp\left(-\frac{\Delta^2}{2\sigma^2}\right) \tag{6-6}$$

其中

$$E(\Delta)=\int_{-\infty}^{+\infty}\Delta f(\Delta)\,\mathrm{d}\Delta=0 \tag{6-7}$$

$$\sigma^2=D(\Delta)=E\{[\Delta-E(\Delta)]^2\}=E(\Delta^2)=\int_{-\infty}^{+\infty}\Delta^2 f(\Delta)\,\mathrm{d}\Delta \tag{6-8}$$

分别是真误差 Δ 的数学期望和方差。

在相同的测量条件下得到一组独立的观测误差，可由式（6-8），并根据定积分的定义写出观测值真误差 Δ 的方差和标准差的计算公式：

$$\left.\begin{aligned}\sigma^2&=D(\Delta)=\lim_{n\to\infty}\sum_{i=1}^{n}\frac{\Delta_i^2}{n}\\ \sigma&=\sqrt{D(\Delta)}=\lim_{n\to\infty}\sqrt{\sum_{i=1}^{n}\frac{\Delta_i^2}{n}}\end{aligned}\right\} \tag{6-9}$$

在生产实践上，观测值个数 n 总是有限的。由有限个等精度观测值的真误差只能求得标准差的估值。在测量实用上一般用中误差 m 代替标准差的估值 $\hat{\sigma}$，即：

$$m=\hat{\sigma}=\pm\sqrt{\hat{\sigma}^2}=\pm\sqrt{\sum_{i=1}^{n}\frac{\Delta_i^2}{n}} \tag{6-10}$$

也即中误差是真误差平方的平均值的平方根。显然当 $n\to\infty$ 时，$m^2\to\sigma^2$，m^2 是中误差的平方，称为方差的估值。

【例 6-1】 设在相同的条件下，对某一角度进行了六次观测，观测结果列于表 6-2 中。已知该角的真值为 70°32′02″，则真值与每一观测值之差，即为真误差 Δ。将各真误差平方后代入式（6-10），求得观测值的中误差为 $m=\pm 15''.2$。

表 6-2 观测值的中误差计算表

观测次序	观测值	Δ	ΔΔ	计算
1	70°32′20″	+18″	324	
2	70°31′40″	−22″	484	$m=\pm\sqrt{\frac{[\Delta\Delta]}{n}}$
3	70°31′55″	−7″	49	$=\pm\sqrt{\frac{1379}{6}}$
4	70°32′10″	+8″	64	$=\pm 15''.2$
5	70°32′15″	+13″	169	
6	70°31′45″	−17″	289	
总计			1379	

从中误差的定义和上例可以看出：

（1）中误差并不等于每个观测值的真误差，它仅是一组真误差的代表值。当一组观测值的真误差愈大，中误差就愈大，精度就愈低。反之精度就愈高。

（2）由于中误差的大小反映了一组观测结果的精度如何。而在这组观测中，又是等精度观测的，所以中误差可以认为是该组任一个观测值的中误差。

在一组观测值中，如果中误差已经确定，就可以画出它对应的偶然误差正态分布曲线。见图 6-3，是两组不同的中误差正态分布曲线，其中曲线 f（Δ）的拐点的横坐标就是中误差 m。f_1（Δ）的峰值较大，曲线形状陡峭，表示误差分布比较集中，此时的中误差 m_1 较小，观测精度较高；f_2（Δ）的峰值较小，曲线形状平缓，表示误差分布比较离散，此时的中误差 m_2 较大，观测精度较低。

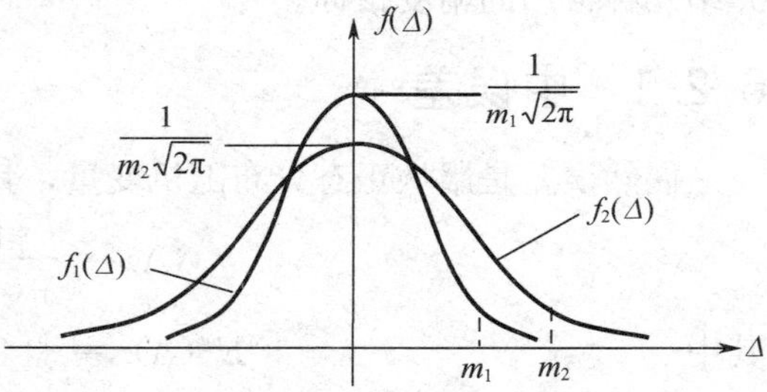

图 6-3 不同中误差的正态分布曲线

现举一例来说明中误差在衡量测量结果精度中的应用。

【例 6-2】 有甲、乙两个测量组，各自在同等精度条件下对某一个三角形的三个内角观测 7 次，两组每一次观测求得三角形内角和的真误差如下：

甲组：−4″、−2″、−1″、0、+1″、+3″、+4″。

乙组：−5″、−1″、0、+1″、+3″、+4″、+8″。

试问哪一组观测结果精度高？

【解】 用中误差公式计算，得：

$$m_{甲}=\pm\sqrt{\frac{(-4)^2+(-2)^2+(-1)^2+0+1^2+3^2+4^2}{7}}=\pm 2''.6$$

$$m_{乙}=\pm\sqrt{\frac{(-5)^2+(-1)^2+0+1^2+3^2+4^2+8^2}{7}}=\pm 4''.1$$

因 $|m_{甲}|<|m_{乙}|$，则甲组观测的精度较乙组为高。

6.2.2 相对误差

在精度的评定中，误差的大小单纯取决于真值与观测值之间的差值，与观测量本身大小无关的误差，称为绝对误差，中误差和真误差属于绝对误差。但是对于某些测量结果，仅仅用绝对误差是无法评定它们的精度的。例如，丈量了两段距离，一段长200m，其中误差为±0.1m，另一段长为1000m，其中误差为±0.1m，若按中误差的绝对值就很难判定此两观测结果哪个更准确。为了比较这种观测结果的精度，则需引入相对误差的概念，这也是一种衡量精度的指标。

相对误差就是以绝对误差的绝对值与相应的观测值之比。它是一个无名数，分子与分母的单位要一致，并将分子化为1，即：

$$K=\frac{|m|}{D}=\frac{1}{\frac{D}{|m|}} \tag{6-11}$$

式中，m 若为观测值 D 的中误差，则 K 称为相对中误差。

上述两段距离丈量的相对中误差分别为：

$$\frac{0.1}{200}=\frac{1}{2000} \quad \frac{0.1}{1000}=\frac{1}{10000}$$

显然，相对误差越小，说明观测结果精度越高，反之越低。因为 1/2000＞1/10000，所以，长度为1000m的那段距离丈量的精度高。

在一般距离丈量中，上式的绝对误差是采用往返测量结果的较差，距离采用往返测量结果的中数，即：

$$K=\frac{|D_{往}-D_{返}|}{D_{均}}=\frac{1}{\frac{D_{均}}{|D_{往}-D_{返}|}} \tag{6-12}$$

应当指出的是，相对误差适用于衡量其误差大小与所观测量的大小有关的测量工作的精度，例如，距离丈量的误差大小与所丈量的长度有关，所以距离丈量的精度用相对误差衡量；当误差大小与所观测量的大小无关时，就不能用相对误差来衡量其精度。例如，角度观测时，因为角度误差的大小与所测角值的大小无关，故只能直接用中误差来衡量角度观测的精度。

6.2.3 极限误差

由偶然误差的特性可知，在一定的观测条件下，偶然误差的绝对值大小不会超过一定的限度。如果某个观测值的误差超过了这个限度，就说明这个观测值中，不仅含有偶然误差，而且还含有不能允许的粗差或错误，因此应将此观测值舍去不用，进行重测。

中误差不是代表个别误差的大小，而是代表误差分布的离散程度的大小。由中误差的定义可知，它是代表一组同精度观测误差平方的平均值的平方根极限值，中误差愈小，即表示在该组观测中，绝对值较小的误差愈多。按正态分布表查得，在大量同精度观测的一组误差中，误差落在（$-m$，$+m$），（$-2m$，$+2m$），（$-3m$，$+3m$）的概率分别为：

$$\begin{aligned} &P(-m<\Delta<+m)=68.3\% \\ &P(-2m<\Delta<+2m)=95.5\% \\ &P(-3m<\Delta<+3m)=99.7\% \end{aligned} \tag{6-13}$$

这就是说，绝对值大于中误差的偶然误差出现的概率为31.7%，大于2倍中误差的偶然误差出现的机会只有4.5%，而大于3倍中误差的偶然误差出现的机会仅有0.3%，所以在实际工作中，就以3倍中误差作为偶然误差的极限值$\Delta_{限}$，称为极限误差，或称容（允）许误差，即：

$$\Delta_{限}=3m \tag{6-14}$$

当要求严格时，或是观测次数不多时，也可采用2倍中误差作容许值，即：

$$\Delta_{限}=2m \tag{6-15}$$

在测量规范中，列有各种观测误差限度的规定，这些误差限度就是这里所讲的容许误差。在测量工作中，如果某误差超过了极限误差，那么就可以认为它是错误的，相应的观测值应舍去不用。

式（6-13）右端的概率称为置信概率，这个概率表达式表示在一定的置信概率下，中误差与真误差的关系式。虽然一些观测值或平差结果的真误差是未知的，但是由式（6-13）可以得出由中误差估计其真误差的置信区间。例如在置信概率为95.5%时，真误差将在区间（$-2m$，$2m$）内。因此，中误差既代表误差分布的离散程度大小，又可以对其真误差做出区间估计，这是中误差完整的统计意义。

6.3　误差传播定律及其应用

对于能直接观测的量，经过多次观测后，便可计算出观测值的中误差，作为评定观测值精度的标准。而在实际工作中，还有许多未知量不能直接观测，需要由观测值计算出来。例如，在水准测量中，两点间的高差$h=a-b$，则h是直接观测值a和b的函数；平面三角形闭合差w就是通过三个内角的观测值计算所得，即$w=(L_1+L_2+L_3)-180°$。闭合差w无法直接测出。又如，在三角形ABC中，已测得两个角A、B及一条边a，则依正弦定理$b=\dfrac{a\sin B}{\sin A}$求$b$边时，也是通过观测值计算函数$b$。

显然，由观测值计算所得函数值的精确与否，主要取决于作为自变量的观测值的质量好坏。一般地说，自变量带有的误差，必然以一定规律传播给函数值，所以对这样求得的函数值，也有个精度估计的问题。即由具有一定中误差的自变量计算所得的函数值，也应具有相应的中误差。

因为中误差m的平方是方差的估值，所以中误差的传播关系可以通过方差的运算规律来导出。阐述观测值与观测值函数之间的中误差（方差）运算规律的关系式称为误差传播定律。

6.3.1　倍数函数的情况

设函数

$$Z=kX \tag{6-16}$$

观测值函数Z的中误差用m_Z表示，k为常数，变量X对应的观测值中误差为m。如果能够在m_Z和m之间建立一定的数学关系，那么就可以根据观测值的中误差去求取观测值倍数函数的中误差。

设变量X的直接观测值l，其相应的真误差为$\Delta=l-X$。由观测值计算得到函数Z的间接观测值$z=kl$，由于Δ的存在，致使Z也产生了相应的真误差$\Delta Z=z-Z$。由式

(6-16) 可得：

$$\Delta Z = k\Delta \tag{6-17}$$

又设对变量 X 观测了 n 次，得到 n 个误差关系式：

$$\Delta Z_i = k\Delta_i \quad (i=1,\ 2,\ \cdots,\ n) \tag{6-18}$$

将上式平方后求和，然后再除以 n，得：

$$\sum_{i=1}^{n}\frac{\Delta Z_i^2}{n} = k^2\sum_{i=1}^{n}\frac{\Delta_i^2}{n} \tag{6-19}$$

根据式（6-10）可知：

$$m_z^2 = \sum_{i=1}^{n}\frac{\Delta Z_i^2}{n},\quad m^2 = \sum_{i=1}^{n}\frac{\Delta_i^2}{n}$$

然后代入式（6-19），得：

$$\begin{aligned} m_z^2 &= k^2 m^2 \\ m_z &= km \end{aligned} \tag{6-20}$$

即观测值与常数乘积的中误差，等于观测值的中误差乘以常数。

6.3.2 和或差函数的情况

设和或差函数

$$Z = X_1 \pm X_2 \tag{6-21}$$

观测值函数 Z 的中误差用 m_Z 表示，独立变量 X_1 和 X_2 对应的观测值中误差分别为 m_1 和 m_2。

设变量 X_1 和 X_2 的独立直接观测值分别为 l_1 和 l_2，其相应的真误差为 $\Delta_i = l_i - X_i$ $(i=1,\ 2)$。由观测值计算得到函数 Z 的间接观测值 $z = l_1 \pm l_2$，由于 Δ 的存在，致使 Z 也产生了相应的真误差 $\Delta Z = z - Z$。由式（6-21）可得：

$$\Delta Z = \Delta_1 \pm \Delta_2 \tag{6-22}$$

又设对变量 X_1 和 X_2 观测了 n 次，得到 n 个误差关系式：

$$\Delta Z_i = \Delta_{1i} \pm \Delta_{2i} \quad (i=1,\ 2,\ \cdots,\ n) \tag{6-23}$$

将上式平方后求和，然后再除以 n，得：

$$\sum_{i=1}^{n}\frac{\Delta Z_i^2}{n} = \sum_{i=1}^{n}\frac{\Delta_{1i}^2}{n} + \sum_{i=1}^{n}\frac{\Delta_{2i}^2}{n} \pm 2\sum_{i=1}^{n}\frac{\Delta_{1i}\Delta_{2i}}{n} \tag{6-24}$$

根据式（6-10）可知：

$$m_z^2 = \sum_{i=1}^{n}\frac{\Delta Z_i^2}{n},\quad m_1^2 = \sum_{i=1}^{n}\frac{\Delta_{1i}^2}{n},\quad m_2^2 = \sum_{i=1}^{n}\frac{\Delta_{2i}^2}{n} \tag{6-25}$$

由于 Δ_1 和 Δ_2 均为偶然误差，其符号为正或负的机会相等，又因为 Δ_1 和 Δ_2 为独立误差，它们出现正负号互不相关，所以其乘积 $\Delta_1\Delta_2$ 也具有正负号机会相等的性质。根据偶然误差的对称性和抵偿性可知，求 $\sum_{i=1}^{n}\Delta_{1i}\Delta_{2i}$ 时其正负值有相互抵消的可能。当 n 越大，式（6-24）最后一项将趋近于零，即：

$$\lim_{n\to\infty}\sum_{i=1}^{n}\frac{\Delta_{1i}\Delta_{2i}}{n} = 0 \tag{6-26}$$

然后将式（6-25）和式（6-26）代入式（6-24），得：

$$\begin{aligned} m_z^2 &= m_1^2 + m_2^2 \\ m_z &= \sqrt{m_1^2 + m_2^2} \end{aligned} \tag{6-27}$$

即两观测值代数和的中误差平方，等于两观测值中误差的平方之和。

当 Z 是独立变量 x_1，x_2，…，x_n 的代数和（差）的函数时，即：

$$Z=X_1\pm X_2\pm\cdots\pm X_n \tag{6-28}$$

根据前述推导的方法，可以得出函数 Z 的中误差平方为：

$$m_z^2=m_1^2+m_2^2+\cdots+m_n^2 \tag{6-29}$$

式中，m_1，m_2，…，m_n 分别为独立变量 X_1，X_2，…，X_n 的中误差。

由式（6-29）可知，n 个观测值代数和的中误差平方，等于 n 个观测值中误差平方之和。

6.3.3 线性函数的情况

设线性函数

$$Z=k_1X_1\pm k_2X_2\pm\cdots\pm k_nX_n \tag{6-30}$$

观测值函数 Z 的中误差用 m_Z 表示，独立变量 X_1，X_2，…，X_n 对应的观测值中误差分别为 m_1，m_2，…，m_n。综合式（6-20）和式（6-29）可得：

$$m_z^2=k_1^2m_1^2+k_2^2m_2^2+\cdots+k_n^2m_n^2 \tag{6-31}$$

6.3.4 一般函数的情况

设函数

$$Z=f(X_1,\ X_2,\ \cdots,\ X_n) \tag{6-32}$$

式中，X_i（$i=1$，2，…，n）为独立变量。

已知其中误差分别为 m_1，m_2，…，m_n，求取观测值函数 Z 的中误差 m_Z。

当独立变量 X_i（$i=1$，2，…，n）具有观测误差 Δ_i（$i=1$，2，…，n）时，函数 Z 相应地产生误差 Δ_Z。为了求取 Δ_Z 和 Δ_i 之间的关系，首先对式（6-32）进行全微分，得：

$$\mathrm{d}Z=\frac{\partial f}{\partial X_1}\mathrm{d}X_1+\frac{\partial f}{\partial X_2}\mathrm{d}X_2+\cdots+\frac{\partial f}{\partial X_n}\mathrm{d}X_n \tag{6-33}$$

因为误差 Δ_i 和 Δ_Z 都很小，故在上式中，可近似用 Δ_i 和 Δ_Z 代替 $\mathrm{d}X_i$ 和 $\mathrm{d}Z$，于是：

$$\Delta_Z=\frac{\partial f}{\partial X_1}\Delta_1+\frac{\partial f}{\partial X_2}\Delta_2+\cdots+\frac{\partial f}{\partial X_n}\Delta_n \tag{6-34}$$

式中，$\frac{\partial f}{\partial X_i}$ 为函数对各个变量 X_i（$i=1$，2，…，n）所求的偏导数，并以 X_i 的观测值代入所得的数值，它们是常数。因此式（6-34）是线性函数，按照式（6-31）得：

$$m_Z^2=\left(\frac{\partial f}{\partial X_1}\right)^2m_1^2+\left(\frac{\partial f}{\partial X_2}\right)^2m_2^2+\cdots+\left(\frac{\partial f}{\partial X_n}\right)^2m_n^2 \tag{6-35}$$

或

$$m_Z=\pm\sqrt{\left(\frac{\partial f}{\partial X_1}\right)^2m_1^2+\left(\frac{\partial f}{\partial X_2}\right)^2m_2^2+\cdots+\left(\frac{\partial f}{\partial X_n}\right)^2m_n^2} \tag{6-36}$$

这就是误差传播定律。对于一般函数的中误差，等于该函数对每个观测值所求得的偏导数值与相应观测值中误差乘积的平方取总和，再求平方根。

6.3.5 误差传播定律的应用

应用误差传播定律评定观测值函数的精度时，可归纳为如下几步：

（1）按问题的要求写出函数式 $Z=f(X_1,\ X_2,\ \cdots,\ X_n)$。

（2）写出函数真误差关系式，即对函数 Z 进行全微分：

$$\Delta_Z=\frac{\partial f}{\partial X_1}\Delta_1+\frac{\partial f}{\partial X_2}\Delta_2+\cdots+\frac{\partial f}{\partial X_n}\Delta_n$$

（3）按照真误差关系式写出中误差的关系式：

$$m_Z^2=\left(\frac{\partial f}{\partial X_1}\right)^2 m_1^2+\left(\frac{\partial f}{\partial X_2}\right)^2 m_2^2+\cdots+\left(\frac{\partial f}{\partial X_n}\right)^2 m_n^2$$

其规律是：将各偏导数平方，把真误差换成中误差的平方。然后用观测值代入上式计算，注意各项的单位要统一。

误差传播定律在测绘领域应用十分广泛。下面举例说明其应用方法。

【例 6-3】 设以独立等精度观测了 n 个三角形之内角，并设各三角形的闭合差为 W_1，W_2，…，W_n，即 $W_i=(A_i+B_i+C_i)-180°$，$i=1$，2，…，n。其中 A_i，B_i，C_i 为第 i 个三角形的三内角观测值，求测角中误差 m。

【解】 设闭合差的中误差是 m_W。应用误差传播定律有 $m_W^2=3m^2$，因为闭合差是真误差，故由中误差定义可得闭合差的中误差的平方是：

$$m_W^2=\frac{W_1^2+W_2^2+\cdots+W_n^2}{n}=\sum_{i=1}^{n}\frac{W_i^2}{n}$$

所以测角中误差的平方是：

$$m^2=\sum_{i=1}^{n}\frac{W_i^2}{3n}$$

其中误差就是：

$$m=\sqrt{\sum_{i=1}^{n}\frac{W_i^2}{3n}}$$

上式就是在测量中常用的由三角形闭合差计算测角中误差的菲列罗公式。

【例 6-4】 已知某三角形 ABC，见图 6-4，已知边长 $a=150.000\text{m}$（无误差），测得 $\angle A=89°44'10''$，$\angle B=40°10'30''$，测角中误差分别为 $m_A=\pm10''$，$m_B=\pm6''$。计算边长 b 的中误差。

【解】 首先写出边长 b 的计算公式：

$$b=\frac{a\sin B}{\sin A}=96.770\text{m}$$

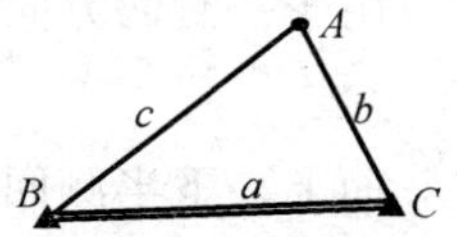

图 6-4 某三角形 ABC

对上式两边取对数：

$$\ln b=\ln a+\ln\sin B-\ln\sin A$$

然后全微分，并写成真误差形式：

$$\frac{\Delta b}{b}=\frac{\cos B}{\sin B}\cdot\frac{\Delta B}{\rho''}-\frac{\cos A}{\sin A}\cdot\frac{\Delta A}{\rho''}$$

$$\Delta b=\frac{b\cos B}{\sin B}\cdot\frac{\Delta B}{\rho''}-\frac{b\cos A}{\sin A}\cdot\frac{\Delta A}{\rho''}$$

最后写成中误差平方的形式：

$$\begin{aligned}m_b^2&=\left(\frac{b\cos B}{\sin B}\right)^2\left(\frac{m_B}{\rho''}\right)^2+\left(\frac{b\cos A}{\sin A}\right)^2\left(\frac{m_A}{\rho''}\right)^2\\&=\left(\frac{96.770\times\cos40°10'30''}{\sin40°10'30''}\right)^2\times\left(\frac{\pm6}{206265}\right)^2+\left(\frac{96.770\times\cos89°44'10''}{\sin89°44'10''}\right)^2\times\left(\frac{\pm10}{206265}\right)^2\\&=1.111\times10^{-5}\text{m}^2=0.111\text{cm}^2\end{aligned}$$

$$m_b=0.33\text{cm}$$

注意：① 对于复杂函数求取微分，一般先取对数解算要简便一些；② 测角中误差是以秒为单位的，应除以 ρ'' 化为弧度。

【例 6-5】 设在已知水准点（无误差）A、B 之间进行普通水准测量，共设置了 n 站。试分析水准路线高差的中误差及图根水准测量闭合差的容许值。

【解】 由于 $h_{AB}=h_1+h_2+\cdots+h_n \quad M_h^2=m_1^2+m_2^2+\cdots+m_n^2$

若每个测站高差中误差相等，即：

$$m_1=m_2=\cdots=m_n=m_{站}$$

于是

$$M_h=\sqrt{n}m_{站} \tag{6-37}$$

式中，$m_{站}$ 为一个测站的高差中误差；M_h 为整条水准路线高差的中误差。

若路线全长为 Dkm，且后视与前视距离均为 d，则 $D=2nd$，或 $n=D/2d$，代入式 (6-37)，得：

$$M_h=\sqrt{D/2d}m_{站}$$

若以 2 倍中误差为容许误差，则水准路线高差闭合差的容许值为：

$$2M_h=2\sqrt{n}m_{站}=\sqrt{2D/d}m_{站}$$

【例 6-6】 根据仪器标称精度知，DJ_6 级经纬仪一测回方向中误差 $m_0=\pm6''$，应用误差传播定律，分析水平角观测的精度。

【解】（1）各测回同一方向的较差

由一测回方向中误差为 $m_0=\pm6''$，则各测回同一方向较差的中误差为：

$$m_d=m_0\sqrt{2}=\pm6''\sqrt{2}$$

若取两倍或三倍中误差为容许误差，则各测回同一方向的较差分别为：

$$2m_d=\pm6''\sqrt{2}\times2=\pm16.8''$$

$$3m_d=\pm6''\sqrt{2}\times3=\pm25.2''$$

（2）上、下半测回同一方向的较差

由于一测回方向值是两个半测回方向值的平均值，则半测回方向值的中误差为：

$$m_{半}=m_0\sqrt{2}=\pm6''\sqrt{2}$$

而上、下半测回同一方向的较差中误差为：

$$m_{半d}=m_{半}\sqrt{2}=\pm6''\sqrt{2}\times\sqrt{2}=\pm12''$$

若取两倍或三倍中误差为容许误差，则得：

$$2m_{半d}=\pm12''\times2=\pm24''$$

$$3m_{半d}=\pm12''\times3=\pm36''$$

（3）一测回角值的中误差

一测回角值为两个方向值之差，故一测回角值的中误差为：

$$m_\beta=m_0\sqrt{2}=\pm6''\sqrt{2}$$

（4）上、下半测回角值之差的中误差

因一测回角值是两个半测回角值的平均值，则上、下半测回方向值的中误差为：

$$m_{\beta半}=m_\beta\sqrt{2}=\pm6''\sqrt{2}\times\sqrt{2}=\pm12''$$

上、下半测回角值之差的中误差为：

$$m_{\beta半d}=m_{\beta半}\sqrt{2}=\pm12''\sqrt{2}=\pm16''.8$$

若取两倍或三倍中误差为容许误差，则得：

$$2m_{\beta 平 d}=\pm 16''.8\times 2=\pm 33''.6$$

$$3m_{\beta 平 d}=\pm 16''.8\times 3=\pm 50''.4$$

6.4 直接平差及精度评定

在实际工作中，除了一些理论值（如多边形内角和、同一未知量的双观测值之差、闭合水准路线高差闭合差等）作为真值以外，任何观测量的真值都是未知的。而最终代表观测量的值是进行多余观测之后，经过数据处理得到的对真值做出的最可靠的估计值（最佳估值）。通常将对多余观测获得的观测值进行数据处理的过程以及对观测的精度评定称为测量平差，其得到的最可靠估计值称为平差值，也称作最或然值、最或是值。它是观测量真值或数学期望的最佳估值。

对同一未知量进行多次直接观测，求该量的平差值并评定精度，称为直接平差。根据观测条件，直接平差可分为等精度直接平差和非等精度直接平差。

6.4.1 等精度直接平差的最或是值

设对某未知量 $\tilde{X}$ 进行 n 次等精度观测，观测值分别为 l_1，l_2，…，l_n，将这些观测值取算术平均值作为该量的最可靠的数值 $\hat{X}$，称为该未知量的最或是值，即：

$$\hat{X}=\frac{l_1+l_2+\cdots+l_n}{n}=\sum_{i=1}^{n}\frac{l_i}{n} \tag{6-38}$$

对同一量进行多次等精度观测，用算术平均值作为最或是值代替真值的合理性和可靠性，可以用偶然误差的特性来证明。设该未知量的真值为 $\tilde{X}$，则真误差（Δ）：

$$\Delta_i=l_i-\tilde{X}\quad (i=1,\ 2,\ \cdots,\ n)$$

将上式相加得：

$$\sum_{i=1}^{n}\Delta_i=\Delta_1+\Delta_2+\cdots+\Delta_n=(l_1+l_2+\cdots+l_n)-n\tilde{X}=\sum_{i=1}^{n}l_i-n\tilde{X}$$

因此

$$\tilde{X}=\sum_{i=1}^{n}\frac{l_i}{n}-\sum_{i=1}^{n}\frac{\Delta_i}{n}$$

由式（6-38）可得：

$$\tilde{X}=\hat{X}-\sum_{i=1}^{n}\frac{\Delta_i}{n} \tag{6-39}$$

由偶然误差的第四个特性得知，当观测次数 n 无限增多时，$\sum_{i=1}^{n}\frac{\Delta_i}{n}\to 0$，故：

$$\lim_{n\to\infty}\hat{X}=\tilde{X} \tag{6-40}$$

由式（6-40）可知，当观测次数为无限多时，观测值的算术平均值就是未知量的真值。当 n 为有限次数量，算术平均值 $\hat{X}=\sum_{i=1}^{n}\frac{l_i}{n}$ 只是接近于真值 $\tilde{X}$，但由于它与各观测值相比是最接近于真值的值，故称为最或是值（似真值）。

6.4.2 等精度直接平差的精度评定

1. 用改正数计算观测值中误差

由式（6-1）和式（6-10）可知，等精度观测值中误差可由真误差求取，即：

$$m=\pm\sqrt{\sum_{i=1}^{n}\frac{\Delta_i^2}{n}}$$

$$\Delta_i=l_i-\widetilde{X}\ (i=1,2,\cdots,n)$$

在实际工作中，由于未知量的真值 $\widetilde{X}$ 往往是不知道的，因此真误差 Δ_i 也是未知数，所以就不能直接应用上式直接求得中误差。若采用观测值的算术平均值（最或是值）来代替真值，亦可求出观测值的中误差。

算术平均值（最或是值）与观测值之差，称为改正数，常用 v 表示，是 Δ 的平差值，有时又称为残差，即：

$$\nu_i=\hat{X}-l_i\ (i=1,2,\cdots,n) \tag{6-41}$$

将上式相加得：

$$\sum_{i=1}^{n}v_i=v_1+v_2+\cdots+v_n=n\hat{X}-(l_1+l_2+\cdots+l_n)=n\hat{X}-\sum_{i=1}^{n}l_i$$

再根据式（6-38）可知：

$$\sum_{i=1}^{n}v_i=0 \tag{6-42}$$

即对同一个量进行多次观测，取其算术平均值为最或是值，则每一观测值与最或是值的差数总和，也就是观测值改正数的总和应当等于零。此式可用来校核算术平均值的计算是否正确。

下面讨论按观测值的改正数来计算中误差的公式。

根据式（6-1），真误差为：

$$\Delta_i=l_i-\widetilde{X}\quad (i=1,2,\cdots,n) \tag{6-43}$$

由式（6-41）求出 l_i（$i=1,2,\cdots,n$）代入式（6-43），得：

$$\Delta_i=(\hat{X}-\widetilde{X})-v_i\quad (i=1,2,\cdots,n)$$

令 $\delta=\hat{X}-\widetilde{X}$，则上式可写成：

$$\Delta_i=\delta-v_i\quad (i=1,2,\cdots,n)$$

两边平方得：

$$\Delta_i^2=v_i^2+\delta^2-2v_i\delta\quad (i=1,2,\cdots,n)$$

两边分别相加后，并除以 n，得：

$$\sum_{i=1}^{n}\frac{\Delta_i^2}{n}=\delta^2+\sum_{i=1}^{n}\frac{v_i^2}{n}-2\delta\sum_{i=1}^{n}\frac{v_i}{n} \tag{6-44}$$

考虑式（6-42）$\sum_{i=1}^{n}v_i=0$，上式可简化为：

$$\sum_{i=1}^{n}\frac{\Delta_i^2}{n}=\delta^2+\sum_{i=1}^{n}\frac{v_i^2}{n} \tag{6-45}$$

又从 $\delta=\hat{X}-\widetilde{X}$ 可导出：

$$\begin{aligned}\delta^2&=(\hat{X}-\widetilde{X})^2=\frac{1}{n^2}\left(\sum_{i=1}l_i-n\widetilde{X}\right)^2\\&=\frac{1}{n^2}(l_1-\widetilde{X}+l_2-\widetilde{X}+\cdots+l_n-\widetilde{X})^2\\&=\frac{1}{n^2}(\Delta_1+\Delta_2+\cdots+\Delta_n)^2\\&=\frac{1}{n^2}(\Delta_1^2+\Delta_2^2+\cdots+\Delta_n^2+2\Delta_1\Delta_2+2\Delta_1\Delta_3+\cdots)\end{aligned}$$

$$=\sum_{i=1}^{n}\frac{\Delta_i^2}{n^2}+\frac{2}{n^2}\sum_{i=1}^{n-1}\sum_{j=i+1}^{n}\Delta_i\Delta_j$$

根据偶然误差的性质 4，当 n 趋于无限大时，上式中等号右边第二项将趋近于零；当 n 为较大而有限时，其值远比第一项小，可以忽略不计，即：

$$\delta^2=\sum_{i=1}^{n}\frac{\Delta_i^2}{n^2}$$

代入式（6-45），得：

$$\sum_{i=1}^{n}\frac{\Delta_i^2}{n}=\sum_{i=1}^{n}\frac{\Delta_i^2}{n^2}+\sum_{i=1}^{n}\frac{v_i^2}{n}$$

移项后，合并同类项，得：

$$\left(\frac{n-1}{n}\right)\sum_{i=1}^{n}\frac{\Delta_i^2}{n}=\sum_{i=1}^{n}\frac{v_i^2}{n}$$

即

$$\sum_{i=1}^{n}\frac{\Delta_i^2}{n}=\sum_{i=1}^{n}\frac{v_i^2}{n-1}$$

由中误差的定义式（6-10），得：

$$m=\pm\sqrt{\sum_{i=1}^{n}\frac{\Delta_i^2}{n}}=\pm\sqrt{\sum_{i=1}^{n}\frac{v_i^2}{n-1}} \tag{6-46}$$

式（6-46）就是根据观测值的改正数计算等精度观测值的中误差公式，又称为白塞尔公式。$n-1$ 就是对未知量的多余观测数。

【例 6-7】 设对某角度观测了六个测回，观测值列于表 6-3 中，求观测值的中误差。

【解】 计算算术平均值：

$$\hat{X}=73°42'00''+\frac{10''+36''+25''+14''+15''+20''}{6}=73°42'20''$$

计算观测值中误差：

$$m=\pm\sqrt{\sum_{i=1}^{n}\frac{v_i^2}{n-1}}=\pm\sqrt{\frac{442}{6-1}}=\pm9.''4$$

表 6-3 等精度观测平差计算

观测值	v	vv
73°42′10″	+10″	100
73°42′36″	−16″	256
73°42′25″	−5″	25
73°42′14″	+6″	36
73°42′15″	+5″	25
73°42′20″	0	0
$\hat{X}=73°42'20''$	$\sum_{i=1}^{n}v_i=0$	$\sum_{i=1}^{n}v_i^2=442$

2. 算术平均值的中误差

现在来推导算术平均值的中误差公式。因为：

$$\hat{X}=\frac{l_1+l_2+\cdots+l_n}{n}=\frac{1}{n}l_1+\frac{1}{n}l_2+\cdots+\frac{1}{n}l_n$$

式中，$\frac{1}{n}$为常数；l_1，l_2，…，l_n 均为同精度观测值，其中误差均为 m。

应用误差传播定律，则得算术平均值的中误差为：

$$M=\pm\sqrt{\frac{1}{n^2}m^2+\frac{1}{n^2}m^2+\cdots+\frac{1}{n^2}m^2}$$

即
$$M=\frac{m}{\sqrt{n}} \tag{6-47}$$

将式（6-46）代入上式，得最或是值的中误差公式：

$$M=\pm\sqrt{\sum_{i=1}^{n}\frac{v_i^2}{n\ (n-1)}} \tag{6-48}$$

【例 6-8】 计算例 6-6 的最或是值的中误差。

【解】计算最或是值的中误差：

$$M=\pm\sqrt{\sum_{i=1}^{n}\frac{v_i^2}{n\ (n-1)}}=\pm\sqrt{\frac{442}{6\times5}}=\pm3''.8$$

最后的结果一般表示为 $\hat{X}=73°42'20''\pm3''.8$。

由式（6-47）知，观测值的中误差 m 是算术平均值的中误差 M 的$\sqrt{n}$倍，亦即算术平均值比任一观测值精度要高。在实际工作中，增加观测次数可以提高算术平均值的精度。在 m 不变的情况下，算术平均值的中误差 M 与观测次数 n 的关系见图 6-5，今设 $m=1$，则 $M=\frac{1}{\sqrt{n}}$。由图可以看出，n 增加，M 减小，但当观测次数 n 在到一定数值后，再增加观测次数，精度提高得就很慢了。所以要提高观测结果的精度，不能仅靠无限地增加观测次数，而应从采用适当的观测方法、提高仪器精度和适当的观测次数等几个方面考虑。

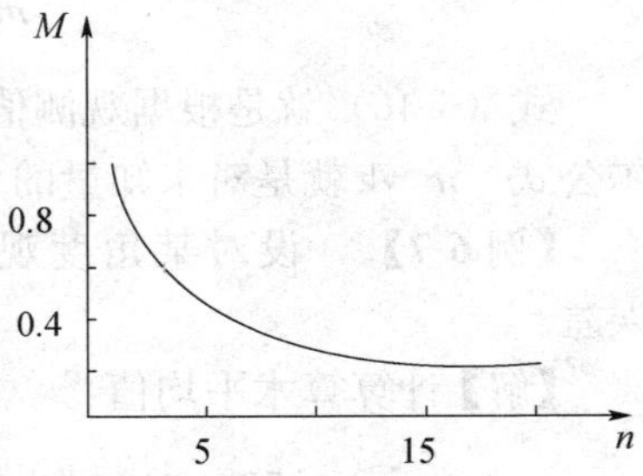

图 6-5　算术平均值的中误差 M 与观测次数 n 的关系

6.4.3　非等精度直接平差的加权平均值

1. 权与中误差的关系

前面所讨论的为等精度观测的误差问题。在测量实践中，除了等精度观测以外，还经常遇到非等精度观测。在这种情况下，求测量的最后结果时，就不能简单地取算术平均值，而必须考虑各观测值的可靠程度。在误差理论中用权来表征各观测结果不同程度可靠性，通常用 p_i 表示。

中误差是表示观测值精度的绝对数字特征，一定的观测条件就对应着一定的误差分布，而一定的误差分布就对应着一个确定的中误差。权是权衡利弊、权衡轻重的意思，是表示观测值精度的相对数字特征，在误差理论中起着很重要的作用。某一观测值或观测值的函数的中误差越小（精度越高），则其可靠性越大，权值也越大；反之，中误差越大（精度越低），则观测结果的可靠性越小，权值也越小。

设有一系列观测值 l_i（$i=1$，2，…，n），它们的中误差是 m_i（$i=1$，2，…，n），如果选定任意常数 m_0，则观测值 l_i 的权定义为：

$$p_i=\frac{m_0^2}{m_i^2}\ (i=1,\ 2,\ \cdots,\ n) \tag{6-49}$$

根据权的定义，可知各观测值权之间的比例关系是：

$$p_1:p_2:\cdots:p_n=\frac{m_0^2}{m_1^2}:\frac{m_0^2}{m_2^2}:\cdots:\frac{m_0^2}{m_n^2}=\frac{1}{m_1^2}:\frac{1}{m_2^2}:\cdots:\frac{1}{m_n^2}$$

由式（6-49）可知，对于一组观测值而言：

（1）权的意义，不在于它们本身的大小，而在于它们之间存在的比例关系。

（2）选定了一个 m_0 值，即有一组对应的权。或者说，有一组权，必有一个对应的 m_0 值。

（3）一组观测值的权，其大小与 m_0 有关，但权之间的比例关系与 m_0 无关。

（4）为了使权能起到比较精度高低的作用，在同一个问题中只能选定一个 m_0 值。

【例 6-9】 设有三个观测值 l_1、l_2 和 l_3，其中误差是 $m_1=1\text{mm}$，$m_2=2\ \text{mm}$ 和 $m_3=3\text{mm}$。求各个观测值的权。

【解】根据权的定义有：

$$p_i=\frac{m_0^2}{m_i^2}\ (i=1,\ 2,\ \cdots,\ n)$$

因为比例常数 m_0^2 是任意选定的，故可以得出许多不同的权。例如选取 $m_0=1\text{mm}$，$m_0=2\text{mm}$，$m_0=3\text{mm}$ 和 $m_0=6\text{mm}$ 等，可得相应权如下：

取 $m_0=1\text{mm}$ 时：$p_1=1$，$p_2=1/4$，$p_3=1/9$。

取 $m_0=2\text{mm}$ 时：$p_1=4$，$p_2=1$，$p_3=4/9$。

取 $m_0=3\text{mm}$ 时：$p_1=9$，$p_2=9/4$，$p_3=1$。

取 $m_0=6\text{mm}$ 时：$p_1=36$，$p_2=9$，$p_3=4$。

但不论如何选取 m_0，总是：

$$p_1:p_2:\cdots:p_n=\frac{m_0^2}{m_1^2}:\frac{m_0^2}{m_2^2}:\cdots:\frac{m_0^2}{m_n^2}=\frac{1}{m_1^2}:\frac{1}{m_2^2}:\cdots:\frac{1}{m_n^2}=36:9:4$$

当取 $m_0=m_1=1\text{mm}$ 时，观测值 l_1 的权是 1，实际上就是以观测值 l_1 的精度作为标准，其他的观测值精度都是和它进行比较。当取 $m_0=m_2=2\text{mm}$ 时，观测值 l_2 的权是 1，实际上就是以观测值 l_2 的精度作为标准，其他的观测值精度都是和它进行比较等。

因为 m_0 是权等于 1 的观测值的中误差，故通常称 m_0 为单位权中误差，把权等于 1 的观测值称为单位权观测值。那么可以得到中误差的另一种形式：

$$m_i=m_0\sqrt{\frac{1}{p_i}} \tag{6-50}$$

2. 测量中确定权的方法

在实际测量工作中，往往是要根据事先给定的条件，先确定出各观测值的权，也就是先确定它们精度的相对数值指标，然后通过平差计算，一方面求出各观测值的最可靠值，另一方面求出它们精度的绝对数字指标。下面根据权的定义和测量中经常遇到的几种情况，导出其实用的定权公式。

（1）等精度观测值算术平均值的权

设对某个未知量等精度地观测了 n 次，即 l_i（$i=1,\ 2,\ \cdots,\ n$），若每一次观测的精度是 m，权为 p。由于算术平均值中误差是：

$$M=\frac{1}{\sqrt{n}}m$$

根据权的定义有：

$$p_x=\frac{m_0^2}{M^2}=\frac{m_0^2}{(m^2/n)}=n\frac{m_0^2}{m^2}=np \tag{6-51}$$

所以算术平均值的权是等精度观测值的权的 n 倍。

（2）水准测量的权

水准测量中，设每个测站高差的中误差相等，为 $m_{站}$，则由 n 个测站测得的高差 h 的中误差为：

$$M_h=\sqrt{n}m_{站}$$

若取 c 个测站测得的高差的中误差为单位权中误差，即：

$$m_0=\sqrt{c}m_{站}$$

则由权的定义式（6-49）得水准测量高差的权为：

$$p_h=\frac{m_0^2}{M_h^2}=\frac{c}{n} \tag{6-52}$$

即水准测量高差的权与测站数成反比。

在平坦地区进行水准测量时，各测站距离大致相等，常以距离来定权。设 1km 观测高差的中误差为 m_{km}，则 Lkm 观测高差的中误差为：

$$M_h=\sqrt{L}m_{km}$$

取 Ckm 观测高差的中误差为单位权中误差，即：

$$m_0=\sqrt{C}m_{km}$$

则由权的定义式（6-49）得水准测量高差的权为：

$$p_h=\frac{m_0^2}{M_h^2}=\frac{C}{L} \tag{6-53}$$

即水准测量中高差的权与路线长成反比。

3. 加权平均值

对某未知量进行了一组非等精度观测，观测值为 l_i（$i=1, 2, \cdots, n$），其相应的中误差为 m_i（$i=1, 2, \cdots, n$），按式（6-49）计算观测值的权为 p_i（$i=1, 2, \cdots, n$）。按照误差理论，此时应按下式取加权平均值作为该观测值的最或是值：

$$\hat{X}=\frac{p_1l_1+p_2l_2+\cdots+p_nl_n}{p_1+p_2+\cdots+p_n}=\frac{\sum_{i=1}^{n}p_il_i}{\sum_{i=1}^{n}p_i} \tag{6-54}$$

根据同一量的 n 次非等精度观测值，计算其加权平均值后，用式（6-41）计算各个观测值的改正数：

$$v_i=\hat{X}-l_i \quad (i=1, 2, \cdots, n)$$

可以证明：

$$\sum_{i=1}^{n}p_iv_i=0$$

这个公式可以作为计算的校核条件。

6.4.4 非等精度直接平差的精度评定

由式（6-54），根据误差传播定律，得到：

$$m_x^2=\frac{1}{(\sum\limits_{i=1}^{n}p_i)^2}(p_1^2m_1^2+p_2^2m_2^2+\cdots+p_n^2m_n^2)$$

按权定义式（6-49），上式可以化为：

$$m_x^2=\frac{m_0^2}{\sum\limits_{i=1}^{n}p_i} \tag{6-55}$$

因此，加权平均值的中误差为：

$$m_x=\frac{m_0}{\sqrt{\sum\limits_{i=1}^{n}p_i}} \tag{6-56}$$

在观测量的真值未知的情况下，实际上用观测值的加权平均值 $\hat{X}$ 代替真值 $\tilde{X}$，用观测值的改正数 v_i 代替真误差 Δ_i，并仿照式（6-46）的推导，得到非等精度观测值的改正数计算单位权中误差公式：

$$m_0=\pm\sqrt{\frac{\sum\limits_{i=1}^{n}p_iv_i^2}{n-1}} \tag{6-57}$$

【例 6-10】 在水准测量中，从三个已知点 $BM1$、$BM2$、$BM3$ 出发测得 E 点的三个高程观测值 H_i 及各水准路线的测站数 n_i，见表 6-4。求 E 点高程的最或是值及其中误差。

【解】 取路线测站数 n_i 的倒数乘以常数 c（这里 $c=12$）为观测值的权，计算见表 6-4。

根据式（6-54）E 点高程的最或是值为：

$$H_E=\frac{1.2\times65.476+1\times65.472+1.5\times65.475}{1.2+1+1.5}=65.4745\ (\text{m})$$

根据式（6-57），单位权中误差为 $m_0=\pm\sqrt{\frac{[pvv]}{n-1}}=\pm\sqrt{\frac{9.325}{3-1}}=\pm2.2\ (\text{mm})$

则 E 点高程的最或是值得中误差为：

$$m_H=\frac{m_0}{\sqrt{[p]}}=\pm\frac{2.2}{\sqrt{3.7}}=\pm1.1\ (\text{mm})$$

表 6-4 非等精度观测平差计算

测段	高程观测值 H_i（m）	测站数 n_i	权 $p_i=12/n_i$	改正数 v（mm）	pv	pvv
$BM1\to E$	65.476	10	1.2	−1.5	−1.8	2.7
$BM2\to E$	65.472	12	1	2.5	2.5	6.25
$BM3\to E$	65.475	8	1.5	−0.5	−0.75	0.375
Σ			3.7	0.5	−0.05	9.325

注：这里 $\sum\limits_{i=1}^{n}p_iv_i=-0.05$ 是由于计算时凑整误差引起的。

6.5 间接平差及精度评定

为了发现误差，提高观测成果的质量，在测量工作中，通常进行多余观测。由于进行了多余观测而产生了闭合差或不符值，使得测量平差成为必要。测量平差主要有条件平差、附有参数的条件平差、间接平差和附有条件的间接平差等四种数据处理方法。由于间接平差具有模型简单，便于评定平差值及其函数的精度，同时具有规律性强，便于程序设计等优势，使得它常常在测量数据处理过程中成为首选的平差方法。

6.5.1 间接平差的函数模型

间接平差也称参数平差，是通过选定 t 个独立的参数，将每个观测值分别表示成这 t 个独立的参数的函数，建立函数模型，按照最小二乘原理，用求自由极值的方法解出参数的最或然值，从而求得各观测值的平差值，并评定精度。

参数平差的函数模型是：

$$\underset{n\times 1}{\hat{\boldsymbol{L}}}=\underset{n\times t}{\boldsymbol{B}}\ \underset{t\times 1}{\hat{\boldsymbol{X}}}+\underset{n\times 1}{\boldsymbol{d}} \tag{6-58}$$

式中，$\hat{\boldsymbol{L}}$ 为观测值的平差值，为 n 行 1 列的矩阵；$\boldsymbol{B}$ 为系数矩阵（n 行 t 列）；$\hat{\boldsymbol{X}}$ 为独立参数矩阵（t 行 1 列）；$\boldsymbol{d}$ 为常数矩阵（n 行 1 列）。

在实际应用中，是以观测值（或近似值）与改正数之和代替平差值，即：$\hat{\boldsymbol{L}}=\boldsymbol{L}+\boldsymbol{V}$，$\hat{\boldsymbol{X}}=\boldsymbol{X}^0+\hat{\boldsymbol{x}}$（$\boldsymbol{X}^0$ 和 $\hat{\boldsymbol{x}}$ 为非随机量，$\hat{\boldsymbol{L}}$、$\boldsymbol{V}$ 是随机量）。则间接平差的函数模型就写成：

$$\underset{n\times 1}{\boldsymbol{V}}=\underset{n\times t}{\boldsymbol{B}}\ \underset{t\times 1}{\hat{\boldsymbol{x}}}-\underset{n\times 1}{\boldsymbol{l}},\quad \boldsymbol{l}=\boldsymbol{L}-(\boldsymbol{B}\boldsymbol{X}^0+\boldsymbol{d}) \tag{6-59}$$

上式称为误差方程。

间接平差的随机模型是：

$$\boldsymbol{D}=\sigma_0^2\boldsymbol{Q}=\sigma_0^2\boldsymbol{P}^{-1} \tag{6-60}$$

式中，$\boldsymbol{D}$ 为方差阵；$\boldsymbol{Q}$ 为协因数阵，也称作权逆阵 $\boldsymbol{P}^{-1}$；σ_0^2 为单位权方差。

考察误差方程式（6-59），由于方程的个数是 n，待求量 $\hat{\boldsymbol{x}}$ 和改正数 $\boldsymbol{V}$ 的个数分别是 t 和 n，因此有 $t+n$ 个未知数需要求解，而 $n<n+t$，故由误差方程不能完全求解所需参数。根据最小二乘准则（$\boldsymbol{V}^{\mathrm{T}}\boldsymbol{P}\boldsymbol{V}=\min$），求出误差方程中的待定参数 $\hat{\boldsymbol{x}}$，进一步求解出 $\boldsymbol{V}$ 和 $\hat{\boldsymbol{L}}$。

6.5.2 间接平差的基础方程及其解

设有 n 个观测值，必要观测个数为 t，选定 t 个独立参数 $\hat{\boldsymbol{X}}$ 近似值取为 $\boldsymbol{X}^0$，则列出 n 个观测方程：

$$\left.\begin{aligned}\boldsymbol{L}_1+v_1&=a_1\hat{\boldsymbol{X}}_1+b_1\hat{\boldsymbol{X}}_2+\cdots+t_1\hat{\boldsymbol{X}}_t+\boldsymbol{d}_1\\ \boldsymbol{L}_2+v_2&=a_2\hat{\boldsymbol{X}}_1+b_2\hat{\boldsymbol{X}}_2+\cdots+t_2\hat{\boldsymbol{X}}_t+\boldsymbol{d}_2\\ &\vdots\\ \boldsymbol{L}_n+v_n&=a_n\hat{\boldsymbol{X}}_1+b_n\hat{\boldsymbol{X}}_2+\cdots+t_n\hat{\boldsymbol{X}}_t+\boldsymbol{d}_n\end{aligned}\right\} \tag{6-61}$$

令

$$\hat{\boldsymbol{X}}_j=\boldsymbol{X}_j{}^0+\hat{\boldsymbol{x}}_j\quad (j=1,\ 2,\ \cdots,\ t)$$

$$\boldsymbol{l}_i=\boldsymbol{L}_i-(a_i\boldsymbol{X}_1^0+b_i\boldsymbol{X}_2^0+\cdots+t_i\boldsymbol{X}_t^0+\boldsymbol{d}_i)\ (i=1,\ 2,\ \cdots,\ n)$$

则得误差方程为：

$$v_i=a_i\hat{\boldsymbol{x}}_1+b_i\hat{\boldsymbol{x}}_2+\cdots+t_i\hat{\boldsymbol{x}}_t-\boldsymbol{l}_i\quad (i=1,\ 2,\ \cdots,\ n) \tag{6-62}$$

写成矩阵形式，即：

$$\underset{n\times 1}{\boldsymbol{V}}=\underset{n\times t}{\boldsymbol{B}}\ \underset{t\times 1}{\hat{\boldsymbol{x}}}-\underset{n\times 1}{\boldsymbol{l}},\ \boldsymbol{l}=\boldsymbol{L}-(\boldsymbol{BX}^0+\boldsymbol{d}) \tag{6-63}$$

按照最小二乘原理，式（6-63）的 $\hat{\boldsymbol{x}}$ 必须满足 $\boldsymbol{V}^{\mathrm{T}}\boldsymbol{PV}=\min$ 的要求，因为 t 个参数为独立量，因此可按照数学上求函数自由极值的方法，得：

$$\frac{\mathrm{d}\boldsymbol{V}^{\mathrm{T}}\boldsymbol{PV}}{\mathrm{d}\hat{\boldsymbol{x}}}=2\boldsymbol{V}^{\mathrm{T}}\boldsymbol{P}\frac{\mathrm{d}\boldsymbol{V}}{\mathrm{d}\hat{\boldsymbol{x}}}=2\boldsymbol{V}^{\mathrm{T}}\boldsymbol{PB}=0$$

转置后得：

$$\boldsymbol{B}^{\mathrm{T}}\boldsymbol{PV}=0 \tag{6-64}$$

式（6-63）和式（6-64）中的未知数是 n 个 $\boldsymbol{V}$ 和 t 个 $\hat{\boldsymbol{x}}$，而方程个数也是 $n+t$ 个，方程组有唯一解，称此两式为间接平差的基础方程。

把误差方程式（6-63）代入式（6-64），消去 $\boldsymbol{V}$，得：

$$\boldsymbol{B}^{\mathrm{T}}\boldsymbol{P}\hat{\boldsymbol{B}}\boldsymbol{x}-\boldsymbol{B}^{\mathrm{T}}\boldsymbol{Pl}=0 \tag{6-65}$$

此方程称为间接平差的法方程。式中系数 $\boldsymbol{B}^{\mathrm{T}}\boldsymbol{PB}$ 为满秩矩阵，即 $\boldsymbol{R}(\boldsymbol{B}^{\mathrm{T}}\boldsymbol{PB})=t$，$\hat{\boldsymbol{x}}$ 有唯一解。解之得：

$$\hat{\boldsymbol{x}}=(\boldsymbol{B}^{\mathrm{T}}\boldsymbol{PB})^{-1}\boldsymbol{B}^{\mathrm{T}}\boldsymbol{Pl} \tag{6-66}$$

得到 $\hat{\boldsymbol{x}}$ 后，代入误差方程可得改正数向量 $\boldsymbol{V}$，进而可得观测值的平差值 $\hat{\boldsymbol{L}}=\boldsymbol{L}+\boldsymbol{V}$。

6.5.3 间接平差的精度评定

测量成果的精度包括两个方面：观测值的实际精度和观测值经平差得到的观测值函数的精度。

设观测值向量 $\boldsymbol{L}$ 的方差为：

$$\boldsymbol{D}=\sigma_0^2\boldsymbol{Q}=\sigma_0^2\boldsymbol{P}^{-1} \tag{6-67}$$

平差前已知的是先验方差，由此定权参与平差。而评定精度需要的是观测的实际精度。式（6-67）中，$\boldsymbol{Q}(\boldsymbol{P})$ 已知，故只需要对单位权方差 σ_0^2 做出估计，由估值 $\hat{\sigma}_0^2$ 代入式（6-67）求得方差估值 $\hat{\boldsymbol{D}}$。

单位权方差的估值等于残差的平方和 $\boldsymbol{V}^{\mathrm{T}}\boldsymbol{PV}$ 除以多余观测数 r，即：

$$\hat{\sigma}_0^2=\frac{\boldsymbol{V}^{\mathrm{T}}\boldsymbol{PV}}{r} \tag{6-68}$$

多余观测数 r 等于观测值个数 n 减去必要观测数 t。

根据式（6-66）及协因数传播定律，可知参数的协因数阵：

$$\boldsymbol{Q}_{\hat{X}\hat{X}}=\boldsymbol{Q}_{\hat{x}\hat{x}}=(\boldsymbol{B}^{\mathrm{T}}\boldsymbol{PB})^{-1}\boldsymbol{B}^{\mathrm{T}}\boldsymbol{PQPB}(\boldsymbol{B}^{\mathrm{T}}\boldsymbol{PB})^{-1}=(\boldsymbol{B}^{\mathrm{T}}\boldsymbol{PB})^{-1} \tag{6-69}$$

如果设参数的函数为：

$$\hat{\varphi}=\Phi(\hat{\boldsymbol{X}}_1,\ \hat{\boldsymbol{X}}_2,\ \cdots,\ \hat{\boldsymbol{X}}_t) \tag{6-70}$$

线性化后得到：

$$\mathrm{d}\hat{\varphi}=\left(\frac{\partial\Phi}{\partial\hat{\boldsymbol{X}}_1}\right)_0\mathrm{d}\hat{\boldsymbol{X}}_1+\left(\frac{\partial\Phi}{\partial\hat{\boldsymbol{X}}_2}\right)_0\mathrm{d}\hat{\boldsymbol{X}}_2+\cdots+\left(\frac{\partial\Phi}{\partial\hat{\boldsymbol{X}}_t}\right)_0\mathrm{d}\hat{\boldsymbol{X}}_t \tag{6-71}$$

式中，$\left(\frac{\partial\Phi}{\partial\hat{\boldsymbol{X}}_i}\right)_0$ 为函数对参数求偏导然后以近似值 $\boldsymbol{X}^0$ 代入得到的常数。

令 $f_i=\left(\frac{\partial\Phi}{\partial\hat{\boldsymbol{X}}_i}\right)_0$，则函数的协因数阵为：

$$\boldsymbol{Q}_{\hat{\varphi}\hat{\varphi}}=[f_1f_2\cdots f_t]\ \boldsymbol{Q}_{\hat{X}\hat{X}}\ [\{f_2\cdots f_t]^{\mathrm{T}}=[f_1f_2\cdots f_t]\ (\boldsymbol{B}^{\mathrm{T}}\boldsymbol{PB})\ -1\ [f_1f_2\cdots f_t]^{\mathrm{T}} \tag{6-72}$$

那么参数的函数的方差为：

$$D_{\hat{\varphi}\hat{\varphi}}=\hat{\sigma}_0^2 Q_{\hat{\varphi}\hat{\varphi}} \tag{6-73}$$

6.5.4 间接平差示例

（1）根据测量问题的性质，确定观测数 n，必要观测数 t，选择 t 个独立量作为参数；

（2）将每个观测值表示成未知参数的函数，按式（6-62）列出误差方程；

（3）按式（6-65）组成法方程，法方程的个数等于参数的个数；

（4）按式（6-66）求解法方程，计算参数值；

（5）计算改正数，并求解平差值；

（6）按式（6-68）计算单位权方差估值；

（7）按式（6-67）计算观测值方差；

（8）写出参数函数形式，非线性函数要按照式（6-71）线性化；

（9）按式（6-72）和式（6-73）计算参数函数的协因数阵及方差。

【例 6-11】 见表 6-5 中图，A、B 是已知的高程点，$H_A=5.016$，$H_B=6.016$，C、D、E 是待定点。已知数据与观测数据列于表 6-5 中。按间接平差求各点的高程平差值，并计算 h_5 平差值的中误差。

【解】 根据题意可知，$n=7$，$t=5-1-1=3$，$r=7-3=4$。

（1）列误差方程

设 C、D、E 点的高程为未知参数 $\hat{X}_1$，$\hat{X}_2$，$\hat{X}_3$，求得相应的近似值分别是：

$X_1^0=H_A+h_1=6.375\text{m}$，$X_2^0=H_A+h_2=7.025\text{m}$，$X_3^0=H_B-h_7=6.611\text{m}$

表 6-5 已知数据与观测数据

路线号	观测高差（m）	路线长度（km）
1	+1.359	1.1
2	+2.009	1.7
3	+0.363	2.3
4	+1.012	2.7
5	+0.657	2.4
6	+0.238	1.4
7	−0.595	2.6

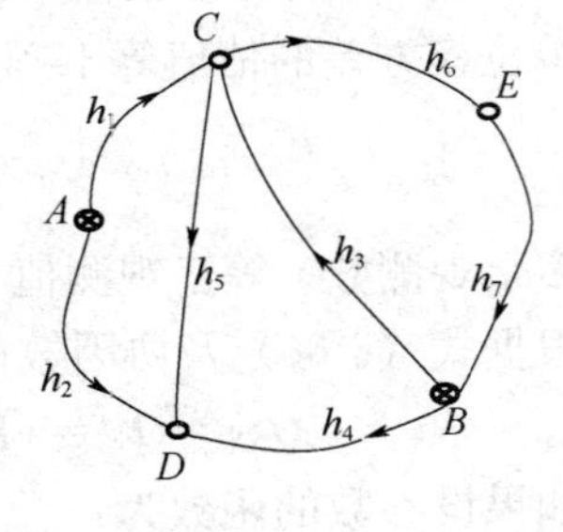

按照表 6-5 中图列出观测方程后，将有关观测数据代入后即得到误差方程：

$$\left.\begin{aligned}
v_1&=\hat{x}_1\\
v_2&=\hat{x}_2\\
v_3&=\hat{x}_1-4\\
v_4&=\hat{x}_2-3\\
v_5&=-\hat{x}_1+\hat{x}_2-7\\
v_6&=-\hat{x}_1+\hat{x}_3-2\\
v_7&=-\hat{x}_3
\end{aligned}\right\}$$

写成矩阵的形式：

$$\begin{bmatrix} v_1 \\ v_2 \\ v_3 \\ v_4 \\ v_5 \\ v_6 \\ v_7 \end{bmatrix} = \begin{bmatrix} 1 & 0 & 0 \\ 0 & 1 & 0 \\ 1 & 0 & 0 \\ 0 & 1 & 0 \\ -1 & 1 & 0 \\ -1 & 0 & 1 \\ 0 & 0 & -1 \end{bmatrix} \begin{bmatrix} \hat{x}_1 \\ \hat{x}_2 \\ \hat{x}_3 \end{bmatrix} - \begin{bmatrix} 0 \\ 0 \\ 4 \\ 3 \\ 7 \\ 2 \\ 0 \end{bmatrix}$$

（2）组成法方程

以 1km 水准测量的观测高差为单位权观测值，各观测值独立，定权式为 $p_i=1/S_i$，得权阵为：

$$\boldsymbol{P}=\begin{bmatrix} 0.91 & 0 & 0 & 0 & 0 & 0 & 0 \\ 0 & 0.59 & 0 & 0 & 0 & 0 & 0 \\ 0 & 0 & 0.43 & 0 & 0 & 0 & 0 \\ 0 & 0 & 0 & 0.37 & 0 & 0 & 0 \\ 0 & 0 & 0 & 0 & 0.42 & 0 & 0 \\ 0 & 0 & 0 & 0 & 0 & 0.71 & 0 \\ 0 & 0 & 0 & 0 & 0 & 0 & 0.38 \end{bmatrix}$$

由此组成法方程：

$$\begin{bmatrix} 2.4748 & -0.4167 & -0.7143 \\ -0.4167 & 1.3753 & 0 \\ -0.7143 & 0 & 1.0989 \end{bmatrix} \begin{bmatrix} \hat{x}_1 \\ \hat{x}_2 \\ \hat{x}_3 \end{bmatrix} - \begin{bmatrix} -2.6061 \\ 4.0278 \\ 1.4286 \end{bmatrix} = 0$$

解得：

$$\begin{bmatrix} \hat{x}_1 \\ \hat{x}_2 \\ \hat{x}_3 \end{bmatrix} = \begin{bmatrix} 0.5307 & 0.1608 & 0.3450 \\ 0.1608 & 0.7758 & 0.1045 \\ 0.3450 & 0.1045 & 1.1342 \end{bmatrix} \begin{bmatrix} -2.6061 \\ 4.0278 \\ 1.4286 \end{bmatrix} = \begin{bmatrix} -0.2427 \\ 2.8552 \\ 1.1423 \end{bmatrix}$$

$$\begin{bmatrix} \hat{X}_1 \\ \hat{X}_2 \\ \hat{X}_3 \end{bmatrix} = \begin{bmatrix} 6.3748 \\ 7.0279 \\ 6.6121 \end{bmatrix}$$

（3）计算 $\boldsymbol{V}$ 和 $\hat{\boldsymbol{L}}$

$\boldsymbol{V}=[-0.2427\ 2.8552\ -4.2427\ -0.1448\ -3.9021\ -0.6151\ -1.1423]^{\mathrm{T}}\mathrm{mm}$

$\hat{\boldsymbol{L}}=[1.3588\ 2.0119\ 0.3588\ 1.0119\ 0.6531\ 0.2374\ -0.5961]^{\mathrm{T}}\mathrm{m}$

（4）精度评定

单位权中误差为：

$$\hat{\sigma}_0=\sqrt{\frac{\boldsymbol{V}^{\mathrm{T}}\boldsymbol{PV}}{r}}=\sqrt{\frac{19.75}{4}}=2.2\ (\mathrm{mm})$$

参数的协因数阵为：

$$Q_{\hat{X}\hat{X}}=\begin{bmatrix}0.5307 & 0.1608 & 0.3450\\0.1608 & 0.7758 & 0.1045\\0.3450 & 0.1045 & 1.1342\end{bmatrix}$$

由 $\hat{h}_5=-\hat{x}_1+\hat{x}_2$ 可知，$Q_{\hat{\varphi}\hat{\varphi}}=[-110]\ Q_{\hat{X}\hat{X}}[-110]^{\mathrm{T}}=0.98$

h_5平差值的中误差为：

$$\hat{\sigma}_{\hat{h}_5}=\hat{\sigma}_0 Q_{\hat{\varphi}\hat{\varphi}}=2.2\sqrt{0.98}=2.2\ (\mathrm{mm})$$

习题

1. 如何检验测量误差的存在？产生误差的原因是什么？

2. 名词解释：系统误差、偶然误差、粗差。

3. 系统误差有哪些特点？如何预防和减少系统误差对观测成果的影响？

4. 写出真误差的表达式，指出偶然误差的特性。

5. 说明精度与观测条件的关系及等精度、非等精度的概念。

6. 指出中误差、相对误差的定义式，理解极限误差取值二倍中误差的理论根据。

7. 为什么中误差能作为衡量精度的标准？

8. 为什么说观测次数愈多，其平均值愈接近真值？理论依据是什么？

9. 绝对误差和相对误差分别在什么情况下使用？

10. 有函数 $X=z_1+z_2$，其中 $z_1=x+2y$，$z_2=2x-y$，x 和 y 相互独立，且 $m_x=m_y=m$，求 m_X。

11. 已知丈量 2 尺段 l_0 及 q，$l_0=30\mathrm{m}$，$q=16.34\mathrm{m}$。丈量的中误差 $m=\pm2\mathrm{cm}$，试计算钢尺量距结果 d 和中误差 m_d 的值。

12. $\triangle ABC$ 中，测得$\angle A=30°00'42''\pm3''$，$\angle B=60°10'00''\pm4''$ 。试计算$\angle C$ 及其中误差 m_c。

13. 测得一长方形的两条边分别为 15m 和 20m，中误差分别为 ±0.012m 和 ±0.015m，求长方形的面积及其中误差。

14. 水准路线 A、B 两点之间的水准测量有 9 个测站，若每个测站的高差中误差为 3mm，求：

(1) A 至 B 往测的高差中误差。

(2) A 至 B 往返测的高差平均值中误差。

15. 观测某一已知长度的边长，5 个观测值与之的真误差 $\Delta_1=4\mathrm{mm}$，$\Delta_2=5\mathrm{mm}$，$\Delta_3=9\mathrm{mm}$，$\Delta_4=3\mathrm{mm}$，$\Delta_5=7\mathrm{mm}$。求观测中误差 m。

16. 在图上量得一圆的半径 $r=31.34\mathrm{mm}$，已知测量中误差为±0.05mm，求圆周长中误差。

17. 若测角中误差为±30″，试问 n 边形内角和的中误差是多少？

18. 在一个三角形中观测了 α、β 两个内角，其中误差 $m_\alpha=\pm20''$，$m_\beta=\pm20''$，从 180°中减去 $\alpha+\beta$ 求出 γ 角，问 γ 角的中误差是多少？

19. 丈量两段距离 $D_1=164.86\mathrm{m}$，$D_2=131.34\mathrm{m}$，已知 $m_{D_1}=\pm0.05\mathrm{m}$，$m_{D_2}=\pm0.03\mathrm{m}$，求它们的和与它们的差的中误差和相对误差。

20. 在等精度观测中，观测值中误差 m 与算术平均值中误差 M 有什么区别与联系？

21. 用经纬仪观测某角共 8 个测回，结果如下：56°32′13″、56°32′22″、56°32′18″、

56°32′13″、56°32′18″、56°32′24″、56°32′20″、56°32′18″，试求该角最或是值及其中误差。

22. 见图 6-6，D 点高程分别由 A、B、C 求得，各为 40.646m、40.637m、40.627m，求 D 点高程算术平均值及其中误差。

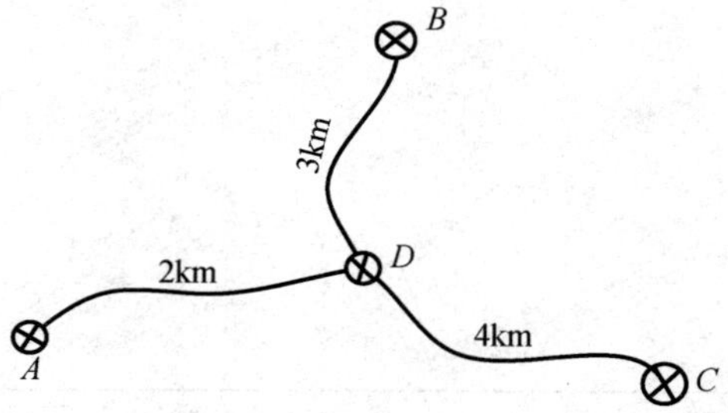

图 6-6 水准路线

7

控制测量

本章导读

【本章提要】本章主要介绍平面和高程控制网的布设方案及其数据的处理方法。内容包括：导线测量的外业工作与内业计算，三、四等以及二等水准测量的方法，三角高程测量的原理。

【学习目标】了解控制测量的概念、分类和方法以及控制测量的特点，掌握导线的布设形式、等级划分、技术要求及导线测量的外业工作，重点掌握导线内业计算的程序和方法，以及三、四等水准测量和三角高程测量的方法。

7.1 控制测量概述

测量工作应遵循“从整体到局部，由高级到低级，先控制后碎部”的原则，因此，控制测量是测量工作中重要的基础性工作。控制测量工作贯穿在工程建设的各个阶段：在工程勘测设计阶段，需要为测图服务的测图控制测量；在工程施工建设阶段，要进行施工控制测量；在工程竣工后的营运管理阶段，为建筑物变形测量而进行的控制测量等。

由控制点构成的几何图形称为控制网。控制测量就是对控制网进行布设、观测、计算，以确定控制点的空间位置的工作。建立控制网可以减小测量工作中由于各种原因所产生的误差积累，同时也可以使测量工作在统一的基准下进行，从而实现测量工作的分工与协同作业，提高测量工作的效率。

控制测量分为平面控制测量和高程控制测量两个部分，平面控制测量是确定控制点的平面位置，并以此作为测量测区内其他点平面位置的依据。高程控制测量是确定控制点的高程，也将作为测量测区内其他点高程的依据。

按照测量方式和方法的不同，平面控制测量又分为三角测量、导线测量、三边测量、交会定点等类型。随着测绘新技术的不断发展，GPS 测量在控制测量工作中逐渐发挥出重要的作用。目前常用的平面控制测量方法为 GPS 控制测量、导线测量、交会定点等。

高程控制测量的主要方法为水准测量和三角高程测量，水准测量是建立高精度高程控制网的主要方法，三角高程测量受地形条件限制小，但精度略低。

7.1.1 平面控制测量

平面控制测量的控制点构成的图形称为平面控制网。由三角测量、导线测量、三边测量建立的控制网分别称为三角网、三边网和导线网。由GPS控制测量建立的控制网称为GPS控制网。

根据控制网的规模可分为国家平面控制网、城市平面控制网和小区域平面控制网。

1. 国家平面控制网

国家平面控制网，是在全国范围内按统一方案建立的平面控制网，主要采用三角测量方法，在西部困难地区采用导线测量的方法。国家控制网根据天文大地测量方法，首先在全国范围内建立一等天文大地网，一般沿经纬线方向交叉布设三角锁，两交叉处间的三角锁称为锁段。在锁段交叉处要测量起始边长，其相对精度不低于1/35万。在起始边两端点测量天文经、纬度和天文方位角，并在锁中央一个点上测量天文经、纬度（图7-1）。在一等锁环所围成的范围内布设二等三角网（图7-2），它是加密三、四等网的全面基础。然后，在二等控制网下进一步加密，依次建立三、四等控制网，从而实现对全国范围测量工作的整体控制。

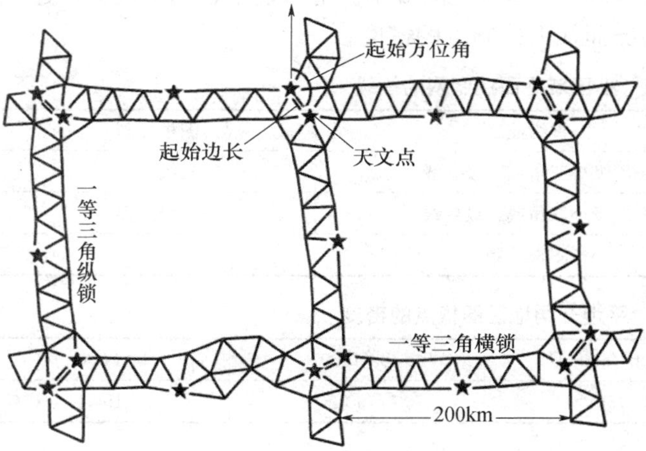

图7-1 一等三角锁

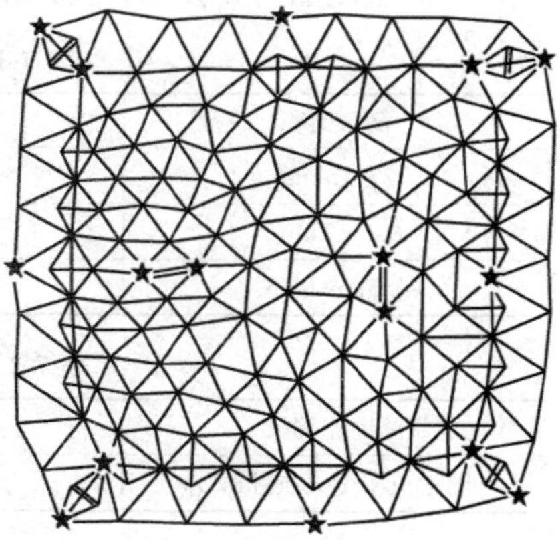

图7-2 二等三角网

目前提供使用的国家平面控制网除了包含经典测量建立的154348个三角点、导线点（1954北京坐标系统、1980西安坐标系两套系统）之外，还包括由国家测绘局布设的高精度GPS A、B级网，总参测绘局布设的GPS一、二级网，中国地震局、总参测绘局、中国科学院、国家测绘局共建的中国地壳运动观测网组成的“2000国家GPS控制网”。该控制网共2609个点，整合了上述三个大型的、有重要影响力的GPS观测网的成果，通过联合处理将其归于一个坐标参考框架，并建立了我国新一代的地心坐标系统——2000国家大地坐标系（CGCS2000）。

2. 城市平面控制网

城市控制网是在国家控制网的基础上建立的，其主要是为城市规划、市政建设等各种工程建设的测量工作服务的。城市控制网的建立方法与国家控制网的建立方法相同，可采用GPS测量、三角测量、各种形式边角组合测量和导线测量等方法。

根据城市面积的大小和测量工程的要求，布设不同等级的城市平面控制网。城市平面控制网的等级划分：GPS网、三角网、边角组合网分为二、三、四等和一、二级（其技术要求参见城市测量规范或工程测量规范），导线网则依次划分为三、四等和一、二、三级。

3. 小区域平面控制网

小区域控制网是为满足具体的工程建设需要或大比例尺地形图测绘工作而建立的局部控制网，根据用途和性质分为测图控制网、施工控制网和变形监测网。小区域平面控制网原则上应当与城市控制网（或国家控制网）相连接，从而实现与国家控制网的统一，为满足具体工作需要，也可以建立独立控制网。与国家控制网相比较，小区域控制网的控制面积较小，边长较短，绝对误差较小，且大多采用独立的坐标系统。

为了工程建（构）筑物的施工放样而布设的测量控制网称为施工控制网；直接为测图工作建立的控制网称为图根控制网，相应的控制点称为图根控制点，简称图根点；为工程建筑物的变形观测布设的测量控制网称为变形监测网。

小区域控制网的等级根据区域的大小而定，见表7-1。图根点的密度应根据测图比例尺和地形条件而定，常规成图方法平坦开阔地区图根点的密度不宜小于表7-2的规定，数字化成图方法的图根点的密度应符合表7-3的规定。地形复杂、隐蔽或城市建筑区，应满足测图需要并结合具体情况而加大控制点的密度。

表7-1 小区域平面控制网的等级

测区面积	首级控制	图根控制
2～15km^2	一级小三角或一级导线	二级图根
0.5～2km^2	二级小三角或二级导线	二级图根
0.5km^{2}以下	图根控制	

表7-2 平坦开阔地区图根点的密度

测图比例尺	1∶500	1∶1000	1∶2000
图根点密度（点/km^2）	150	50	15

表7-3 数字化成图平坦开阔地区图根点的密度

测图比例尺	1∶500	1∶1000	1∶2000
图根点密度（点/km^2）	64	16	4

7.1.2 高程控制测量

高程控制测量，按照用途可分为国家高程控制测量、城市高程控制测量和工程高程控制测量。高程控制点构成高程控制网，主要采用水准测量的方法，布设的原则也是从整体到局部，由高级到低级，逐步加密。当地面起伏较大，很难进行水准测量时，可用三角高程测量方法测量地面上两点间的高差，并推算出地面点的高程。

在我国领土范围内，由一系列按国家统一规范测量高程的水准点构成的高程控制网称为国家水准网，水准点上设有便于长期保存的固定标志。国家水准网按控制等级和施测精度分为一、二、三、四等。目前提供使用的1985国家高程系统共有水准点成果114041个，水准路线长度为416619.1km。一、二等水准测量称为精密水准测量，一等水准网在全国范围内沿主要干道和河流布设成格网型的高程控制网，然后用二等水准网进行加密，作为全国的高程控制。三、四等水准网直接为地形测图或工程建设提供高程控制点。三等水准一般布置成附合在高级点间的附合水准路线，长度不超过150km。四等水准采用附合在高级点间的附合水准路线时，长度不超过80km。

城市高程控制测量按照精度可分为二、三、四等水准测量，以及为测图服务的图根水准测量；工程高程控制测量按照精度分为二、三、四、五等水准测量，以及为测图服务的图根高程控制测量。各等级高程控制主要采用水准测量的方法建立，四等及以下等级可采用电磁波测距三角高程测量，五等也可采用GPS拟合高程测量。

建立高程控制网，应根据测区面积和工程要求分级建立。首级高程控制网的等级，应根据工程规模、控制网的用途和精度要求合理选择。首级网应布设成环形网，加密网宜布设成附合路线或结点网。测区的高程系统，宜采用1985国家高程基准。在已有高程控制网的地区测量时，可沿用原有的高程系统；当小测区联测有困难时，也可采用假定高程系统。应用高程资料时，应特别注意高程系统的问题，以避免由于基准的不同导致错误的发生。

表7-4列出了二、三、四、五等及图根测量的水准测量的主要技术指标。

表7-4　水准测量的主要技术指标

等级	每千米高差中误差（mm）	路线长度（km）	水准仪的型号	水准尺	观测次数		往返较差、附合或环线闭合差	
					与已知点联测	附合路线或环线	平地（mm）	山地（mm）
二等	±2	—	DS_1	因瓦	往返各一次	往返各一次	$\pm 4\sqrt{L}$	—
三等	±6	≤50	DS_1	因瓦	往返各一次	往一次	$\pm 12\sqrt{L}$	$\pm 4\sqrt{n}$
			DS_3	双面		往返各一次		
四等	±10	≤16	DS_3	双面	往返各一次	往一次	$\pm 20\sqrt{L}$	$\pm 6\sqrt{n}$
五等	±15	—	DS_3	单面	往返各一次	往一次	$\pm 30\sqrt{L}$	—
图根	±20	≤5	DS_{10}	—	往返各一次	往一次	$\pm 40\sqrt{L}$	$\pm 12\sqrt{n}$

注：1. 结点之间或结点与高级点之间，其路线的长度不应大于表中规定的70%。
2. L为往返测段、附合或闭合的水准路线长度，以km为单位；n为测站数。

7.2　导线测量外业

7.2.1　导线测量概述

将测区内相邻控制点用直线连接而构成的折线图形，称为导线。构成导线的控制点，称为导线点。

导线测量就是在测区内按照一定的要求，选择若干导线点，依次测量各导线边的水平距离和两相邻导线边的水平夹角；然后根据起算数据，推算各导线边的方位角，从而求出各导线点的坐标。

导线测量是小地区平面控制测量的主要方法之一。由于只要求相邻导线点通视，布设灵活，特别适于城市地区以及地形复杂的地区。

根据测量距离的方法，导线测量可分为光电测距导线和钢尺量距导线；根据平面控制网的精度等级，导线测量可分为三、四等和一、二、三级导线以及图根导线。各等级导线的技术要求参考表 7-5～表 7-8。

表 7-5 光电测距导线的主要技术要求

等级	导线长度(km)	平均边长(km)	测角中误差	测距中误差(mm)	测回数			方位角闭合差	导线全长相对闭合差
					DJ_1	DJ_2	DJ_6		
三等	15	3	±1.5″	±18	8	12	—	$\pm3''\sqrt{n}$	1/60000
四等	10	1.6	±2.5″	±18	4	6	—	$\pm5''\sqrt{n}$	1/40000
一级	3.6	0.3	±5″	±15	—	2	4	$\pm10''\sqrt{n}$	1/14000
二级	2.4	0.2	±8″	±15	—	1	3	$\pm16''\sqrt{n}$	1/10000
三级	1.5	0.12	±12″	±15	—	1	2	$\pm24''\sqrt{n}$	1/6000

注：*n* 为测站数。

表 7-6 钢尺量距导线的主要技术要求

等级	导线长度(m)	平均边长(m)	测角中误差	往返丈量较差相对误差	测回数		方位角闭合差	导线全长相对闭合差
					DJ_2	DJ_6		
一级	2500	250	±5″	1/20000	2	4	$\pm10''\sqrt{n}$	1/10000
二级	1800	180	±8″	1/15000	1	3	$\pm16''\sqrt{n}$	1/7000
三级	1200	120	±12″	1/10000	1	2	$\pm24''\sqrt{n}$	1/5000

注：*n* 为测站数。

表 7-7 图根光电测距导线的主要技术要求

测图比例尺	导线长度(m)	平均边长(m)	测角中误差	测回数 DJ_6	方位角闭合差	导线全长相对闭合差	测距	
							仪器类型	方法与测回数
1∶500	900	80	±30″	1	$\pm40''\sqrt{n}$	1/4000	Ⅱ	单程观测 1
1∶1000	1800	150						
1∶2000	3000	250						

注：*n* 为测站数。

表 7-8 图根钢尺量距导线的主要技术要求

测图比例尺	导线长度(m)	平均边长(m)	测角中误差	往返丈量较差相对误差	测回数 DJ_6	方位角闭合差	导线全长相对闭合差
1∶500	500	75	±30″	1/3000	1	$\pm60''\sqrt{n}$	1/2000
1∶1000	1000	120					
1∶2000	2000	200					

注：*n* 为测站数。

根据导线的布设形式，可分为闭合导线、附合导线及支导线等三种基本导线。

(1) 闭合导线

从已知控制点出发，经过若干导线点，最后仍回到起点，形成一个闭合多边形，这样的导线称为闭合导线。见图 7-3，*A*、*B* 为高等级控制点，1、2、3、4 点为导线点，*A*-1-2-3-4-*A* 等点构成闭合导线。这种导线一般较适于片状的测区。

闭合导线本身存在着严密的几何条件，具有检核观测成果的作用。几何条件共三个，分别为：一个多边形内角和条件以及两个坐标增量条件。

(2) 附合导线

由一个高级控制点（如已知三角点或高等级的导线点）出发，经过若干导线点，连接到另一个高级控制点，这样的导线称为附合导线。见图 7-4，A、B、C、D 为高等级控制点，1、2、3 点为导线点，A-1-2-3-C 等点构成附合导线。这种导线较适于狭长地带的测量。

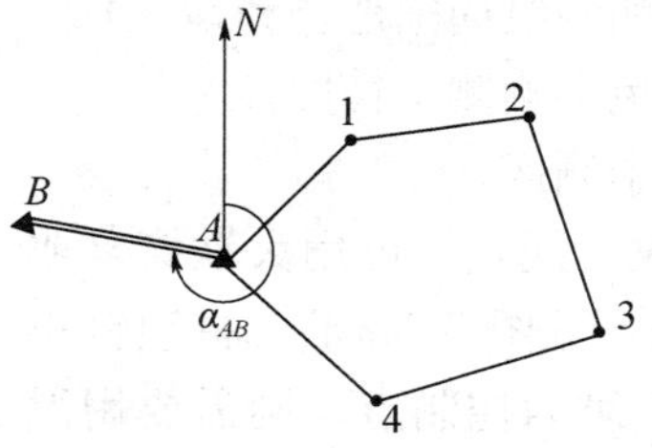

图 7-3 闭合导线

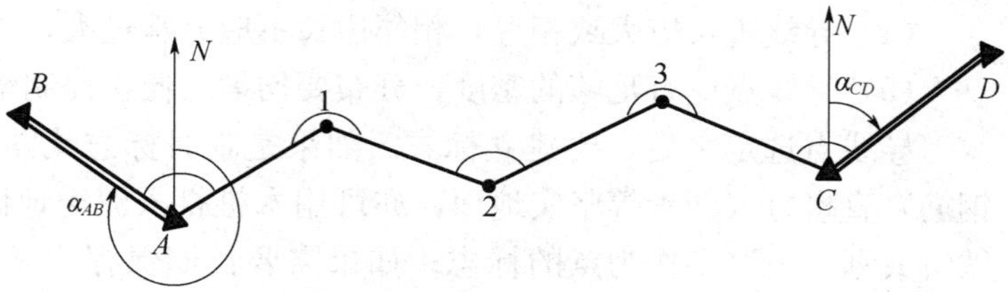

图 7-4 附合导线

附合导线也存在着三个检核观测成果的几何条件，分别为：一个方位角条件和两个坐标增量条件。

(3) 支导线

由一个已知点出发，既不附合到另一个已知点，又不回到原起始点的导线，称为支导线。支出点数一次不能超过两点，见图 7-5，A、B 为高等级控制点，1、2 点为导线点，A-1-2 等点构成支导线。支导线由于缺少检核条件，所以通常用于图根测量工作，而且要采取足够的校核措施。

除了前面三种基本导线形式外，有时还要布设导线网，见图 7-6。

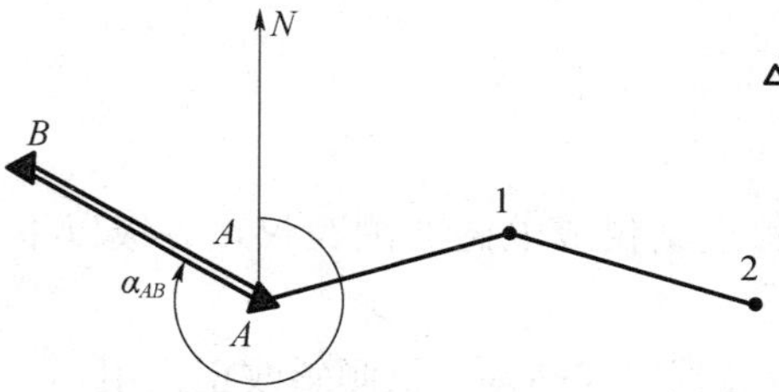

图 7-5 支导线

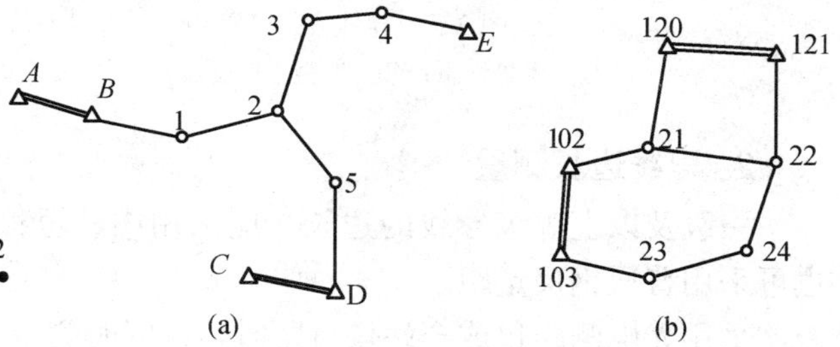

图 7-6 导线网

(a) 一个结点；(b) 多结点

根据测量工作环境，导线测量分为外业和内业。外业工作主要是利用测量仪器和工具采集确定点位所需的数据，而内业工作是对外业测量数据的整理计算及精度评定。

7.2.2 导线测量的外业工作

导线测量的外业工作包括踏勘选点、建立标志、导线边长测量、导线转折角测量以及与高等级控制点连测等工作。

1. 踏勘选点及建立标志

收集测区原有地形图、已知点（平面和高程控制点）、测量规范等资料，在地形图上初步设计导线布设线路，然后到测区进行实地踏勘，了解测区的范围、地形、周围环境等实地情况，最终决定导线的形式并选择导线点位。

导线点的选定是否恰当，将直接影响后续测量工作（如测图）的速度和质量，为此，选点时应注意下列事项：

（1）相邻导线点间应通视良好，便于测角和量距；其视线距障碍物的距离，以不受旁折光的影响为原则。

（2）导线点位应土质坚实，便于保存标志和安置仪器。

（3）导线点位的四周视野要广阔，便于后续测绘工作（如测绘周围地物和地貌）。

（4）导线边长应大致相等，相邻边长不应悬殊过大，以免影响测角精度。

（5）导线点应有足够的密度，分布要均匀，便于控制整个测区。

导线点选定之后，要建立标志。如果是临时标志或图根导线点，可用大铁钉（或钢筋）直接打入沥青等坚实地面，亦可用木桩打入泥土地面，见图 7-7（a），桩顶钉小铁钉或划“十”字作为点的标志；如果需要长期保存或是等级的控制点，则需要用混凝土标石标志点位，见图 7-7（b）。

导线点标志埋设后，应顺序编号，并绘制“点之记”。“点之记”除应注明点名、点号及点的坐落地点外，还应绘制略图（图 7-8），以标明导线点的位置。

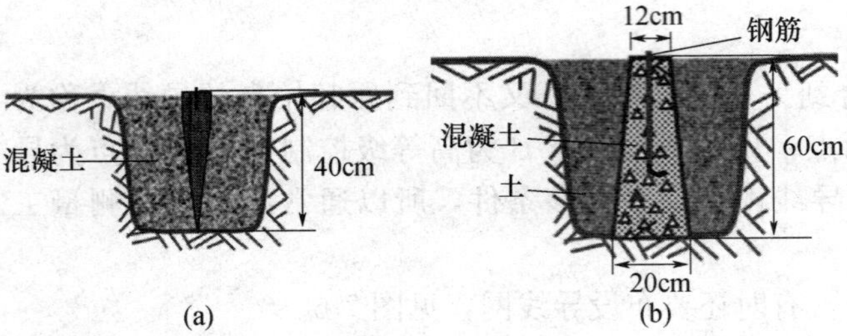

图 7-7　导线点

（a）木桩标志；（b）混凝土标志

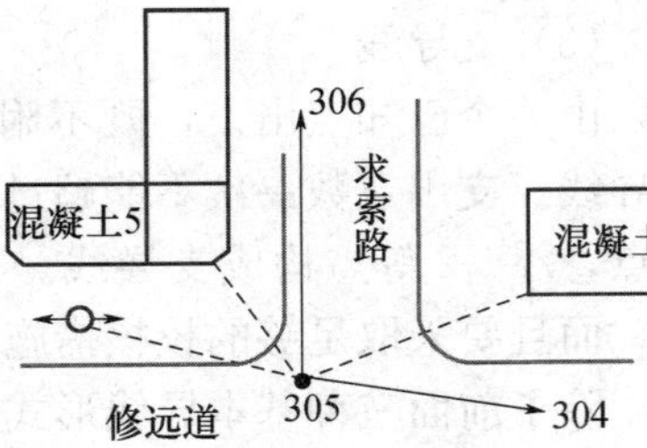

图 7-8　点之记

2. 导线边长测量

一级及以上等级导线的边长，应采用中、短程全站仪或电磁波测距仪，一级以下也可采用普通钢尺量距。

采用光电测距仪或全站仪量距时，应同时测量竖直角或高差，供倾斜改正之用。

若采用钢卷尺丈量边长时，须往返丈量或同向丈量两次。当尺长改正数大于1/10000时，应加尺长改正；量距时平均尺温与检定温度相差±10℃以上时，应进行温度改正；尺面倾斜大于 1.5％时，应进行倾斜改正。丈量结果的相对误差应不大于1/3000。若满足限差规定，取两次丈量结果的平均值作为最后成果。

必要时还应该将导线边的水平距离归算到参考椭球面上和高斯投影面上（参考控制测量学）。

3. 导线转折角测量

导线转折角分为左角和右角。左角是指导线前进方向左侧的水平夹角，见图 7-4 所示附合导线的转折角；右角是指导线前进方向右侧的水平夹角，见图 7-3 所示闭合导线的内角。对于附合导线，一般观测左角；闭合导线观测内角；支导线应分别观测左角和右角，以增加检核条件。至于观测左角与右角，并没有实质的区别，只是计算的差别。

导线转折角可以使用全站仪、电子经纬仪或光学经纬仪测量。测角方法一般采用测回法进行。若观测方向多于 2 个时，应采用方向观测法进行。各测回起始方向应按照规定配置水平度盘。

图根导线一般使用 6″级经纬仪以测回法观测一个测回，要求两个半测回之差不得超过 40″。每站观测完毕，要检查观测成果，在满足限差以后，再迁站观测。当整条导线的角度观测结束时，应在野外检查各角的总和是否满足理论要求，如超过闭合差限度，则应找出原因重新观测。

4. 连测

导线如与高级控制点连接时，必须测量连接角和连接边，以传递方位角和坐标，见图 7-9，β_B、β_0（β_{01}）为闭合导线与高等级控制点的连接角，D_{B1}为连接边；若附近没有高级控制点，宜在测区布设闭合导线，用罗盘仪测量导线起始边的磁方位角或陀螺经纬仪测量方向，并假定起始点的坐标作为起算数据。

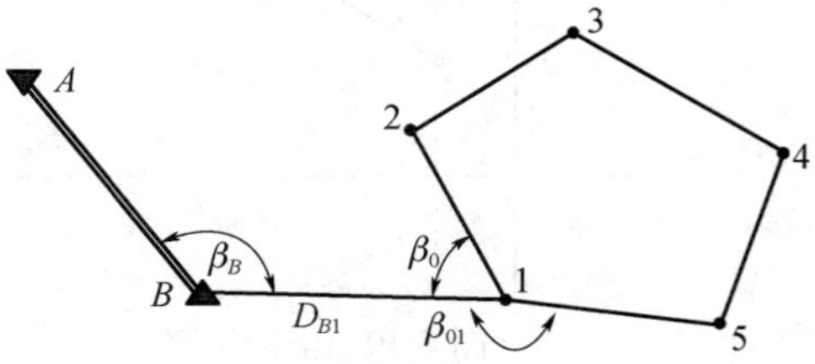

图 7-9 与高等级控制点连测

7.3 导线测量内业

导线测量内业的目的就是计算各导线点的坐标。工程测量规范规定，一级及以上等级的导线计算，应采用严密平差法（如采用条件平差或间接平差）；二、三级导线，可根据需要采用严密平差或近似平差。

7.3.1 坐标正算与坐标反算

1. 坐标正算

已知直线一个端点的坐标、两点的水平距离（边长）和坐标方位角，求解另一端点的坐标，称为坐标正算。

见图 7-10，若已知 A 点坐标、AB 的方位角 α_{AB} 和水平距离 D_{AB}，则 B 点坐标为：

$$\left.\begin{aligned} x_B &= x_A + \Delta x_{AB} = x_A + D_{AB}\cos\alpha_{AB} \\ y_B &= y_A + \Delta y_{AB} = y_A + D_{AB}\sin\alpha_{AB} \end{aligned}\right\} \tag{7-1}$$

2. 坐标反算

已知直线两个端点的坐标，反求两点的水平距离（边长）和直线坐标方位角，称为坐标反算，坐标反算的实质就是从直角坐标到极坐标的转换。见图 7-11，若已知 A、B 点坐标，则 AB 的水平距离 D_{AB} 和象限角 R_{AB} 分别为：

$$D_{AB} = \sqrt{\Delta x_{AB}^2 + \Delta y_{AB}^2} = \sqrt{(x_B - x_A)^2 + (y_B - y_A)^2} \tag{7-2}$$

$$R_{AB} = \arctan\left|\frac{\Delta y_{AB}}{\Delta x_{AB}}\right| \tag{7-3}$$

然后根据方位角和象限角的关系推算出方位角 α_{AB}。

Ⅰ象限：$\alpha_{AB} = R_{AB}$　　　　　　$(\Delta x_{AB} > 0,\ \Delta y_{AB} > 0)$

Ⅱ象限：$\alpha_{AB} = 180° - R_{AB}$　　　$(\Delta x_{AB} < 0,\ \Delta y_{AB} > 0)$

Ⅲ象限：$\alpha_{AB} = 180° + R_{AB}$　　　$(\Delta x_{AB} < 0,\ \Delta y_{AB} < 0)$

Ⅳ象限：$\alpha_{AB}=360°-R_{AB}$　　$(\Delta x_{AB}>0，\Delta y_{AB}<0)$

特别要强调的是，当 $\Delta x_{AB}>0$，$\Delta y_{AB}=0$ 时，$\alpha_{AB}=0°$；当 $\Delta x_{AB}=0$，$\Delta y_{AB}>0$ 时，$\alpha_{AB}=90°$；当 $\Delta x_{AB}<0$，$\Delta y_{AB}=0$ 时，$\alpha_{AB}=180°$；当 $\Delta x_{AB}=0$，$\Delta y_{AB}<0$ 时，$\alpha_{AB}=270°$。

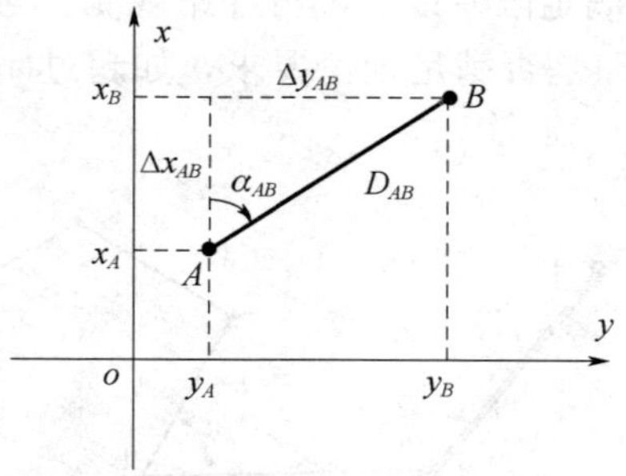

图 7-10　坐标正算

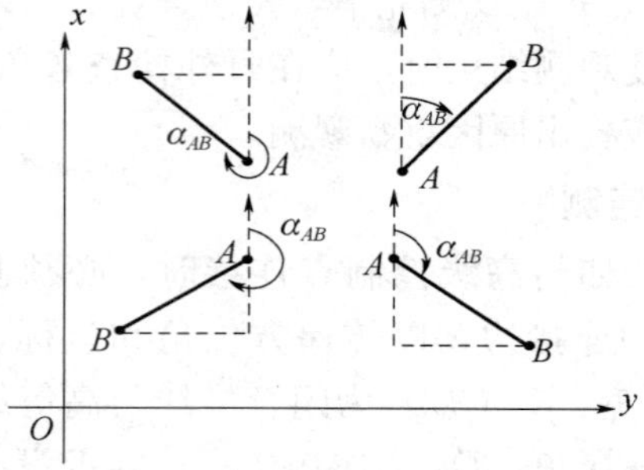

图 7-11　坐标反算

7.3.2　闭合导线测量的内业工作

首先，应检查外业量距和测角数据是否满足规范限差要求（表 7-5～表 7-8），并绘制草图，注上实测边长、转折角、连接角及起始坐标等数据，作为计算的参考资料，见图 7-12。

1. 角度闭合差的计算及其调整

闭合导线多边形理论上的内角总和应为：

$$\Sigma\beta_{理}=(n-2)\times180° \quad (7\text{-}4)$$

实测角度总和为 $\Sigma\beta_{测}$，因为测角误差的影响，只是内角和的观测值与理论值不总是相等，二者之差称为角度闭合差 f_β，即：

$$f_\beta=\Sigma\beta_{测}-\Sigma\beta_{理}=\Sigma\beta_{测}-(n-2)\times180° \quad (7\text{-}5)$$

根据导线的等级，确定角度闭合差容许值（表 7-5～表 7-8），若是图根导线，此误差不应超过下式所规定的容许闭合差：

$$f_{\beta容}=\pm60''\sqrt{n} \quad (7\text{-}6)$$

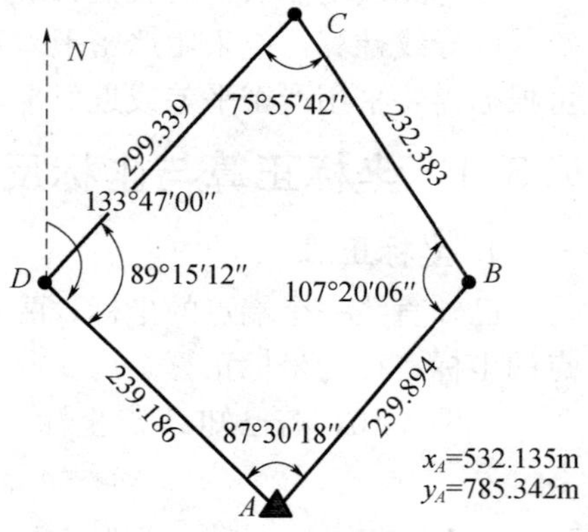

图 7-12　闭合导线计算草图

式中，n 为导线边数或角数。

如角度闭合差不超过容许值（$|f_\beta|\leqslant|f_{\beta容}|$），可将闭合差按相反符号平均分配到各观测角中，即观测角值的改正数为：

$$v_{\beta_i}=\frac{-f_\beta}{n} \quad (7\text{-}7)$$

如闭合差较小，也可按凑整的方法重点分配在较短边的夹角上。

然后计算改正后的角值 $\hat{\beta}_i=\beta_i+v_{\beta_i}$，调整后内角的总和应严格等于其理论值。

图 7-12 所示为图根导线草图，观测数据及其起算数据标于图中。其内角和的理论值为 360°，观测值总和为 360° 01′00″，$f_\beta=60''$，满足限差要求（$f_{\beta容}=\pm60''\sqrt{4}=\pm120''$），故 $v_{\beta_i}=-15''$，见表 7-9 第 3 列，然后计算改正后角值，见表 7-9 第 4 列。

表 7-9 图根闭合导线坐标计算表

点号	观测角 (° ′ ″)	改正数 (″)	改正后角值 (° ′ ″)	坐标方位角 (° ′ ″)	边长 (m)	坐标增量		改正后坐标增量		坐标		点号
						Δx(m)	Δy(m)	Δx(m)	Δy(m)	x(m)	y(m)	
1	2	3	4	5	6	7	8	9	10	11	12	13
D												
				133°47′00″								
A	87°30′18″	−15	87°30′03″							500.000	1000.000	A
				41°17′03″	239.894	0.055 180.268	−0.001 158.281	180.323	158.280			
B	107°20′06″	−15	107°19′51″							680.323	1158.280	B
				328°36′54″	232.383	0.053 198.382	−0.001 −121.022	198.435	−121.023			
C	75°55′24″	−15	75°55′09″							878.758	1037.257	C
				224°32′03″	299.339	0.068 −213.379	−0.002 −209.937	−213.311	−209.939			
D	89°15′12″	−15	89°14′57″							665.447	827.318	D
				133°47′00″	239.186	0.054 −165.501	−0.001 172.683	−165.447	172.682			
A										500.000	1000.000	A
	360°01′00″	−60	360		1010.802	−0.230	0.005	0.000	0.000			

$f_\beta=\Sigma\beta_{测}-\Sigma\beta_{理}=\Sigma\beta_{测}-(n-2)\times180°=360°01'00''-360°=1'=60''$，$f_{\beta容}=\pm60''\sqrt{n}=\pm60''\sqrt{4}=\pm120''$，$|f_\beta|<|f_{\beta容}|$，角度观测成果合格。

$f_x=\Sigma\Delta x_{测}-\Sigma\Delta x_{理}=\Sigma\Delta x_{测}=-0.230\text{m}$，$f_y=\Sigma\Delta y_{测}-\Sigma\Delta y_{理}=\Sigma\Delta y_{测}=0.005\text{m}$

$f=\sqrt{f_x^2+f_y^2}=\sqrt{0.225^2+0.007^2}=0.230\text{m}$，$K=\dfrac{f}{\sum D}=\dfrac{0.230}{1010.802}=\dfrac{1}{4394}$，$K_{容}=\dfrac{1}{4000}$，$K<K_{容}$，导线测量成果合格。

2. **推算各边的坐标方位角**

根据正反方位角的关系以及左角（右角）的定义，可以推算相邻边的方位角的关系式。见图 7-13，已知 AB 的方位角 α_{AB}、转折角 β_1（左角）和转折角 β_2（右角）则可得 BC 的方位角 α_{BC} 和 CD 的方位角 α_{CD}

$$\alpha_{BC}=\alpha_{AB}+\beta_1\pm180° \tag{7-8}$$

$$\alpha_{CD}=\alpha_{BC}-\beta_2\pm180° \tag{7-9}$$

需要注意的是方位角的取值范围［0°，360°］。在推算方位角时，若推算的方位角 $\alpha<0°$ 或 $\alpha>360°$ 则应 $\pm360°$，以确保推算的方位角不超过方位角的取值范围。

如图 7-12 所示转折角为左角，按照式（7-8），可以根据起始边的方位角和改正后观测角的来推算各边的坐标方位角（结果见表 7-9 第 5 列）：

$\alpha_{AB}=\alpha_{DA}+\hat{\beta}_A-180°=133°47'00''+87°30'03''-180°=41°17'03''$

$\alpha_{BC}=\alpha_{AB}+\hat{\beta}_B-180°=41°17'03''+107°19'51''-180°+360°=328°36'54''$

$\alpha_{CD}=\alpha_{BC}+\hat{\beta}_C-180°=328°36'54''+75°55'09''-180°=224°32'03''$

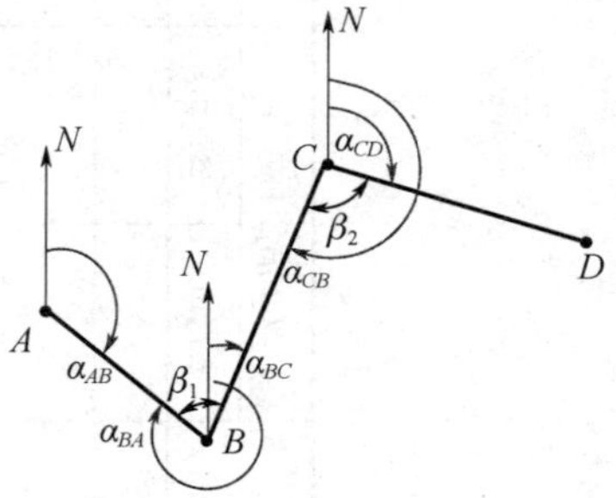

图 7-13　坐标方位角推算

$\alpha_{DA}=\alpha_{CD}+\hat{\beta}_D-180°=224°32'03''+89°14'57''-180°=133°47'00''$

为了检核计算的正确性，应计算起始边的方位角，验证是否与已知的方位角相等。

3. **坐标增量的计算及其闭合差的调整**

（1）坐标增量的计算

坐标增量利用导线的边长与其方位角计算，例如：

$$\left.\begin{aligned}\Delta x_{AB}&=D_{AB}\cos\alpha_{AB}\\\Delta y_{AB}&=D_{AB}\sin\alpha_{AB}\end{aligned}\right\} \tag{7-10}$$

同理可计算其他点之间的坐标增量，结果见表 7-9 第 7、8 列。

（2）坐标增量闭合差的计算

坐标增量计算之后，可求得增量总和。从图 7-14 可看出，闭合导线纵、横坐标增量代数和的理论值应为零，即：

$$\left.\begin{aligned}\Sigma\Delta x_{理}&=0\\\Sigma\Delta y_{理}&=0\end{aligned}\right\} \tag{7-11}$$

实际上，由于边长观测值和角度观测值含有误差，虽经过角度闭合差调整，仍然含有部分测角误差及量距误差，所以计算所得纵横坐标增量的代数和不总是等于零，而产生坐标增量闭合差 f_x、f_y，即：

$$\left.\begin{aligned}f_x&=\Sigma\Delta x_{测}-\Sigma\Delta x_{理}=\Sigma\Delta x_{测}\\f_y&=\Sigma\Delta y_{测}-\Sigma\Delta y_{理}=\Sigma\Delta y_{测}\end{aligned}\right\} \tag{7-12}$$

由于坐标增量闭合差 f_x 和 f_y 的存在，致使导线不闭合，见图 7-15，A、A' 两点之间长度 f 称为导线全长闭合差，其值为：

$$f=\sqrt{f_x^2+f_y^2} \tag{7-13}$$

导线测量的精度，通常用导线全长相对闭合差来衡量。导线全长相对闭合差是以 f

与导线全长$\sum D$之比，并以分子为1的分数形式表示的一种相对误差，即：

$$K=\frac{f}{\sum D}=\frac{1}{\sum D/f} \tag{7-14}$$

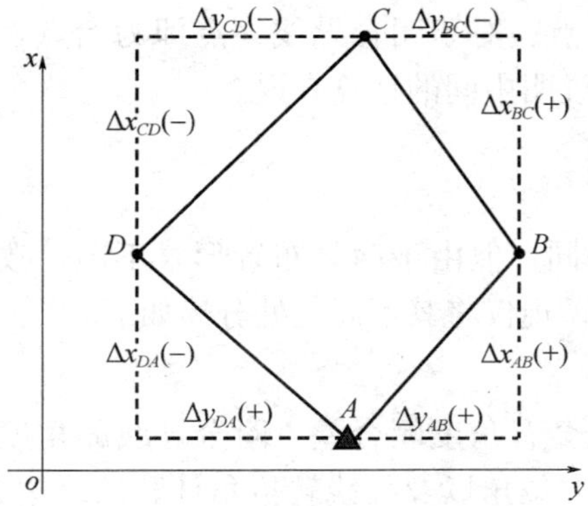

图 7-14 闭合导线坐标增量计算

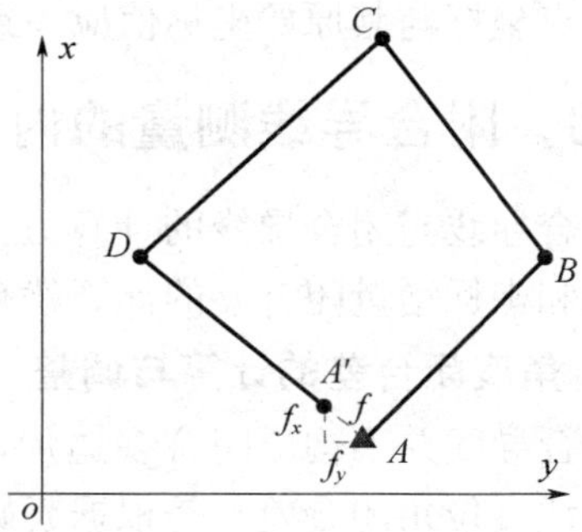

图 7-15 导线全长闭合差

不同等级导线的导线全长相对闭合差要求不同，见表7-5～表7-8。对于光电测距图根导线，导线全长相对闭合差容许值$K_{容}=1/4000$。如$K>K_{容}$，应首先检查记录和计算，无误后，则进一步检查导线的边长，分析各边丈量情况，找出问题，以便有目的地进行返工。如符合精度要求，$K\leqslant K_{容}$，则对坐标增量闭合差进行调整。

本例为光电测距图根导线，$f_x=0.230\text{m}$，$f_y=0.005\text{m}$，$f=\sqrt{f_x^2+f_y^2}=0.230\text{m}$，$\sum D=1010.802\text{m}$，$K=\frac{f}{\sum D}=\frac{1}{4394}$，$K_{容}=\frac{1}{4000}$，$K<K_{容}$，导线测量成果合格，可以进行闭合差的调整。

（3）坐标增量闭合差的调整

坐标增量闭合差满足限差规定后，进行调整，使得改正后的坐标增量的代数和等于其理论值（零）。闭合差调整的原则是将f_x、f_y以反符号与边长成正比分配。即边长D_{ij}的纵、横坐标增量改正数为：

$$\left.\begin{aligned}\delta\Delta x_{ij}&=-\frac{f_x}{\sum D}D_{ij}\\ \delta\Delta y_{ij}&=-\frac{f_y}{\sum D}D_{ij}\end{aligned}\right\} \tag{7-15}$$

依式（7-15）计算出各边坐标增量改正数后，应检核$\sum\delta\Delta x_{ij}=-f_x$，$\sum\delta\Delta y_{ij}=-f_y$。由于计算取舍的原因，可能会出现$\sum\delta\Delta x_{ij}\neq-f_x$，$\sum\delta\Delta y_{ij}\neq-f_y$的情况，其差值一般在尾数上有微小的差异，此时应将此差值再对某一改正数进行修正。

各改正数填入相应坐标增量的上方（见表7-9第7、8列单元格上方小字）。

待检核无误后，计算改正后的坐标增量为：

$$\left.\begin{aligned}\Delta\hat{x}_{ij}&=\Delta x_{ij}+\delta\Delta x_{ij}\\ \Delta\hat{y}_{ij}&=\Delta y_{ij}+\delta\Delta y_{ij}\end{aligned}\right\} \tag{7-16}$$

改正后的坐标增量列于表7-9第9、10列。

4. 坐标推算

设相邻导线点为i、j，利用i点的坐标和$i\rightarrow j$点改正后的坐标增量可推算出点j的坐标，有：

$$\left.\begin{aligned} x_j &= x_i + \Delta\hat{x}_{ij} \\ y_j &= y_i + \Delta\hat{y}_{ij} \end{aligned}\right\} \tag{7-17}$$

由起始点依次推算出各点坐标，直至终点。对于闭合导线终点即为始点，故推算出的终点坐标与其原始坐标值应一致，否则说明中间的计算有误。

7.3.3 附合导线测量的内业工作

附合导线与闭合导线的计算方法基本相同，但由于两者布置形式不同，致使角度闭合差和坐标增量闭合差的计算就有所区别，现仅将其不同之处分述如下。

1. 角度闭合差的计算与调整

附合导线并不构成闭合多边形，但是也会有角度闭合差。附合导线的角度闭合差就是导线方位角闭合差，是根据起始边已知方位角以及导线转折角计算的终边方位角，与已知终边方位角的差值，即：

$$f_\beta = \alpha'_{终} - \alpha_{终} \tag{7-18}$$

图 7-16 所示的附合导线 AB-2-3-4-CD，A、B、C、D 等点为已知高等级控制点，所观测转折角为左角，依照式（7-8），由起始边方位角 α_{AB} 和转折角 β_i，可推算出终边的方位角 α'_{CD}。

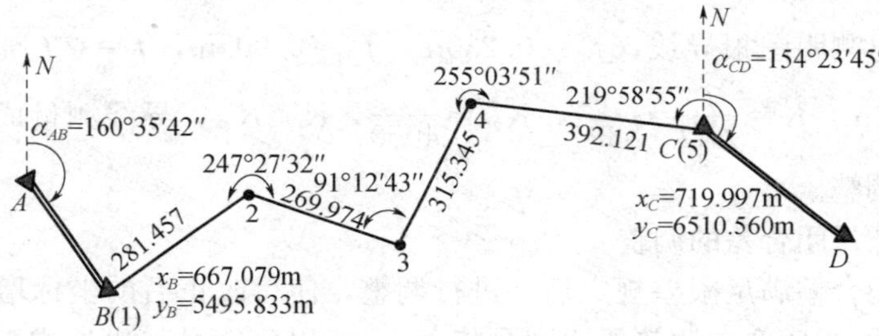

图 7-16 附合导线计算

$$\alpha'_{12} = \alpha_{AB} + \beta_1 - 180°$$
$$\alpha'_{23} = \alpha'_{12} + \beta_2 - 180°$$
$$\vdots$$
$$+\alpha'_{CD} = \alpha'_{4C} + \beta_5 - 180°$$
$$\overline{\alpha'_{CD} = \alpha_{AB} + \sum\beta_{左} - 5\times180°}$$

则可得角度闭合差为：

$$\begin{aligned} f_\beta &= \alpha'_{CD} - \alpha_{CD} = \alpha_{AB} + \sum\beta_{左} - 5\times180° - \alpha_{CD} \\ &= 160°35'42' + 893°47'53'' - 940° - 154°23'45'' = -10'' \end{aligned}$$

推而广之，可得：

$$f_\beta = \alpha'_{终} - \alpha_{终} = \alpha_{始} + \sum\beta_{左} - n\times180° - \alpha_{终} \tag{7-19}$$

同理可得 β_i 为右角时：

$$f_\beta = \alpha'_{终} - \alpha_{终} = \alpha_{始} - \sum\beta_{右} + n\times180° - \alpha_{终} \tag{7-20}$$

应当特别强调，在计算观测角值的改正数时，应注意是左角或右角。若观测角为左角时，则和闭合导线的分配原则相同，即 $v_{\beta_i}=\frac{-f_\beta}{n}$；若观测角为右角，则应与角度闭合差同符号平均分配到各观测角中，即 $v_{\beta_i}=\frac{f_\beta}{n}$。

2. **坐标增量闭合差的计算**

附合导线的两个端点，始点及终点都是高级控制点，它们的坐标值精度较高，误差可忽略不计，故应有关系式：

$$\left.\begin{aligned}\Sigma\Delta x_{理}=x_{终}-x_{始}\\ \Sigma\Delta y_{理}=y_{终}-y_{始}\end{aligned}\right\} \tag{7-21}$$

即各边坐标增量代数和理论值应等于终点与始点的已知坐标之差，由于测角和量距包含误差，故坐标增量代数和不能满足理论上的要求，而产生坐标增量闭合差，即：

$$\left.\begin{aligned}f_x=\Sigma\Delta x_{测}-\Sigma\Delta x_{理}=\Sigma\Delta x_{测}-(x_{终}-x_{始})\\ f_y=\Sigma\Delta y_{测}-\Sigma\Delta y_{理}=\Sigma\Delta y_{测}-(y_{终}-y_{始})\end{aligned}\right\} \tag{7-22}$$

求得附合导线的坐标增量闭合差后，计算其绝对闭合差和相对闭合差，在容许范围以内，再调整。将 f_x 和 f_y 分别以反号按边长成正比对各增量进行改正。其余计算与闭合导线相同。

图 7-16 的附合导线算例详见表 7-10。

7.4 交会定点测量

交会定点测量是加密控制点常用的方法，它可以在数个已知控制点上设站，分别向待定点观测方向或距离，也可以在待定点上设站向数个已知控制点观测方向或距离，而后计算待定点的坐标。常用的交会测量方法有前方交会、后方交会、测边交会等方法。这些方法也可用于工程测量之中。

7.4.1 前方交会

前方交会是指在已知控制点上设站观测水平角，根据已知点坐标和观测角值，计算待定点坐标的一种控制测量方法。

见图 7-17，已知点 $A(X_A, Y_A)$、$B(X_B, Y_B)$，分别在点 A、B 上设站观测水平角 α、β，图中所示水平角 γ 是由未知点至两相邻已知点方向间的夹角，称为交会角。

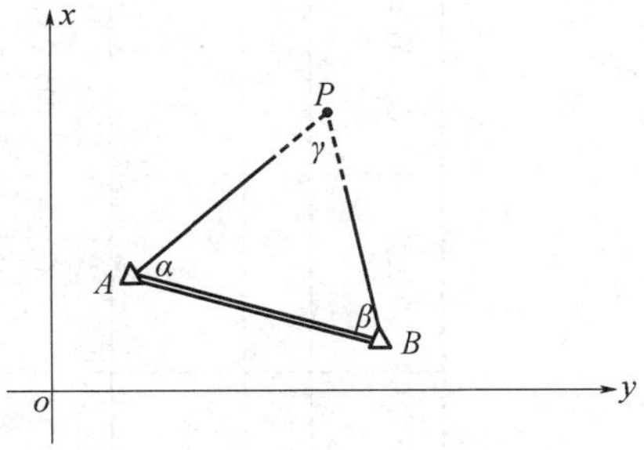

图 7-17 前方交会

通过坐标反算可获得 AB 边的坐标方位角 α_{AB} 和边长 D_{AB}，由坐标方位角 α_{AB} 和水平角 α 可推算出坐标方位角 α_{AP}，由正弦定理可得 AP 的边长 D_{AP}。由此，根据坐标正算公式，即可求得待定点 P 的坐标，即：

$$\left.\begin{aligned}x_P=x_A+D_{AP}\cos\alpha_{AP}\\ y_P=y_A+D_{AP}\sin\alpha_{AP}\end{aligned}\right\}$$

表 7-10　图根附合导线坐标计算表

点号	观测角(左角)(° ′ ″)	改正数 ″	改正后角值(° ′ ″)	坐标方位角(° ′ ″)	边长(m)	坐标增量 Δx(m)	坐标增量 Δy(m)	改正后坐标增量 Δx(m)	改正后坐标增量 Δy(m)	坐标 x(m)	坐标 y(m)	点号
A												A
				160°35′42″								
B(1)	80 04 52	2	80°04′54″							667.079	5495.833	B(1)
				60°40′36″	281.457	137.840	245.394	137.842	245.391			
2	247 27 32	2	247°27′34″							804.921	5741.224	2
				128°08′10″	269.974	−166.718	212.347	−166.716	212.344			
3	91 12 43	2	91°12′45″							638.205	5953.568	3
				39°20′55″	315.345	243.857	199.940	243.859	199.936			
4	255 03 51	2	255°03′53″							882.064	6153.504	4
				114°24′48″	392.121	−162.070	357.060	−162.067	357.056			
C(5)	219 58 55	2	219°58′57″							719.997	6510.560	C(5)
				154°23′45″								
D												D
	893 47 53	10			1258.897	52.909	1014.741	52.918	1014.727			

$f_\beta=\alpha'_{CD}-\alpha_{CD}=\alpha_{AB}+\sum\beta_{左}-5\times180°-\alpha_{CD}=160°35'42'+893°47'53''-940°-154°23'45''=-10''$，$f_{\beta容}=\pm60''\sqrt{n}=\pm60''\sqrt{5}=\pm134''$，$|f_\beta|<|f_{\beta容}|$，角度观测成果合格。

$f_x=\Sigma\Delta x_{测}-\Sigma\Delta x_{理}=\Sigma\Delta x_{测}-(x_C-x_B)=-0.009\text{m}$，$f_y=\Sigma\Delta y_{测}-\Sigma\Delta y_{理}=\Sigma\Delta y_{测}-(y_C-y_B)=0.014\text{m}$

$f=\sqrt{f_x^2+f_y^2}=0.017\text{m}$，$K=\frac{f}{\sum D}=\frac{0.017}{1258.897}=\frac{1}{75640}$，$K_{容}=\frac{1}{4000}$，$K<K_{容}$，导线测量成果合格。

当 A、B、P 按逆时针编号时，$\alpha_{AP}=\alpha_{AB}-\alpha$，将其代入上式，得：

$$\left.\begin{aligned}x_P&=x_A+D_{AP}\cos(\alpha_{AB}-\alpha)=x_A+D_{AP}(\cos\alpha_{AB}\cos\alpha+\sin\alpha_{AB}\sin\alpha)\\y_P&=y_A+D_{AP}\sin(\alpha_{AB}-\alpha)=y_A+D_{AP}(\sin\alpha_{AB}\cos\alpha-\cos\alpha_{AB}\sin\alpha)\end{aligned}\right\}$$

顾及 $x_B-x_A=D_{AB}\cos\alpha_{AB}$，$y_B-y_A=D_{AB}\sin\alpha_{AB}$，则有：

$$\left.\begin{aligned}x_P&=x_A+\frac{D_{AP}\sin\alpha}{D_{AB}}[(x_B-x_A)\cot\alpha+(y_B-y_A)]\\y_P&=y_A+\frac{D_{AP}\sin\alpha}{D_{AB}}[(y_B-y_A)\cot\alpha-(x_B-x_A)]\end{aligned}\right\}\tag{7-23}$$

由正弦定理可知：

$$\frac{D_{AP}\sin\alpha}{D_{AB}}=\frac{\sin\beta}{\sin\gamma}\sin\alpha=\frac{\sin\alpha\sin\beta}{\sin(\alpha+\beta)}=\frac{1}{\cot\alpha+\cot\beta}$$

将上式代入式（7-23），并整理得：

$$\left.\begin{aligned}x_P&=\frac{x_A\cot\beta+x_B\cot\alpha+(y_B-y_A)}{\cot\alpha+\cot\beta}\\y_P&=\frac{y_A\cot\beta+y_B\cot\alpha-(x_B-x_A)}{\cot\alpha+\cot\beta}\end{aligned}\right\}\tag{7-24}$$

式（7-24）即为前方交会计算公式，通常称为余切公式，是平面坐标计算的基本公式之一，在平面坐标计算中占有重要地位。

特别强调：式（7-24）是在假定$\triangle ABP$ 的点号 A（已知点）、B（已知点）、P（待定点）按逆时针编号的情况下推导出的。若 A、B、P 按顺时针编号，则相应的余切公式为：

$$\left.\begin{aligned}x_P&=\frac{x_A\cot\beta+x_B\cot\alpha-(y_B-y_A)}{\cot\alpha+\cot\beta}\\y_P&=\frac{y_A\cot\beta+y_B\cot\alpha+(x_B-x_A)}{\cot\alpha+\cot\beta}\end{aligned}\right\}\tag{7-25}$$

一般测量中，通常将前方交会布设成三个已知点的情形，见图 7-18。此时，可分两组利用余切公式计算交会点坐标。先按$\triangle ABP$ 由已知点 A、B 的坐标和观测角 α_1、β_1 计算交会点 P 的坐标（x'_P，y'_P），再按$\triangle BCP$ 由已知点 B、C 的坐标和观测角 α_2、β_2 计算交会点 P 的坐标（x''_P，y''_P），若两组坐标的较差 e 在允许限差之内，则取两组坐标的平均值为 P 点的最后坐标。对于图根控制测量，两组坐标较差的限差按不大于两倍测图比例尺精度来规定，即：

$$e=\sqrt{(x'_P-x''_P)^2+(y'_P-y''_P)^2}\leqslant 2\times 0.1\times M\ (\text{mm})\tag{7-26}$$

式中，M 为测图比例尺分母。

在前方交会测量中，交会点 P 的点位中误差计算公式（推证略）为：

$$M_P=\frac{m}{\rho}\times\frac{D_{AB}}{\sin^2\gamma}\sqrt{\sin^2\alpha+\sin^2\beta}\tag{7-27}$$

由式（7-27）可以看出：除了测角中误差 m 和已知边长 D_{AB} 对交会点精度产生影响外，交会点精度还受交会图形形状的影响。前方交会测量中，要求交会角一般应大于 30°并小于 150°。

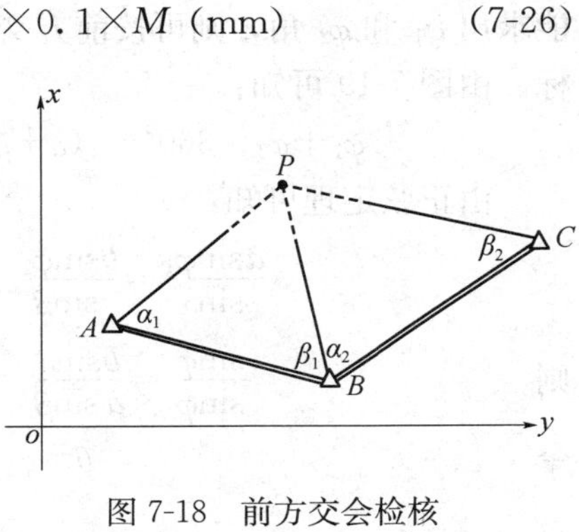

图 7-18 前方交会检核

前方交会算例见表 7-11。

表 7-11 前方交会计算

点名	观测角值 (° ′ ″)		角之余切值		纵坐标 (m)		横坐标 (m)	
P					x'_P	4421.739	y'_P	1168.419
A	α_1	64 03 33	$\cot\alpha_1$	0.486454928	x_A	3646.350	y_A	1054.540
B	β_1	59 46 44	$\cot\beta_1$	0.582507274	x_B	3873.960	y_B	1772.680
			Σ	1.068962202				
P					x''_P	4421.736	y''_P	1168.411
B	α_2	55 30 41	$\cot\alpha_2$	0.686988333	x_B	3873.960	y_B	1772.680
C	β_2	72 45 06	$\cot\beta_2$	0.31047636	x_C	4538.450	y_C	1862.570
			Σ	0.997464693	x_P	4421.738	y_P	1168.415
$e=\sqrt{(x'_P-x''_P)^2+(y'_P-y''_P)^2}=0.009\text{m}\leqslant 0.2\text{m}$（$M$ 取 1000）								

7.4.2 后方交会

仅在待定点设站，向三个已知控制点观测两个水平夹角 α、β，从而计算待定点的坐标，称为后方交会。

图 7-19 中 A、B、C 为已知控制点，P 为待定点。如果在 P 点设站，观测 PA 和 PC 之间的夹角 α，以及 PB 和 PC 之间的夹角 β，这样 P 点同时位于三角形 PAC 和三角形 PBC 的两个外接圆上，必定是两个外接圆的两个交点之一。由于 C 点也是两个交点之一，则 P 点便唯一确定。后方交会中的待定点 P，可以布设在已知点组成的三角形 ABC 之外，也可以在其内。

后方交会中布设待定点 P 要特别注意，不能位于由已知点 A、B、C 所决定的外接圆（称为危险圆）的圆周上，否则 P 点将不能唯一确定，若接近危险圆（待定点 P 至危险圆圆周的距离小于危险圆半径的 1/5），确定 P 点的可靠性将很低，野外布设时应尽量避免上述情况。

图 7-19 中，可由 A、B、C 三点的坐标反算其边长和坐标方位角，得到边长 a、b 以及角度 γ，若能求出 φ_1 和 φ_2 角，则可按前方交会求得 P 点的坐标。由图 7-19 可知：

$$\varphi_1+\varphi_2=360°-(\alpha+\beta+\gamma) \tag{7-28}$$

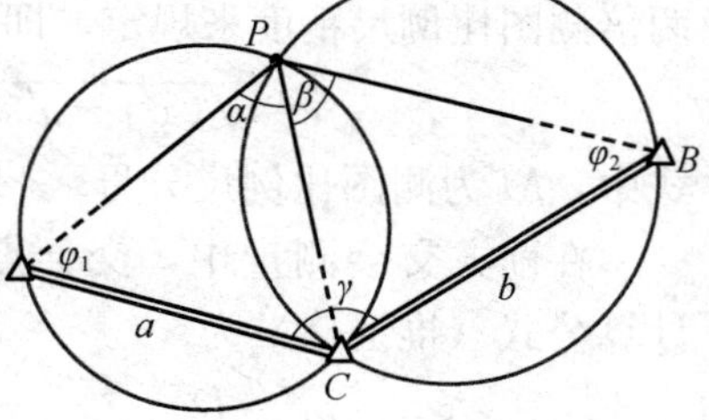

图 7-19 后方交会

由正弦定理可知：

$$\frac{a\sin\varphi_1}{\sin\alpha}=\frac{b\sin\varphi_2}{\sin\beta}$$

则

$$\frac{\sin\varphi_1}{\sin\varphi_2}=\frac{b\sin\alpha}{a\sin\beta}$$

令

$$\theta=\varphi_1+\varphi_2=360°-(\alpha+\beta+\gamma)$$

$$\kappa=\frac{\sin\varphi_1}{\sin\varphi_2}=\frac{b\sin\alpha}{a\sin\beta}$$

即

$$\kappa=\frac{\sin(\theta-\varphi_2)}{\sin\varphi_2}=\sin\theta\cot\varphi_2-\cos\theta$$

$$\tan\varphi_2=\frac{\sin\theta}{\kappa+\cos\theta} \tag{7-29}$$

由式（7-29）求得 φ_2 后，代入式（7-28）求得 φ_1，即可按前方交会计算 P 点坐标。

后方交会的计算方法很多，下面给出另一种计算公式（推证略）。这种计算公式的形式与广义算术平均值的计算式相仿，故又被称为仿权公式。

P 点的坐标按式（7-30）计算：

$$\left.\begin{aligned}x_P&=\frac{P_Ax_A+P_Bx_B+P_Cx_C}{P_A+P_B+P_C}\\y_P&=\frac{P_Ay_A+P_By_B+P_Cy_C}{P_A+P_B+P_C}\end{aligned}\right\} \tag{7-30}$$

式中：

$$\left.\begin{aligned}P_A&=\frac{1}{\cot A-\cot\alpha}\\P_B&=\frac{1}{\cot B-\cot\beta}\\P_C&=\frac{1}{\cot C-\cot\gamma}\end{aligned}\right\} \tag{7-31}$$

为计算方便，采用以上仿权公式计算后方交会点坐标时规定：已知点 A、B、C 所构成的三角形内角相应命名为 A、B、C（见表 7-12 中的示意图），在 P 点对 A、B、C 三点观测的水平方向值为 R_a、R_b、R_c，构成的三个水平角为 α、β、γ。三角形三内角 A、B、C 由已知点坐标反算的坐标方位角相减求得，P 点上的三个水平角 α、β、γ 由观测方向 R_a、R_b、R_c 相减求得，则：

$$\left.\begin{aligned}A&=\alpha_{AC}-\alpha_{AB}\\B&=\alpha_{BA}-\alpha_{BC}\\C&=\alpha_{CB}-\alpha_{CA}\end{aligned}\right\} \tag{7-32}$$

$$\left.\begin{aligned}\alpha&=R_c-R_b\\\beta&=R_a-R_c\\\gamma&=R_b-R_a\end{aligned}\right\} \tag{7-33}$$

在采用式（7-30）和式（7-31）计算后方交会的坐标时，A、B、C 和 P 的排列顺序可不做规定，但 α、β、γ 的编号必须与 A、B、C 的编号相对应。后方交会点坐标按仿权公式计算的算例见表 7-12。

表 7-12　后方交会计算

示意图	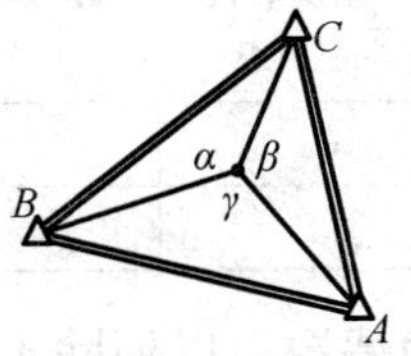 					$x_P=\frac{P_Ax_A+P_Bx_B+P_Cx_C}{P_A+P_B+P_C}$，$y_P=\frac{P_Ay_A+P_By_B+P_Cy_C}{P_A+P_B+P_C}$ 其中 $P_A=\frac{1}{\cot A-\cot\alpha}$，$P_B=\frac{1}{\cot B-\cot\beta}$，$P_C=\frac{1}{\cot C-\cot\gamma}$
已知点坐标和观测角值						
x_A	19802.485	y_A	8785.893	α	106°18′44″	
x_B	20752.058	y_B	5995.401	β	122°59′06″	
x_C	22714.984	y_C	7575.591	γ	130°42′10″	

续表

待定点坐标之计算							
坐标方位角		固定角		仿权值		待定点坐标	
α_{AB}	288°47′34″	A	48°38′30″	P_A	0.8525302	x_P	20982.269
α_{BC}	38°50′05″	B	69°57′29″	P_A	0.9863538	y_P	7369.033
α_{CA}	157°26′04″	C	61°24′01″	P_C	0.7115253		

实际作业时，为避免错误发生，通常应从 A、B、C、D 四个已知点来观测三个交会角 α、β、γ，以进行检核，计算时将四个已知点和三个观测角分成两组，分别计算 P 点的两组坐标值，求其较差。若较差在限差之内，即可将两组坐标的均值作为其平差值。

7.5 高程控制测量

高程控制测量主要采用水准测量和三角高程测量方法。对于小区域高程控制测量，一般先布设三等或四等水准网作为首级控制，再用图根水准测量或三角高程测量进行加密。三、四等水准点的高程应从附近的高等级水准点引测。独立测区也可以采用闭合水准路线。

7.5.1 三、四等水准测量

三、四等水准路线应选在土质坚实、施测方便的道路附近，水准点应选在坚实稳固、能长期保存之处，点位应便于寻找和引测。三、四等水准点的间距可根据实际需要决定，应埋设普通水准标石或临时水准点标志，也可利用平面控制点作为水准点。水准点应绘制点之记，便于以后使用。

1. 三、四等水准测量的技术要求

三、四等水准测量采用 DS3 级以上型号水准仪（水准仪视准轴与水准管轴的夹角 i 角不大于 20"），使用的标尺为一对双面水准尺（两根标尺黑面的尺底均为 0，红面的尺底一根为 4.687m，一根为 4.787m）。每一测站的技术要求见表 7-13。

三等水准测量采用中丝读数法进行往返观测。四等水准测量采用中丝读数法，当与高等级水准点联测时，要往返观测；当水准路线为附合路线或闭合路线时，可只进行单程观测。

表 7-13 三、四等水准测量测站技术要求

等级	视线长度（m）	视线高度	前后视距差（m）	任一测站前后视距差累积（m）	红黑面读数差（mm）	红黑面所测高差之差（mm）
三等	⩽75	三丝能读数	⩽2	⩽6	⩽2	⩽3
四等	⩽100	三丝能读数	⩽3	⩽10	⩽3	⩽5

每一测段的往测与返测，其测站数应为偶数，以消除水准尺零点差。由往测转为返测时，两根标尺必须互换位置，并应重新安置仪器。

除路线拐弯处，每一测站上仪器和前后视标尺的 3 个位置应尽可能接近于一条直线。同一测站上观测时，不得重复调焦。

在连续各测站观测安置三角架时，应使其中两脚连线与水准路线平行，第三脚则

轮换置于路线的左侧与右侧。

2. 三、四等水准测量的观测

由于三、四等水准测量的精度要求较高，要求每站都要读后、前视距离，以检查仪器是否安置在接近两个水准尺的中间。为了提高效率，可先用步量，然后安置仪器于大致中间的位置。进行一个测站的观测工作。在观测过程中，一定要注意视差的消除。

若是微倾式水准仪，在每次读取中丝读数前，都应做好精平工作，使符合气泡的两个半像严密重合。

在一个测站上，三、四等水准测量的观测顺序（表 7-14）为“后、前、前、后”。即：

照准后视尺黑面，读取下、上、中丝读数（1）、(2)、(3)；

照准前视尺黑面，读取下、上丝读数（4）、(5）及中丝读数（6）；

照准前视尺红面，读取中丝读数（7）；

照准后视尺红面，读取中丝读数（8）。

这种“后－前－前－后”的观测顺序，主要是为抵消水准仪下沉产生的误差。四等水准测量每站的观测顺序也可以为“后－后－前－前”，即“黑－红－黑－红”。

3. 三、四等水准测量的计算

（1）视距计算

后视距离：(9)＝|(1)－(2)| ×100。

前视距离：(10)＝|(4)－(5)|×100。

前、后视距差：(11)＝(9)－(10)。前后视距差应符合表 7-13 的要求，如不符合应调整仪器的位置，直至满足要求。

前、后视距累积差：本站(12)＝前站(12)＋本站(11)。前、后视距累积差应符合表 7-13 的要求。

（2）同一水准尺黑、红面读数差

同一水准尺红黑面尺零点差 K 称为尺常数。两根水准尺的尺常数也不一样，一根为 4.687m，一根为 4.787m。其目的是为了避免观测者对读数产生印象差错。

前尺黑红面读数差：(13)＝(6)＋K－(7)。

后尺黑红面读数差：(14)＝(3)＋K－(8)。黑红面读数差不应超过表 7-13 中的限值。

（3）高差计算

黑面高差：(15)＝(3)－(6)

红面高差：(16)＝(8)－(7)

检核计算：(17)＝(14)－(13)＝(15)－(16)±0.100。在考虑尺常数之后红黑面高差之差不超过表 7-13 中的限值。取“＋”或“－”在于 4.687 尺或 4.787 尺作为前尺或后尺。

高差中数：(18)＝1/2{(15)＋[(16) ±0.100]}。

每一测站观测完毕，应该及时计算，并进行检核，在各项限差符合要求后，方可进行下一测站的工作。

表 7-14 为 DS_3 型微倾水准仪四等水准测量的观测计算示例。

表 7-14　四等水准测量观测手簿

测段：BM12～BM12　　　　日期：××年××月××日　　　　仪器：××××
开始：×时×分　　　　　　天气：××××　　　　　　　　观测者：××
结束：×时×分　　　　　　成像：××××　　　　　　　　记录者：××

测站编号	点号	后尺 下丝 / 上丝 / 后视距 / 视距差 d	前尺 下丝 / 上丝 / 前视距 / $\sum d$	方向及尺号	水准尺中丝读数 黑面	水准尺中丝读数 红面	K+黑−红	平均高差	备注
		(1)	(4)	后	(3)	(8)	(14)	(18)	
		(2)	(5)	前	(6)	(7)	(13)		
		(9)	(10)	后−前	(15)	(16)	(17)		
		(11)	(12)						
1	BM12～TP1	1.421	1.496	后 01	1.178	5.963	2	−0.0765	$K_{01}=4.787$ $K_{02}=4.687$
		0.937	1.011	前 02	1.254	5.940	1		
		48.4	48.5	后−前	−0.076	0.023	1		
		−0.1	−0.1						
2	TP1～ TP2	1.816	1.857	后 02	1.578	6.264	1	−0.0405	
		1.341	1.383	前 01	1.619	6.404	2		
		47.5	47.4	后−前	−0.041	−0.14	−1		
		0.1	0						
3	TP2～ TP3	1.645	1.547	后 01	1.431	6.215	3	0.094	
		1.218	1.124	前 02	1.336	6.022	1		
		42.7	42.3	后−前	0.095	0.193	2		
		0.4	0.4						
4	TP3～BM15	1.356	1.467	后 02	1.147	5.832	2	−0.1095	
		0.937	1.045	前 01	1.256	6.042	1		
		41.9	42.2	后−前	−0.109	−0.21	1		
		−0.3	0.1						

（4）每页的计算检核

① 高差部分检核

$$\sum(3)-\sum(6)=\sum(15)$$

$$\sum(8)-\sum(7)=\sum(16)$$

$$\sum(15)+\sum(16)=2\sum(18)\text{（适用于测站数为偶数）}$$

$$\sum(15)+\sum(16)\pm0.100=2\sum(18)\text{（适用于测站数为奇数）}$$

② 视距部分检核

$$\sum(9)-\sum(10)=\text{本页末站}(12)-\text{前页末站}(12)$$

检核无误后，计算总视距：

$$\text{总视距}=\sum(9)+\sum(10)$$

4. 三、四等水准测量的成果整理

每条附合水准路线或闭合路线分测段施测，其成果整理首先应按照表 7-13 的规定，检核每个测段往返测高差不符值以及附合路线或环线闭合差。如果在允许误差范围内，则测段高差取往返测高差的平均值。然后整条路线采用严密测量平差方法（条件平差或间接平差）进行成果计算。

7.5.2 精密水准测量

精密水准测量一般指国家一、二等水准测量，下面以二等水准测量中往测奇数站“后前前后”的观测程序为例来说明一个测站的观测步骤。

（1）整平仪器，要求望远镜在任何方向时，符合水准气泡两端影像的分离量不超过 1cm。

（2）将望远镜对准后视水准标尺，在符合水准气泡两端的影像分离量不大于 2mm 的条件下，分别用上、下丝照准水准标尺的基本分划进行视距读数，并记入记录手簿的（1）和（2）栏，见表 7-15，视距第四位由测微器直接读得；然后，转动倾斜螺旋使符合水准气泡两端的影像精确符合，再转动测微螺旋用楔形丝照准水准标尺上的基本分划，并读取水准标尺基本分划和测微器读数，记入手簿的第（3）栏。测微器读数取至整格，即在测微器中不需要进行估读。

（3）旋转望远镜照准前视水准标尺，并使符合水准气泡两端的影像精确符合，用楔形丝照准水准标尺上的基本分划，读取基本分划和测微器读数，记入手簿第（4）栏。然后用上、下丝照准基本分划进行视距读数，记入手簿第（5）和（6）栏。

（4）用水平微动螺旋使望远镜照准前视水准标尺上的辅助分划，使符合水准气泡两端影像精确符合，进行辅助分划和测微器读数，记入手簿第（7）栏。

（5）旋转望远镜照准后视水准标尺上的辅助分划，使符合水准气泡的影像精确符合，进行辅助分划和测微器读数，记入手簿第（8）栏。

以上就是一个测站上全部操作与观测过程。

表 7-15 中第（1）至（8）栏是读数的记录部分，（9）至（18）栏是计算部分，现以往测奇数测站的观测程序为例，说明计算内容与计算步骤。

表 7-15　一、二等水准测量记录手簿

测自：　　　至　　　　　　　　　　　　日期：　　年　月　日
时刻：始　　时　　分　　末　　时　　分　　成像：
温度：　　　云量：　　　　　　　　　　风向风速：
天气：　　　土质：　　　　　　　　　　太阳方向：

<table>
<tr><td rowspan="4">测站编号</td><td rowspan="2">后尺</td><td>下丝</td><td rowspan="2">前尺</td><td>下丝</td><td rowspan="4">方向及尺号</td><td colspan="2" rowspan="2">标尺读数</td><td rowspan="4">基＋K 减辅（一减二）</td><td rowspan="4">备考</td></tr>
<tr><td>上丝</td><td>上丝</td></tr>
<tr><td colspan="2">后距</td><td colspan="2">前距</td><td rowspan="2">基本分划（一次）</td><td rowspan="2">辅助分划（二次）</td></tr>
<tr><td colspan="2">视距差 d</td><td colspan="2">$\sum d$</td></tr>
<tr><td rowspan="4">奇</td><td colspan="2">(1)</td><td colspan="2">(5)</td><td>后</td><td>(3)</td><td>(8)</td><td>(14)</td><td rowspan="4"></td></tr>
<tr><td colspan="2">(2)</td><td colspan="2">(6)</td><td>前</td><td>(4)</td><td>(7)</td><td>(13)</td></tr>
<tr><td colspan="2">(9)</td><td colspan="2">(10)</td><td>后－前</td><td>(15)</td><td>(16)</td><td>(17)</td></tr>
<tr><td colspan="2">(11)</td><td colspan="2">(2)</td><td>h</td><td colspan="2">—</td><td>(18)</td></tr>
</table>

续表

测站编号	后尺 下丝 / 上丝 后距 视距差 d	前尺 下丝 / 上丝 前距 $\sum d$	方向及尺号	标尺读数 基本分划（一次）	标尺读数 辅助分划（二次）	基＋K减辅（一减二）	备考
1	2 406	1 809	后 31	219.83	521.38	0	
	1 986	1 391	前 32	160.06	461.13	－2	
	420	418	后－前	＋059.77	＋059.75	＋2	
	＋2	＋2	h		＋059.760		
2	1 800	1 639	后 32	157.40	458.95	0	
	1 351	1 189	前 31	141.40	442.92	＋3	
	449	450	后－前	＋016.00	－016.03	－3	
	－1	＋1	h		＋016.015		
3	1 825	1 962	后 31	160.32	461.88	－1	
	1 383	1 523	前 32	174.27	475.82	0	
	442	439	后－前	－013.94	－013.94	－1	
	＋3	＋4	h		－013.945		
4	1 728	1 884	后 32	150.81	452.36	0	
	1 285	1 439	前 31	166.19	467.74	0	
	443	445	后－前	－015.38	－015.38	0	
	－2	＋2	h		－015.380		
检查计算			后	668.36	1894.57		
			前	641.92	1848.11		
	1754	1752	后－前	＋046.44	＋046.46		
			h		＋046.45		

视距部分的计算：

(9)＝(1)－(2)

(10)＝(5)－(6)

(11)＝(9)－(10)

(12)＝(11)＋前站(12)

高差部分计算与检核：

(14)＝(3)＋K－(8)

式中，K 为基辅差（对于威特 N3 水准标尺而言 K＝3.015 5m)。

(13)＝(4)＋K－(7)

(15)＝(3)－(4)

(16)＝(8)－(7)

(17)＝(14)－(13)＝(15)－(16)检核

(18)＝$\frac{1}{2}$[(15)＋(16)]

表 7-15 中的观测数据是用威特 N3 精密水准仪测得的，当用 S1 型或 Ni004 精密水准仪进行观测时，由于与这种水准仪配套的水准标尺无辅助分划，故在记录表格中基本分划与辅助分划的记录栏内，分别记入第一次和第二次读数。

现将一、二等水准测量的有关限差列于表 7-16。

表 7-16 一、二等水准测量限差规定

等级	项目									
	视线长度		前后视距差（m）	前后视距累计差（m）	视线高度下丝读数（m）	基辅分划所得高差之差（mm）	上下丝读数平均值与中丝读数之差		检测间歇点高差之差（mm）	水准路线测段往返测高差不符值（mm）
	仪器类型	视距（m）					0.5cm 分划标尺（mm）	1cm 分划标尺（mm）		
一级	S05	≤35	≤0.5	≤1.5	≥0.5	≤0.4	≤1.5	≤3.0	≤0.7	$\leqslant\pm2\sqrt{k}$
二级	S1	≤50	≤1.0	≤3.0	≥0.3	≤0.6	≤1.5	≤3.0	≤1.0	$\leqslant\pm4\sqrt{k}$
	S05	≤60								

在两相邻测站上，应按奇、偶数测站的观测顺序进行观测：

（1）往测：奇数站为后—前—前—后；偶数站为前—后—后—前。

（2）返测：奇数站为前—后—后—前；偶数站为后—前—前—后。

在一测段的水准测量路线上，测站数应为偶数。每一测段的水准路线应进行往测与返测，且应分别在上午和下午观测。

水准观测中的注意事项如下：

（1）观测之前应将仪器置于露天阴凉处，使仪器与外界气温趋于一致；观测时应用测伞遮蔽阳光；迁站时应罩以仪器罩。

（2）观测前应测出倾斜螺旋的置平零点，并做标记。随着气温变化，应随时调整置平零点的位置。

（3）除路线拐弯处外，每一测站上仪器和前后视标尺的 3 个位置应尽可能接近于一条直线。

（4）同一测站上观测时，不得重复调焦。转动仪器的倾斜螺旋和测微轮时，其最后旋转方向均应为旋进。

（5）每一测段的往测与返测，其测站数均应为偶数，否则应加入标尺零点差改正。由往测转为返测时，2 根标尺必须互换位置，并应重新整置仪器。

（6）在观测工作间歇时，最好能结束在固定的水准点上，否则应选择 2 个坚稳可靠的固定点，作为间歇点。间歇后，应对 2 个间歇点的高差进行检测，检测结果符合要求后从间歇点起测。

7.5.3 三角高程测量

在地形起伏较大的地区，或高差较大不便于进行水准测量时，可应用三角高程测量的方法测量两点间的高差，继而推算各点的高程。随着光电测距仪器的发展，三角高程测量的精度得到了有效地提高，目前有研究表明精密三角高程测量能够替代二等水准测量。仪器精度的提高使得三角高程测量的应用更加广泛。

1. 三角高程测量原理

三角高程测量是根据竖直角和水平距离或倾斜距离，计算两点间的高差，获得未知点的高程。见图 7-20，已知 A 点的高程 H_A，欲求 B 点的高程 H_B，可在 A 点安置经纬仪，量取仪器高 i；在 B 点竖立标尺，用十字丝交点或中丝照准标尺 M，测量竖直角 α，并量取目标高度 v。若已知 A、B 两点间的水平距离 D（视距测量获得或全站仪测距获得），则 B 点对 A 点的高差：

$$h_{AB}=D\tan\alpha+i-v \tag{7-34}$$

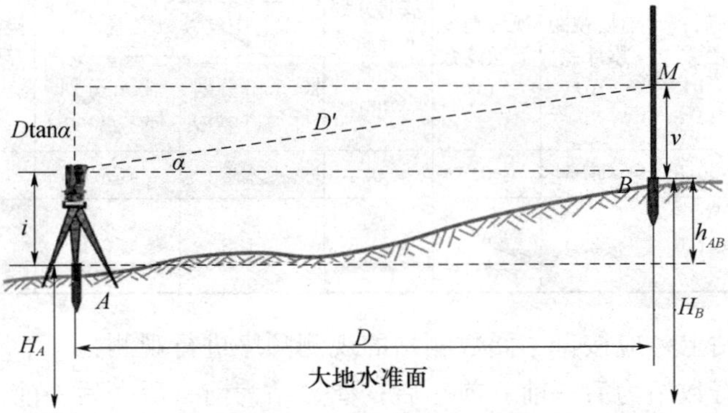

图 7-20　三角高程测量

若测距仪测量两点间的倾斜距离 D'，则：

$$h_{AB}=D'\sin\alpha+i-v \tag{7-35}$$

使用上述公式时，需注意竖直角的正、负号。

最后依据已知点 A 的高程计算未知点 B 点的高程：

$$H_B=H_A+h_{AB}$$

若使用全站仪进行三角高程测量，在 B 点安置棱镜替代标尺，可直接显示两点之间的高差。其实质是综合利用全站仪的测角（竖直角）、测距（斜距）功能，并输入仪器高、棱镜高以及测站点的高程，通过内置程序计算两点的高差（或称为垂距）和未知点的高程。

进行三角高程测量时，仅从 A 点向 B 点观测一次，称为单向观测。若既从 A 点向 B 点观测，又从 B 点向 A 点观测，则称为对向观测。如果仪器安置在已知高程点上观测该点与未知点的高差称为直觇；反之，仪器安置在未知点上观测与已知点间的高差称为反觇。

2. 地球曲率和大气折光对高差的影响

由式（7-34）、式（7-35）计算的高差没有考虑地球曲率和大气折光的影响。当两点间距离较远时，三角高程测量必须考虑地球曲率及大气折光对高差的影响。

图 7-21 为两点距离较远时的三角高程测量原理示意图。图中 AE 为过 A 点的水平面，f_1 为地球曲率对三角高程测量的影响的改正数，简称为球差改正。

球差改正为：

$$f_1=\Delta h=\frac{D^2}{2R} \tag{7-36}$$

式中，$R=6371\text{km}$。

由于受重力影响，地球表面低层的空气密度大于高层的空气密度。视线穿过这样不均匀的介质时发生偏折（这就是所谓大气垂直折光），图中曲线 PN 为光程曲线，f_2 为大气折光对三角高程测量的影响的改正数，简称为气差改正。

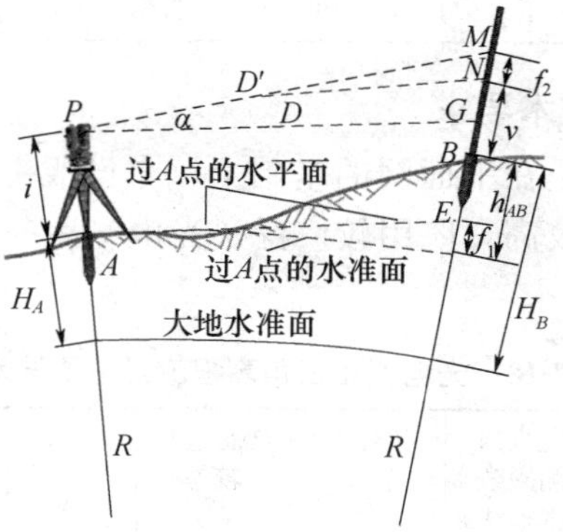

图 7-21　地球曲率和大气折光对三角高程测量的影响

仿照式（7-36）可得气差改正为：

$$f_2=\frac{D^2}{2R'}$$

式中，R'为光程曲线的曲率半径。

设 $k=\frac{R}{R'}$，则：

$$f_2=\frac{kD^2}{2R} \tag{7-37}$$

式中，k 为大气垂直折光系数，在 0.08～0.14 之间，目前，还不能精确地确定它的值，一般取 $k=0.14$ 计算气差改正。

由于 A、B 两点间的水平距离 D 与地球曲率半径相比很小，例如，当 $D=10\text{km}$ 时，其所对应的圆心角仅仅 5′多，因此可以认为 PG 近似垂直于 BM，即 $\angle PGM\approx 90°$，这样 $\triangle PGM$ 可视为直角三角形。于是，A、B 两点间的高差为：

$$h_{AB}=D\tan\alpha+i-v+f_1-f_2 \tag{7-38}$$

将式（7-36）、式（7-37）代入式（7-38），则 A、B 两点间的高差为：

$$h_{AB}=D\tan\alpha+i-v+(1-k)\frac{D^2}{2R} \tag{7-39}$$

令 $c=\frac{1-k}{2R}$，c 一般称为球气差系数，则式（7-39）可写成：

$$h_{AB}=D\tan\alpha+i-v+cD^2 \tag{7-40}$$

若采用斜距 D' 计算三角高程测量的高差，则计算公式为：

$$h_{AB}=D'\sin\alpha+i-v+cD'^2 \tag{7-41}$$

表 7-17 列出了不同距离的球气差改正值。当 $D=300\text{m}$ 时，f 仅为 6.1mm，实际上可不予考虑。只有当 $D>300\text{m}$ 时，才须施加两差改正。如果在两点间进行对向观测，取两者的平均值可抵消两差影响。因此，当采用三角高程测量方法来建立高程控制时，必须进行对向观测。

表 7-17 三角高程测量球气差改正（$k=0.14$）

D（m）	100	200	300	500	1000	1500	2000	2500	3000
c（mm）	0.7	2.7	6.1	16.9	67.5	151.9	270.0	421.8	607.4

3. 三角高程测量的技术要求

三角高程控制网一般是在平面网的基础上，布设成三角高程网或高程导线。光电测距三角高程测量的精度较高，应用较广泛。光电测距三角高程测量的各项技术要求见表 7-18。

表 7-18 光电测距三角高程测量主要技术要求

等级	测角精度（″）	测距精度（mm）	竖直角测回数（中丝法）	指标差较差（″）	竖直角较差（″）	边长（km）	边长观测次数	对向观测高差较差（mm）	附合路线或环线闭合差（mm）
四等	2	10	3	≤7	≤7	1	往返各一次	$40\sqrt{D}$	$20\sqrt{\Sigma D}$
五等	2	10	2	≤10	≤10	1	往一次	$60\sqrt{D}$	$30\sqrt{\Sigma D}$
图根	6	—	2	≤25	≤25	—	—	$80\sqrt{D}$	$40\sqrt{\Sigma D}$

注：1. D 为光电测距边长，以 km 计。
2. 四等应起讫不低于三等水准的高程点，五等与图根应起讫不低于四等水准的高程点。
3. 路线长度不超过相应等级的水准路线的限值。

4. 三角高程测量的观测和计算

（1）在测站安置经纬仪（或全站仪），在目标点安置标杆（或棱镜）。

（2）用钢尺量取仪器 i 与觇标高 v，读至毫米，其较差对于四等三角高程不应大于 2mm，对于五等三角高程不大于 4mm，取平均值作为最终高程。注意，量取觇标高的位置，必须与竖直角观测时中丝照准的位置一致。

（3）测量竖直角，测回数与限差应符合表 7-18 的规定。

（4）若用电磁波测距仪测量两点间的倾斜距离 D'，则应遵循相应平面控制网等级的测距规定；或者以导线测量、交会定点测量的成果确定两点间的水平距离 D。

（5）按照式（7-40）或式（7-41）计算高差以及高程，算例见表 7-19。

表 7-19 三角高程测量记录与成果计算表

起算点	A	
待定点	B	
往返测	往	返
平距 D（m）	503.253	503.253
竖直角 α	$+2°47'50''$	$-2°45'20''$
$D\tan\alpha$（m）	+24.58872	−24.22188
仪器高 i（m）	1.414	1.433
觇标高 v（m）	1.60	1.662
球气差改正 f（m）	+0.017	
单向高差（m）	+24.423	−24.434
平均高差（m）	+24.428	
起算点高程（m）	317.586	
待定点高程（m）	342.014	

习题

1. 名词解释：坐标正算、坐标反算、坐标增量、导线全长相对闭合差、前方交会、对向观测。

2. 为什么要建立控制网？控制网可分为哪几种？

3. 导线测量外业有哪些工作？选择导线点应注意哪些问题？

4. 导线与高级控制点连接有何目的？

5. 角度闭合差在什么条件下进行调整？调整的原则是什么？

6. 坐标增量的正负号与坐标象限角和坐标方位角有何关系？

7. 根据图 7-22 中的已知数据及观测数据计算附和导线 1、2 两点的坐标。

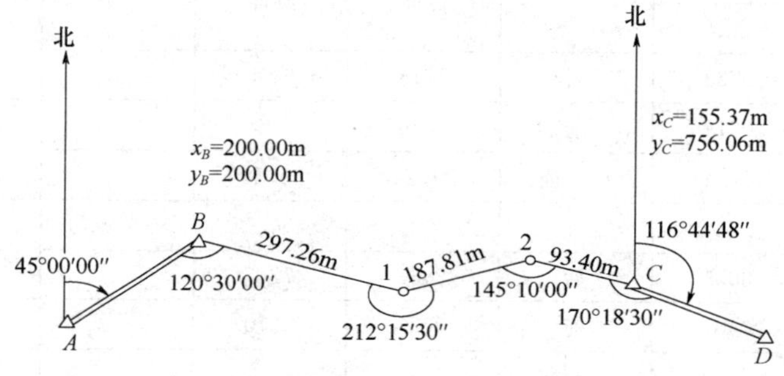

图 7-22 附和导线

8. 闭合导线 1、2、3、4、1 的已知数据及观测数据已列入表 7-20，计算 2、3、4 点的坐标。

表 7-20 闭和导线坐标计算表

测站	观测角	改正后角值	坐标方位角	边长	坐标增量计算值		改正后的坐标增量		坐标	
					Δx	Δy	Δx	Δy	x	y
1	2	3	4	5	6	7	8	9	10	11
1			24°36′00″	231.30					500.00	500.00
2	90°07′02″			200.40						
3	135°49′12″			241.00						
4	84°10′18″			263.40						
5	108°27′18″			201.60						
1	121°27′02″								500.00	500.00
2										
Σ										
闭合差计算								导线略图		

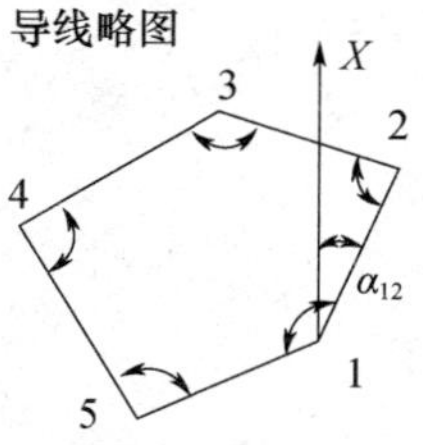

9. 根据以下已知数据和观测数据如下，用前方交会法计算测定 P 点的坐标。

$$x_A=4636.45\text{m}\qquad y_A=1054.54\text{m}$$
$$x_B=3873.96\text{m}\qquad y_B=1772.68\text{m}$$
$$\alpha=35°34'36''\qquad \beta=47°56'24''$$

10. 四等水准在一个测站上的观测程序是什么？有哪些限差要求？

11. 计算表 7-21 中的四等水准测量观测数据。

表 7-21 四等水准测量观测数据

测站编号	后尺 下丝 / 上丝 / 后距 / 视距差 d	前尺 下丝 / 上丝 / 前距 / $\sum d$	方向及尺号	标尺读数 黑面	标尺读数 红面	K+黑−红	高差中数	备考
1	1979	0738	后	1718	6405			
	1457	0214	前	0476	5265			
	52.2	52.4	后−前	+1.242	+1.140			
	−0.2	−0.2						$K_1=4687$
2	2739	0965	后	2461	7247			$K_2=4787$
	2183	0401	前	0683	5370			
			后−前					
3	1918	1870	后	1604	6291			
	1290	1226	前	1548	6336			
			后−前					
4	1088	2388	后	0742	5528			
	0396	1708	前	2048	6736			
			后−前					
检查计算	$\sum D_a=$ $\sum D_b=$ $\sum d=$	$\sum$后视= $\sum$前视= $\sum$后视−前视=	$\sum h=$ $\sum h_{平均}=$ $2\sum h_{平均}=$					

8 现代测量仪器与技术

本章导读

【本章提要】本章主要讲述全站仪、GPS 等现代测量仪器与技术及相关内容。

【学习目标】掌握全站仪和 GPS 的功能、组成、原理与使用，了解测量机器人、三维激光扫描仪现代测绘技术成果。

8.1 全站仪

全站仪即全站型电子速测仪，是一种集光、机、电为一体的高技术测量仪器，它主要由光电测距仪、电子经纬仪和数据处理系统组成。全站仪除了具有测量角度和距离的基本功能外，还可以完成点的三维坐标测量，以及放样测量等许多常见的专项测量任务。因其一次安置仪器就可完成该测站上全部测量作业，所以称之为全站仪。另外全站仪还具有自动记录、储存、计算功能，通过数据传输接口还可与计算机、绘图仪连接起来，若配以数据处理软件或绘图软件，即可实现测量内、外业的高度一体化和自动化。

衡量一台全站仪性能的指标主要有精度（测角及测距）、测程、测距时间、补偿范围等。表 8—1 中列出了几种常见全站仪的主要性能指标供参考。

表 8-1 全站仪的主要性能指标

仪器型号 / 性能指标	拓普康 GTS-311	索佳 Power Set 2000	徕卡 TC 1700
分类	内存型	电脑型	内存型
望远镜放大倍数	30×	30×	30×
最短视距（m）	1.3	1.3	1.7
角度最小显示	1″	0.5″	1″

8.1.1 全站仪的结构

全站仪的结构原理见图 8-1。全站仪由电源部分、测角系统、测距系统、数据处理部分、通信接口及显示屏、键盘等组成。图中上半部包含测量的四大光电系统，即测距、水平角、竖直角和水平补偿。键盘指令是测量过程的控制系统，测量人员通过按键便可调用内部指令，指挥仪器的测量工作过程并进行数据处理。以上各系统通过 I/O

接口接入总线与数字计算机联系起来。

微处理机是全站仪的核心部件，它如同计算机的中央处理机（CPU），主要由寄存器系列（缓冲寄存器、数据寄存器、指令寄存器等）、运算器和控制器组成。微处理机的主要功能是根据键盘指令启动仪器进行测量工作，执行测量过程的检核和数据的传输、处理、显示、存储等工作，保证整个光电测量工作有条不紊地完成。输入输出单元是与外部设备连接的装置（接口），数据存储器是测量的数据库。由于全站仪有微处理机，因此必须有操作系统来管理，目前主要的操作系统有DOS版本和WinCE版本。对于DOS版本的操作系统，其操作流程主要采用菜单化管理的方式进行，而对WinCE版本的操作系统，主要采用图标按钮（Button）的方式进行。有了操作系统，就可以进行程序设计，为便于外业某些专项测量作业，测量仪器技术人员还在全站仪的内存中固化了提供这些专项功能的程序，以便及时处理并显示外业数据结果 。

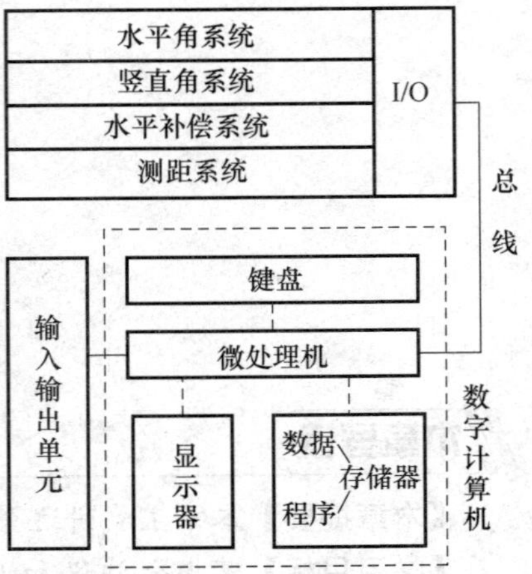

图 8-1　全站仪结构原理

全站仪的外形和电子经纬仪类似，但同电子经纬仪、光学经纬仪相比，全站仪增加了许多特殊部件，因此使得全站仪具有比其他测角、测距仪器更多的功能，使用也更方便。

1. 三轴同轴望远镜

目前的全站仪基本上都采用望远镜光轴（视准轴）、测距光源发射轴和光源接收轴三轴同轴设计。测量时，使望远镜的十字丝中心照准目标棱镜中心，即能同时得到被测点目标的水平角、竖直角和斜距。

2. 三轴自动补偿

为了保证角度测量的精度，电子经纬仪的主要轴线（视准轴、横轴和竖轴）之间应满足一定的几何关系，即视准轴与横轴正交、横轴与竖轴正交、竖轴与测站点的铅垂线平行。当这些几何关系不能满足时，将引起视准轴误差、横轴误差和竖轴误差，即三轴误差。三轴误差中，视准轴误差和横轴误差在盘左和盘右的对称观测中得到完全的抵消，而竖轴误差却不能得到抵消，因此竖轴误差是影响测角精度的直接因素。为了提高观测的速度和精度，在全站仪的设计中，引入自动补偿功能，即这三项误差的自动补偿功能，使半测回实现一测回的观测效果和精度，所要操作的程序就是在菜单中启动三轴补偿功能。值得一提的是，并不是所有的全站仪都提供三轴补偿功能，在不同的仪器中，分别采用单轴补偿、双轴补偿和三轴补偿。单轴补偿只提供竖轴倾斜量的自动补偿，相当于竖盘指标差的补偿，只改正了竖直角的观测精度。由于仪器的竖轴倾斜必然也造成水平度盘的不水平，必将对水平角度的观测产生影响，因此把竖轴的倾斜量分解为对竖轴的影响量和对水平轴的影响量，也即同时改正了竖直角和水平角的观测量，也称双轴补偿功能。而横轴误差和视准轴误差更多的是照准误差，在仪器的检校中，直接测量这两项误差的影响值并存储于仪器中，在仪器的半测回观测中直接对观测值进行改正，即实现第三项误差的改正。

3. 数据存储与传输

全站仪观测数据的存储，随仪器的结构不同有三种方式：一种是通过电缆，将仪器的数据传输接口和外接的设备连接起来，数据直接存储在外接的设备中；另一种是仪器内部有一个大容量的内存，用于存储数据；还有的仪器是采用插入式数据存储卡。外接设备又称为电子手簿，实际生产中常利用掌上电脑作为电子手簿。全站仪和电子手簿的数据通信，通过专用电缆以及设定数据传输协议来实现。数据传输协议主要有通信接口、波特率、数据位、奇偶校验、停止位、超时设置等。

数据传输主要指的是全站仪和计算机之间的数据通信。在全站仪中只有一个数据线接口，为五针式数据端口，目前只有一种线缆可实现这种数据传输功能，即 RS－232C 数据线。计算机中的数据接口分为两类，一类为并口即 LPT 口，主要是接打印设备的端口；还有一类接口为串口即 COM 口，主要接收各类传感器和外部设备的数据流和指令。在串口中数据是按位成流传输的，而并口是按字节成流传输的。对于 RS－232C 在计算机一端的接口主要是串口，有 COM1、COM2、COM3 等。

通信端口：COM1、COM2、COM3…，由自己的计算机来定义和选择；

波特率：1200、2400、4800、9600…，一般选 9600；

数据位：8 位和 7 位，一般选 8 位；

奇偶校验：无检校、偶检校、奇检校，一般选无检校；

停止位：1 位和 2 位，一般选 1 位；

超时：一般设置为 10s。

目前国内外的数据传输大多采用 USB 接口进行传输，USB 接口为即插即用的接口，使用很便利，也不用人为设置。

4. 显示屏与键盘

显示屏与键盘是人机对话的窗口，有单面和双面（正、倒镜作业更方便）之分。不同厂家和型号的全站仪在显示屏与键盘的设置与操作使用上，往往会有很大的不同，需要详细研读使用说明书，以掌握其特点和具体使用方法。

8.1.2 全站仪的分类

全站仪的发展经历了从最初的组合式即光电测距仪与光学经纬仪组合，或光电测距仪与电子经纬仪组合，到现在的整体式即将光电测距仪的光波发射接收系统的光轴和经纬仪的视准轴组合为同轴的整体式全站仪等几个阶段 。

全站仪按数据存储方式分为内存型和电脑型两种。内存型全站仪的所有程序都固化在仪器的存储器中，不能添加或改写，也就是说，只能使用全站仪提供的功能，无法扩充。而电脑型全站仪内置操作系统，所有程序均运行于其上，可根据实际需要添加程序来扩充其功能，使操作者进一步成为全站仪功能开发的设计者，更好地为工程建设服务 。

全站仪按测量功能划分，可分成如下四类。

1. 经典型全站仪

经典型全站仪也称为常规全站仪，它具备全站仪电子测角、电子测距和数据自动记录等基本功能，有的还可以运行厂家或用户自主开发的机载测量程序。其经典代表为徕卡公司的TC系列全站仪。

2. **机动型全站仪**

在经典全站仪的基础上安装轴系步进电机，可自动驱动全站仪照准部和望远镜的旋转。在计算机的在线控制下，机动型系列全站仪可按计算机给定的方向值自动照准目标，并可实现自动正、倒镜测量。徕卡TCM系列全站仪就是典型的机动型全站仪。

3. **无合作目标型全站仪**

无合作目标型全站仪是指在无反射棱镜的条件下，可对一般的目标直接测距的全站仪。因此，对不便安置反射棱镜的目标进行测量，无合作目标型全站仪具有明显优势。如徕卡TCR系列全站仪，无合作目标距离测程可达200m，可广泛用于地籍测量、房产测量和施工测量等。

4. **智能型全站仪**

在机动化全站仪的基础上，仪器安装自动目标识别与照准的新功能，因此在自动化的进程中，全站仪进一步克服了需要人工照准目标的缺陷，实现了全站仪的智能化。在相关软件的控制下，智能型全站仪在无人干预的条件下可自动完成多个目标的识别、照准与测量，因此，智能型全站仪又称为"测量机器人"，典型的代表有徕卡的TCA型全站仪等。

5. **超站仪**

将现代全站仪与GPS等先进技术发展成果进行完美结合，代表了目前地面测量仪器设备的先进水平，这就是超站仪。这种集成GPS接收机的高性能全站仪，突破性地通向了无控制点自由测量的新时代，只需简单的安装操作，借用GPS RTK技术确定站点的准确位置，就可以使用全站仪进行测量、放样。同时在目标快速自动搜索、较长距离高精度无棱镜测距、测量数据的无线传输等方面都表现出卓越的性能。超站仪可在密林、建筑物等覆盖的隐蔽地区作业，克服了GPS要求顶空必须通视的缺点。

8.1.3 全站仪的功能

由全站仪的基本组成来看，其必然具有测距和测角的基本功能、系统的用户设置功能、内存文件管理的功能、数据上传和下载功能等。测角系统可以实现方向观测、水平角度测量、竖直角度测量。测距系统可以实现仪器中心到棱镜中心的斜距测量。由仪器内部数据处理系统可以实现坐标测量、放样等基本功能。另外还有一些专项功能，如连接测量、悬高测量、自由设站、面积测量等功能。这些功能的单个使用或组合使用，都是前面章节技术知识的进一步使用和拓展，下面主要对各个功能设置部分进行详细叙述。

1. **角度测量设置**

（1）水平角设置：将某方向水平读数设置为零或任意值。任意方向值的锁定（照准部旋转时方向值不变）；R/L的选择（照准部水平电子度盘的顺时针旋转并刻划/照准部水平电子度盘的逆时针旋转刻划）；角度重复测量模式（多次测量取平均值）。

（2）垂直角显示变换：可以用天顶距、高度角、倾斜角、坡度等方式显示垂直角。

（3）角度单位变换：可以360°、400gon等方式显示角度。

（4）三轴补偿方式：开/关。

对于视准轴误差、横轴误差和竖盘指标差，操作者可以预先测定并储存在仪器中，当三轴补偿为“开”时，仪器在水平方向和竖直角观测中，对半测回观测水平方向和竖盘读数自动进行改正，实现一测回的观测结果。

2. 距离测量模式设置

（1）精测模式：精测模式是最常用的测距模式，最小显示单位 0.1mm；

（2）粗测模式：测量精度低，可实现快速测量，结果显示到 1cm；

（3）跟踪模式：常用于跟踪移动目标或放样时连续测距，最小显示一般为 1cm；

（4）测距次数设置：通常有单次测量（显示单次测量结果，并停止测量）；连续测量（可实现不间断测量并显示结果，直到按停止键）；多次测量（设置测量次数，结果显示多次的平均值）；

（5）各种常数的设置：在测量前输入测线中间部位的大气压、温度；棱镜加常数、仪器加常数，对于测站点的温度和大气压，当今的仪器已经可以实现自动设定，而不需操作者进行输入。对于棱镜加常数和仪器加常数只需首次测量时设置，以后只要不变动即可省略。

3. 坐标测量（数据采集）

全站仪由于有内部数据处理功能，因此只要对测站点和目标点进行必要的已知数据输入，当测量数据通过数据总线传输到 CPU，即可实现该功能。测站点数据的输入称设站，目标点分为已知目标点（也称后视）、未知目标点（即采集点）。

坐标测量的原理就是极坐标系到直角坐标系的转换。见图 8-2，A 点坐标已知，AB 边的方位角已知，全站仪可以直接测量出$\angle BAP$ 的水平角度β、AP 边的竖直角 z 和 AP 的距离 d。则 P 点的坐标为：

$$\alpha_{AP}=\alpha_{AB}+\beta-180^\circ \tag{8-1}$$

$$\begin{cases}X_P=X_A+d_{AP}\cos z\cos\alpha_{AP}\\ Y_P=Y_A+d_{AP}\cos z\sin\alpha_{AP}\\ H_P=H_A+d_{AP}\sin z+i_A+v\end{cases} \tag{8-2}$$

式中，i 和 v 分别为仪器高和棱镜高。

（1）设站：当全站仪设置在已知控制点上时，需要设置的数据有：点号和该点的三维坐标（X_A，Y_A，H_A）、仪器的高 i、温度、大气压。

（2）定向：在盘左状态下，瞄准后视点并设置点号或后视点的平面坐标（x，y）、棱镜高 v。

（3）检查点：前面设置结束后，可以直接测量定向点的三维坐标，与定向点的已知数据比较作为检查，合格后可以直接开始坐标测量。也可以转动仪器照准检查点进行测量，检验设置的正确性。

（4）数据采集：当检查合格后，可以进行各个位置点的坐标测量。

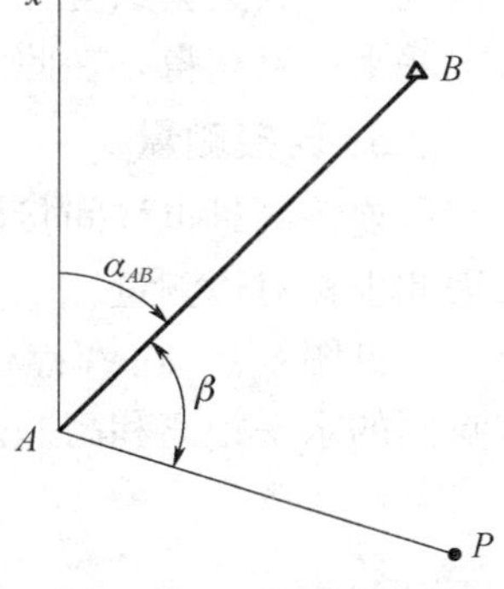

图 8-2 坐标测量原理

4. 坐标放样

坐标放样是坐标测量的逆向操作，见图 8-2，当已知 B、A、P 点的三维坐标时，可以根据数学公式计算出∠BAP的水平角度β、AP边的竖直角z和水平距离D：

$$
\begin{aligned}
\alpha_{AB} &= \arctan \frac{\Delta y_{AB}}{\Delta x_{AB}} \\
\alpha_{AP} &= \arctan \frac{\Delta y_{AP}}{\Delta x_{AP}} \\
\beta &= \alpha_{AP} - \alpha_{AB} \\
D &= \sqrt{\Delta x_{AP} + \Delta y_{AP}} \\
z &= \arctan \frac{H_P - H_A - i_A + v}{D}
\end{aligned} \tag{8-3}
$$

（1）设站：和坐标测量的方式一样；

（2）定向：同上；

（3）检查：同上；

（4）放样点输入：输入放样点的三维坐标并确认；

（5）放样：转动仪器至α_{AP}方向并水平制动，同时制动竖直螺旋使竖直角显示为z，指挥棱镜于该方向上，照准棱镜并测量，直到测量的距离为D时，该点即为放样点P的位置。

注意：在第一次测量的结果显示后，仪器操作者要根据仪器显示的水平距离差值和高差值来指挥伺镜员前后移动棱镜、抬高或降低棱镜（在此的抬高必须是整体抬高或降低，不允许改变棱镜的高度值）。

5. 自由设站

自由设站也称全站仪交会，其原理就是后方交会，由于自由设站的后视点要远远多于后方交会，因此交会点的坐标精度很高。

见图 8-3，已知点P_1、P_2、P_3、P_4，P_0为设站点，在盘左状态下，依次瞄准并观测各已知点，最后由全站仪计算出点P_0坐标，同时完成对全站仪设站和定向的整个过程即为自由设站。

自由设站后视点最多可以实现对 16 个已知点的观测，其交会点坐标的计算采用最小二乘原理的方法来计算获得，在此不再赘述。

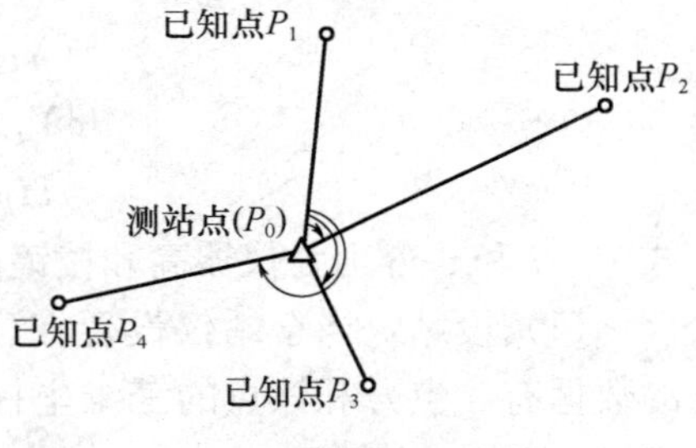

图 8-3　自由设站

6. 连接测量

连接测量也称间接测量，相当于测站点对面两个棱镜之间的距离和高差的测量，因此也称对边测量。

见图 8-4，在A点设站，依次照准P_1、P_2点并观测，最后计算并显示出P_1和P_2点间的水平距离和高差。

$$d = \sqrt{d_1^2 + d_2^2 - 2d_1 d_2 \cos\beta} \tag{8-4}$$

$$
\begin{cases}
h_{AP_1} = d_1 \tan z_1 + i - v_1 \\
h_{AP_2} = d_2 \tan z_2 + i - v_2
\end{cases} \tag{8-5}
$$

式中，z_1为观测P_1的竖直角；z_2为观测P_2的竖直角；v_1、v_2分别为P_1和P_2点的棱镜高。

则两点间的高差为：

$$h_{P_1P_2}=-h_{AP_1}+h_{AP_2} \tag{8-6}$$

7. **悬高测量**

悬高测量就是测定空中某点距地面的高度。全站仪进行悬高测量的工作原理见图 8-5。首先把反射棱镜设立在欲测目标点 C 的天底点 B（即过目标点 C 的铅垂线与地面的交点），输入反射棱镜高 v，然后照准反射棱镜进行距离测量，再转动望远镜照准目标点 C，便能实时显示出目标点 C 至地面的高度 H。

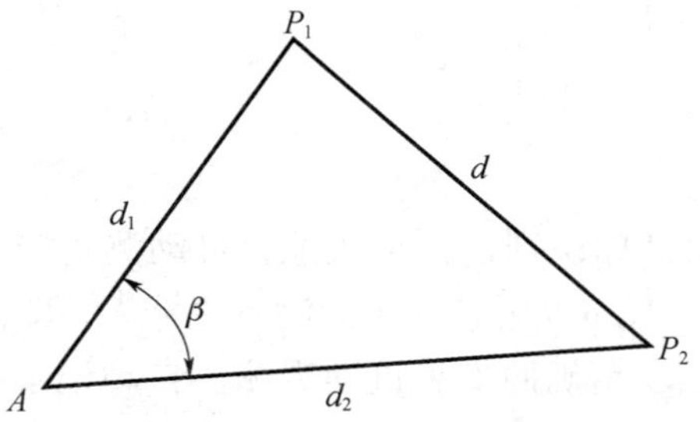

图 8-4 连接测量原理

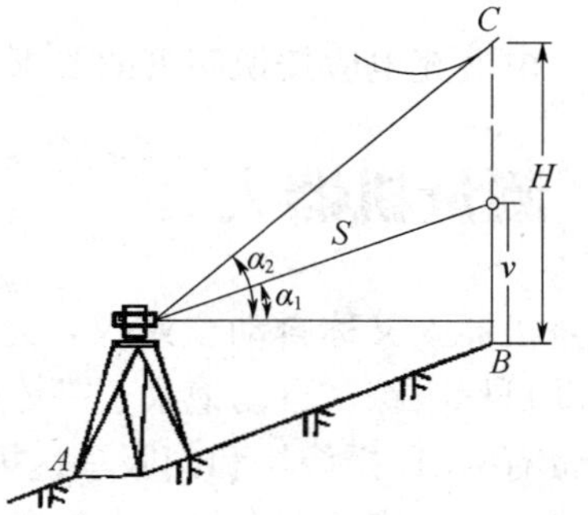

图 8-5 悬高测量原理

显示的目标高度 H，由全站仪自身内存的计算程序按下式计算而得：

$$H=S\cos\alpha_1\tan\alpha_2-S\sin\alpha_1+v \tag{8-7}$$

式中，S 为全站仪至反射棱镜的斜距；α_1 和 α_2 分别为反射棱镜和目标点的竖直角。

悬高测量的原理很简单，观测起来也很便捷。利用全站仪提供的该项特殊功能，可方便地用于测定悬空线路、桥梁以及高大建筑、构筑物的高度。

8. **面积测量**

对于地面上的任意多边形，欲测定其水平投影面积，可在多边形外选择适当位置安置全站仪，选定面积测量模式后，按顺时针方向依次将反射棱镜竖立在多边形的各顶点上进行观测（平面坐标）。观测完毕，仪器即可计算并显示该多边形的投影平面面积。

8.1.4 全站仪使用注意事项与养护

全站仪是一种结构复杂、精密贵重的先进电子测量仪器。仪器损坏或发生故障会造成很大的经济损失。因此必须严格遵守操作规程，做到正确使用。

1. **使用注意事项**

（1）新购置的仪器，如果首次使用，应认真阅读使用说明书，通过反复学习、使用和总结，力求做到“得心应手”，最大限度地发挥仪器的效用。

（2）测距仪的测距头不能直接对向太阳，以免损坏测距发光二极管。

（3）在阳光下和阴雨天进行作业时，应打伞遮阳、避雨。

（4）在整个操作过程中，观测者不得离开仪器，以避免发生意外事故。

（5）仪器应保持干燥。遇雨后应将仪器擦干，并放在通风处，完全晾干后才能装箱。

（6）全站仪在迁站时，即使很近也应取下仪器装箱。

（7）运输过程中，必须注意防震，长途运输最好装在原包装箱内。

2. 仪器的养护

（1）仪器应经常保持清洁。用完后使用毛刷、软布将仪器上落的灰尘除去。如果仪器出现故障，应与厂家或厂家委派的维修部联系修理，决不可随意拆卸仪器，造成不应有的损害。

（2）仪器应在清洁、干燥、安全的房间内存放并由专人保管。

（3）棱镜应保持干净。不用时要放在安全的地方，如有箱子应放在箱内，以避免损坏。

（4）电池充电应按说明书的要求进行。

8.2 测量机器人

测量机器人又称自动全站仪，是一种集自动目标识别、自动照准、自动测角与测距、自动目标跟踪、自动记录于一体的测量平台。图 8-6 为较常用的测量机器人。测量机器人带有 CCD 摄像机和伺服马达机构，具有自动精确照准、自动观测、自动记录和数据转换功能。当仪器向目标发射激光束，经反射镜返回，由 CCD 摄像接收，仪器自动计算反射光点中心位置，得到水平方向、竖直角数据，自动启动伺服马达，驱动仪器转向棱镜，最后完成自动精确照准目标，实现测量功能。

在高精度的多方向观测、多目标的自由设站中，一方面目标方向很多，照准不同方向的目标需要观测者花费很大精力和体力；另一方面又由于是多测回测量，规范对同一方向不同测回间的数据有很严格的要求，需要很长时间才能完成任务。测量机器人在这些方面能够帮助测量技术人员降低劳动强度、提高观测精度和缩短工作时间。测量机器人是不分白天和黑夜的，这就同时拓展了测量的随机便利性。如果把测量机器人和计算机连接，在计算机上设计各种控制和测量软件，可实现测量的不间断和连续自动观测。

(a)　　(b)　　(c)

图 8-6　几种测量机器人

（a）徕卡 IM 系列；（b）拓普康 MS 系列；（c）大宝 S 系列

测量机器人是一个人工智能型的测量设备，人工智能型仪器有一个共同的特点，即在首次使用时都必须“学习”人的操作技能，合格后即开始自动作业，测量机器人也不例外，具体的操作有以下几个部分。

（1）设站：输入测站点的坐标、测回数、仪器高度等信息。

（2）限差设定：这些限差和观测的对象有关，主要来自于行业规范或者设计技术要求等。例如在方向观测中，2C 的限差和互差等。

(3) 学习：由观测者操作仪器完成。例如在多测回的方向观测中，第一个测回由技术人员“带领”仪器完成测量，并使测量的结果满足刚才的技术限差要求。

(4) 自动测量：经过“学习”，仪器自动“学到”了各个目标点间的相对关系和“测量经验”，从第二个测回开始，仪器就自动工作了，并把测量结果自动保存。如果和计算机连接上，则测量结果就会自动上传到计算机，管理软件具有对结果进行分析、绘图、显示、数据管理、报警等相应自动能力。

8.3 三维激光扫描测量技术

8.3.1 基本原理

三维激光扫描测量技术利用激光作为光源，对空间实体按照一定的分辨率进行扫描，接收目标点反射回的光束，计算并获取其表面点的三维坐标信息，该设备的本质就是一个坐标测量的全站仪，其计算的结果就是被测物体的空间“点云”坐标。把这些坐标用具有 3D 功能的矢量软件显示，即可获得物体的三维空间模型，为城市空间建模和区域数字地面模型建立提供了便利的测量方式，其坐标测量原理见图 8-7。利用激光探测技术获取被测目标至扫描中心的距离 S，利用精密时钟控制编码器同步测量每束激光波的横向扫描角度值 α 和纵向扫描角度值 θ，由空间三维几何关系通过一个线元素 s 和两个角元素 (α, θ) 计算测点的 X、Y、Z 坐标，空间点位的计算公式为式 (8-8)。三维激光扫描测量系统在采集数据时，内部伺服马达系统精密控制多面反射棱镜的转动，使激光束沿 X、Y 两个方向快速扫描，实现高精度的小角度扫描间隔、大范围扫描幅度。

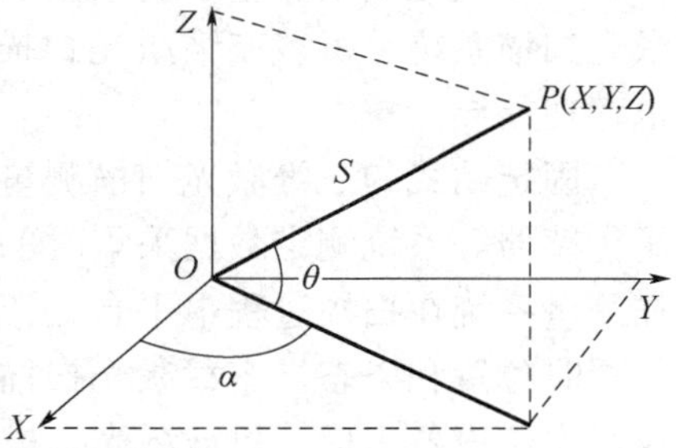

图 8-7 三维扫描仪坐标测量原理

$$\begin{cases} X = S\cos\theta\cos\alpha \\ Y = S\cos\theta\sin\alpha \\ Z = S\sin\theta \end{cases} \tag{8-8}$$

8.3.2 坐标系统

三维扫描仪提供坐标有两种方式：一种是基于三维激光扫描测量系统自定义的坐标系统；另一种是基于大地坐标测量系统。

1. 自定义坐标系统

X 轴在横向扫描面内，Y 轴在横向扫描面内与 X 轴垂直，Z 轴与横向扫描面垂直，见图 8-7。

2. 大地坐标系统

和全站仪一样，只要把仪器安置在已知控制点上，对仪器进行设站和定向，仪器的坐标测量系统就设置为测区的大地测量系统。或者采用自由设站的方式，交会出该点的坐标并保存，仪器就设置为测区的测量系统。

3. GNSS 或 BDS 系统

如果三维扫描系统和 GNSS 或 BDS 结合，组成一个复合系统，则三维扫描仪的测量坐标系统随 GNSS 或 BDS 而采用。

8.3.3 三维激光扫描测量系统

1. 系统组成

三维激光扫描测量系统的构成见表 8-2。

表 8-2 三维激光扫描测量系统的构成

项目	备注
1. 承载平台	三脚架、汽车、飞机、卫星等
2. 硬件：激光扫描器、计算机、控制器、其他传感器（POS/IMU/GNSS）	完成系统的控制、原始数据的采集、存储、显示、传输等
3. 软件	含数据采集、数据通信、数据后处理、3D 模型重构

三维激光扫描测量系统根据承载平台分为固定站式三维激光扫描系统、车载三维激光扫描系统、机载三维激光扫描系统等。平台不同，三维激光扫描测量系统的结构也存在差异。

固定站式的三维激光扫描测量系统的激光扫描仪姿态参数可一次性测定，所以不用传感器等系统测定数据采集时的姿态参数，而车载激光扫描测量系统和机载激光扫描测量系统在扫描过程中平台处于运动状态，需要集成多源传感器，确定激光扫描时的瞬时位置和姿态。车载激光扫描测量系统一般由数据获取设备 CCD、三维激光扫描仪和定位设备组成。机载激光扫描测量系统测量距离比较远。

2. 主要仪器及类型介绍

目前，生产三维激光扫描仪的公司有很多，典型的有瑞士的 Leica 公司、美国的 3D DIGITAL 公司等，仪器的外形差别都不是很大，图 8-8 为徕卡公司 P 系列三维扫描仪的外观图。

3. 三维激光扫描仪的使用

（1）数据采集

在数据采集之前，需先对扫描对象的结构、形状、大小、周围环境等进行现场勘察，对数据采集工作进行整体的方案分析、设计，然后综合考虑扫描距离、扫描速度、模型的精度要求、现场环境、工程成本等因素选用合适的三维激光扫描仪产品，明确扫描步骤等。

图 8-8 徕卡 P 系列外观图

由于受三维激光扫描仪性能及空间实体本身结构等因素的影响，不能一次性获取完整的点云数据，需要从不同的角度和位置对目标对象进行扫描。为将不同测站获取的点云数据配准到一起，需要在场景中布设标靶点。在两个不同测站上，应至少有三个公共标靶点，且不应位于一条直线上；如果有四个标靶点，则它们不应位于同一平面上。设置测站时根据扫描对象、精度要求和现场环境等因素确定站点位置和数量，测站数过多过少都不合理，一般原则是在保证扫描精度的前提下，用尽可能少的视点覆盖整个所有需要扫描的场景。

站点和标靶点布设好之后，对它们编号，并尽可能按照站点编号顺序进行数据采集。

(2) 数据存储信息

三维激光扫描数据记录每个采样点的空间三维坐标信息和反射强度或彩色信息等。每个采样点的空间三维信息的描述有两种形式：一种是用每个采样点到扫描中心距离和此点在横向扫描角和纵向扫描角表示；另一种是用每个采样点在相应空间三维坐标系统下的 X、Y、Z 坐标值表示。利用这些信息可将数据进行显示，图 8-9 为一个实景的三维点云显示实例。图 8-10 为同一实景的三维模型重构实例。

图 8-9 三维点云显示

图 8-10 三维模型重构

(3) 数据处理流程

利用三维激光扫描仪获取的点云数据构建实体三维几何模型时，不同的应用对象、不同点云数据的特性，三维激光扫描数据处理的过程和方法也不尽相同。概括地讲，整个数据处理过程包括：数据采集→数据预处理→几何模型重建→模型可视化。

数据采集是模型重建的前提，数据预处理为模型重建提供可靠精选的点云数据，降低模型重建的复杂度，提高模型重构的精确度和速度。总结现有相关文献，数据预处理阶段涉及的内容有点云数据的滤波、点云数据的平滑、点云数据的缩减、点云数据的分割、不同站点扫描数据的配准及融合等；模型重建阶段涉及的内容有三维模型的重建、模型重建后的平滑、残缺数据的处理、模型简化和纹理映射等。实际应用中，应根据三维激光扫描数据的特点及建模需求，选用相应的数据处理策略和方法。

随着三维激光扫描技术应用领域日益广泛，如何快速、有效地从点云数据到三维模型的数据处理问题逐渐成为研究的热点。

8.3.4 三维激光扫描测量技术的应用

随着三维激光扫描技术在测量精度、空间解析度等方面的进步和价格的降低，以及计算机三维数据处理技术、计算机图形学、空间三维可视化等相关技术的发展和对空间三维场景模型的迫切需求，三维激光扫描仪越来越多地用于获取被测物体表面的空间三维信息，应用领域日益广泛，逐步从科学研究发展到进入了人们日常生活的领域。

1. 在测绘行业中的应用

地球空间信息技术是当今世界各国研究的热点之一，信息的获取、处理及应用是其研究的三大主题。空间信息的快速获取与自动处理技术也是“数字地球”、“数字城市"急需解决的关键技术。如何快速、准确、有效地获取空间三维信息是许多学者深入研究的课题。

2. **在其他行业中的应用**

（1）文物保护：三维激光扫描测量技术在文物保护领域具有非常广阔的应用前景和研究价值。利用三维激光扫描技术，将珍贵文物的几何、颜色、纹理信息记录下来，构建虚拟的三维模型，不仅可以使人们通过虚拟场景漫游仿佛置身于真实的环境中，可以从各个角度去观察欣赏这些历史瑰宝，而且还可以为这些历史遗迹保存一份完整、真实的数据记录，一旦遭受意外破坏，还也可以根据这些真实的数据进行修复和完善。

（2）制造业：基于三维激光扫描仪数据的快速原型法为产品模型设计开发提供了另一种思路，缩短了设计和制造周期、降低开发费用，极大地满足了工业生产的需求，它与虚拟制造技术一起，被称为未来制造业的两大支柱技术，目前已成为各国制造科学研究的前沿学科和研究焦点。

（3）电影特技制作：把演员、道具等由扫描实物建立计算机三维模型后，许多危险的镜头只需要在计算机前操作鼠标就可以完成，而且制作速度快、效果好。

（4）电脑游戏业：利用三维激光扫描仪获取数据构建三维场景，使游戏的场景和画面更华丽和逼真，不但具有很好的视觉效果和冲击力，而且人物设计及豪华的 3D 场景刻画极为精致细腻。

（5）工程项目应用：竣工测量、精密变形监测等使用。

（6）建筑领域：在建筑领域，如果使用三维建模的方法重建出这个建筑的三维模型，那么就可以直接观察这个建筑的各个侧面，整体构造，甚至内部的构造，这无论对于建筑师还是对于客户，都是很方便的。

8.4 全球导航定位系统

8.4.1 概述

全球导航定位系统（Global Navigation Satellite System，GNSS）是一个全球性的位置和时间测定系统，包括一种或几种卫星星座、机载接收机和系统完备性监视。GNSS 研制开发分步实施，首先以 GPS/GLONASS 卫星导航系统为依托，建立由地球同步卫星移动通信导航卫星系统（INMARSAT）、完备监视系统（GAIT）以及接收机完备性监视系统（RAIM）组成的混合系统。

作为 GNSS 系统的代表性系统——GPS（Global Positioning System），从 20 世纪 90 年代中期开始，经过三十多年的发展，已成为一种被广泛采用的导航定位系统，它的应用领域和应用前景已远远超出了该系统设计者当初的设想。目前，它在航空、航天、军事、交通、运输、资源勘探、通信、气象、旅游等诸多领域中，都被作为一项非常重要的技术手段和方法，用来进行导航、定时、定位、地球物理参数测定和大气物理参数测定等。

目前，卫星导航定位系统除了美国的 GPS 之外，还有俄罗斯的 GLONASS（GLObal NAvigation Satellite System）、欧洲的 GALILEO 系统（Galileo System）、中国的北斗卫星导航系统 BDS [BeiDou（COMPASS）Navigation Satellite System]。其中

正在使用的只有 GPS、GLONASS 和 BDS，而 GALILEO 还在初步建设中。

1. GPS

GPS 的前身是美国军方研制的一种子午仪卫星定位系统（Transit），1958 年研制，1964 年正式投入使用。该系统首次实现了卫星定位功能，并验证了由卫星系统进行定位的可行性和在导航方面的巨大优越性，但对潜艇和舰船导航方面存在巨大的缺陷。为此，美国海军研究实验室（NRL）提出了名为 Timation 的用 12～18 颗卫星组成 10000km 高度的全球定位网计划，并于 1967 年、1969 年和 1974 年各发射了一颗试验卫星，在这些卫星上初步试验了原子钟计时系统，这是 GPS 精确定位的基础。而美国空军则提出了 621-B 的以每星群 4～5 颗卫星组成 3～4 个星群的计划，这些卫星中除 1 颗采用同步轨道外，其余的都使用周期为 24h 的倾斜轨道。该计划以伪随机码（PRN）为基础传播卫星测距信号，当信号密度低于环境噪声的 1%时也能将其检测出来。伪随机码的成功运用是 GPS 得以取得成功的一个重要基础。1973 年，美国国防部牵头正式成立卫星导航定位联合计划局，开始设计并建立全球定位系统。经过无数次的方案设计与论证，最后确立以 21 颗工作卫星和 3 颗备用卫星组成的空间卫星系统，并使其工作在互成 60°的 6 条轨道上。

经过近三十年的完备性建设和系统应用，目前 GPS 是 GNSS 系统中最成熟、应用最广泛的卫星导航定位系统。GPS 导航系统是以全球 24 颗定位卫星为标准配置，可使在地球上任何地点、任意时刻均能同时至少接收到 4 颗卫星信号，向全球各地全天候地提供三维位置、三维速度等信息的一种无线电导航定位系统，它由三部分构成。

（1）地面控制部分，由主控站、监测站、注入站及通信辅助系统组成。主控制站位于美国科罗拉多州。地面控制站负责收集由卫星传回的信息，并计算卫星星历、相对距离、大气校正等数据，由注入站把这些数据再传送回到卫星星座。

（2）卫星星座，每个卫星的主体呈圆柱体，两侧有太阳能帆板，能自动实现对日定向。每颗卫星有 4 台原子钟，提供精确的时间基准并发射 L 波段的三种广播信号（L1、L2 和 L5）。L 波段信号被加载了两种码信号，分别为 P 码和 C/A 码，其中 P 码只用于美国军方，单点定位精度在 1m 圆周内，而 C/A 单点定位精度在 30m 圆周内。24 颗卫星分布在 6 个轨道平面，轨道倾角 55°，轨道高度 20200km，运行周期为 11h58min。

（3）用户装置部分，有测量型、导航型和授时型之分。

测量型由 GPS 接收机和卫星天线组成，其主要功能是能够捕获到按一定卫星截止角所选择的待测卫星，并跟踪这些卫星的运行。当接收机捕获到跟踪的卫星信号后，就可测量出接收天线至卫星的伪距离和距离的变化率，解调出卫星轨道参数等数据。根据这些数据，接收机中的微处理计算机就可按定位解算方法进行定位计算，计算出用户所在地理位置的经纬度、高度、速度、时间等信息。接收机硬件和机内软件以及 GPS 数据的后处理软件包构成完整的 GPS 用户设备。其结构分为天线单元和接收单元两部分，用接收频率数来分，有单频与多频（双频或三频）两种；用使用状态来分，有静态和动态接收机之分。

导航型接收机主要用于运动载体的导航，它可以实时给出载体的位置和速度。这类接收机一般采用 C/A 码伪距测量，单点实时定位精度较低，一般为圆周 100m。授时型接收机主要利用 GPS 卫星提供的高精度时间标准进行授时，常用于天文台及无线电通讯中时间同步。图 8-11 和图 8-12 为 GPS 卫星星座和用户设备。

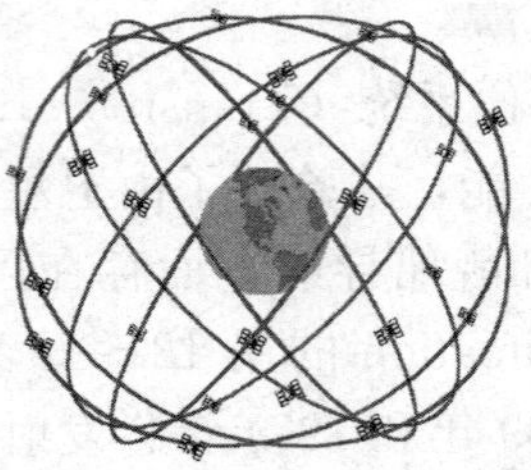

图 8-11 GPS 卫星星座

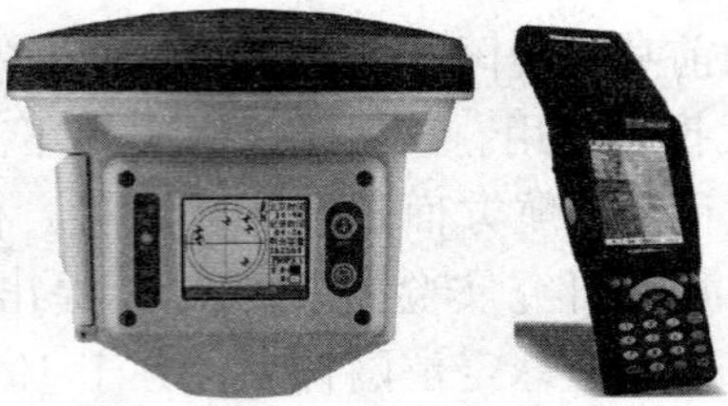

图 8-12 GPS 接收机

2. GLONASS

格洛纳斯 GLONASS 是俄文 GLObalnaya NAvigatsionnaya Sputnikovaya Sistema 的首字母。格洛纳斯项目是苏联在 1976 年启动的项目，格洛纳斯系统使用 24 颗卫星实现全球定位服务，可提供高精度的三维空间和速度信息，也提供授时服务。格洛纳斯卫星星座由中轨道的 24 颗卫星组成，包括 21 颗工作星和 3 颗备份星，分布于 3 个圆形轨道面上，这三个轨道平面两两相隔 120°，同平面内的卫星之间相隔 45°。轨道高度 19100km，倾角 64.8°，轨道周期为 11h15min。GLONASS 卫星的这种空间配置，保证地球上任何地点、任何时刻均可以至少接收到 5 颗卫星。和 GPS 系统不同，格洛纳斯系统使用频分多址（FDMA）的方式，每颗格洛纳斯卫星广播两种信号：L1 和 L2 信号。具体地说，频率分别为 $f_{L1}=1602+0.5625\times k$（MHz）和 $f_{L2}=1246+0.4375\times k$（MHz）,其中 k 为 1～24 为每颗卫星的频率编号，同一颗卫星满足 $f_{L1}/f_{L2}=9/7$。格洛纳斯系统设计定位精度为在 95%的概率条件下，水平向为±100m，垂直向为±150m。已于 2011 年 1 月 1 日在全球正式运行。

3. BDS

中国北斗卫星导航系统（BeiDou Navigation Satellite System，BDS）是中国自行研制的全球卫星导航系统，是继美国全球定位系统（GPS）、俄罗斯格洛纳斯卫星导航系统（GLONASS）之后第三个成熟的卫星导航系统。

系统由空间段、地面段和用户段三部分组成，可在全球范围内全天候、全天时为各类用户提供高精度、高可靠定位、导航、授时服务，并具短报文通信能力，已经初步具备区域导航、定位和授时能力，定位精度 10m，测速精度 0.2m/s，授时精度 10ns。

空间段计划由 35 颗卫星组成，包括 5 颗静止轨道卫星、27 颗中地球轨道卫星、3 颗倾斜同步轨道卫星。5 颗静止轨道卫星定点位置为东经 58.75°、80°、110.5°、140°、160°，中地球轨道卫星运行在 3 个轨道面上，轨道面之间为相隔 120°均匀分布。

北斗系统的坐标基准采用的是 CGCS2000 国家大地坐标系统。其时间系统采用的是北斗导航卫星系统时间，是一个连续的时间系统，定义 2006 年 1 月 1 日 00：00 开始运算，没有闰秒。与 GPS 时间系统相差 1356 周，还始终保持一个 14s 的系统差。CGCS2000 椭球与 GPS 的 WGS-84 椭球在原点、尺度、定向及定向的定义上都是相同的，在四个基本的椭球参数上只有扁率 f 稍有差异。

8.4.2 GPS 定位基本原理

GPS 定位是根据空间距离后方交会定点的原理实现的。GPS 卫星发射测距信号和导航电文，导航电文包含卫星的位置信息，用户利用GPS接收机在某一时刻同时接收GPS卫星信号，测量出测站点P（GPS接收机天线中心）至GPS卫星的距离，并解算出该时刻GPS卫星的空间坐标，利用距离空间后方交会原理，由式（8-9）解算出P点的位置。

$$\left.\begin{aligned}\rho_1=\sqrt{(X-X_1)^2+(Y-Y_1)^2+(Z-Z_1)^2}\\ \rho_2=\sqrt{(X-X_2)^2+(Y-Y_2)^2+(Z-Z_2)^2}\\ \rho_3=\sqrt{(X-X_3)^2+(Y-Y_3)^2+(Z-Z_3)^2}\end{aligned}\right\} \tag{8-9}$$

在一个测站上，原则上有3个独立的距离观测量就够了，但是由于GPS采用单程测距原理，同时卫星钟与用户接收钟难以保持严格同步，所以实际观测的观测站至卫星之间的距离均含有卫星钟和接收钟同步差的影响。对于卫星钟差，可应用导航电文中所给出的有关钟差参数加以修正，而接收机的钟差一般难以预先准确地确定，所以通常把它作为一个未知数，与观测站的坐标在数据处理中一并求解。因此，在一个测站上，为了实时解求4个未知数（3个点位坐标分量和1个钟差参数），至少必须同时观测4颗卫星。见图8-13，在待测点设置GPS接收机，在某一时刻t_k同时接收到至少4颗（或4颗以上）卫星S_1、S_2、S_3、S_4所发出的信号。通过数据处理和计算，可求得该时刻接收机天线中心（测站点）至卫星的距离ρ。根据导航电文（卫星星历）可计算该时刻4颗卫星的三维坐标（X_j，Y_j，Z_j），$j=1$，2，3，4，从而解算出待测点的三维坐标（X，Y，Z）及接收机钟差。

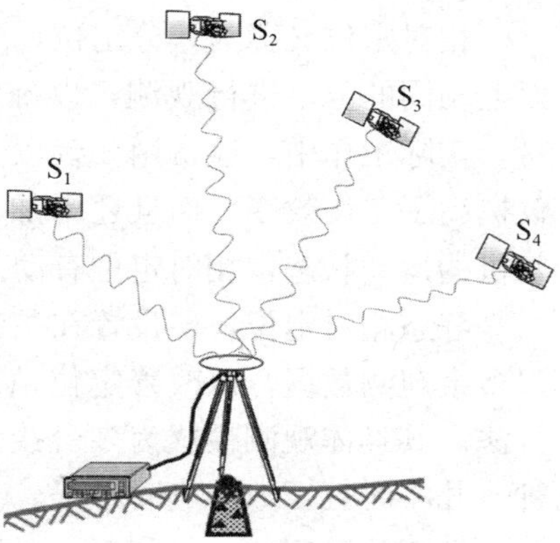

图8-13 GPS定位原理

1. 测码伪距定位和载波相位定位

根据定位所采用的观测值，可分为测码伪距定位和载波相位定位。

（1）测码伪距定位

测码伪距定位就是利用GPS测码伪距观测值，应用空间距离后方交会原理来确定点位。所采用的测码伪距观测值既可以是C/A码伪距，也可以是P码伪距。由于存在卫星时钟与接收机时钟不同步的误差，测距码在大气中传播的延迟误差等，因此利用C/A码（或P码）求得的距离值并非真正的站星几何距离，习惯上称之为“伪距”。

测码伪距定位的优点是数据处理简单，对定位条件的要求低，不存在整周模糊度的问题，容易实现实时定位；其缺点是观测值精度低。

（2）载波相位定位

载波相位定位是利用测量卫星的GPS载波信号在传播路程上的相位变化获得卫星至接收机天线的距离（简称测相伪距）进行定位。GPS载波信号为L_1、L_2或它们的某种线性组合。载波相位定位的优点是观测值的精度高；其缺点是数据处理过程复杂，存在整周模糊度（也称整周未知数）的问题。

2. 绝对定位和相对定位

根据定位的模式分为绝对定位和相对定位。

（1）绝对定位

绝对定位又称为单点定位，这是一种采用一台接收机进行定位的模式，它所确定的是接收机天线在 WGS-84 中相对于地球质心的坐标。这种定位模式的特点是作业方式简单，可以单机作业。绝对定位一般用于导航和精度要求不高的应用中。

精密单点定位（Precise Point Positioning，PPP）已成为当前 GPS 领域的研究热点之一。它是利用载波相位观测值以及由国际 GNSS 服务组织（IGS）等组织提供的高精度的卫星钟差来进行高精度单点定位的方法。根据一天的观测值所求得的点位平面位置精度可达 2～3cm，高程精度可达 3～4cm，实时定位的精度可达分米级。

（2）相对定位

相对定位又称为差分定位，采用两台接收机分别安置在基线的两端，同时对 4 颗以上相同的卫星进行观测，以确定基线端点在 WGS84 坐标系中的相对位置或基线向量。实际工作中，通常用 3 台以上的接收机安置在多条基线上进行同步观测，这样不仅提高了工作效率，而且还增加了观测量，提高了观测成果的可靠性。根据定位时接收机的运动状态，相对定位有动态和静态之分。

静态相对定位，即设置在基线两端的接收机固定不动，这样就能通过重复观测获得多余观测数据，以改善定位精度。对于精度要求较高的测量工作，均普遍采用这一方法。其具体观测模式为多台接收机在不同的测站上进行静止同步观测，时间由几分钟、几小时甚至数十小时不等。

动态相对定位，是利用一台接收机安置在基准站（一般为已知点）上不动，另一台接收机作为流动站，对所有可观测卫星进行连续观测，通过各观测值之间求差，消除一些具有相关性的误差，以提高定位的精度。动态相对定位可以采用测码伪距观测值和测相伪距观测值两类。根据数据处理方式的不同，又分为实时处理和测后处理。

3. RTK 与 VRS

广泛用于碎部测量与施工放样的 RTK（Real-Time Kinematic）技术是以载波相位为观测量的实时动态相对定位。RTK 技术能够实时地提供测站点在指定坐标系中的三维定位结果，并达到厘米级精度。RTK 系统由基准站（或参考站）GPS 接收机、数据链无线电电台发射机及发射天线、直流电源、流动站接收机、流动站电台接收机及接收天线等组成。图 8-14 为灵锐 S82 一体化蓝牙 RTK 仪器的连接示意图（灵锐 S82 流动站接收机、流动站电台接收机集成在一起）。

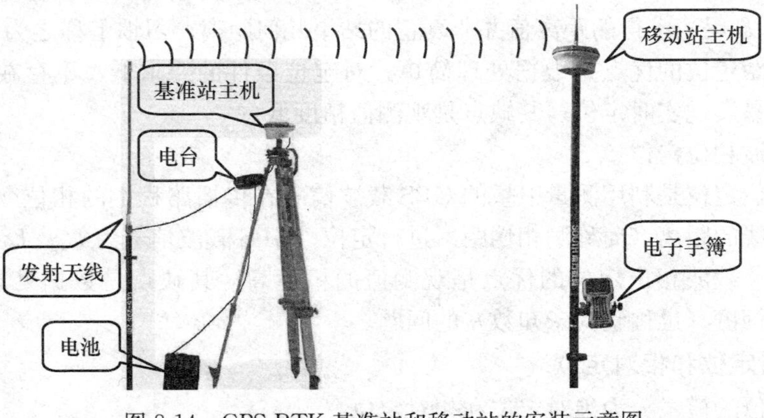

图 8-14　GPS RTK 基准站和移动站的安装示意图

在RTK作业模式下，基准站通过数据链将其观测值和测站坐标信息一起传送给流动站。流动站不仅通过数据链接收来自基准站的数据，还要采集GPS观测数据，并在系统内组成差分观测值建立观测方程，进行实时处理得到流动站的三维坐标和精度。随着流动站与基准站间的距离增大，RTK定位精度迅速降低，一般要求流动站与基准站间的距离不超过10km。

网路RTK技术的出现解决了流动站与基准站间的距离与定位精度之间的矛盾。它将大大扩展RTK的作业范围，使GPS的应用更广泛，精度和可靠性将进一步提高。网路RTK技术中较为成熟的应为虚拟参考站技术（Virtual Reference Station，VRS）。其原理就是利用地面布设的多个基准站组成的GPS连续运行网路（Continuous Operational Reference System，CORS），综合利用各个基准站的观测信息，通过建立精确的误差模型修正距离相关误差，在用户测站附近产生一个物理上不存在的虚拟参考站（VRS），并计算出虚拟参考站的坐标和虚拟观测值，将其发送给用户，由于VRS一般是通过流动站用户接收机的单点定位解建立的，故虚拟参考站与用户测站构成的基线通常为数米到几十米，因此流动站用户只需用常规RTK技术就能与虚拟参考站进行实时相对定位，获得较精确的定位结果。

VRS系统集GPS、Internet、无线通信和计算机网络管理技术于一身。整个系统由若干个（三个以上）连续运行的GPS基准站和一个GPS网络控制中心和用户构成。

8.4.3 GPS测量误差

GPS测量的误差主要来源于卫星相关误差、信号传播误差和接收机误差三个方面。

1. 与GPS卫星有关的误差

与GPS卫星有关的误差主要包括卫星的轨道误差和卫星钟的误差。

（1）卫星钟差

在GPS定位中，均要求卫星钟与接收机时钟保持严格的同步。实际上，尽管GPS卫星均设有高精度的原子钟（铷钟和铯钟），但是它们与理想的GPS时间之间，仍存在着难以避免的偏差和漂移。这种偏差的总量约在1ms以内。

对于卫星钟的这种偏差，一般可由卫星的主控站，通过对卫星钟运行状态的连续监测确定，并通过卫星的导航电文提供给接收机。经钟差改正后，各卫星之间的同步差可保持在20ns以内。在相对定位中，卫星钟差可通过观测量求差（或差分）得以消除。

（2）卫星轨道误差

卫星的轨道误差指卫星轨道模型由于各种因素影响所造成的误差。应该说，卫星轨道误差是当前GPS绝对定位测量的主要误差来源之一。但对相对定位的影响较小，其影响公式为：

$$\frac{\mathrm{d}b}{b}=\frac{\mathrm{d}s}{\rho} \tag{8-10}$$

式中，db为卫星星历误差所引起的基线误差；b为基线长度；ρ为卫星至接收机之间的距离；ds为星历误差，目前广播星历的精度为2m左右。

在GPS测量中处理卫星轨道误差的方法有三种：忽略轨道误差、采用轨道改进法处理观测数据以及同步观测值求差。

2. 与卫星信号传播有关的误差

与卫星信号有关的误差主要包括大气折射误差和多路径效应。

(1) 电离层折射的影响

GPS 卫星信号与其他电磁波信号一样，当其通过电离层时，将受到这一介质弥散特性的影响，使其信号的传播路径发生变化。当 GPS 卫星处于天顶方向时，电离层折射对信号传播路径的影响最小，而当卫星接近地平线时，则影响最大。

为了减小电离层的影响，在 GPS 测量中通常采用以下措施：利用双频观测；利用电离层模型修正；利用同步观测值求差。

(2) 对流层折射的影响

对流层折射对观测值的影响，可分为干分量与湿分量。干分量主要与大气的湿度与压力有关，而湿分量主要与信号传播路径上的大气湿度有关。对于干分量的影响，可通过地面的大气资料计算；湿分量目前尚无法准确测定。对于较短的基线，对流层的影响较小。

对于对流层折射的影响，一般有三种处理方法：定位精度不高时，可以简单地忽略不计；采用对流层模型加以改正；利用同步观测值求差。

(3) 多路径效应影响

多路径效应亦称多路径误差，是指接收机天线除直接收到卫星发射的信号外，还可能收到经天线周围地物一次或多次反射的卫星信号，信号叠加将会引起测量参考点（相位中心点）位置的变化，从而便观测量产生误差，而且这种误差随天线周围反射面的性质而异，难以控制。因此，在精密 GPS 导航和测量中，多路径效应的影响是不可忽视的。

减弱多路径效应影响的主要方法有：选择造型适宜且屏蔽良好的天线；安置接收机天线的环境避开较强的反射面，如水面、平整的建筑物表面等；用较长观测时间的数据取平均值。

3. 与接收设备有关的误差

与 GPS 接收机设备有关的误差主要包括观测误差、接收机钟差、天线相位中心误差。

(1) 观测误差

观测误差包括观测的分辨误差及接收机天线相对于测站点的安置误差等。

根据经验，一般认为观测的分辨误差约为信号波长的 1%，故知道载波相位的分辨误差比码相位小。由于此项误差属于偶然误差，可适当地增加观测量，减弱其影响。

接收机天线相对于观测站中心的安置误差，主要是天线的置平与对中误差以及量取天线高的误差，在精密定位工作中，必须认真仔细操作，尽量减小这种误差的影响。

(2) 接收机的钟差

与卫星钟一样，接收机钟也有误差。而且由于接收机中大多采用的是石英钟，因而其钟误差较卫星钟更为显著。如果接收机钟与卫星钟之间的同步差为 $1\mu s$，则由此引起的等效距离误差约为 300m。

处理接收机钟差较为有效的方法是将各观测时刻的接收机钟差间看成是相关的，由此建立一个时间多项式形式的钟差模型，然后在观测量的平差计算中统一求解，得到多项式的系数，因而得到接收机的钟差改正。在相对定位中可通过求差加以消除。

(3) 天线的相位中心位置偏差

在GPS定位中，观测值是以接收机天线相位中心位置为准的，因而天线的相位中心与其几何中心理论上保持一致。可是，实际上天线的相位中心位置随着信号输入的强度和方向不同而有所变化，即观测时相位中心的瞬时位置（称为视相位中心）与理论上的相位中心位置将有所不同，天线相位中心的偏差对相对定位结果的影响，根据天线性能的优劣，可达数毫米至数厘米。所以对于精密相对定位，这种影响是不容忽视的。

在相对定位中，使用同一类型的天线，并进行天线定向可以减弱天线的相位中心位置偏差影响。

8.4.4 GPS控制网的布设形式

GPS控制网布设应遵循一定的原则：①应通过独立观测边构成闭合图形，以增加检核条件，提高网的可靠性；②应尽量与原有地面控制网相重合，重合点一般不少于3个，且分布均匀；③应考虑与水准点相重合，或在网中布设一定密度的水准联测点，点位应设在视野开阔和容易到达的地方；④为了便于常规测量方法联测或扩展，可在网点附近布设一通视良好的方位点，以建立联测方向。

为保证控制网的精度，GPS控制测量通常采用多台GPS接收机同步作业的方式进行，同步测量的图形称为GPS同步环。对于不同精度控制网的要求，可以选择不同精度等级GPS接收机、不同观测时间长度进行作业，相关内容见GPS控制测量国家规范要求。GPS同步环间观测作业方式主要有星形网、点连式、边连式、网连式和混连式等形式。

1. 星形网

星形图的几何图形简单，直接观测边之间不构成任何闭合图形，所以检验和发现粗差的能力较差，见图8-15。这种图形的主要优点是作业中只需要两台GPS接收机，作业简单，是一种快速定位作业方式，广泛应用于精度较低的工程测量、边界测量、地籍测量和地形测图等领域。

2. 点连式

点连式是指仅通过一个公共点将两个相邻同步图形连接在一起。点连式布网主要的优点是作业效率高、图形扩展迅速。但点连式布网所构成的图形几何强度很弱，没有或极少有非同步图形闭合条件，所构成的网形抗粗差能力不强。一般在作业中不单独采用。图8-16为3台接收机同步观测构成的点连式图形。

3. 边连式

边连式是指通过一条公共边将两个同步图形之间连接起来，见图8-17。边连式布网有较多的重复基线和独立环，有较好的几何强度和可靠性。与点连式比较，在相同的仪器台数条件下，观测时段数将比点连式大大增加。

4. 网连式

网连式是指相邻同步图形之间有两个以上的公共点相连接，相邻图形间有一定的重叠。这种作业方法需要4台以上的接收机。采用这种布网方式所测设的GPS网具有较强的图形强度和较高的可靠性，但作业效率低，花费的经费和时间较多，一般仅适于要求精度较高的控制网测量。

5. 边点混合连接式

在实际作业中，由于上述几种布网方案都存在缺点，因而把点连式与边连式有机地结合起来，组成边点混连接式网，见图 8-18。混连式是实际作业中较常采用的布网方式，能保证网的几何强度，提高网的可靠指标，能有效地发现粗差，这样既减少了外业工作量，又降低了成本。

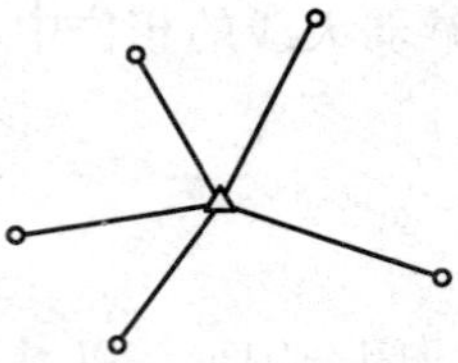

图 8-15　星形网

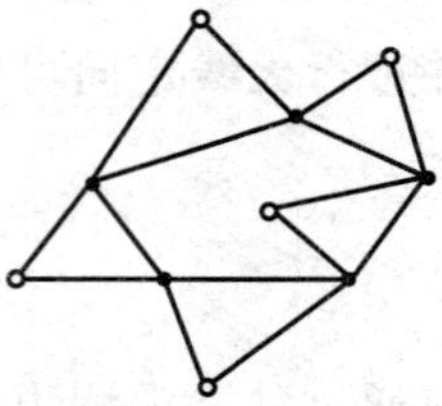

图 8-16　点连式网

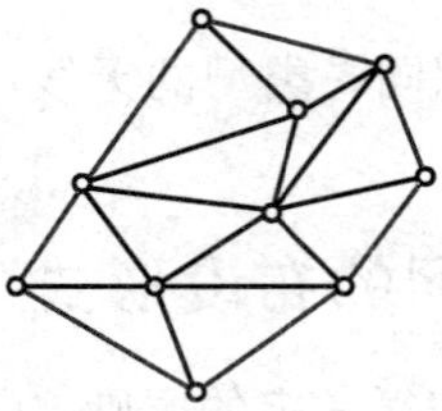

图 8-17　边连式网

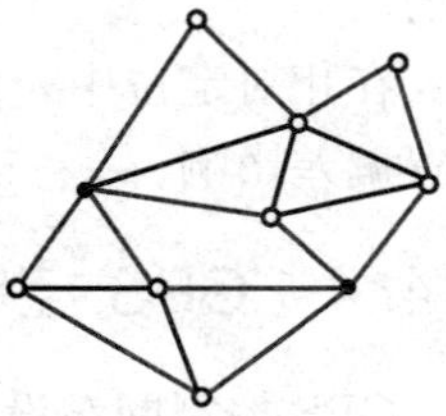

图 8-18　边点混连式网

8.4.5　GPS 控制网的外业观测

1. 观测计划的拟定

GPS 定位的精度与卫星的几何分布密切相关。因此，为了选择最佳的观测时段，拟定观测计划应首先编制卫星预报图表。图 8-19 为可见卫星分布图和空间位置精度因子（PDOP）。

编制卫星预报所用概略位置坐标应采用测区中心位置的经纬度，预报时间应选用作业期的中间时间。当测区较大、作业时间较长时，应按不同时间和地区分段编制预报表。编制预报表所用概略星历龄期不应超过 20 天，否则应重新采集一组新的概略星历。

从图 8-19 可知，在 10：30～10：40 卫星数为 5 颗，其他时间都大于 6 颗；整个时间段 PDOP 值都小于 4。在拟定观测计划时一定要避开观测效果不佳的时段。

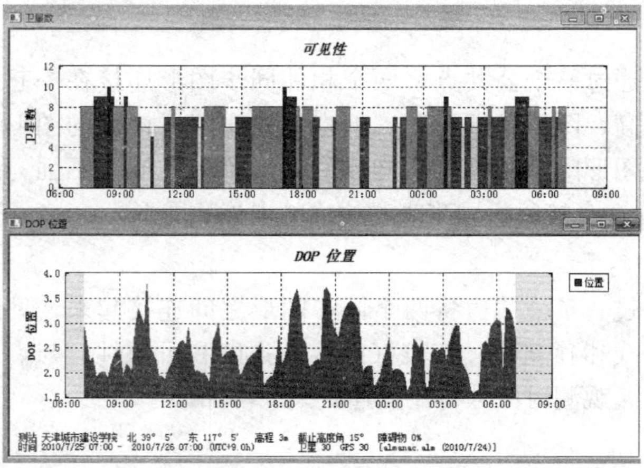

图 8-19　预报星历分析图

按照技术设计与实地踏勘所得结果，对需测 GPS 点分布的情况、交通路线等因素加以综合考虑，顾及星历预报，制定合理的外业调度计划。根据测量规范，确定观测段数及每时段观测时间，在保证结果精度的基础上，尽量提高作业效率。

2. 观测工作

GPS 控制网的外业观测包括 GPS 接收机天线安置、观测作业和观测记录等内容。

（1）天线安置

天线的精确安置是实现精密定位的前提条件之一。天线安置应符合下列要求：

① 一般情况下，天线应尽量利用三脚架安置在标志中心的垂线方向上，直接对中，对中误差不大于 1mm。在特殊情况下，才可进行偏心观测，其归心元素应以解析法精密测定。

② 天线底板上的圆水准气泡必须居中。

③ 天线定向标志线应指向正北，并顾及当地磁偏角的影响，定向误差不应大于 $\pm 5^{\circ}$。

④ 雷雨天气安置天线时，应注意将其底盘接地，以防雷击。

⑤ 天线安置后，应在各观测时段的前后各量取天线高一次。每次从三个方向取天线高，天线高互差不应大于 3mm，取平均值作为最后天线高。

（2）观测作业

观测作业的主要任务是捕获 GPS 卫星信号，并对其进行跟踪、接收和处理，以获取所需的定位信息和观测数据。

GPS 接收机操作的自动化程度高，接收机的操作通常比较简单。但其具体的操作方法和步骤因接收机类型和作业模式不同而异，观测者可事先阅读仪器操作手册，参照执行。作业时，应注意以下事项：

① 各接收机的观测员应按观测计划规定的时间作业，确保同步观测同一组卫星。

② 在确认外接电源电缆及天线等各项联结无误后，才可接通电源。在接收机预置状态正确时，才可启动接收机。

③ 开机后接收机的仪表数据显示正常时，才能进行自测试和输入有关测站和时段控制信息。

④ 接收机开始记录数据后，观测员应使用功能键和选择菜单，注意查看测站信息、接收卫星数量、卫星号、各通道信噪比、实时定位的结果及其变化和存储介质记录等情况。

⑤ 在进行长距离高等级 GPS 测量时，还要按规定测量气象元素。

⑥ 经检查所有作业项目均按规定完成并符合要求，方可迁站。

⑦ 观测中应保证接收机工作正常，数据记录正确，每日观测结束后应及时将数据转存至计算机硬、软盘上，确保观测数据不丢失。

⑧ 同一时段观测过程中不允许进行以下操作：关闭接收机又重新启动；进行自测试（发现故障除外）；改变卫星高度角；改变数据采样间隔；改变天线位置；按动关闭文件和删除文件等功能键；观测员应注意防止接收设备震动，更不得移动；不得碰动天线或阻挡信号。

（3）观测记录

观测记录包括观测数据和测量手簿两部分。

观测数据由 GPS 接收机自动形成，并记录在存储介质上，其内容有载波相位观测值、伪距观测值、相应的 GPS 时间、GPS 卫星星历及卫星钟差参数等。

测量手簿上应记录测站相关信息，包括测站点名和点号、时段号、开始与结束记录时间、近似坐标、天线高、接收机类型及号码、天线号码、接收卫星、信噪比、故障情况等内容。

8.4.6 GPS 控制网的数据处理

GPS 控制网的数据处理包括 GPS 基线解算和网平差两个方面的内容。

每一个厂商所生产的接收机都会配备相应的数据处理软件，它们的使用方法有各自不同的特点，但是，无论是哪种软件，它们在使用步骤上却是大体相同的。

1. 原始观测数据的读入

在进行基线解算时，首先需要读取原始的 GPS 观测值数据。一般说来，各接收机厂商随接收机一起提供的数据处理软件都可以直接处理从接收机中传输出来的 GPS 原始观测值数据，而由第三方所开发的数据处理软件则不一定能对各接收机的原始观测数据进行处理，要处理这些数据，首先需要进行格式转换。目前，最常用的格式是 RINEX 格式，对于按此种格式存储的数据，大部分的数据处理软件都能直接处理。

2. 外业输入数据的检查与修改

在读入了 GPS 观测值数据后，就需要对观测数据进行必要的检查，检查的项目包括测站名、天线高以及天线高的量取方式等。对这些项目进行检查的目的是避免外业操作时的误操作。

3. 基线解算

首先设定基线解算的控制参数，然后进行基线解算。基线解算的过程一般是自动进行的，无需过多的人工干预。

基线解算完毕后，基线结果并不能马上用于后续的处理，还必须对基线的质量进行检验，只有质量合格的基线才能用于后续的数据处理，如果不合格，则需要对基线进行重新解算或重新测量。基线的质量检验需要通过比率、参考变量、均方差、同步环闭合差、异步环闭合差和重复基线较差来进行。

4. 网平差

在各项质量检和符合要求后，以所有独立基线组成闭合图形，以三维基线向量及其相应方差协方差阵作为观测信息，以一个点的 WGS84 系坐标为基准，进行无约束平差。

在无约束平差确定的有效观测量的基础上，在国家坐标系或城市坐标系（或独立坐标系）下进行三位约束平差或二维约束平差。约束点的已知坐标、已知距离或已知方位，可作为强制约束的固定值，也可以作为加权观测值。平差结果应输出在国家坐标系或城市坐标系（或独立坐标系）中的三维或二维坐标、基线向量改正数、基线边长、边长的精度信息以及坐标的精度信息等。

8.4.7 GPS RTK 技术

1. RTK 的工作原理

RTK 载波相位差分技术，是实时处理两个测量站载波相位观测量的差分方法，将基准站采集的载波相位发给用户接收机，进行求差解算坐标。这是一种新的常用的GPS测量方法，以前的静态、快速静态、动态测量都需要事后进行解算才能获得厘米级的精度，而RTK是能够在野外实时得到厘米级定位精度的测量方法，它采用了载波相位动态实时差分方法，是GPS应用的重大里程碑，它的出现为工程放样、地形测图，各种控制测量带来了新曙光，极大地提高了外业作业效率。

GPS RTK技术系统用户主要包括三个部分：基准站、流动站和数据链。其作业原理是：基准站接收机架设在已知或未知坐标的参考点上，连续接收所有可视GPS卫星信号，基准站将测站点坐标、伪距观测值、载波相位观测值、卫星跟踪状态和接收机工作状态等通过无线数据链发送给流动站，流动站先进行初始化，完成整周未知数的搜索求解后，进入动态作业。流动站在接收来自基准站的数据时，同步观测采集GPS卫星载波相位数据，通过系统内差分处理求解载波相位整周模糊度，根据基准站和流动站的相关性，得出流动站的平面坐标 x、y 和高程 h。图8-20为GPS-RTK工作流程图。

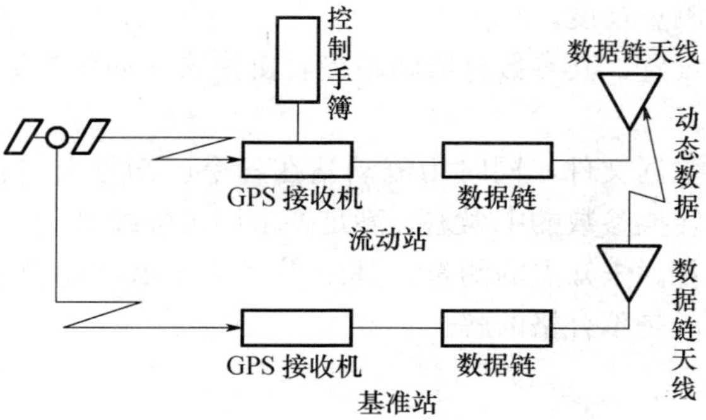

图8-20 GPS-RTK工作流程图

在RTK的动态定位中，要实时确定流动接收机所在位置的坐标，其计算程序如下：

(1) 流动站首先进行初始化：静态观测若干历元，快速确定整周未知数，这一过程即为初始化过程。

(2) 流动站将接收到的载波相位观测值和基准站的载波相位观测值进行差分处理，类似静态观测的数据处理，即将求出的整周未知数代入双差模型，实时求解出基线向量。

(3) 由传输得到的基准站的WGS-84地心坐标（x_b，y_b，z_b），就可求得流动站的地心坐标：

$$\begin{bmatrix} x_u \\ y_u \\ z_u \end{bmatrix} = \begin{bmatrix} x_b \\ y_b \\ z_b \end{bmatrix} + \begin{bmatrix} \Delta x \\ \Delta y \\ \Delta z \end{bmatrix} \tag{8-10}$$

(4) 采集得到两个公共点的三维空间直角坐标，根据选择的中央子午线和投影高程面，将其转化为平面直角坐标和大地高。

(5) 根据两个以上公共点的平面直角坐标计算四参数，用于平面坐标的获取。

求解平面转换参数，至少要联测二个已知平面坐标点，求解高程转换参数则需要联测一个已知高程点，联测的所有已知点应分布均匀，且能覆盖整个测区。为了提高WGS-84

坐标系与当地坐标系数学模型的整合程度，进而提高待测点的精度，通常要联测尽可能多的已知点。转换参数的求得通常有两种方法：一是充分利用已有的GPS控制网资料，将多个已知点的WGS-84坐标与相应的当地坐标输入电子手簿中，利用内置软件，经平差解算出转换参数；二是将基准站架设在已知点或未知点上，流动站依次测量各已知点的WGS-84坐标，再将各已知点所对应的当地坐标系的平面坐标和高程输入手簿中进行点校正，剔除校正残差比较大的已知点，从而解算出两坐标系之间的转换参数。

2. RTK测量方法（基准站不架设在已知点）

（1）架设基准站GPS接收机，开机进行基准站设置，设置的参数有接收机模式、坐标系统、投影方式、通信参数等。

在作业时，基准站一般要选择在周围没有遮挡的开阔地方，以使基准站能够接收到尽可能多的GPS卫星信号；考虑到电磁波干扰、湖面、水面及建筑物等带来的多路径效应，基准站要远离无线电发射源、高压线及水面；为了增大基准站无线电有效的发射距高，要尽可能把基准站选在地势较高的地方，并架设稳定牢固，观测期间不能有轻微晃动，以免影响测量精度。

（2）进行流动站设置，其参数有流动站接收机模式、通信参数和接收机天线高等，检查数据链的畅通性。

（3）建立已知点数据文件，同时用流动站在各个已知点上进行测量，计算坐标系间的转换参数，检查转换参数的中误差，满足要求即可继续测量。

（4）未知点的测量。未知点的测量，其结果直接显示当地坐标系坐标，但强调是一定要固定解，否则就是不合格的解。

习题

1. 名词解释：全站仪、GPS、RTK。
2. 全站仪的基本结构和组成。
3. 全站仪具有哪些功能？
4. 全站仪三维坐标测量的基本原理。
5. 全站仪三维坐标测量的方法步骤。
6. 何谓对边测量、悬高测量、后方交会？并说明其测量原理。
7. GPS全球定位系统较传统测量方法相比有哪些优点？
8. GPS全球定位系统由哪些部分组成？各部分的作用是什么？
9. 阐述GPS绝对定位和相对定位的原理。

9
地形图的基本知识

本章导读

【本章提要】本章介绍了大比例尺地形图的基本知识，内容包括：地形图的比例尺、地形图的分幅和编号以及地形图上地物和地貌的表示方法。

【学习目标】掌握比例尺精度、等高线的有关概念及其特性。

9.1 地形图的基本知识

9.1.1 地形图的概念

地球表面千姿百态，错综复杂，有高山、峡谷、平原，有河流、房屋等，这些统称为地形。地形分为地物和地貌两大类。地物是指地球表面上的各种固定性物体，可分为自然地物和人工地物，如房屋、道路、江河、森林等。地貌是指地球表面高低起伏的自然形态，如高山、平原、盆地、陡坎等。

按一定的比例尺将地球表面上的各种地物、地貌以及相关地理要素沿铅垂线方向投影到水平面上，并运用《国家基本比例尺地图图式》（GB/T 20257）统一规定的符号和注记表示地物的平面位置和地貌起伏状况的图，称为地形图。地形图主要描述地球面上地物、地貌位置、形状、大小以及基本属性信息，表示了一定区域的自然、社会、经济与文化等重要信息，是国家政治、军事、经济建设的重要信息资源文件。如果仅反映地物的平面位置，不反映地貌变化的图，称为平面图。在进行渠道、道路等带状工程建设时，需要了解工程沿线的地面起伏状况，为此目的而测绘的表示地面上某一方向起伏的图，称为断面图。

9.1.2 地形图的比例尺

无论是平面图、地形图或断面图都不能按照实地真实的大小进行绘制，必须依一定的比例加以缩小。图上任一线段的长度与地面上相应线段水平距离之比，称为地形图的比例尺。常见的比例尺表示形式有两种：数字比例尺和图示比例尺。

1. 数字比例尺

以分子为1的分数形式表示的比例尺称为数字比例尺。设图上一条线段长为 d，相应的实地水平距离为 D，则该地图的比例尺为：

$$\frac{d}{D}=\frac{1}{M} \tag{9-1}$$

式中，M为比例尺分母。比例尺的大小视分数值的大小而定。M越大，比例尺越小；M越小，比例尺越大。数字比例尺也可写成1∶500、1∶1 000、1∶2 000等形式。

地形图按比例尺的大小分为三类：1∶500、1∶1 000、1∶2 000、1∶5 000为大比例尺地形图；1∶10 000、1∶25 000、1∶50 000、1∶100 000为中比例尺地形图；1∶250 000、1∶500 000、1∶1 000 000为小比例尺地形图。

2. 图示比例尺

最常见的图示比例尺是直线比例尺。用一定长度的线段表示图上的实际长度，并按图上比例尺计算出相应地面上的水平距离注记在线段上，这种比例尺称为直线比例尺。图9-1为1∶2 000的直线比例尺，其基本单位为2cm。

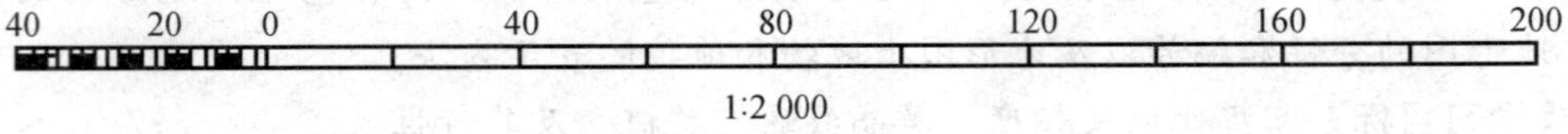

图9-1　直线比例尺

直线比例尺多绘制在图幅下方处，具有随图纸同样伸缩的特点。故用它量取同一幅图上的距离时，在很大程度上减小了图纸伸缩变形带来的影响。直线比例尺使用方便，可直接读取基本单位的1/10，估读到1/100。为提高估读的准确，可采用复式比例尺（斜线比例尺），以减少估读的误差。图9-2所示的复式比例尺可直接量取到基本单位的1/100。

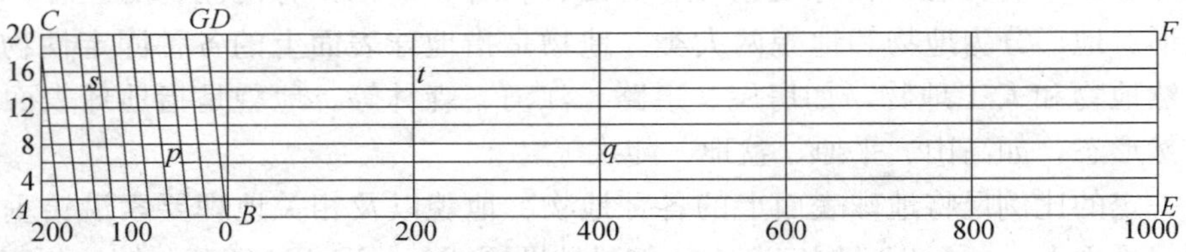

图9-2　复式比例尺

9.1.3　比例尺精度及其应用

通常人眼能在图上分辨出的最小距离为0.1mm。因此，图上0.1mm所表示的实地水平长度称为比例尺精度。若用δ代表比例尺精度，则：

$$\delta=0.1\times M\ \text{(mm)} \tag{9-2}$$

比例尺越大，其比例尺精度也越高。表9-1列出了几种比例尺地形图的比例尺精度。

表9-1　几种常用地形图的比例尺精度

比例尺	1∶500	1∶1 000	1∶2 000	1∶5 000	1∶10 000
比例尺（m）	0.05	0.1	0.2	0.5	1.0

利用比例尺精度，根据比例尺可以推算出测图时量距应精确到什么程度。例如1∶1000地形图的比例尺精度为0.1m，测图时量距的精度只需精确到0.1m，小于0.1m的地形则在图上表示不出来。另外，根据图上表示实地的最短长度，可以推算测图比

例尺。例如，欲表示实地最短线段长度为0.2m，则测图比例尺不得小于1∶2000。

9.2 地形图的分幅与编号

我国国土面积有960万km^2，这样辽阔的范围包含数以万计的地形图图幅，如果没有科学的分幅与编号方法，就不便于有计划地组织地形图的生产，也不便于地形图的发放、保管和使用。为便于测绘、印刷、保管、检索和使用，所有的地形图均须按规定的大小进行统一分幅并进行有系统的编号。地形图的分幅方法有两种：一种是按经纬线分幅的梯形分幅法；另一种是按坐标格网线分幅的矩形分幅法。

9.2.1 梯形分幅法

梯形分幅又称为国际分幅，是按照经纬线分幅的，相邻图幅按经纬线进行划分，每个图幅一般为梯形。它是当前世界各国地形图和大区域的中、小比例尺分幅地图所采用的主要分幅形式。我国基本比例尺地形图（1∶100万～1∶5 000）采用的是梯形分幅方法，地形图图廓由经纬线构成。它们均以1∶100万地形图为基础，按规定的经差和纬差划分图幅，行列数和图幅数成简单的倍数关系。

梯形分幅的主要优点是：每个图幅都有明确的地理位置概念，因此适用于很大区域范围（全国、大洲、全世界）的地图分幅。其缺点是：当经纬线投影成曲线时，将给图幅的拼接带来困难；另外，由于经差和纬差相同的图幅面积将随纬度的增加而不断缩小，这将不利于有效地利用纸张和印刷机版面。为了克服这个缺点，不得不在高纬度地区采用合幅的形式，但是这又干扰了分幅的系统性。还有，梯形分幅经常会破坏重要地物（如大城市）的完整性。

1. 地形图的分幅

新的分幅方法均以1∶100万比例尺地形图为基础，全部由1∶100万地形图按相应比例尺地形图的经纬差逐次加密划分图幅，以横为行，以纵为列。1幅1∶100万地形图分成其他比例尺地形图的关系见表9-2。

表9-2 1∶100万地形图分成其他比例尺地形图的关系

比例尺		1∶100万	1∶50万	1∶25万	1∶10万	1∶5万	1∶2.5万	1∶1万	1∶5 000
图幅范围	经差	6°	3°	1°30′	30′	15′	7′30″	3′45″	1′52.5″
	纬差	4°	2°	1°	20′	10′	5′	2′30″	1′15″
行列数量关系	行数	1	2	4	12	24	48	96	192
	列数	1	2	4	12	24	48	96	192
图幅数量关系		1	4	16	144	576	2304	9216	36864
			1	4	36	144	576	2304	9216
				1	9	36	144	576	2304
					1	4	16	64	256
						1	4	16	64
							1	4	16
								1	4

2. 地形图的编号

与国际分幅编号一致，1∶100 万的图号是由该图所在的行号（字符码）和列号（数字码）组合而成，中间不加连字符。如北京所在的 1∶100 万图幅编号为 J50。

1∶50 万～1∶5000 图幅的编号均以 1∶100 万图号为基础图号，在其后接加某比例尺的代码和该图幅在 1∶100 万图幅中所处的行号和列号。1∶500 000、1∶250 000、1∶100 000、1∶50 000、1∶25 000、1∶10 000、1∶5 000 各比例尺的代码依次为 B、C、D、E、F、G、H。某比例尺图幅的行号和列号是将 1∶100 万图幅按规定的纬差和经差划分成若干行和若干列，依照横行从上到下、纵列自左而右，按数字顺序从 001 开始，用三位阿拉伯数字（不足三位时以"0"补齐）进行编号而获得。图 9-3 是新颁布的地形图编号的格式，它由本图幅所在的 1∶100 万图幅的行号（1 位）和列号（2 位）、比例尺代码（1 位）、本图幅位于 1∶100 万图幅中的行号（三位）和列号（三位）共十位数码组成。

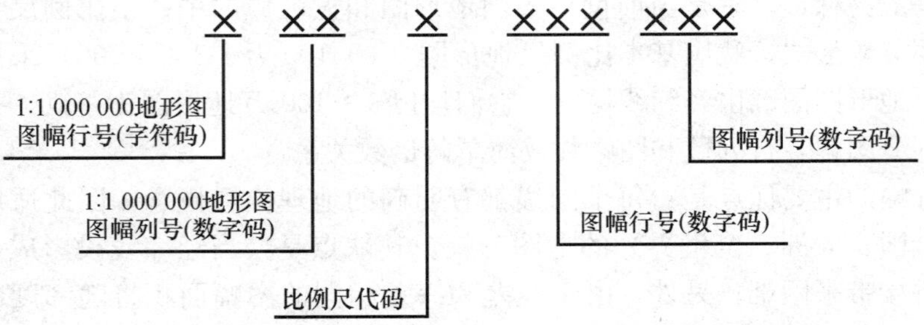

图 9-3　1∶50 万～1∶5000 地形图图号的构成

9.2.2　矩形分幅

大比例尺地形图的图幅通常采用矩形分幅，图幅的图廓线为平行于坐标轴的直角坐标格网线。以整千米（或百米）坐标进行分幅。图幅大小可分成 40cm×40cm、40cm×50cm 或 50cm×50cm。图幅大小见表 9-3。

表 9-3　几种大比例尺地形图的图幅大小

比例尺	图幅大小/cm^2	实地面积/ km^2	1∶5 000 图幅内的分幅数
1∶5 000	40×40	4	1
1∶2 000	50×50	1	4
1∶1 000	50×50	0.25	16
1∶500	50×50	0.0625	64

矩形分幅图的编号有以下几种方式。

1. 按图廓西南角坐标编号

采用图廓西南角坐标公里数编号，x 坐标在前，y 坐标在后，中间用短线连接。1∶5 000取至千米数；1∶2 000、1∶1 000 取至 0.1km；1∶500 取至 0.01km。例如，某幅 1∶1 000 比例尺地形图西南角图廓点的坐标：x=83 500m，y=15 500m，则该图幅编号为 83.5～15.5。

2. 按流水号编号

按测区统一划分的各图幅的顺序号码，从左到右，从上到下，用阿拉伯数字编号。图 9-4（a）中，晕线所示图号为 15。

3. 按行列号编号

将测区内图幅按行和列分别单独排出序号，再以图幅所在的行和列序号作为该图幅图号。图 9-4（b）中，晕线所示图号为 A-4。

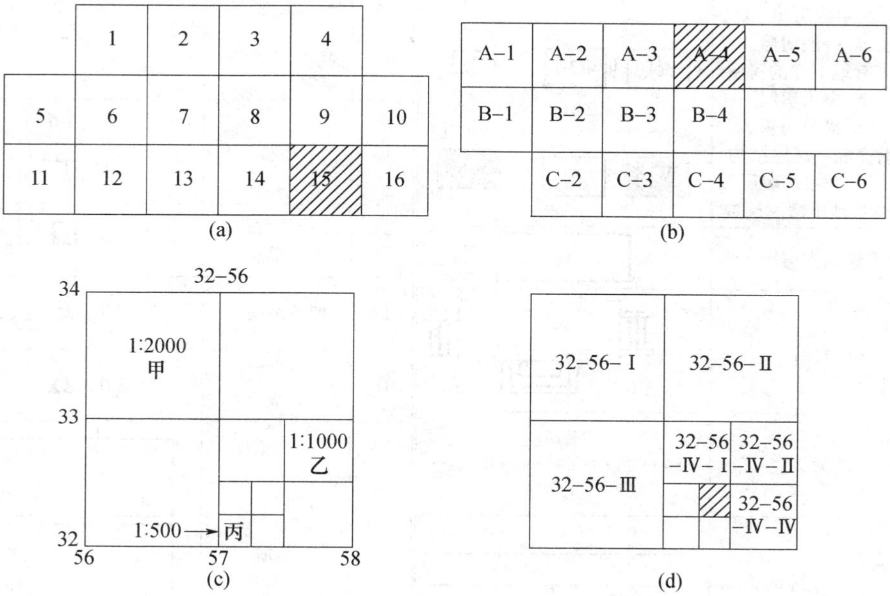

图 9-4　矩形分幅与编号

4. 以 1∶5 000 比例尺图为基础编号

如果整个测区测绘有几种不同比例尺的地形图，则地形图的编号可以 1∶5 000 比例尺地形图为基础。以某 1∶5 000 比例尺地形图图幅西南角坐标值编号，如图 9-4（c）中 1∶5 000 图幅编号为 32-56，此图号就作为该图幅内其他较大比例尺地形图的基本图号，编号方法见图 9-4（d）。图中，晕线所示图号为 32-56-Ⅳ-Ⅲ-Ⅱ。

9.3 地物符号

9.3.1 地形图图式

实地的地物和地貌是用各种符号表示在图上的，这些符号总称为地形图图式。《国家基本比例尺地图图式》（GB/T 20257）是由国家测绘管理机关制定，由国家技术监督局颁布实施的国家标准。它是测绘和使用地形图的重要依据，是识别和使用地形图的重要工具，也是地形图上表示各种地物、地貌要素的符号和注记的等级、规格和颜色标准。表 9-4 为《国家基本比例尺地图图式　第 1 部分：1∶500　1∶1000　1∶2000 地形图图式》（GB/T 20257.1—2007）中的部分地形图图式符号。

表 9-4　地形图图式

编号	符号名称	1：500　1：1000　1：2000
1	水准点	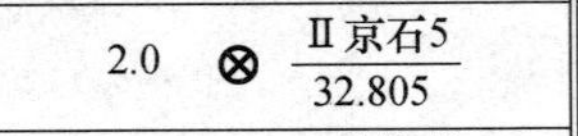
2	三角点	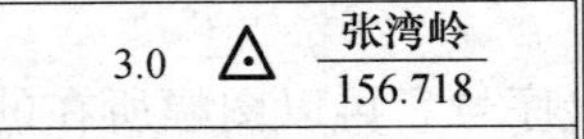
3	导线点	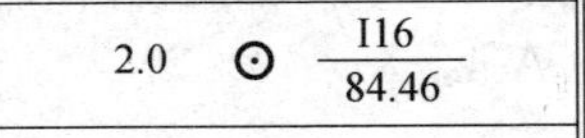
4	单幢房屋 a. 一般房屋 b. 有地下室的房屋 c. 突出房屋 d. 简易房屋 钢、混：房屋结构 1、3、28：房屋层数 −2：地下房屋层数	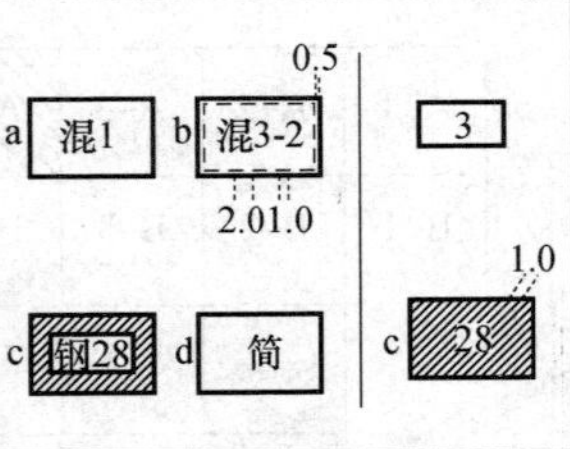
5	建筑中房屋	
6	台阶	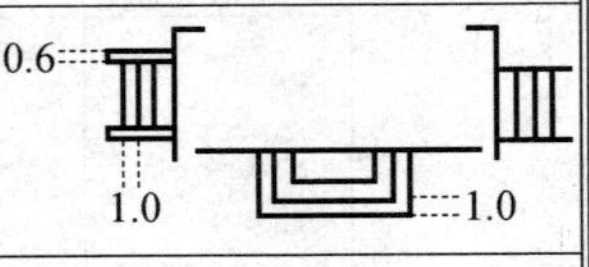
7	活树篱笆	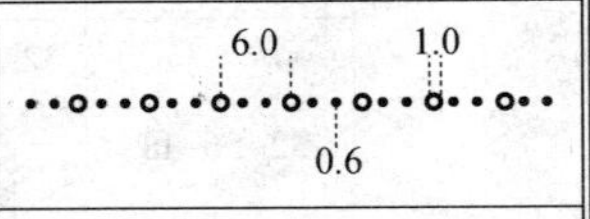
8	行树 a. 乔木行树 b. 灌木行树	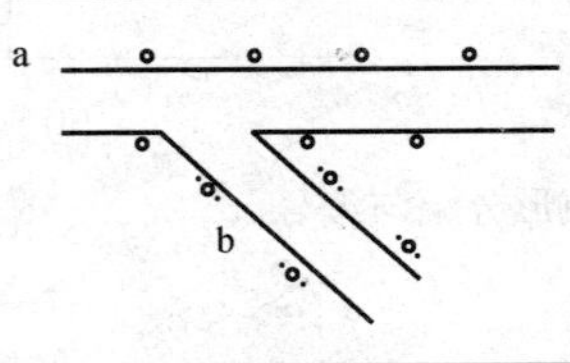
9	配电线 架空的：a 电线杆 地面下的 a 电缆标 配电线入地口	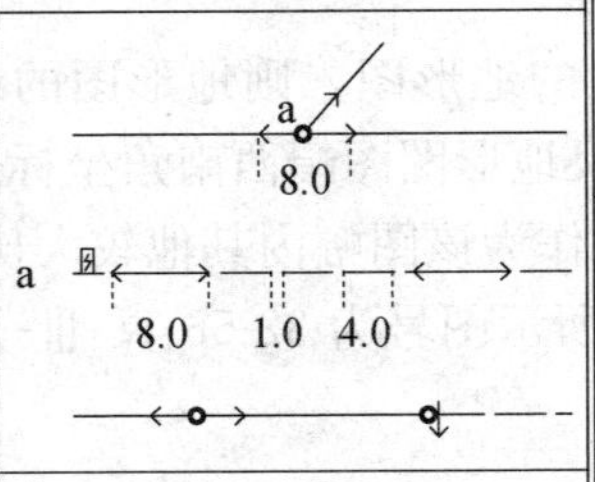
10	电线塔（铁塔） a. 依比例符号 b. 不依比例符号	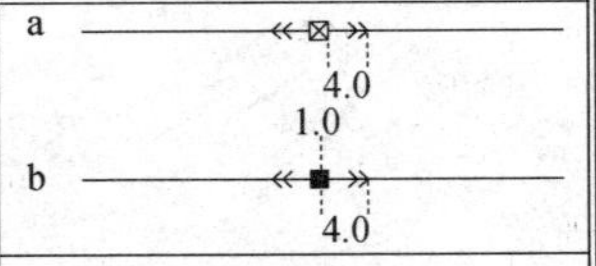
11	电线架	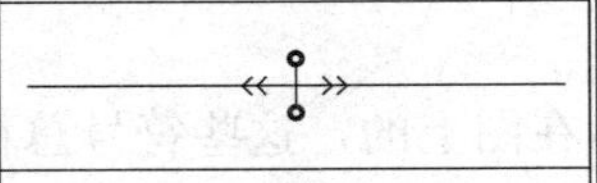
12	消火栓	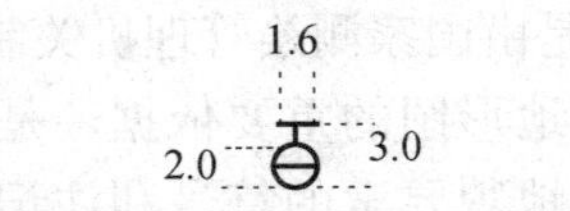
13	宣传橱窗、广告牌 a. 双（多）柱 b. 单柱	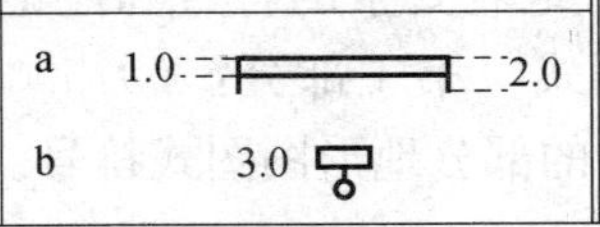
14	独立树 a. 阔叶 b. 针叶 c. 棕榈、椰子、槟榔	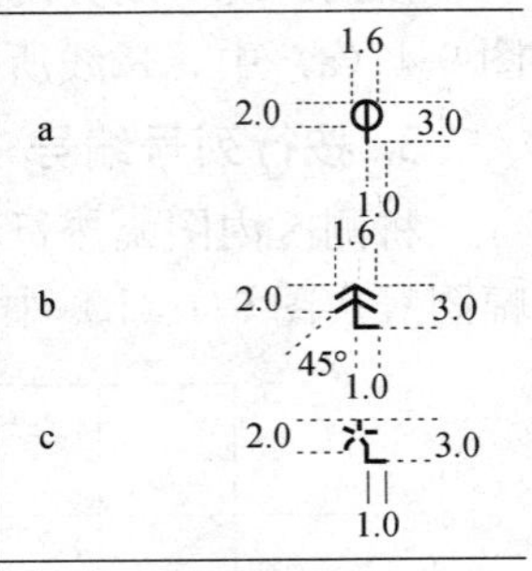
15	旗杆	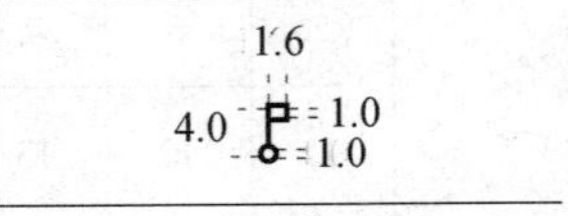
16	不埋石图根点	
17	埋石图根点	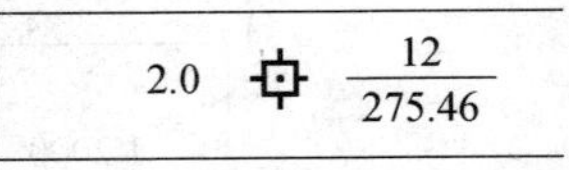
18	卫星定位等级点	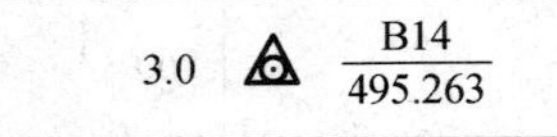
19	草地 a. 天然草地 b. 改良草地 c. 人工牧草地 d. 人工绿地	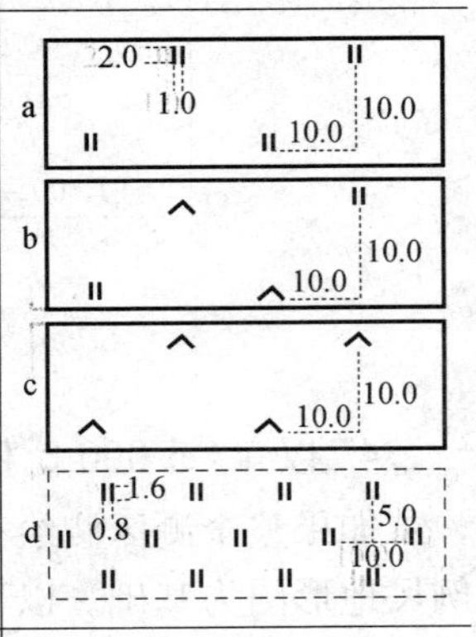
20	花圃、花坛	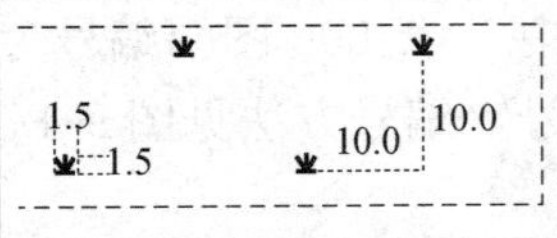
21	围墙 a. 依比例尺 b. 不依比例尺	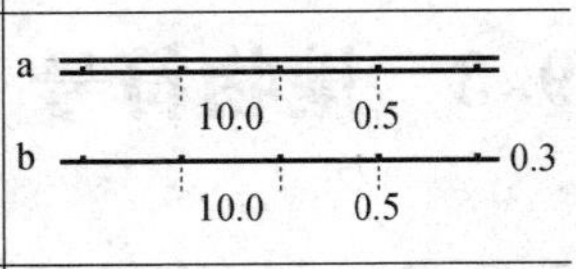
22	篱笆	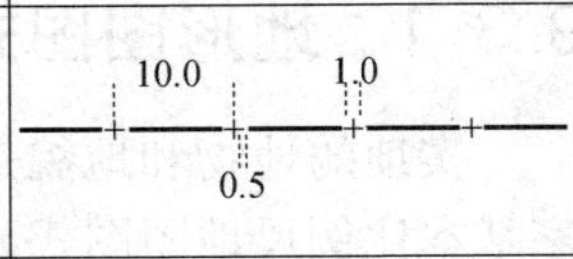
23	斜坡 a. 未加固 b. 已加固	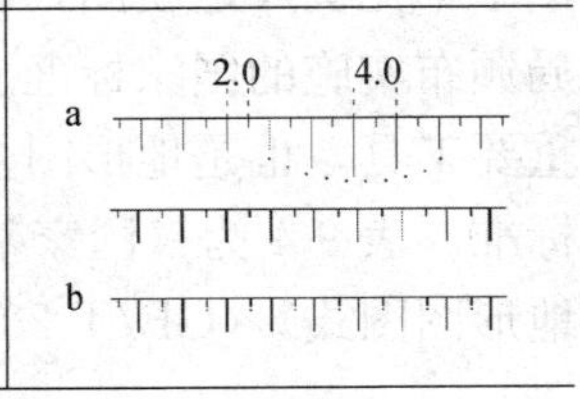

续表

编号	符号名称	1∶500 1∶1000 1∶2000	编号	符号名称	1∶500 1∶1000 1∶2000
24	街道 a. 主干路 b. 次干路 c. 支路	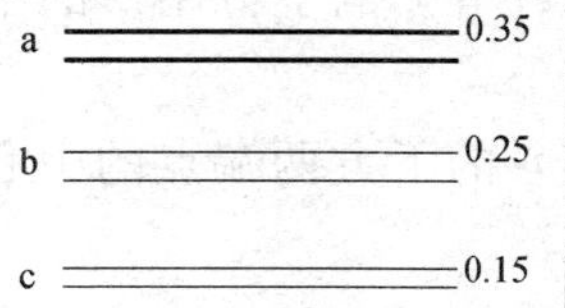	27	路灯	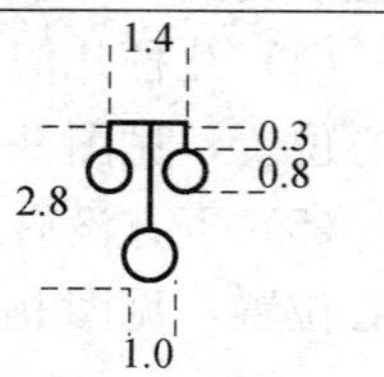
			28	变电室（所） a. 室内的 b. 露天的	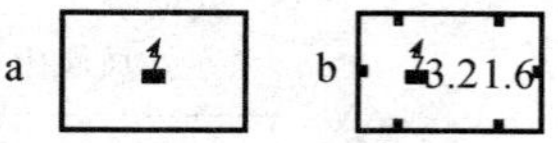
25	人工陡坎 a. 未加固 b. 已加固	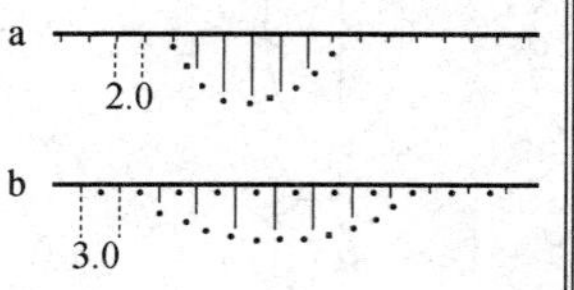	29	等高线 a. 首曲线 b. 计曲线 c. 间曲线 25：高程	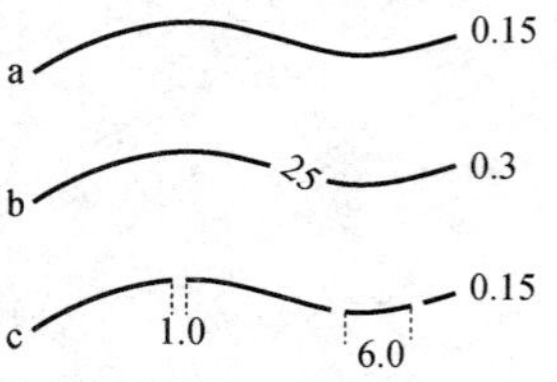
26	栅栏、栏杆	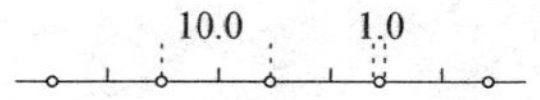	30	高程点及其注记	0.5 • 1520.3 • −15.3

9.3.2 地物符号

地物的类别、形状、大小及其在图上的位置，是用地物符号表示的。根据地物的大小及描绘方法不同，地物符号可分为比例符号、半比例符号、非比例符号及地物注记。

1. 比例符号

凡按照比例尺能将地物轮廓缩绘在图上的符号称为比例符号，如房屋、江河、湖泊、森林、果园等。这些符号与地面上实际地物的形状相似，可以在图上量测地物的面积。

当用比例符号仅能表示地物的形状和大小，而不能表示出其类别时，应在轮廓内加绘相应符号，以指明其地物类别。

2. 半比例符号

凡长度可按比例尺缩绘，而宽度不能按比例尺缩绘的狭长地物符号，称为半比例符号，也称线性符号，如道路、河流、通信线以及管道等。半比例符号的中心线即为实际地物的中心线。这种符号可以在图上量测地物的长度，但不能量测其宽度。

3. 非比例符号

当地物的轮廓很小或无轮廓，以致不能按测图比例尺缩小，但因其重要性又必须表示时，可不管其实际尺寸，均用规定的符号表示。这类地物符号称为非比例符号，如测量控制点、独立树、里程碑、钻孔、烟囱等。这种地物符号和有些比例符号随着比例尺的不同是可以相互转化的。

非比例符号不仅其形状和大小不能按比例尺去描绘，而且符号的中心位置与该地物实地中心的位置关系也将随各类地物符号不同而不同，其定位点规则如下：

（1）圆形、正方形、三角形等几何图形的符号（如三角点等）的几何中心即代表对应地物的中心位置，见图 9-5（a）。

（2）符号（如水塔等）底线的中心，即为相应地物的中心位置，见图 9-5（b）。

（3）底部为直角形的符号（如独立树等），其底部直角顶点，即为相应地物中心的位置，见图 9-5（c）。

（4）几种几何图形组成的符号（如旗杆等）的下方图形的中心，即为相应地物的中心位置，见图 9-5（d）。

（5）下方没有底线的符号（如窑洞等）的下方两端点的中心点，即为对应地物的中心位置，见图 9-5（e）。

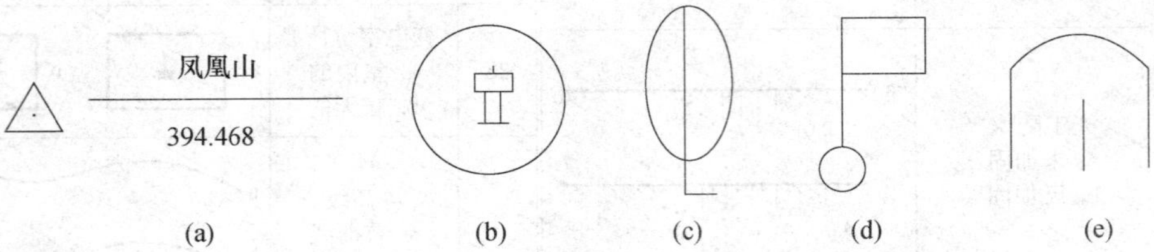

图 9-5　非比例符号示例

（a）三角点；（b）水塔；（c）独立树；（d）旗杆；（e）窑洞

4. 地物注记

用文字、数字等对地物的性质、名称、种类或数量等在图上加以说明，称为地物注记。地物注记可分为如下三类：

（1）地理名称注记：如居民点、山脉、河流、湖泊、水库、铁路、公路和行政区的名称等均须用各种不同大小、不同的字体进行注记说明。

（2）说明文字注记：在地形图上为了表示地物的实质或某种重要特征，可用文字说明进行注记。如咸水井除用水井符号表示外，还应加注“咸”字说明其水质；石油井、天然气井等其符号相同，必须在符号旁加注“油”、“气”以示区别。

（3）数字注记：在地形图上为了补充说明被描绘地物的数量和说明地物的特征，可用数字进行注记。如三角点的注记，其分子是点名或点号，其分母的数字表示三角点的高程。

在地形图上对于某个具体地物的表示，是采用比例符号还是非比例符号，主要由测图比例尺和地物的大小而定，在 GB/T 20257 中有明确规定。但一般而言，测图比例尺越大，用比例符号描绘的地物就越多；相反，比例尺越小，用非比例符号表示的地物就越多。随着比例尺的增大，说明文字注记和数字注记的数量也相应增加。

9.4　地貌符号

地貌是地球表面上高低起伏的总称，是地形图上最主要的要素之一。在地形图上表示地貌的方法主要是等高线。在图上，等高线不仅能表示地面高低起伏的形态，还可确定地面点的高程，对于等高线不能表示或不能单独表示的地貌，通常配以地貌符号和地貌注记来表示。

9.4.1　等高线

1. 等高线的概念

等高线是地面上高程相等的相邻点连成的闭合曲线。等高线表示地貌的原理见

图 9-6。设想用一系列间距相等的水平面去截某一高地，把其截线投影到同一个水平面上，且按比例缩小描绘到图纸上，即得用等高线表示地貌的等高线图。由此可见，等高线为一组高度不同的空间平面曲线，地形图上表示的等高线仅是它们在投影面上的投影。

2. 等高距及等高线平距

等高线是一定高度的水平面与地面相截的截线。水平面的高度不同，等高线表示地面的高程也不同。地形图上相邻两高程不同的等高线之间的高差，称为等高距，常以 h 表示。常用的等高距有 1m、2m、5m、10m 等几种。等高距越大，则图上等高线越稀疏，地貌显示就越粗略。但如果等高距很小，等高线则很密集，不仅影响地形图图面的清晰，而且使用也不便，同时使测绘工作量大大增加。因此，等高距的选择必须根据地形高低起伏程度、测图比例尺的大小和使用地形图的目的等因素来决定。

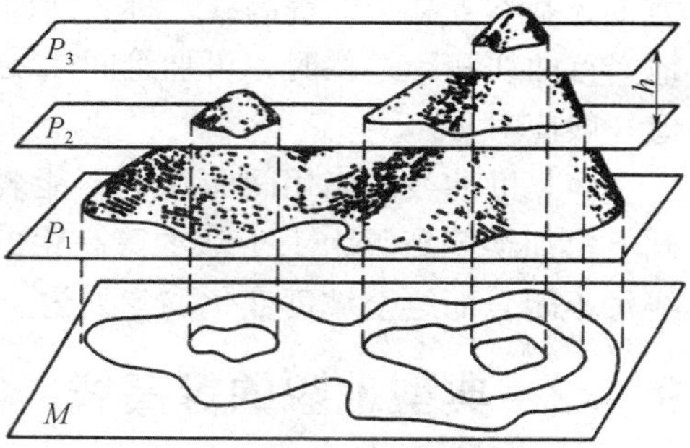

图 9-6 等高线表示地貌的原理

地形图上相邻等高线间的水平间距称为等高线平距。由于同一地形图上的等高距相同，故等高线平距 d 的大小直接与地面坡度有关。地面坡度 i 可以写成：

$$i=\frac{h}{dM} \tag{9-3}$$

式中，M 为地形图的比例尺分母。

在同一幅地形图上，等高线平距越小，则地面坡度越大；平距越大，则坡度越小；坡度相同，平距相等，见图 9-7。因此，可以根据图上等高线的疏密程度，判断地面坡度的陡缓。

3. 等高线的分类

为了更好地显示地貌特征，便于识图和用图，地形图上主要采用以下四种等高线，见图 9-8。

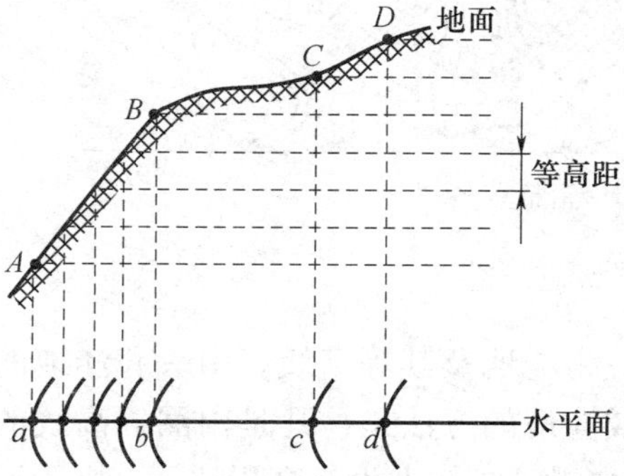

图 9-7 等高线平距与坡度的关系

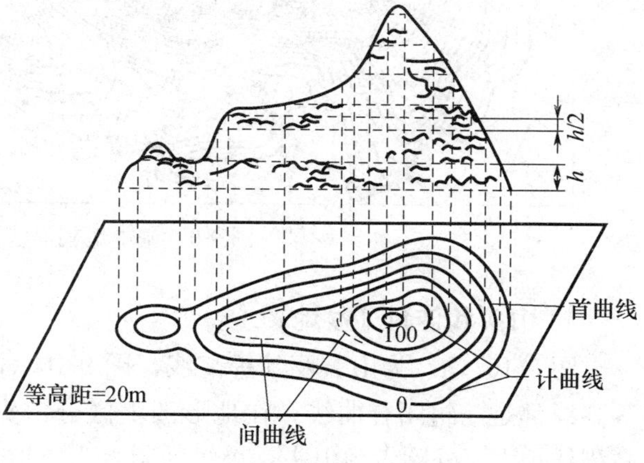

图 9-8 等高线分类

（1）首曲线。按规定的等高距（称为基本等高距）描绘的等高线称为首曲线，亦称基本等高线，在地形图上用 0.15mm 细实线描绘。

(2) 计曲线。为了识图和用图时等高线计数方便，通常将基本等高线从规定的高程起算面起，每隔 4 根首曲线加粗描绘 1 根等高线，这根加粗描绘的等高线称为计曲线。

(3) 间曲线。当用首曲线不能表示某些微型地貌而又需要表示时，可加绘等高距为 1/2 基本等高距的等高线，称为间曲线（又称半距等高线）。常用长虚线表示。在平地当首曲线间距过稀时，可加绘间曲线。间曲线可不闭合而绘至坡度变化均匀处为止，但一般应对称。

(4) 助曲线。当用间曲线仍不能表示应该表示的微型地貌时，还可在间曲线的基础上再加绘等高距为 1/4 基本等高距的等高线，称为助曲线。常用短虚线表示。助曲线可不闭合而绘至坡度变化均匀处为止，但一般应对称。

9.4.2 典型地貌的等高线

地貌形态虽然千变万化、千姿百态，但归纳起来，不外乎由山地、盆地、山脊、山谷、鞍部等基本地貌组成，见图 9-9。了解和熟悉用等高线表示典型地貌的特征，就能比较容易地根据地形图上的等高线分析和判别地面的起伏状态，将有助于识读、应用和测绘地形图。

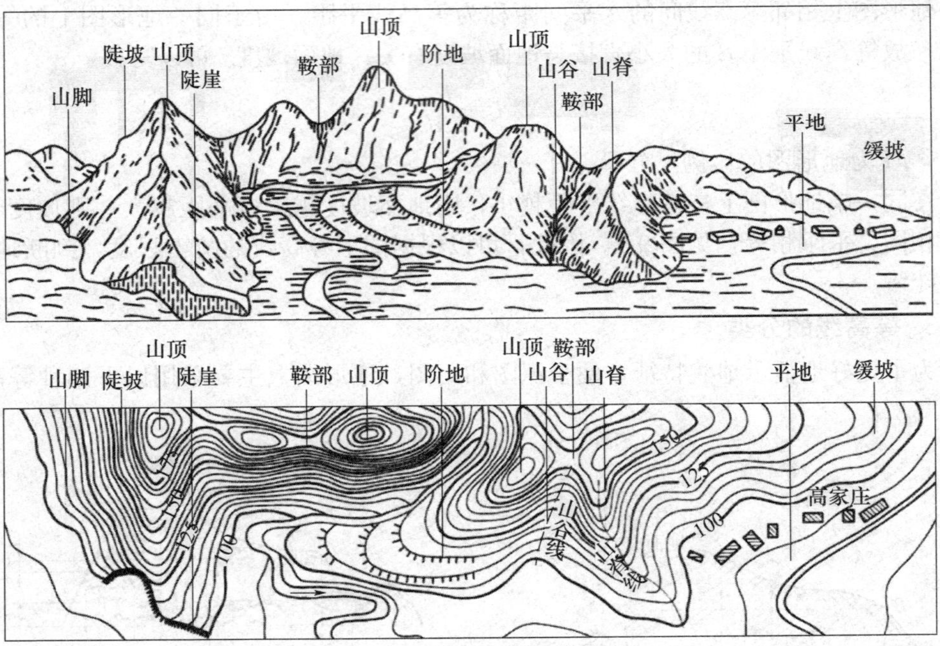

图 9-9 基本地貌形状及其等高线

1. 山头和洼地（盆地）

图 9-10 (a) 为山头及其等高线，图 9-10 (b) 为洼地及其等高线。山头和洼地的等高线都是一组闭合曲线。在地形图上区分山头或洼地的方法是：凡是内圈等高线的高程注记大于外圈者为山头，小于外圈者为洼地。如果等高线上没有高程注记，则用示坡线来表示。示坡线是垂直于等高线的短线，它指示的方向是下坡方向。见图 9-10 (a)，示坡线从内圈指向外圈，说明中间高，四周低，由内向外为下坡，故为山头或山丘；

图 9-10（b），其示坡线从外圈指向内圈，说明中间低，四周高，由外向内为下坡，故为洼地或盆地。

2. 山脊和山谷

山脊是沿着一定方向延伸的高地，山脊的最高棱线称为山脊线。山脊等高线表现为一组凸向低处的曲线，见图 9-11（a）。山谷是沿着一方向延伸的两个山脊之间的凹地，贯穿山谷最低点的连线称为山谷线，见图 9-11（b），山谷的等高线是一组凸向高处的曲线。

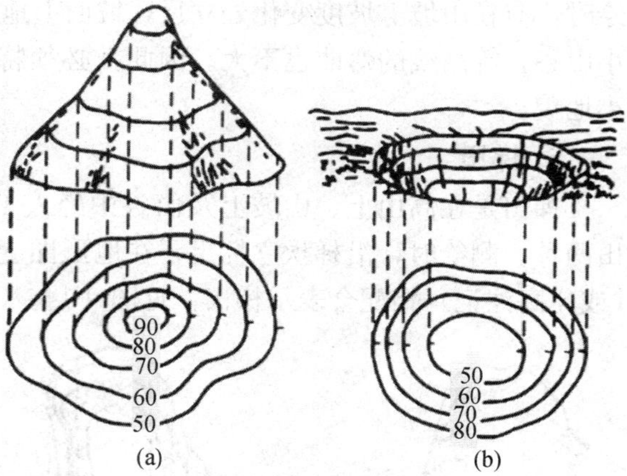

图 9-10　山头和洼地

（a）山头；（b）洼地

山脊附近的雨水必然以山脊线为分界线，分别流向山脊的两侧，因此，山脊线又称分水线。而在山谷中，雨水必然由两侧山坡流向谷底，向山谷线汇集，因此，山谷线又称集水线。山脊线和山谷线是显示地貌基本轮廓的线，统称为地性线，它在测图和用图中都有重要作用。

3. 鞍部

鞍部是相邻两山头之间呈马鞍形的低凹部位。典型的鞍部是在相对的两个山脊和山谷的会合处，其左、右两侧的等高线是近似对称的两组山脊线和两组山谷线。鞍部等高线的特点是在一圈大的闭合曲线内，套有两组小的闭合曲线，见图 9-12。鞍部往往是修建山区道路的关节点，越岭道路常需经过鞍部。

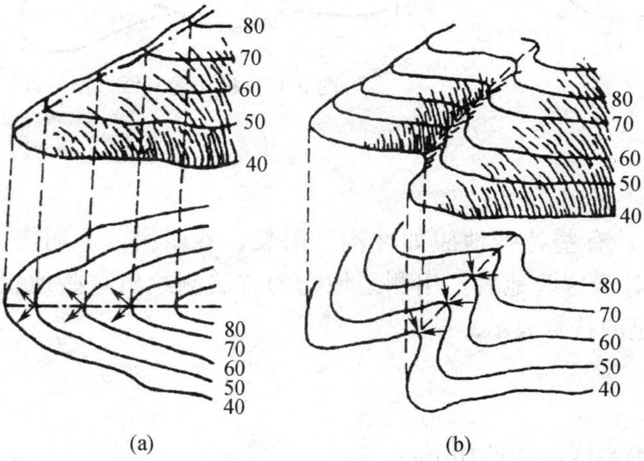

图 9-11　山脊和山谷

（a）山脊；（b）山谷

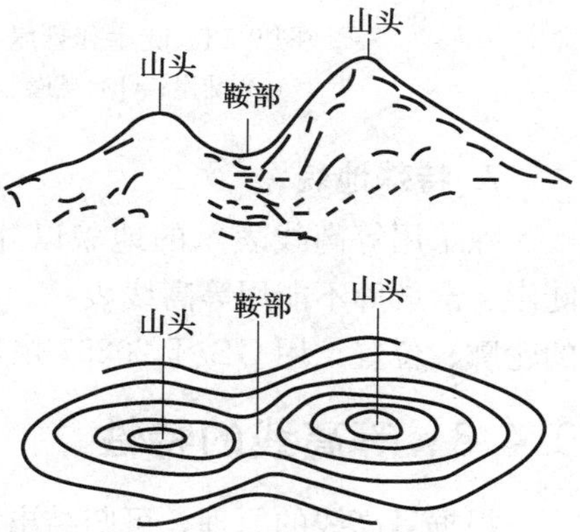

图 9-12　鞍部

4. 陡崖和悬崖

陡崖是坡度在 70°以上的陡峭崖壁，有石质和土质之分。如果用等高线表示，将是非常密集或重合为一条线，因此采用锯齿形的陡崖符号来表示，见图 9-13（a）。

悬崖是上部突出，下部凹进的绝壁，这种地貌的等高线出现相交。俯视时隐蔽的等高线用虚线表示，见图 9-13（b）所示。

5. 山坡

山坡是山脊、山谷等基本地貌间的连接部位，由坡度不断变化的倾斜面组成。测绘时，应在山坡上坡度变化处立尺，坡面上地形变化实际也就是一些不明显的小山脊、小山谷，等高线的弯曲也不大。因此，必须特别注意选择标尺点的位置，以显示出微小地貌。

6. 梯田

梯田是在高山上、山坡上及山谷中经人工改造的地貌。梯田有水平梯田和倾斜梯田两种。测绘时，沿梯坎立标尺，在地形图上一般以等高线、梯田坎符号和高程注记（或比高注记）相配合表示梯田，见图 9-14。

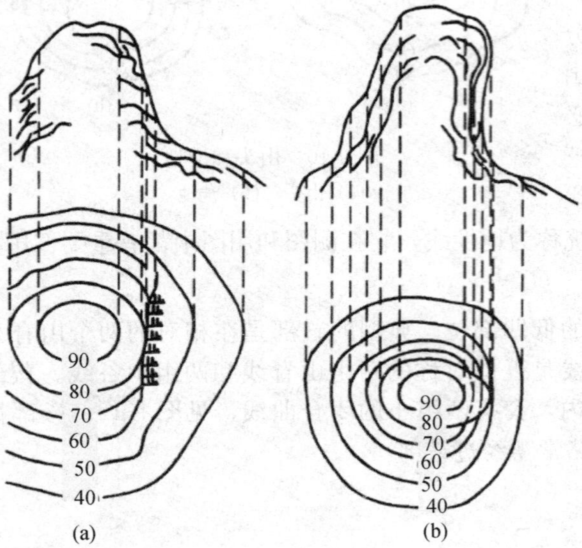

图 9-13　陡崖和悬崖

(a) 陡崖；(b) 悬崖

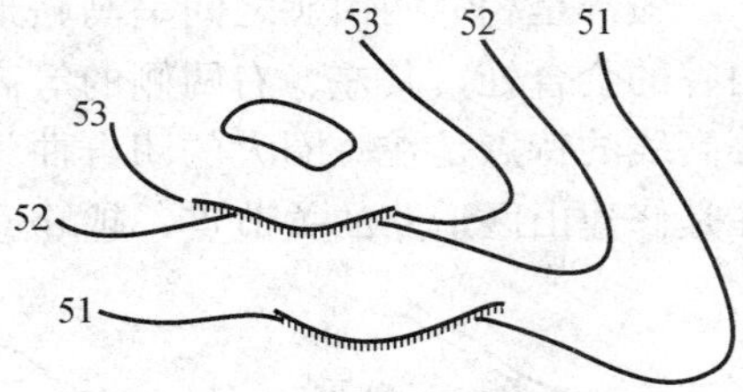

图 9-14　梯田等高线

7. 特殊地貌

除了用等高线表示的地貌以外，有些特殊地貌如冲沟、雨裂、砂崩崖、土崩崖、陡崖、滑坡等不能用等高线表示。对于这些地貌，用测绘地物的方法测绘出这些地貌的轮廓、位置，用 GB/T 20257 规定的符号表示。

9.4.3　等高线的特性

根据等高线的原理，可归结出等高线的特性如下：

(1) 在同一条等高线上的各点的高程都相等，但高程相等的点不一定位于同一条等高线上。例如，当同一水平面横截两个山头时，会得出同样高程的两条等高线。

(2) 等高线是闭合曲线。一个无限伸展的水平面与地表的交线必然是闭合的，所以某一高程的等高线必然是一条闭合曲线。但在测绘地形图时，应注意到：其一，由于图幅的范围限制，等高线不一定在图面内闭合而被图廓线截断；其二，为使图面清晰易读，等高线应在遇到房屋、公路等地物符号及其注记时断开；其三，由于间曲线与助曲线仅应用于局部地区，故可在不需要表示的地方中断。

(3) 除了陡崖和悬崖处之外，等高线既不会重合，也不会相交。由于不同高程的水平面不会相交或重合，它们与地表的交线当然也不会相交或重合。但是一些特殊地貌，如陡壁、陡坎、悬崖的等高线就会重叠在一起，这些地貌必须加绘相应地貌符号表示。

(4) 等高线与山脊线和山谷线成正交。山脊等高线应凸向低处，山谷等高线应凸向高处。

(5) 等高线平距的大小与地面坡度大小成反比。在同一等高距的情况下，地面坡度越小，等高线的平距越大，等高线越疏；反之，地面坡度越大，等高线的平距越小，等高线越密。

习题

1. 什么是地形图、平面图？各有什么特点？
2. 什么是比例尺？常用的比例尺有哪两种？
3. 国家基本比例尺地形图有哪些？何为大、中、小比例尺？
4. 何谓比例尺精度？了解比例尺精度对测图有何意义？
5. 地形图为什么要进行分幅与编号？何谓梯形分幅和矩形分幅？各适用于哪些比例尺地形图？
6. 地物符号分为哪几种？
7. 什么是等高线、等高距、等高线平距？在同一幅地形图中等高线平距和地面坡度有何关系？
8. 典型地貌有哪些类型？它们的等高线各有何特点？
9. 等高线有哪些特性？

10 大比例尺数字地形图的测绘

本章导读

【本章提要】 本章介绍了大比例尺地形图的测绘方法及其原理，其主要内容包括：传统测图前的准备工作、碎部点测绘原理、经纬仪测绘法以及地面数字测图法。

【学习目标】 掌握大比例尺地形图测绘方法、数字化测图的基本原理。

10.1 概述

在地形图测绘中，决定地物、地貌位置的特征点称为地形特征点，也称碎部点。控制测量工作结束后，就可根据图根控制点测定地物、地貌特征点的平面位置和高程，即碎部测量。

碎部测量就是以控制点为基础，测量地物、地貌的平面位置和高程，并将其绘制成地形图的测量工作。在碎部测量中，地物的测绘实际上就是地物平面形状的测绘，地物平面形状可用其轮廓点（交点和拐点）和中心点来表示，这些点被称为地物的特征点。尽管地貌形态复杂，但可将其归结为许多不同方向、不同坡度的平面交合而成的几何体，其平面交线就是方向变化线和坡度变化线，只要确定这些方向变化线和坡度变化线上的方向和坡度变换点（称之为地貌特征点或地性点）的平面位置和高程，地貌的基本形态也就反映出来了。因此，无论地物还是地貌，其形态都是由一些特征点，即碎部点的点位所决定。碎部测量工作包括两个过程：一是测量碎部点的平面位置和高程，二是利用地图符号在图上绘制各种地物和地貌。

碎部测图的方法有平板仪测图、经纬仪测图等传统测图法，数字测图法如全站仪等地面数字测图、地图数字化、摄影测量与遥感成图等方法。

传统的地形测量是利用测量仪器对地球表面局部区域内的各种地物、地貌特征点的空间位置进行测量，并以特定的比例尺和图示符号绘制在图纸上，通常称之为白纸测图。这种测图方法的实质是模拟测图或图解测图，在测图过程中获得的数据利用模拟方法最终转化为纸上图形，转化过程中图形的数字精度由于受到放缩、刺点、绘图、图纸伸缩因素的影响，导致图件的最终成果精度大大降低，而且工序多、劳动强度大、质量管理难以实施，并且图纸的复制会进一步降低精度，图纸的保存也不如数字测图成果（磁盘、光盘）方便高效。

数字测图是对利用各种手段采集到的地面数据进行计算机处理，而自动生成以数字形式储存在计算机存储介质上的地形图的方法。根据采集数据的手段不同，可分为地面数字测图、地形图数字化和摄影测量与遥感成图三种方法。

地面数字测图是指对利用全站仪、GPS接收机等仪器采集的数据及其编码，通过计算机图形处理而自动绘制地形图的方法。地面数字测图基本硬件包括：全站仪或GPS接收机、计算机和绘图仪等。软件基本功能主要有：野外数据的输入和处理、图形文件生成、等高线自动生成、图形编辑与注记和地形图自动绘制。

数字地形图也可采用地形图数字化方法。采用常规测图方法测绘的图解地形图通过地形图数字化，可转换成计算机能存储和处理的数字地形图，但其地形要素的位置精度不会高于原地形图的精度。数字化仪是采集图形数据的设备，由其采集的数据还需要用专门的软件进行处理和编辑。由纸质地形图向数字化图的转换是数字化的一个复杂的过程，它涉及原纸图的固有误差、数字化过程中的误差、数字化的设备（数字化仪）、数字化软件等多个方面。目前通用的数字化方法有手扶跟踪地形图数字化法、扫描数字化法等。

摄影测量与遥感成图法是利用航空或卫星摄影像片，以野外实测的控制点为基础，借助内业仪器制作地形图。目前，摄影测量与遥感成图法是大面积地形测图的主要方法。

本书主要讲解传统的地形图测图与数字化测图两种方法。

10.2 传统的地形图测图原理与方法

传统测图法的实质即图解测图，通过测量将碎部点展绘在图纸上，以手工方式描绘地物和地貌，具有测图周期长、精度低等缺点，主要适用于小区域、大比例尺的地形测图。传统测图应按照一定的程序进行工作，即：在收集资料和现场初步踏勘的基础上，拟定技术计划；进行测区的基本控制测量和图根控制测量；进行测图前的一系列准备工作，以保证测图工作的顺利进行；在测站点密度不够时要对测站点进行加密；逐点完成碎部测图工作；进行图边测图和野外接图；完成检查、验收，野外原图整饰等碎部测图的结束工作。掌握传统测图方法原理是理解数字测图的基本要求，本节主要介绍大比例尺地形图测绘的传统方法。

10.2.1 技术设计

为了保证测图工作的正确实施，必须在测图前对整个测图工作做出合理规划、统筹安排：从硬件配置，测量方法和测量方案及数据采集精度，数据和图形的绘制，各工序之间的衔接和协调，保证测图成果的各类提交资料符合国家和行业的规范规程、图式要求，并符合委托单位的技术要求。

根据测区情况，调查测区自然地理条件、本单位拥有的软、硬件设备、技术人员，运用测图理论和方法制定合理的技术方案、作业方法并拟定作业计划，用以指导测图的全过程。

1. 准备工作

技术设计前应搜集测区内各项相关资料并进行现场踏勘，搜集内容包括：

（1）测区 1∶1000～1∶5000 比例尺地形图、交通图；

（2）测区已有的控制测量资料，包括平面控制网图、水准路线图、控制点及水准点“点之记”、控制点成果表、技术总结报告等；

（3）城市规划、城市地质、地球物理特征及气象资料。

2. 技术设计的依据

（1）国家及部门颁布的有关技术规范、规程、图式；

（2）任务文件及合同书；

（3）上级主管部门批准的地方性技术规定。

3. 技术设计的内容

设计要详细说明测区已有控制资料的详细情况，包括施测单位，施测时间、控制测量等级、精度、标石保存情况，平差方法，并对成果质量进行分析评估，拟定对旧网和国家控制网的联测方案。同时应该说明图根控制测量和碎部测量的方案，采用的仪器、软件、人员构成，工作量统计、作业计划拟定和经费预算。

10.2.2 图根控制测量

图根控制测量包括图根平面控制测量和图根高程控制测量两部分。图根平面控制测量可采用图根导线、交会定点测量和 GPS 测量等方法。图根导线测量、交会定点测量的技术要求等内容在第 7 章已详细叙述，这里不再赘述。

GPS 图根控制测量，宜采用 GPS-RTK 方法直接测定图根点的坐标和高程。GPS-RTK 方法的作业半径不宜超过 5km，对每个图根点均应进行同一参考站或不同参考站下的两次独立测量，其点位较差不应大于图上 0.1mm，高程较差不应大于基本等高距的 1/10。

图根高程控制测量可采取图根水准测量或电磁波测距三角高程测量方法。

10.2.3 测图前的准备工作

在测图时，除了对测图使用的仪器进行检查和校正，以及相关资料的准备工作外，还应认真准备好测图板。它包括图纸的准备、绘制坐标格网及展绘控制点等工作。

1. 绘制坐标方格网

测绘地形图，应该采用质量较好的绘图纸或选用聚酯薄膜作图纸。聚酯薄膜的厚度为 0.07～0.1mm，经过热定型处理，其伸缩率小于 0.3%；聚酯薄膜图纸坚韧耐湿，可水洗，便于野外作业；在图纸上着墨后，可直接复晒蓝图，但易燃，有折痕后不能消失，在测图、使用、保管过程中要注意。聚酯薄膜多数都绘有现成的坐标方格网。

使用绘图纸作为测图用纸时，要绘制坐标格网。坐标格网通常用直尺或用特制的坐标格网尺绘制。用直尺绘制坐标格网的方法是：在正方形或长方形图纸上先画出两条对角线，在对角线上从交点量出长度相等的四个线段，*OA*、*OB*、*OC* 和 *OD*，见图 10-1。将所得点 *A*、*B*、*C*、*D* 连接起来，即得矩形 *ABCD*。再自 *A* 和 *D* 自下而上截出间隔为 10cm 的 1、2、3、4、5 各点，再自 *A* 和 *B* 由左向右截出 1′、2′、3′、4′、5′各点连接对应各点，即得坐标格网。

坐标格网应用 3H～5H 铅笔绘制，线条为 0.1mm 粗。坐标格网绘好后，应进行检查。将直尺边与方格网的对角线重合，各方格顶点应该在同一条直线上，误差不得大于0.2mm。同时还要量小方格的边长和对角线的长度。规定边长误差不得大于0.2mm，对角线误差不大于0.3mm。

2. 展绘平面控制点

展绘控制点就是把测区内的所有控制点根据其坐标按照测图比例尺画在图纸上，并在旁边注明相应的点号和高程。测图时是以图上的控制点为依据，所以，控制点展绘的精度将直接影响测图的质量。

如果控制点的坐标是假定坐标，先要考虑使整个导线图形在图纸上的中央位置，不要偏向图纸一侧，影响碎部点的测绘。展点时，首先要确定导线点所在的小方格，见图10-2，A点坐标为：$x_A=765.32\text{m}$，$y_A=565.20\text{m}$，其位置在$klmn$方格内。然后从k和l以1∶1000比例尺向右量取65.20m得a和b，从k和n向上量取65.32m得c和d，连接ab和cd，其交点便是导线点A的位置。同法将其他各点展绘于图上，再用比例尺量取相邻导线点之间的长度，与相应实测距离比较，其最大误差不得超过图上0.3mm。经检查无误，按规定图式绘出导线点符号，注明点号及高程。

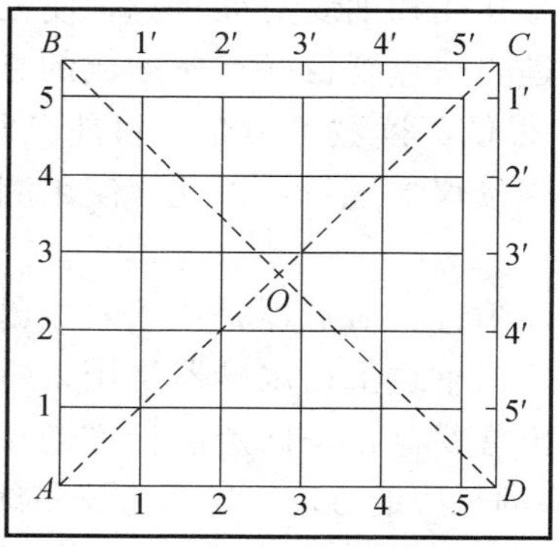

图10-1 坐标方格网的绘制方法

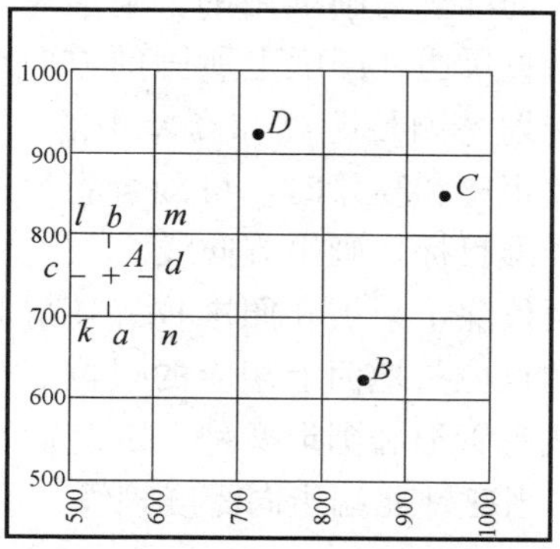

图10-2 平面控制点的展绘方法

10.2.4 平板仪测图原理及使用

1. 平板仪测图原理

平板仪测量是用图解投影的方法，按测图比例尺将地面上点的位置缩绘到图纸上。因此平板仪测量也称图解测量。

见图10-3，设在地面上有A、B、C三点，在B安置一块水平图板，板上固定一张图纸，纸上画出表示地面B点的b点，并使图上b点与地面上B点在同一铅垂线上。然后，通过BA和BC方向作两个竖直面，则竖直面与图板面的交线ba和bc所夹的角度，就是ABC的水平角。如再量出B至A点和C点的水平距离，并按一定的比例尺在ba和bc方向线上截取a、c两点，则图上abc三点组成的图形和地面上ABC三点的图形相似。这就是平板仪测图的原理。此外，再测量A点和C点的高程，并注在图上相应的位置。这样，在图上既

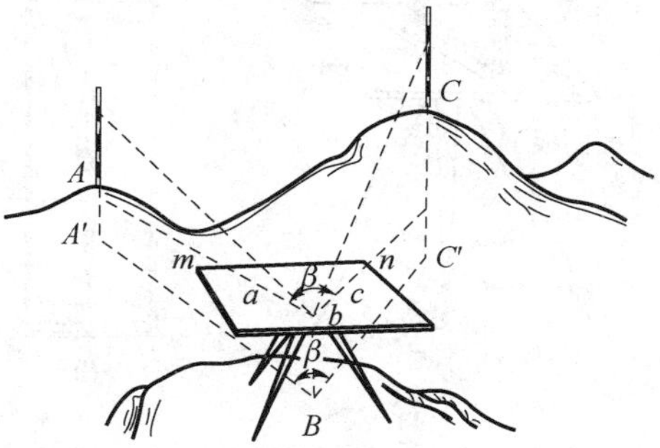

图10-3 平板仪测图原理

有了点的平面位置，又有了点的高程。用同样的方法在图纸上绘出其他碎部点，根据这些点的平面位置关系和高程即可画出地形图。

根据平板仪测量的原理，平板仪必须有一块可以固连在脚架上的水平图板和借以描绘方向的照准设备。因此，平板仪主要由平板部分和照准部分组成。平板仪分小平板仪和大平板仪两种，其构造基本相似，主要区别在于照准设备和基座结构的不同，现将其构造分述如下。

2. **小平板仪**

小平板仪的平板部分比较简单，测图板一般为50cm×40cm×3cm，也有其他尺寸，基座都直接装在三脚架上，测图板通过三脚架的中心螺旋固定在基座上。有些小平板仪的平板部分没有基座，只有测图板和三脚架。

测斜照准仪是小平板仪的照准设备，由直尺、觇孔板和分划板组成，见图 10-4（a）。在直尺的中央有水准管，斜边上刻有分划，靠近尺的两端有两个校正杆，在不动平板的情况下，可用来整平测斜照准仪。觇孔板上有上、中、下三个觇孔，它们和分划板狭缝中的细丝是瞄准用的。瞄准时，可通过觇孔和细线对准目标，使三者成一直线。这时沿直尺边在图纸上所画的方向线，就是测站点到目标点所连成的方向线。分划板上的刻划是测量距离和高差用的，因精度很低，读数不清楚，目前已很少采用。当需要测量距离和高差时，可配合卷尺或其他测量仪器进行，因此，使用测斜照准仪主要用来瞄准目标，画出方向线。

小平板仪除了平板和照准仪外还应具备下述附件：对点器是用来对中的，利用它可使图上的点位与地面上相应的点位处于同一条铅垂线上；水准器是用来整平图板用的，其形式有管形和圆形两种；定向罗盘又称长盒罗盘，是标定图板方向用的，见图 10-4（b），当磁针北端指向零度刻线，沿罗盘盒的长边的方向，即为磁子午线的方向。

3. **大平板仪**

大平板仪的平板部分由测图板、基座和三脚架组成，见图 10-5。测图板一般为50cm×60cm×3cm 的矩形木板。基座和经纬仪基座的作用相似，基座上部为一个金属圆盘，圆盘边缘有三个固定螺旋用以使基座和测图板连接，圆盘下面有一个轴，插在轴座内，并可在其中做旋转运动。为了控制和调节测图板的转动，还装有制动螺旋和微动螺旋。基座下部的三个脚螺旋是用以整平图板的。使用时，利用金属盘三个固定螺旋将测图板连接在基座上，再用中心螺旋使基座与三脚架相连。

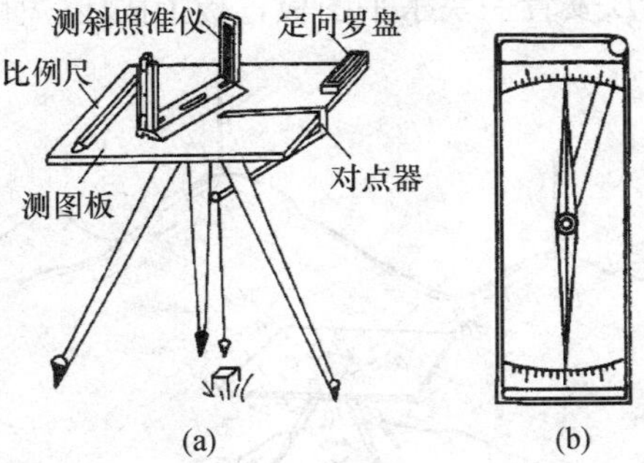

图 10-4　小平板仪的组成

（a）小平板仪；（b）定向罗盘

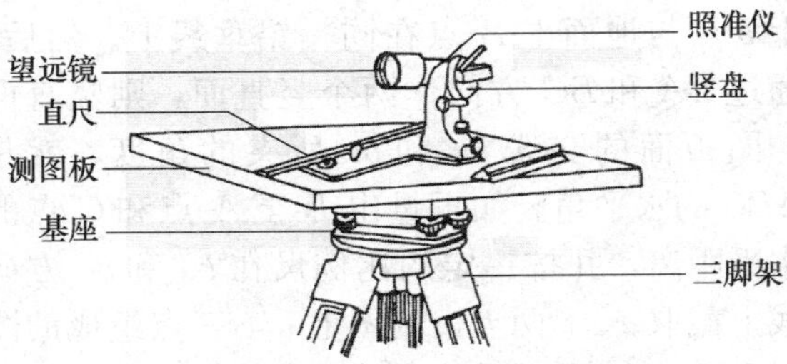

图 10-5　大平板仪的组成

照准仪是大平板仪的照准设备，是用来瞄准目标、画方向线、测量距离和高差的。主要由望远镜、竖盘、支柱和直尺组成。望远镜和竖盘的作用和经纬仪相同，可以用视距测量方法同时测量水平距离和高差。

大平板仪也配备同小平板仪一样的附件：对点器、水准器、定向罗盘。

4. 平板仪的安置

平板仪在一个测站上的安置包括对中、整平、定向。

(1) 对中

对中就是使图板上的测站点和地面上的相应点位处于同一铅垂线上。作业时可利用对点器上方的尖端对准图板上测站点，然后移动或转动图板，使垂球尖对准地面上的相应点位。对中的精度要求视测图比例尺而定。一般要求对中容许误差不超过比例尺精度（即图上 0.1mm 相应的实地长度）的一半。例如，测图比例尺 1∶1000，对中容许误差为 5cm。

(2) 整平

整平就是利用圆水准器或直尺上的管形水准器和基座上的脚螺旋，使图板水平，整平方法与经纬仪相似。

有些小平板仪没有基座部分，是靠移动三脚架使图板水平的。将照准仪放在图板上，其位置与三脚架的两个脚尖所连的直线平行。这时左右移动第三脚，使气泡居中。然后将照准仪旋转 90°，这时再前后移动第三脚，使气泡居中，以同法反复操作，直到气泡在以上两个位置都居中为止。

(3) 定向

定向就是使图纸上的直线与相应的地面直线方向一致。定向的方法有磁针定向和已知直线定向两种。

① 磁针定向

它是将长盒罗盘的长边与图纸上磁南北线重合。转动图板，使磁针北端指零，然后固定图板。此时，图上的南北方向即与实地的南北方向一致。用磁针定向的精度较低，一般在照准已知点有困难不得已时才用磁针定向。

② 用已知直线定向

见图 10-6，图板上 a、b 两点对应于地面 A、B 两点。定向时，若测站为 A 点，可将照准仪的直尺边贴靠在图板上已知方向线 ab 上。转动图板，用照准仪照准地面上另一已知点 B，然后固定图板。此时，图板上直线的方向即与实地一致，图板即已定向。

在平板仪的安置中，对中、整平和定向三项工作是相互影响的，不可能一次把平板仪安置好，可分两步进行。首先目估使图板大致定向和大致水平，并移动图板大致进行对中，然后再以相反的程序进行精确地对中、整平和定向。在三项工作中，对中只要在容许误差范围以内即可，其中定向是关键，因为从一点画线，如果开始方向有偏差，那么测绘时，整个测站工作都会有偏差，所以必须认真做好“定向”工作。

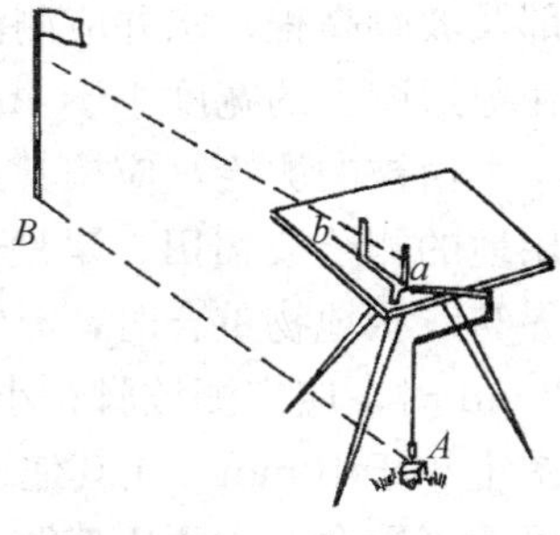

图 10-6　平板仪的定向

10.2.5 碎部测量的方法

1. 碎部点的选择

碎部测量就是以控制点为基础，测出地表各种碎部点的平面位置和高程，用以绘制平面图或地形图。施测过程中，首先要注意碎部点的选择。碎部点选择是否适当，将影响到测量成果的质量。

（1）地物点的选择

地物一般分为两大类：一类是自然地物，如河流、湖泊、森林、草地等植被、陡坎的边界、孤立的岩石等；另一类是人工地物，如房屋、铁路、公路、水渠、桥梁、电力线以及通信线等。地物的测绘主要是测量地物特征点，通过特征点将这些地物在地形图上表现出来。地形图上各种名称的注记，应采用现有的法定名称。

各类建（构）筑物及其主要附属设施均应进行测绘。居民区可根据测图比例尺大小或用图需要，对测绘内容和取舍范围适当加以综合。临时性建筑可不测。建（构）筑物用其外轮廓表示，房屋外廓以墙角为准，并用建筑材料和性质分类，注记层数。当建（构）筑物轮廓凸凹部分在图上小于0.4mm，简单房屋小于0.6mm时，可用直线连接。街区凸凹部分的取舍，可根据用图的需要和实际情况确定。各街区单元的出入口及建筑物的重点部位，应测注高程点。

对于地下建（构）筑物，可只测量其出入口和地面通风口的位置和高程。

独立性地物的测绘，能按比例尺表示的，应实测外廓，填绘符号，如水塔、烟囱、杆塔；在图上比较明显、重要而又不能按比例尺表示其外廓形状时，应准确表示其定位点或定位线。

管线转角部分，均应实测。线路密集部分或居民区的低压电力线和通信线，可选择主干线测绘；当管线直线部分的支架、线杆和附属设施密集时，可适当取舍；当多种线路在同一杆柱上时，应择其主要表示。各种管线的检修井，电力线路、通信线路的杆（塔），架空管线的固定支架，应测出位置并适当测注高程点。

交通及附属设施，均应按实际形状测绘。铁路应测注轨面高程，在曲线段应测注内轨面高程；涵洞应测注洞底高程。1∶2000及1∶5000比例尺地形图，可适当舍去车站范围内的附属设施。对于小路可选择测绘。主要道路中心在图上每隔5cm处和交叉、转折、起伏变换处，应测注高程点。路堤路堑应按照实际宽度测绘，并在坡顶坡脚适当测注高程。

水系及附属设施，宜按实际形状测绘。水渠应测注渠顶边高程；堤、坝应测注顶部及坡脚高程；水井应测注井台高程；水塘应测注塘顶边及塘底高程。当河沟、水渠在地形图上的宽度小于1mm时，可用单线表示。

植被的测绘，应按其经济价值和面积大小适当取舍，并应符合下列规定：①农业用地的测绘按稻田、旱地、菜地、经济作物地等进行区分，并配置相应符号。②地类界与线状地物重合时，只绘线状地物符号。③梯田坎的坡面投影宽度在地形图上大于2mm时，应实测坡脚；小于2mm时，可量注比高。当两坎间距在1∶500比例尺地形图上小于10mm、在其他比例尺地形图上小于5mm时或坎高小于基本等高距的1/2时，可适当取舍。④稻田应测出田间的代表性高程，当田埂宽在地形图上小于1mm时，可用单线表示。

(2) 地貌点的选择

地貌一般以等高线表示，特征明显的地貌（如崩塌残蚀地貌、坡、坎等）不能用等高线表示时，应以符号表示。地形图的基本等高距根据地形类别和用途的需要，按表 10-1 规定选用。一个测区内同一比例尺地形图宜采用相同基本等高距。当基本等高距不能显示地貌特征时，应加绘半距等高线。平坦地区和城市建筑区，根据用图的需要，也可以不绘等高线，只用高程注记点表示。高程注记点密度为图上每 100cm^2 内 5～20 个，一般选择明显地物点或地貌特征点。

表 10-1 地形图的基本等高距 (m)

比例尺	地形类别			
	平坦地	丘陵地	山地	高山地
1∶500	0.5	0.5	1	1
1∶1000	0.5	1	1	2
1∶2000	1	2	2	2
1∶5000	2	5	5	5

地貌点要选在山顶、鞍部、凹地、山脊、谷底及倾斜变换处。利用这些特征点勾绘等高线，才能在地形图上真实地反映出地貌。对于露岩、独立石、土堆、陡坎等，应注记高程或比高。

测绘人员应先了解测站周围情况，做到心中有数，立尺者必须具有识别地形点的能力，并明了哪些主要地物、地貌要详细测出，哪些次要的地物、地貌可以从略。

(3) 碎部点的密度

碎部点的密度应该适当，过稀不能详细反映地形的细小变化，过密则增加野外工作量，造成浪费。碎部点在地形图上的间距为 2～3cm，在一般地区（地面平坦或坡度无显著变化地区）和城市建筑区的，地形特征点间距和视距可以采用最大值，应符合表 10-2 的规定。

表 10-2 一般地区和城市最大间距和视距

测图比例尺	地形点最大间距 (m)	一般地区		城市建筑区	
		最大视距 (m)		最大视距 (m)	
		地物点	地貌点	地物点	地貌点
1∶500	15	60	100	50	70
1∶1000	30	100	150	80	120
1∶2000	50	180	250	120	200
1∶5000	100	300	350		

2. 碎部测量方法

(1) 平板仪测绘法

主要使用平板仪和卷尺测绘平坦地区的地物平面图。如果是大平板仪，还可以利用视距测量的方法测量平距。此法优点是平板仪经济实用。

确定地物点位的方法主要有极坐标法、前方交会法、直角坐标法和距离交会法。

① 极坐标法

极坐标法是用一个方向（角度）和一段距离来确定一个点的平面位置。图 10-7 为

在测站 A 上用极坐标法测绘地物的情况，此法适于开阔地区。

② 前方交会法

见图 10-8，纸上已有 a、b 两点，相应于地面上的 A、B 点，现用前方交会法测量地面上 1、2、3 点在图上的位置。交会角宜在 30°～120°之间。先将平板仪安置在 A 点上，对中、整平并且用已知直线 ab 定向后，再用照准仪直尺边贴靠 a 点瞄准地面上 1、2、3、4 点并在图上轻轻画出（或延长到图外）各方向线。然后迁站到 B 点，对中、整平并以直线 ba 定向后，按同法在图纸上画出 1、2、3 方向线。$a1$、$a2$、$a3$、与 $b1$、$b2$、$b3$ 的交点 1、2、3、4 即为实地 1、2、3、4 在图纸上平面位置。此法适用于碎部点较远，或不易到达的地方。

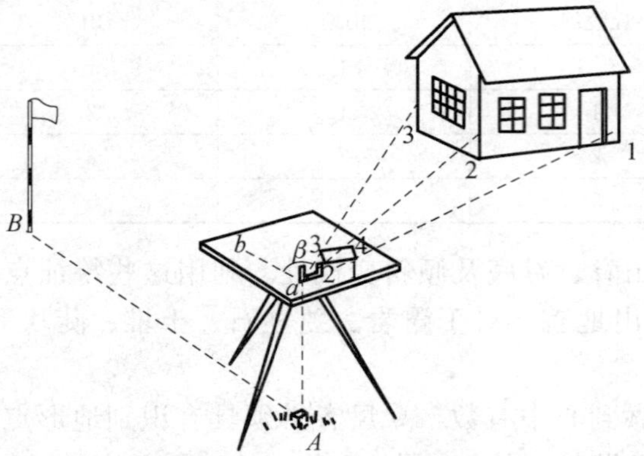

图 10-7　平板仪测图方法（极坐标法）

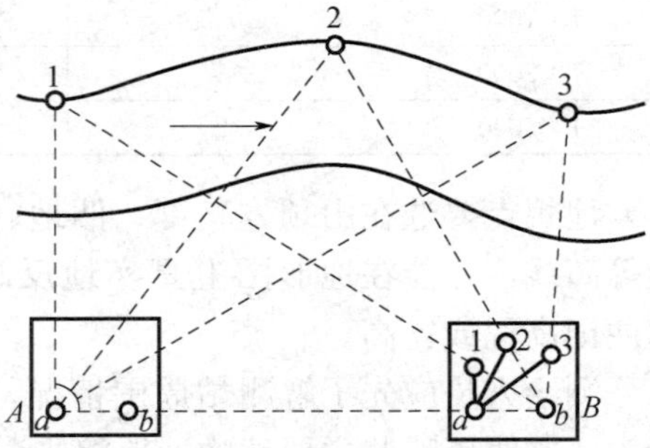

图 10-8　平板仪测图方法（前方交会法）

③ 直角坐标法

见图 10-9，地物特征点向 AB 边作垂线，与 AB 边相交之点为垂足，先用尺量出 A 点至垂足的距离 x，再用皮尺量出垂足至地物特征点的垂距 y。根据纵横距离，确定地物特征点的位置。此法适用于碎部点距导线较近的地区。

④ 距离交会法

距离交会法是应用三角形已知三边长度而确定其形状，图 10-10 房屋②是用距离交会法确定的。分别从已测定的房屋①的屋角 A、B 两点，量出到房屋②屋角的距离，然后按地形图比例尺算出相应的图上距离，用分规在图上交出房屋②在图上的位置。交会线的长度，一般不超过所用卷尺的长度，这种方法常与直角坐标法配合使用。如地物点离控制边已超过直角坐标法规定的垂距，或用直角坐标法设置垂线有障碍时，就可采用距离交会法测量地物点。

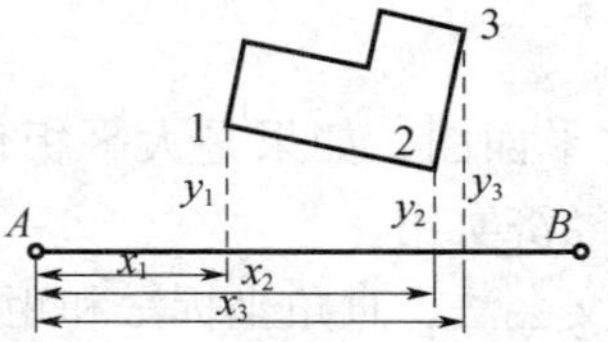

图 10-9　直角坐标法测绘地物点

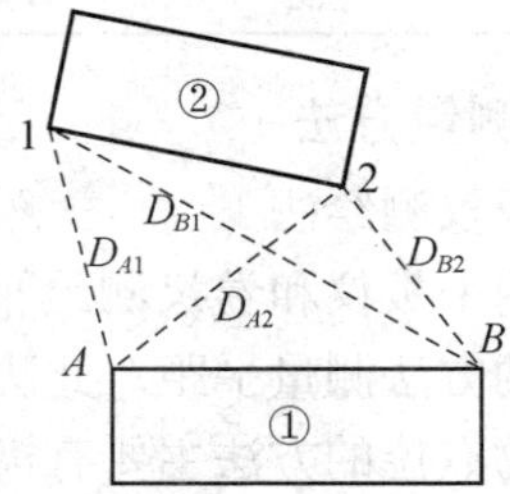

图 10-10　距离交会法测绘地物

这里需要说明的是，上述四种确定地面点位的方法不仅适用于平板仪测图，对于后面的经纬仪测图，乃至地面数字测图也是适用的。上述四种方法不仅可以图解确定地面点的位置，也可以根据前面的所学计算出点位的坐标值。

在测图时，常会遇到一些局部地物离开控制点（边）距离较远或通视不良，不能直接根据控制点来测量它们的位置，这时定出接近控制点（边）的地物位置，然后根据此地物位置来测量其他地物点的位置。

在测图工作中，要注意跑尺员与观测员的互相配合，事先应共同拟定跑尺计划，随时检查图面与实地是否一致。在搬移至另一测站后，应先检查观测前一测站所测的某些地物点，以检查两站所测得该点的位置是否相符，其容许误差对于主要地物不超过图上 0.8mm，次要地物不超过 1.2mm。如超过限度必须找出原因，重新观测。

（2）经纬仪测绘法

当测绘地区地面起伏变化较大或量距不方便，用平板仪测图困难较大时，可采用经纬仪测绘法进行测图。经纬仪测图是采用经纬仪与分度规（即量角器）配合进行测图的。此法是将经纬仪安置在测站上，用经纬仪测出地形点与已知测线方向的夹角并用视距法测出地形点与测站点间的平距与高差，然后在图板上用量角器按极坐标法展绘地形点点位，对照现场进行地物和地貌的勾绘，具体施测方法如下。

① 安置仪器

见图 10-11，将经纬仪安置于测站 A，对中（对中偏差不超过图上的 0.05mm）、整平（气泡不超过一格）、定向、量出仪器高。定向是使水平度盘读数为 $0°0'$ 时将经纬仪精确瞄准相邻控制点，如图 10-11 中 B 点，以 AB 方向作为起始方向。将小平板仪（代替绘图桌）安置在测站附近，使图纸上控制边方向与地面上控制边方向大致一致，并把图上测站点 A 与定向的控制点 B 用细线相连，作为起始方向线，将量角器的圆心用针刺在 A 点。

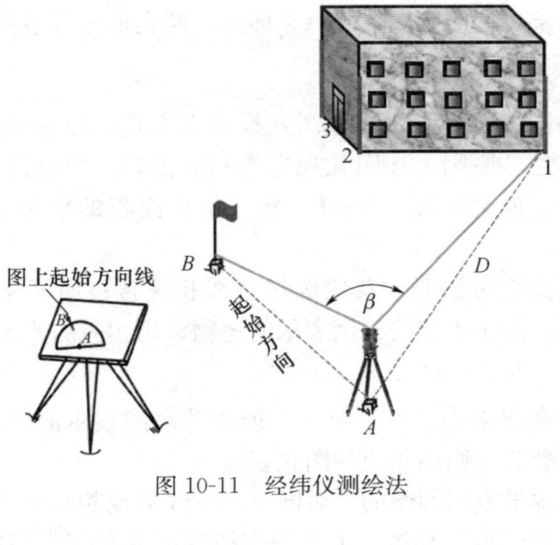

图 10-11 经纬仪测绘法

② 立尺

在立尺之前，立尺员应清楚实测范围和实地情况，选定立尺点，并与观测员、绘图员共同商定跑尺路线。按拟定的跑尺路线，立尺员依次在地形特征点上竖立标尺（塔尺）。

③ 观测

在平坦地区，可用水平视线法测出测站至地形点的平距与高差。在地形起伏地区则用倾斜视线法观测。为了加强观测与绘图的配合，可先读水平角（即水平度盘读数），读数凑整至 5′即可；再将中丝瞄准视距尺上仪器高附近，使上丝对准一整分米数，再读取下丝读数，可算出视距间隔；再微调望远镜使中丝瞄准仪器高处（如中丝瞄不到仪器高，可直接读出中丝读数，作为觇标高读数 v，并记录 v 值），调节竖盘水准管，使气泡居中，读取竖盘读数，即可算出竖直角。

④ 记录与计算

将观测数据逐项记入相应的记录栏内，算出视距间隔 n，竖直角 α，用视距计算盘，或查视距表或用小型计算器计算出各碎部点的水平距离、高差与碎部点的高程。将各碎部点依次编号，并记入手簿中，以便必要时查对。

⑤ 绘图

用量角器和比例尺将碎部点的位置展绘在图纸上，并注以高程。

测绘部分碎部点后，在现场参照实际情况，在图上将相邻地物点及时相连，地貌点之间加绘等高线。

在施测过程中或结束时，应检查起始方向是否正确（即归零差是否超限，城市测量规范规定不超过 4′）。仪器搬站后，应检查上一站的若干碎部点（城市测量规范规定角度检测不超过 2′），检查无误后，才能在新的测站上开始测量。如相差较大，则应查明原因，纠正错误，再继续进行测绘。

施测过程中，若控制点密度不足时，可采用有校核条件的极坐标法、测边交会、测角交会、边角交会或内外分点等方法增加测站。

10.2.6 地形图绘制

在现场实测的碎部点展绘到图上之后，即需对照实地进行地物和地貌的描绘。

1. 地物描绘

地物要用规定的图式符号表示，但图式规定也不是一成不变的。例如果园、稻田和草地等整列式的符号，原则上按图式规定的间隔排列；如果植被的面积较大，符号间隔可放大 1～3 倍，但全幅图应取得一致。狭长面积的植被，符号间隔还可适当缩小。

在外业对照实地描绘房屋时，其轮廓用直线相连接；而河流、道路的弯曲部分，则用圆滑的曲线相连。对于不能按比例表示的地物，用相应的非比例符号表示。

2. 地貌描绘

地貌主要是用等高线来表示的。对于不能用等高线表示的特殊地貌，如悬崖、峭壁、陡坎、冲沟、雨裂等，则用相应的图式表示。

等高线是在相邻地形点间勾绘的。对同一地性线的地貌特征点也要及时连接起来，然后根据地形点的高程勾绘等高线。由于等高线的高程是等高距的整倍数，而所测地形点的高程并非整数，所以勾绘等高线时，首先要用比例内插法在各相邻地形点间定出整数高程点，再将相邻各同高的高程点用光滑的曲线相连接。

等高线的内插（图 10-12）是根据同一坡度上两点间的高差与平距成正比的特性，

在相邻地形点间算出各整数高程点的位置，然后将高程相等的相邻点连成光滑的曲线（图 10-13）。图 10-12、图 10-13 中 A 点的高程为 64.6m，山头 102 点的高程为 68.51m，等高距为 1m，则其间有 65m、66m、67m、68m 四根等高线通过。

勾绘等高线时，要对照实地情况，先画计曲线，后画首曲线，并注意等高线穿过山脊线、山谷线的走向。最后将计曲线加粗，再按字头指向高处的原则注记高程。

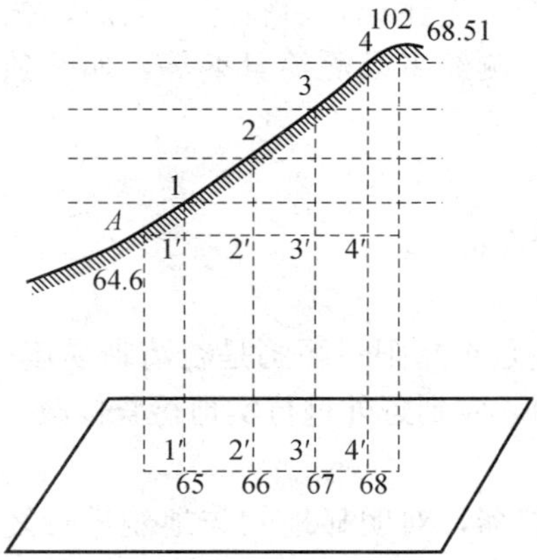

图 10-12 等高线的内插

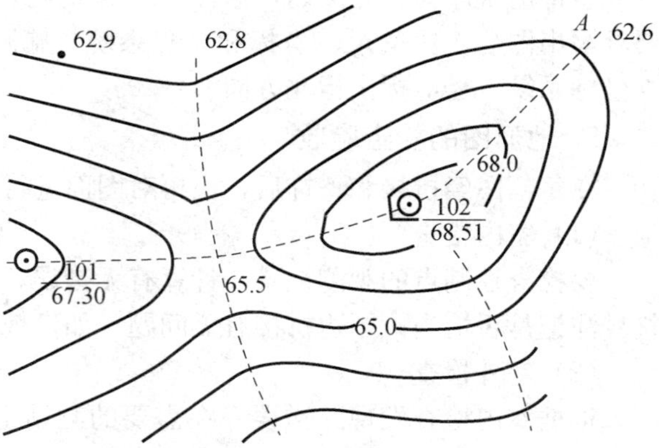

图 10-13 等高线的勾绘

3. 地形图的拼接

当测区面积较大时，整个测区用一幅图是容纳不下的，需要将测区分成若干图幅进行测绘，这样在相邻图幅连接处所绘的地物和地貌需要互相衔接。为此，在测图时，每幅图的四边都要测出图廓外 0.5cm。但由于测量误差和绘图误差，因此，在相邻图幅连接处的地物轮廓线与等高线经常不会完全吻合，图 10-14 所示为左右图幅连接处的房屋、道路、输电线路与等高线等均不完全吻合。

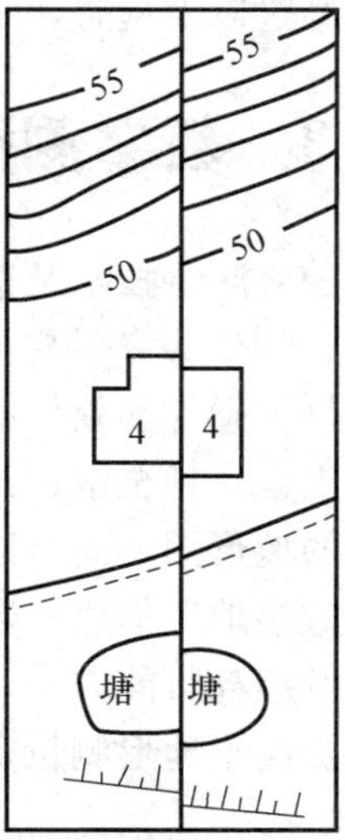

图 10-14 地形图的拼接

拼接时，用宽 5cm 的透明纸条在左图的拼接边上，用铅笔把格网线、地物、等高线等都描在透明纸上。然后再把透明纸按格网的位置蒙在右图幅的衔接边上，这样就可看出相应地物与等高线的偏差情况。如偏差不超过表 10-3 规定的 $2\sqrt{2}$ 倍，则可取平均位置用红笔改正，按红色改正线修改相邻图幅内的原图。

表 10-3 地物点平面位置中误差和地形点高程中误差

地区类别	点位中误差（mm）	等高线高程中误差（等高距）			
		平地	丘陵地	山地	高山地
山地、高山地和设站测量困难的旧街坊内部	图上 0.8	1/3	1/2	2/3	1
城市建筑区和平地、丘陵地	图上 0.6				

拼图工作一般在室内进行，如发现误差较大，超限过多，则要到野外实测校核。

4. 地形图的整饰

地形图整饰的目的，就是把野外测绘的铅笔底图，按照原来线划符号位置，根据图式规定，用铅笔、墨水或颜色加以整饰，使底图成为完整清晰的地形原图。为此，首先要把底图上不必要的线划、符号和数字等用橡皮擦掉，然后按照图式规定对地物、地貌符号和各种注记以及图廓进行整饰。

整饰的次序为：先图内，后图外；先地物，后地貌；先注记，后符号。最后，按要求写出图名、比例尺、坐标和高程系统、施测单位、测绘者及测绘日期等，如系独立坐标系统，还应标出指北方向。

5. 地形图的检查验收

在每幅图经拼接和整饰后，应再对图面进行一次全面检查。

(1) 室内检查

要检查控制点的观测记录，计算有无错误，闭合差是否超限；图画是否清晰易读；符号注记是否恰当；图边拼接有无问题。如发现有问题，应到野外进行实地检查修改。

(2) 室外检查

根据室内检查发现的错误，在需要的测站上安置仪器，对明显地物与地貌进行复测，并进行必要的修改。携带图板到现场进行实地对照，主要检查地物有无遗漏或变样、地貌是否真实、注记是否正确等。

经过以上检查，如果发现错误过多，则必须进行修测或重测，直至满足要求为止。

10.3 数字测图原理与方法

随着测绘技术及信息技术的迅速发展，电子经纬仪、电子水准仪、全站型电子速测仪、GPS设备的深度普及，以及图形软件、地理信息系统软件的发展，为数字化测图提供了硬件和软件基础，促成了地形测绘的全数字化测绘方法的诞生。数字化测图实质上是一种全解析计算机辅助测图的方法，它使得地形测量成果不再仅仅是绘制在纸上的地形图，而是以计算机存储介质为载体的，可供计算机传输、处理、多用户共享的数字地形信息。数字地形信息以其存储与传输方便、精度与比例尺无关、不存在变形及损耗，能方便、及时地进行局部修测更新，便于保持地形图现势性的优势，极大地提高了地形测量资料的应用范围，使其能在经济建设各部门发挥出更大的作用。

10.3.1 数字化测图概述

数字测图（digital surveying and mapping，DSM）是以计算机为核心，在外接输入输出设备硬、软件的支持下，对地形空间数据进行采集、输入、成图、绘图、输出、管理的测绘系统。

广义上说，数字化测图应包括：利用采集地形数据输入计算机，由成图软件进行处理、成图、显示，经过编辑修改，生成符合国标的地形图，并控制数控绘图仪出图。

数字化测图不仅仅是利用计算机辅助绘图，减轻测图人员的劳动强度，保证地形图绘制质量，提高绘图效率，更具有深远意义的是，由计算机进行数据处理，并可以直接建立数字地面模型和电子地图，为建立地理信息系统提供了可靠的原始数据，以供国家、城市和行业部门的现代化管理，以及工程设计人员进行计算机辅助设计

(CAD) 使用。提供地图数字图像等信息资料已成为一些政府管理部门和工程设计、建设单位必不可少的工作，正受到各行各业的普遍重视。

10.3.2 数字地面测图模式

根据地形条件和使用的设备不同，数字测图有不同的作业模式，总体来说，可区分为两大作业模式，即电子平板测绘模式（简称电子平板）和数字测记模式（简称测记式）。

1. 电子平板测绘模式

野外测绘、实时显示，现场编辑成图。电子平板是指便携机或掌上电脑现场连接全站仪，利用地形图测绘软件直接将测得的坐标展绘在计算机屏幕上，直接现场连线编辑成图。电子平板要求成图软件既有与全站仪的通信功能，又可以进行现场编辑存储。这种方式不需要绘制草图，也可以不记录数据，减少了中间环节，可在现场发现并解决问题，是一种自动化程度高、可靠性最高的测图方式。

2. 数字测记模式

野外测记、室内成图，用全站仪或GPS采集并存储测量数据，目前的全站仪大多配有足够的内存，可以将测量数据存储在仪器内部，也可以采用存储卡、电子手簿等。在测量坐标的同时，绘制外业草图，草图主要记录点号、连接关系和元素类型。室内从测量数据中获取坐标，采用成图软件展绘在计算机屏幕上，依照外业草图进行人工连接，进行编辑整饰成图。

目前，电子平板方法因为作业效率低，成本高，没有大规模使用。而测记模式，由于作业效率、经济效益高，具有白纸测图经验的作业人员很容易掌握，是目前数字化测图工作的主要作业方法。

针对记录所谓几何信息和属性信息的不同方法，测记式又可分为编码法和无码法，现分述如下：

(1) 编码法。根据一定的编码规则，描述测点的几何关系和属性，事后计算机能根据这些编码自动处理测点绘制成图。编码法的优点是，内业成图编辑工作量较小，作业效率高。缺点是要熟记编码及规则，野外作业速度稍慢，在测区地形复杂、通视不好，地形、地物测量不连贯，或测量非典型的复杂地形、地物时，处理困难。特别是出现错误时，难以发现与纠正。

(2) 无码法。无码法又称草图法，特点是通过示意图记录几何和属性信息，优点是用示意图记录点的属性及与其他点的关系，形象、直观，无需记忆编码规则，外业作业方法容易掌握，作业速度快，劳动强度低，并且一旦出现错误时，根据草图也便于分析、查找原因；缺点是内业编图工作量较大。

综合起来，编码法与无码法各有优点，一般而言，作业人员技术熟练，测区通视较好时，适合采用编码法；作业人员作业经验较少，测区地形、地物复杂时，应采用无码法。实际作业时，应根据作业人员的技术素质及测区情况选择其中一种方法，或者两者混合使用。

10.3.3 数字测图的数据野外采集

为了保证数字测图工作的正确实施，必须在测图前对整个测图工作做出合理规划、统筹安排：从硬件配置到数字化成图软件，测量方法和测量方案及数据采集精度，数据和图形文件的生成及计算机处理，各工序之间的衔接和协调，保证数字测图成果的各类提交资料符合国家和行业的规范规程、图式要求，并符合委托单位的技术要求。

根据测区情况，调查测区自然地理条件、本单位拥有的软、硬件设备、技术人员，运用数字测图理论和方法制定合理的技术方案、作业方法并拟定作业计划，用以指导数字测图的全过程。

1. 图根控制测量

由于全站仪的普及使用和计算机的加入，图根控制测量可以与原先的模拟法测图工序不同，即可以在进行图根控制测量的同时进行碎部测量。其原理是，测绘软件或电子手簿记录控制点和碎部点的斜距、水平角、竖直角、棱镜高而不是只记录坐标。之后进行图根控制点平差。平差之后，利用平差后的图根成果重算碎部点坐标即可。有的电子平板系统就具有一步重算功能，可以利用平差后的图根点坐标重算碎部点坐标并以原有的连接关系重划地形图。对于数字测记方式，只需在内业连图前平差重算即可。这种图根控制测量与碎部点同时测量的方式相对于“先控制、后碎部”，省去了单独图根控制测量的外业工作，值得推广。上述测量方法称“同步测量法”，采用这种测量方法较传统的先控制后碎部的分步作业模式具有省时、省工、效率高、速度快和便于修改等优点，也是数字测图所独具的优势。

图根控制测量也可以采用 GPS RTK 方式布设，目前随着 GPS 测量精度的提高，RTK 技术可以完全满足图根控制的平面精度，但高程精度因仪器性能和观测条件以及当地高程异常而异，在增加联测高程点，选择合适的观测条件和仪器设备的情况下，可以达到图根测量的高程精度。对于仍然不能满足高程精度的情况，可以采用水准测量进行。在实际测量中，图根控制测量大多采用光电测距三维导线方式，即同时测量平面坐标和高程，一次完成图根导线测量布控。图根点加密可以在图根导线上布设附合导线，但不宜超过两次附合。对于不具备附合条件的个别地段，加密方法可以采用支导线法、双极坐标法。

由于数字测图方式整体精度的提高，所以最新版本的《城市测量规范》（CJJ/T 8—2011）减少了数字化测图时图根点的密度，在平坦地区图根点的密度见表 10-4。

表 10-4　数字测图图根点密度要求表

测图比例尺	1∶500	1∶1000	1∶2000
图根点数（km²）	64	16	4

2. 野外数据采集模式

大比例尺数字测图野外数据采集按碎部点测量方法，分为全站仪测量方法和 GPS RTK 测量方法。全站仪测量方法是在控制点、加密的图根点或测站点上架设全站仪，全站仪经定向后，观测碎部点上放置的棱镜，得到方向、竖直角（或天顶距）和距离等观测值，记录在电子手簿或全站仪内存；或者是由记录器程序计算碎部点的坐标和高程，记入电子手簿或全站仪内存。如果观测条件可能，也可采用 GPS RTK 测量碎部点，将直接得到碎部点的坐标和高程。

野外数据采集除碎部点的坐标数据外还需要有与绘图有关的其他信息，如碎部点的地形要素名称、碎部点连接线型等，以由计算机生成图形文件，进行图形处理。为了便于计算机识别，碎部点的地形要素名称、碎部点连接线型信息也都用数字代码或英文字母代码来表示，这些代码称为图形信息码。根据给以图形信息码的方式不同，野外数据采集的工作程序分为两种：一种是在观测碎部点时，绘制工作草图，在工作草图记录地形要素名称、碎部点连接关系。然后在室内将碎部点显示在计算机屏幕上，根据工作草图，采用人机交互方式连接碎部点，输入图形信息码和生成图形。另一种是采用笔记本电脑和 PDA 掌上电脑作为野外数据采集记录器，可以在观测碎部点之后，对照实际地形输入图形信息码和生成图形。

大比例尺数字测图野外数据采集除硬件设备外，需要有数字测图软件来支持。不同的数字测图软件在数据采集方法、数据记录格式、图形文件格式和图形编辑功能等方面会有一些差别。

3. 数据记录内容和格式

大比例尺数字测图野外采集的数据包括：

一般数据，如测区代号、施测日期、小组编号等。

仪器数据，如仪器类型、仪器误差、测距仪加常数、乘常数等。

测站数据，如测站点号、零方向点号、仪器高、零方向读数等。

方向观测数据，如方向点号、目标的觇标高、方向、天顶距和斜距的观测值等。

碎部点观测数据，如点号、连接点号、连接线型、地形要素分类码、方向＋天顶距和斜距的观测值以及觇标高（或者是计算的 x、y 坐标和高程）等。

控制点数据，如点号、类别、x、y 坐标和高程等。

为区分各种数据的记录内容，用不同的记录类别码放在每条记录的开头来表示。各种数据需要规定它们的字长，根据数据的字长和数据之间的关系，确定一条记录的长度。每条记录具有相同的长度和相同的数据段，按记录类别码可以确定一条记录中各数据段的内容，对于不用的数据段可以用零填充。

图 10-15 是一种数据记录格式，分为 8 个数据段。A_1 表示记录类别，后面的记录按记录类别表示相应的内容。例如一条碎部点记录，A_2 表示点号，A_3 表示连接点号，A_4 表示线型和线序，A_5 表示地形要素代码，A_6、A_7、A_8 分别表示碎部点的 x、y 坐标和高程。

A_1	A_2	A_3	A_4	A_5	A_6	A_7	A_8

图 10-15　野外数据记录格式

4. 地形图要素分类

按照《国家基本比例尺地图图式　第 1 部分：1∶500　1∶1000　1∶2000 地形图图式》(GB/T 20257.1—2007)，地形图要素分为 9 个大类：测量控制点、水系、居民地及设施、交通、管线、境界、地貌、植被与土质注记。

5. 连接线代码

除独立地物外，线状地物和面状地物符号是由两个或更多的点连接起来构成。对于同一种地物符号，连接线的形状也可以不同。例如房屋的轮廓线多数为直线段的连线，也有圆弧段。因此在点与点连接时，需要有连接线的编码。连接线分为直线、圆弧、曲线，分别以 1、2、3 表示，称为连接线型码。为了使一个地物上的点由点记录按顺序自动连接起来，形成一个图块，需要给出连线的顺序码，例如用 0 表示开始，1 表示中间，2 表示结束。

6. 图形信息码的输入

（1）输入方式

输入图形信息码是数字测图数据采集的一项重要工作，如果只有碎部点的坐标和高程，计算机处理时无法识别碎部点是哪一种地形要素以及碎部点之间的连接关系。因此要将测量的碎部点生成数字地图，就必须给碎部点记录输入图形信息码。输入图形信息码是在数据采集过程中完成的。根据草图将有关的图形信息码输入到相应的点记录中，这种方式可减少野外观测时间，在野外不需要有显示图形功能的记录器，但不直观，在地形要素复杂的情况下易于出错。采用笔记本电脑或 PDA 掌上电脑，可在现场输入图形信息码和显示图形，及时发现数据采集中的错误。

（2）公共点记录的增加

在连接线状地物面状地物轮廓边界线时，遇到同一点有 3 个或多于 3 个连接方向（这种点为结点），或者是同一个点属于不同的地形要素，在这种情况下就需要增加公共点记录。

每个公共点记录只输点号和图形信息码，公共点记录的点号和原点号相同，图形信息码按实际输入，其他各项记录为零，但实际的值和原点号记录相应的记录项相同。

（3）图块各点连接方向

除控制点以及无方位的独立符号表示的地物外，应将所测地物点连接成图块。根据测图系统绘制地形图符号的要求，图块上各点应按规定的方向顺序连接，如某一测图系统对图块各点连接方向做如下规定：

① 有方位的独立地物，如窑洞、矿井中的斜井和平峒等，在对应于地物符号中心的两侧对称各测一点，所绘地物符号位于连线的右侧。

② 对于围墙、陡坎、栏杆等线状地物，连接各轮廓点，短线符号绘在连接方向的右侧。而对双线道路、河流等两侧应分别连接，并使另一侧位于连接方向的右侧。

③ 对于房屋、池塘、地类界等闭合的面状符号，按顺时针方向连接各轮廓点。

④ 对于一些特殊图块，必须按系统规定的顺序连接，如台阶、双线桥、依比例的地下出入口等图块。

7. 工作草图

在数字测图野外数据采集中，绘制工作草图是保证数字测图质量的一项措施。工作草图是图形信息编码碎部点间接坐标计算和人机交互编辑修改的依据。

在进行数字测图时，如果测区有相近比例尺的地图，则可利用旧图或影像图并适当放大复制，裁成合适的大小（如 A4 幅面）作为工作草图。在这种情况下，作业员可先进行测区调查，对照实地将变化的地物反映在草图上，同时标出控制点的位置，这种工作草图也起到工作计划图的作用。在没有合适的地图可作为工作草图的情况下，应在数据采集时绘制工作草图。工作草图应绘制地物的相关位置、地貌的地性线、点号、丈量距离记录、地理名称和说明注记等。草图可按地物相互关系一块块地绘制，也可按测站绘制，地物密集处可绘制局部放大图。草图上点号标注应清楚正确，并和电子手簿记录点号一一对应，见图 10-16。

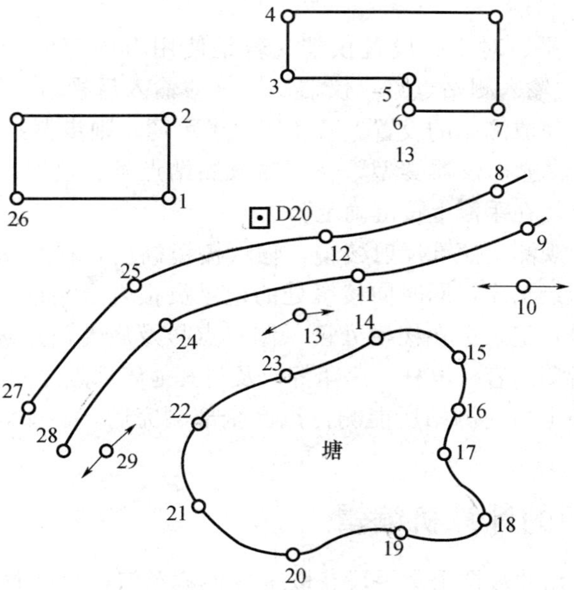

图 10-16　野外碎部测量绘制的工作草图

10.3.4 碎部测量

碎部测量实际上就是采用一定的测量方法在野外进行碎部点点位信息的采集，它是数字测图作业的基本工作，也是数字测图成图精度的关键环节。

1. 碎部测量方法

（1）极坐标法

极坐标法可以采用全站仪以三维坐标测量法进行：它是用极坐标法测量点的平面坐标 X、Y，用三角高程测量点的高程 H。在全站仪中，一般以 N（North）、E（East）表示平面坐标，以 Z 或 ELEV（Elevation）表示高程。极坐标法测量是从一个控制点上，根据测站上的一个已知方向测量出已知方向与碎部点之间的水平角和测站点到碎部点的距离，来确定碎部点的平面位置，其测站点可以是基本控制点或图根控制点。

极坐标法的坐标计算一般由全站仪自动完成，其计算原理和公式与传统仪器基本一致，只是对于全站仪而言，它可以直接计算出测点的三维坐标，也可以采集斜距、水平角、竖直角，然后利用这些数据再进行计算。另外，全站仪一般已经内置了常用的距离计算、角度计算、悬高测量、对边测量、网格放样、简单导线平差等功能，高级的全站仪集成的功能更多，使用更为方便。

（2）其他方法

极坐标法是最常用、最实用、最基础的方法，其他方法主要用于特殊条件下的测量，如支导线法、角度交会、距离交会，这些方法是利用数学计算来间接求解待测点坐标，一般已经集成在全站仪和成图软件中，其计算原理与常规测量中的交会测量相同。

2. 碎部测量的作业步骤

（1）作业前的准备工作。数字测图的基本作业设备是：全站仪、电子手簿、照准棱镜及棱镜杆、对讲机。作业前除先要认真准备，还要将已知点数据录入全站仪或电子手簿。

（2）在测站上整平、对中、设置仪器。若是使用有内存的全站仪，则大体上按“选择数据文件”→“输入测站点号，仪器高”→“输入后视点号”→“照准后视点，按键确定”的步骤，完成测站的设置。若使用电子手簿，则步骤：“功能选择菜单”→“选择测点功能”→“选择仪器类型”→“输入测站点号、仪器高”→“输入后视点号”→“照准后视点，在手簿上按键确定”。

（3）测点开始，观测员照准反射棱镜，输入棱镜高度，在全站仪或电子手簿上按操作键完成测量及记录工作，同时向棱镜处的记录员报告全站仪或电子手簿按测点顺序自行生成的测点号，记录员在棱镜处记录测点点号及属性信息编码，或通过绘制草图的方法记录测点所测内容（电杆、房角等）及与其他碎部点之间的相互关系。

（4）当记录员确定当前测站所能测得点已全部测完后，通知观测员迁站，一个测站的工作结束。

10.3.5 地形图的计算机编辑

当通过某种或某几种数据采集手段获取了各种地形信息数据并传输到计算机之后，还需要对这些数据进行加工处理，提取对绘图有用的各种信息，对其进行计算和整理，再按规定的数据结构存储，建立起适合绘图、编辑处理和能与 GIS 接轨的地图数据库；据此可生成数字地形图，进行地形图的绘制，可向 GIS 提供地形空间信息和属性信息。这种利用计算机对原始数据所进行计算、整理和地形图绘制的过程称为地形图的计算机编辑。

需要说明的是，地形图的计算机编辑主要依赖于所采用的地形图测图软件系统，目前的测图软件功能相当强大，使用方便，几乎集成了测图的各个阶段所需的功能，均具有常规的原始数据的预处理、分幅、接边功能，尤其提供了丰富实用的数字图形编辑功能，例如：图形的复制、删除、平移、旋转、阵列、偏移；曲线的插值、圆滑；等高线、网格、图廓的自动计算与生成。大大减轻了编辑人员的劳动强度，提高了测图的精度和效率。

1. 原始数据的预处理

数字测图的原始数据的预处理，主要包括坐标计算和图形信息的处理，预处理后，存入地形数据库。绘地形图时，由数据库中提取相应数据，经处理生成图形文件，利用 CAD 软件由绘图仪输出数字地形图。

（1）坐标计算的批处理

外业原始测量数据文件的基本功能就是记录点位测量信息和绘图信息，在原始记录中记录了计算坐标的各个数据项：水平角、竖直角、斜距或丈量的距离；或交会的角度和距离。计算机阅读外业数据文件时，每读入一条存储点位的记录，就根据记录的类型标志确定记录的结构，从而提取所需的数据项，再从控制点坐标中查出起算点（测站点、后视点、后视边方位角）坐标，调用有关函数计算各测点坐标，并存入坐标文件。

（2）图形信息的组织与处理

计算出地形碎部点坐标后，应用图形信息将这些离散的碎部点连接起来，并确定它们代表什么地物。表达图形信息的基础是地形编码和连接关系（连接点与连接线型），通过连接点可以构成线、面、区域。配合表示属性信息的地形编码，构成完整的图形信息。

2. **分幅和接边**

（1）分幅

传统的作业方式，地形图是以作业班组为单位按图幅分片进行测制的。数字测图一般不以图幅为界，而以测区作为一个整体，以自然地理界线作为分界分配到各个作业组，对不同作业组的图形先合并进行编辑处理，然后进行裁剪分幅即可。

（2）图幅间的接边处理

数字测图的接边问题与传统测图的接边本质不同，由于采用裁剪分幅的技术，所以对于同一测区内的图幅，并不存在这一问题，需要接边的是不同的作业单位和作业组之间的边界，需要在外业测图时适当测出范围即可。

3. **计算机屏幕编辑**

根据碎部点坐标与代码自动生成的初级图形是不完整的，难免有错误或遗漏，而且在实际测图中，在外业，由于全站仪和电子手簿的键盘很小，输入速度并不高，绘制草图反而要比输入编码和连接关系更快，所以实际测图以内业屏幕编辑连接成图为主，外业采集数据同时输入编码和连接关系为辅。这样一来，还可以利用内业的良好工作环境和高性能台式机的优势。因此，内业的屏幕编辑就显得尤为重要。

目前，内业编辑的工作均在测图软件系统内进行，这是数字测图与传统测图在生产过程中的区别，编辑的内容囊括传统测图方法中的所有内容，另外还提供了数字图形技术的强大功能，包括图形的复制、删除、平移、旋转、阵列、偏移；曲线的插值、圆滑、抽稀、样条化，面域的符号填充，图层、线型的建立、编辑、删除、调色。元素集成（图块）、文本编辑，等高线、图廓、方格网的自动计算与生成，地物统计、长度计算、面积计算等。图 10-17 为 CASS 的编辑界面。

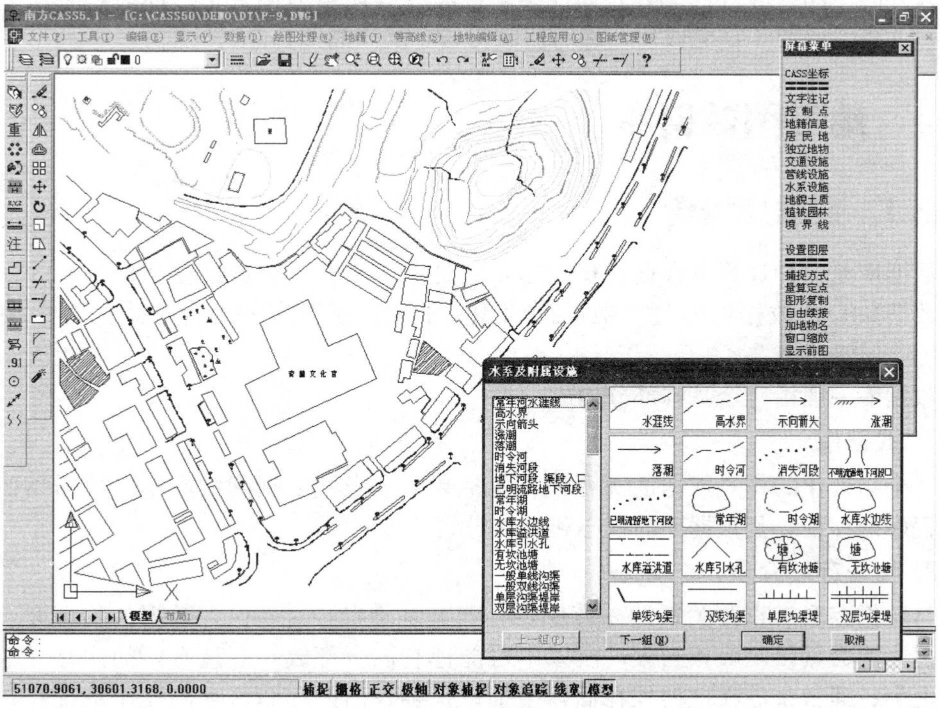

图 10-17　地形图的计算机编辑

编辑的主要内容是给展绘在屏幕上的点位分别进行处理，给独立符号赋予编码、对线状地物和面状地物赋予连接关系和编码，同时进行注记，生成符合要求的图廓。还要对地形图进行诸如增加线条，地物、地貌，采用的字大、字隔、字列及注记位置、移动位置、删除操作等。

在进行屏幕编辑时，对图幅内的图形先进行分层检查，即打开每一图层检查线条是否闭合、有无遗漏和不合理的地方（如在图幅内不能闭合的等高线应查清楚），等高线走向是否矛盾等。每一层检查无误后，即打开全部图层：检查各地物之间关系是否正确，注记有无重叠和遗漏、线条有无重合等。总之应按地形图清绘的要求逐项对图面进行检查，若发现问题，要及时修改，直至符合地形图图式的要求。

4. 数字地形图的输出

将编辑好的图形文件直接调用绘图输出模块或通过 CAD 或其他转换文件在数控绘图仪上输出。输出时应设置好绘图比例尺、绘图范围，各要素的线条粗细，绘图原点、旋转角度等。有了数字地形图后，还可以很方便地制作各种专业用图。如去掉高程部分，通过权属调查，加绘相应的地籍要素，经编辑处理即可生成数字地籍图，加上房产信息可制作房产图等。

10.3.6 成果的检查与验收

对数字测图成果的检查验收实行过程检查、最终检查和验收制度，验收工作应经最终检查合格后进行。在验收时，一般按检验批中的单位产品数量的 10%抽取样本。检验批一般应由同一区域、同一生产单位的产品组成，同一区域范围较大时，可以按生产时间不同分别组成检验批。在验收中对样本进行详查，并进行产品质量核定，对样本以外的产品一般进行概查。如样本中经验收有质量为不合格产品时，必须进行二次抽样详查。验收工作完成后，编写验收报告，随产品归档。

10.4 地形图数据库

10.4.1 数据库概念

数据库是一种计算机数据管理技术，它是以一定的组织形式存储在一起的互相关联的数据集合。数据库通过对数据的组织、加工，能以多种组合方式为多个用户所共享。

数据库一般由三个基本部分构成。

1. 数据集

一个结构化的相关数据的集合体，包括数据本身和数据间的联系。数据集独立于应用程序而存在，是数据库的核心和管理对象。

2. 物理存储介质

与数据存取有直接关系的外存储器，尤其是磁盘，这是保存数据的物理介质。因为数据库的数据量一般相当大，所以不可能把它们全部放在容量有限的内存（主存储器）之中，通常是放在这种外存储器中加以保存，而内存储器存储操作系统和数据库管理系统。

3. 数据库软件

其核心是数据库管理系统（DBMS）。主要任务是对数据库进行管理和维护。具有对数据进行定义、描述、操作和维护等功能，接受并完成用户程序和终端命令对数据库的请求，负责数据库的安全。

地图数据库是在计算机中存储的各种数字地图及其管理软件的集合。地图数据库可以从两个方面来理解：一是把它看作软件系统，即“地图数据库管理系统”；二是把它看作地图信息的载体——数字地图。对于后者可以理解为以数字的形式把一幅地图的诸多内容要素以及它们之间的相互联系有机地组织起来，并存储在具有直接存取性能的介质上的一批相互关联的数据文件。

10.4.2 地图数据库

地图数据包括空间数据、非空间数据和时间因素。

1. 空间数据

空间数据也称为图形数据，用来表示地理物体的位置、形态、大小和分布特征诸方面信息。根据空间数据的几何特点，地形图空间数据可分为点数据、线数据、面数据和混合性数据四种类型。

2. 非空间数据

非空间数据又称为非图形数据，主要包括专题属性数据和质量描述数据等。它表示地理实体的本质特性，是地理实体相互区别的重要标识，如土地利用、土壤类别等专题数据和地物要素分类信息等。

3. 时间因素

地理要素的空间分布规律是地理系统中的中心研究内容，但空间和时间是客观事物存在的形式，两者之间是互相联系而不能分割的。由于计算机技术的发展，地图实时动态显示的实现，使得时间因素在地图显示过程中的表示成为可能，且十分必要。时间因素为地理信息增加了动态性质。这种动态变化特征，一方面要求信息及时获取并定期更新，另一方面要重视自然历史过程的积累和对未来的预测和预报。

10.4.3 城市地图数据库的数据分层

数字地图的本质就是地图数据库，它是在计算机中实现了的对客观世界的高度抽象，它用属性、坐标与关系来描述存储对象，是面向地形物体的。这种以数字形式存储的抽象地图概括了多种用户的共同需求，它把地形物体的信息存储与它们在图形介质上的符号表示分离开来，提高了数据检索与图形表示的灵活性，随时可以形成满足特殊需要的分层地图。

城市地图数据库是计算机存储的各种城市数字地图及其管理软件的集合。城市1∶500、1∶1000、1∶2000比例尺地图按用途可分为地形图、平面图、地籍图、房产图和地下管线图等。各种地图表示的要素虽有所不同，但是很多要素的精度和表示是相同的。例如，用于反映土地产权、地界及其他地籍要素和必要的地形要素的地籍图，除权属边界的位置和属性外，其余要素与地形图的有关要素相同。因此，城市各种地图之间，有着共同的地形要素，也有不同的专题要素。这样，在城市地图数据库中，地图数据采取分层存储。按地图的地形要素内容可分为控制点层、界址和界址点层、房屋建筑层、管线层、道路层、水系层、植被层、地貌层以及注记层等。在城市地图数据库中，不是一幅幅的数字地形图和各种专题图，而是不同的数据层，某一种专题图只是有关分层的叠合。这种分层存储的地图数据库结构有利于数据的共享和数据的更新。图 10-18 为地籍图的分层叠合。

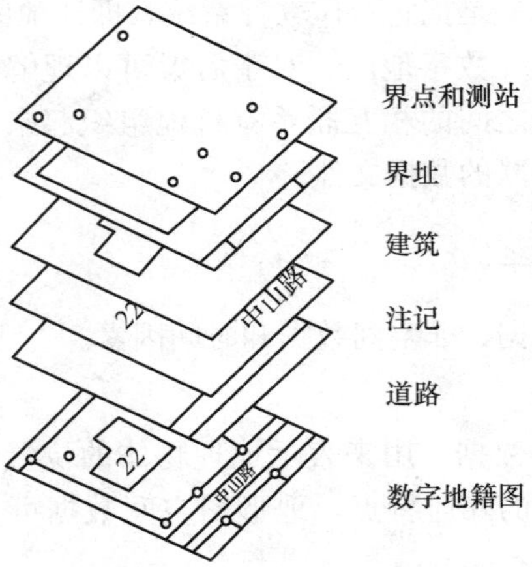

图 10-18 地籍图的分层叠合

10.5 CASS 9.0 数字测图软件简介与使用

CASS 地形地籍成图软件是基于 AutoCAD 平台技术的 GIS 前端数据处理系统（最新版 CASS 9.0），广泛应用于地形成图、地籍成图、工程测量应用、空间数据建库、市政监管等领域，全面面向 GIS，彻底打通数字化成图系统与 GIS 接口，使用骨架线实时编辑、简码用户化、GIS 无缝接口等先进技术。

CASS 9.0 系统提供了“内外业一体化成图”、“电子平板成图”和“老图数字化成图”等多种成图作业模式，其成图模式分为：草图法和简码法。当地物比较规整时，可以采用“简码法”模式，在现场可输入简码，室内自动成图。当地物比较杂乱时，最好采用“草图法”模式，现场绘制草图，室内用编码引导文件或用测点点号定位方法进行成图。本节主要介绍草图法数字测图。

10.5.1 人员安排

根据 CASS 9.0 的特点，一个作业小组可配备：测站 1 人，镜站 1～3 人，领尺员 2 人；根据地形情况，镜站可用单人或多人。领尺员负责画草图和室内成图，是核心成员，一般外业一天，内业一天，2 人轮换，也可根据本单位实际情况自由安排。

需要注意的是领尺员必须与测站保持良好的通信联系，使草图上的点号与手簿上的点号一致。

10.5.2 绘制平面图

1. 数据通信

数据通信的作用是完成电子手簿或带内存的全站仪与计算机两者之间的数据相互传

输。以与带内存全站仪通信为例：首先，将全站仪通过适当的通信电缆与微机连接好；然后，移动鼠标至“数据通信”项的“读取全站仪数据”项，该处以高亮度（深蓝）显示，按左键，出现图 10-19 的对话框；最后，根据不同仪器的型号设置好通信参数，再选取好要保存的数据文件名，点击转换。

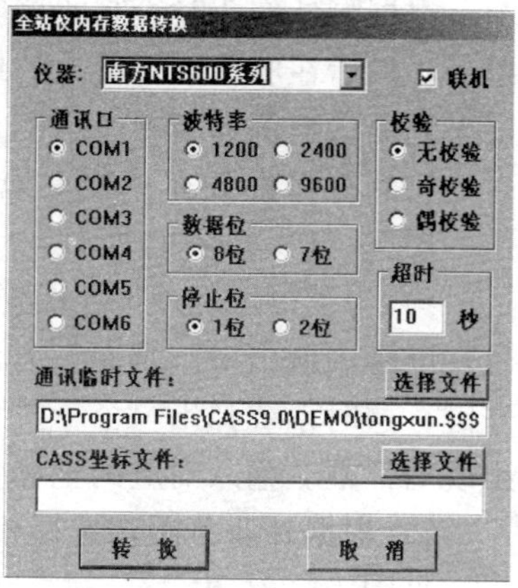

图 10-19 全站仪内存数据转换的对话框

2. 内业成图

“草图法”工作方式要求外业工作时，除了测量员和跑尺员外，还要安排一名绘草图的人员，在跑尺员跑尺时，绘图员要标注出所测的是什么地物及记下所测点的点号，在测量过程中要和测量员及时联系，使草图上标注的某点点号和全站仪里记录的点号一致，而在测量每一个碎部点时不用在电子手簿或全站仪里输入地物编码，故又称为“无码方式”。“草图法”在内业工作时，根据作业方式的不同，分为“点号定位”、“坐标定位”、“编码引导”几种方法，“点号定位”法作业流程如下。

（1）定显示区

定显示区的作用是根据输入坐标数据文件的数据大小定义屏幕显示区域的大小，以保证所有点可见。

首先移动鼠标至“绘图处理”项，按左键，即出现图 10-20 下拉菜单。

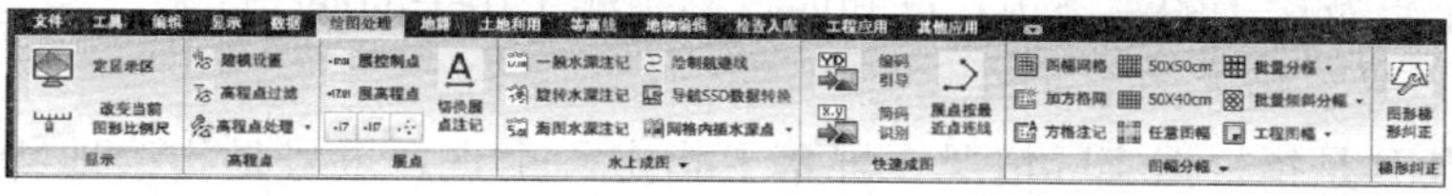

图 10-20 绘图处理下拉菜单

然后选择“定显示区”项，按左键，即出现一个对话框，见图 10-21。

这时，需输入碎部点坐标数据文件名。可直接通过键盘输入，输入文件名后再移动鼠标至“打开（O）”处，按左键。

（2）选择测点点号定位成图法

移动鼠标至屏幕右侧菜单区之“点号定位”项，按左键，即出现图 10-21 所示的对话框。

选取数据文件名后，命令区提示：“读点完成！共读入 * * 点”。

图 10-21 选择测点点号定位成图法的对话框

(3) 绘平面图

根据野外作业时绘制的草图，移动鼠标至屏幕右侧菜单区选择相应的地形图图式符号，然后在屏幕中将所有的地物绘制出来。系统中所有地形图图式符号都是按照图层来划分的，例如所有表示测量控制点的符号都放在“控制点”这一层，所有表示独立地物的符号都放在“独立地物”这一层，所有表示植被的符号都放在“植被土质”这一层。

1) 为了更加直观地在图形编辑区内看到各测点之间的关系，可以先将野外测点点号在屏幕中展出来。其操作方法是：先移动鼠标至屏幕的顶部菜单“绘图处理”项按左键，这时系统弹出一个下拉菜单。再移动鼠标选择“展野外测点点号”项按左键，便出现对话框。输入对应的坐标数据文件名后，便可在屏幕展出野外测点的点号。

2) 根据外业草图，选择相应的地图图式符号在屏幕上将平面图绘出来。

见图 10-22，由 33，34，35 号点连成一间普通房屋。移动鼠标至右侧菜单“居民地/一般房屋”处按左键，系统便弹出如图 10-23 所示的对话框。再移动鼠标到“四点房屋”的图标处按左键，图标变亮表示该图标已被选中，然后移鼠标至“确定”处按左键。这时命令区提示：

绘图比例尺 1∶,输入 1000，回车。

1. 已知三点/2. 已知两点及宽度/3. 已知四点＜1＞：输入 1，回车（或直接回车默认选 1)。

说明：已知三点是指测矩形房子时测了三个点；已知两点及宽度则是指测矩形房子时测了两个点及房子的一条边；已知四点则是测了房子的四个角点。

点 P/＜点号＞输入 33，回车。

说明：点 P 是指根据实际情况在屏幕上指定一个点；点号是指绘地物符号定位点的点号（与草图的点号对应)，此处使用点号。

点 P/＜点号＞输入 34，回车。

点 P/＜点号＞输入 35，回车。

这样，即将 33、34、35 号点连成一间普通房屋。

重复上述操作，将 37、38、41 号点绘成四点棚房；60、58、59 号点绘成四点破坏房屋；12、14、15 号点绘成四点建筑中房屋；50、51、52、53、54、55、56、57 号点绘成多点一般房屋；27、28、29 号点绘成四点房屋。

同样在“居民地/垣栅”层找到“依比例围墙”的图标，将 9、10、11 号点绘成依比例围墙的符号；在“居民地/垣栅”层找到“篱笆”的图标，将 47、48、23、43 号点绘成篱笆的符号。

这样，重复上述的操作便可以将所有测点用地图图式符号绘制出来。在操作的过程中，可以嵌用 CAD 的透明命令，如放大显示、移动图纸、删除、文字注记等。

10.5.3 绘制等高线

在数字化自动成图系统中，等高线是由计算机自动勾绘，生成的等高线精度相当高。CASS 9.0 能自动切除通过地物、注记、陡坎的等高线。在绘等高线之前，必须先将野外测的高程点建立数字地面模型（DTM)，然后在数字地面模型上生成等高线。

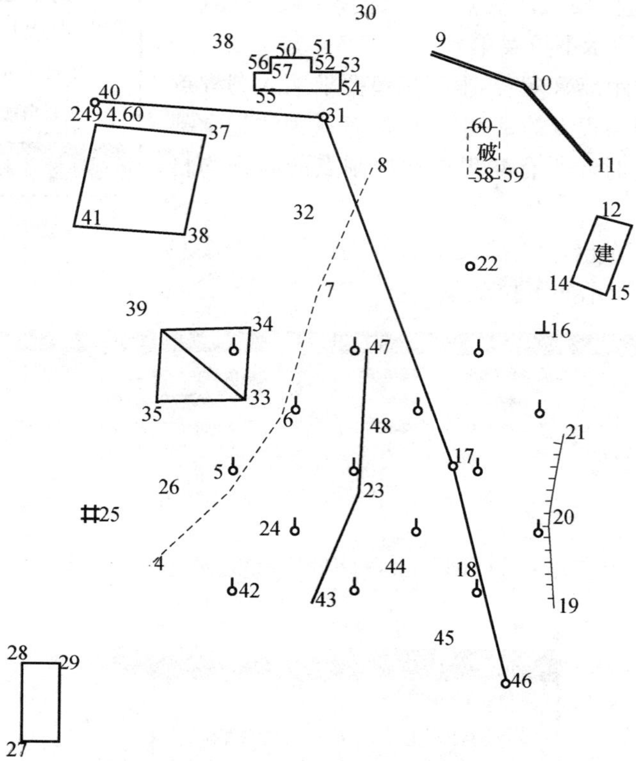

图 10-22 地形图的计算机编辑

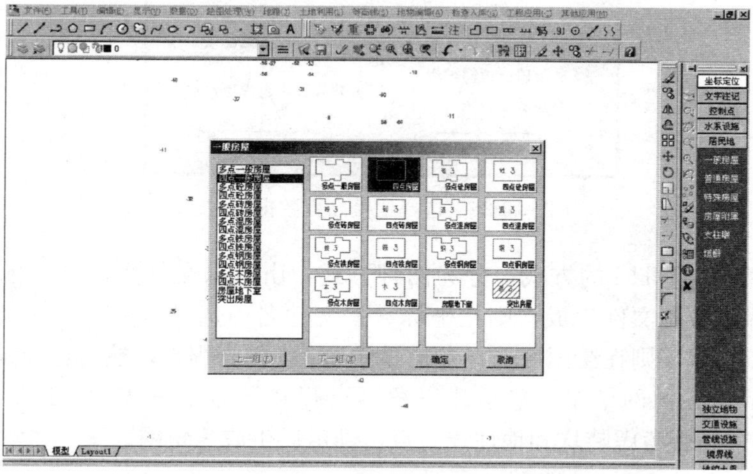

图 10-23 “居民地/一般房屋”图层图例

1. 建立数字地面模型（构建三角网）

数字地面模型（DTM），是在一定区域范围内规则格网点或三角网点的平面坐标（x，y）和其地物性质的数据集合，如果此地物性质是该点的高程 Z，则此数字地面模型又称为数字高程模型（DEM）。在使用 CASS 9.0 自动生成等高线时，应先建立数字地面模型。在这之前，可以先“定显示区”及“展点”，“定显示区”的操作与“点号定位”法的工作流程相似，展点时可选择“展高程点”选项，见图 10-24 所示下拉菜单。

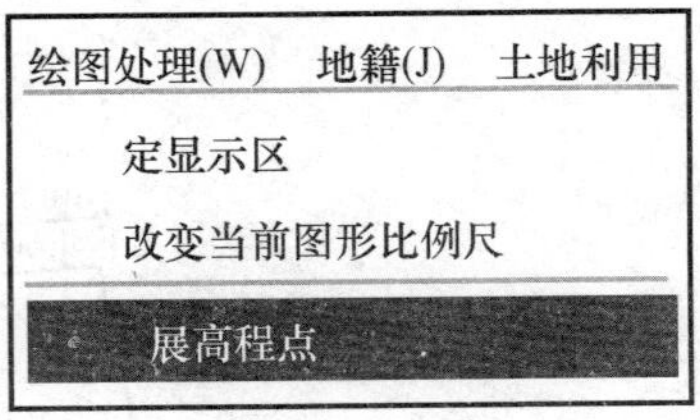

图 10-24 绘图处理下拉菜单

注记高程点的距离（米）：根据规范要求输入高程点注记距离（即注记高程点的密度），回车默认为注记全部高程点的高程。这时，所有高程点和控制点的高程均自动展绘到图上。

（1）移动鼠标至屏幕顶部菜单“等高线”项，按左键，出现图 10-25 所示的下拉菜单。

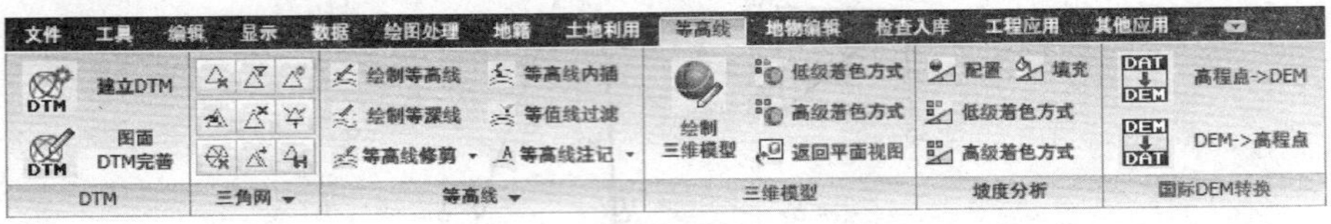

图 10-25 “等高线”的下拉菜单

（2）移动鼠标至“建立 DTM”项，该处以高亮度（深蓝）显示，按左键，出现图 10-26 所示对话窗。

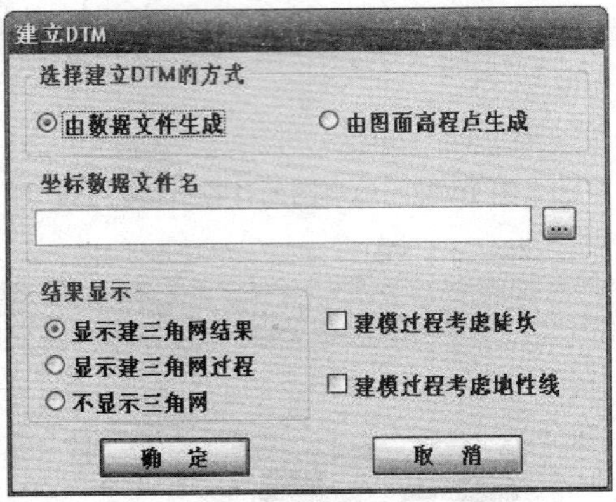

图 10-26 选择建模高程数据文件

首先选择建立 DTM 的方式，分为两种方式：由数据文件生成和由图面高程点生成，如果选择由数据文件生成，则在坐标数据文件名中选择坐标数据文件；如果选择由图面高程点生成，则在绘图区选择参加建立 DTM 的高程点。然后选择结果显示，分为三种：显示建三角网结果、显示建三角网过程和不显示三角网。最后选择在建立 DTM 的过程中是否考虑陡坎和地性线。点击确定后生成三角网。

2. 修改数字地面模型

一般情况下，由于地形条件的限制，在外业采集的碎部点很难一次性生成理想的等高线，如楼顶上控制点。另外还因现实地貌的多样性和复杂性，自动构成的数字地面模型与实际地貌不太一致，这时可以通过修改三角网来修改这些局部不合理的地方。

（1）删除三角形

如果在某局部内没有等高线通过，则可将其局部内相关的三角形删除。删除三角形的操作方法是：先将要删除三角形的地方局部放大，再选择“等高线”下拉菜单的

“删除三角形”项，命令区提示选择对象：这时便可选择要删除的三角形，如果误删，可用“U”命令将误删的三角形恢复。

（2）过滤三角形

可根据用户需要输入符合三角形中最小角的度数或三角形中最大边长最多大于最小边长的倍数等条件的三角形。如果出现 CASS 9.0 在建立三角网后点无法绘制等高线，可过滤掉部分形状特殊的三角形。另外，如果生成的等高线不光滑，也可以用此功能将不符合要求的三角形过滤掉再生成等高线。

（3）增加三角形

如果要增加三角形，可选择“等高线”菜单中的“增加三角形”项，依照屏幕的提示在要增加三角形的地方用鼠标点取，如果点取的地方没有高程点，系统会提示输入高程。

（4）三角形内插点

选择此命令后，可根据提示输入要插入的点：在三角形中指定点（可输入坐标或用鼠标直接点取），提示输入高程值（米），输入此点高程。通过此功能可将此点与相邻的三角形顶点相连构成三角形，同时原三角形会自动被删除。

（5）删三角形顶点

用此功能可将所有由该点生成的三角形删除。因为一个点会与周围很多点构成三角形，如果手工删除三角形，不仅工作量较大而且容易出错。这个功能常用在发现某一点坐标错误时，要将它从三角网中剔除的情况下。

（6）重组三角形

指定两相邻三角形的公共边，系统自动将两三角形删除，并将两三角形的另两点连接起来构成两个新的三角形，这样做可以改变不合理的三角形连接。如果因两三角形的形状特殊无法重组，会有出错提示。

（7）删三角网

生成等高线后就不再需要三角网了，这时如果要对等高线进行处理，三角网比较碍事，可以用此功能将整个三角网全部删除。

（8）修改结果存盘

通过以上命令修改了三角网后，选择“等高线”菜单中的“修改结果存盘”项，把修改后的数字地面模型存盘。这样，绘制的等高线不会内插到修改前的三角形内。

注意：修改了三角网后一定要进行此步操作，否则修改无效！

当命令区显示“存盘结束！”时，表明操作成功。

3. 绘制等高线

等高线的绘制可以在绘平面图的基础上叠加，也可以在“新建图形”的状态下绘制。如在“新建图形”状态下绘制等高线，系统会提示输入绘图比例尺。

用鼠标选择下拉菜单“等高线”—“绘制等高线”项，弹出图 10-27 所示对话框。

对话框中会显示参加生成 DTM 的高程点的最小高程和最大高程。如果只生成单条等高线，那么就在单条等高线高程中输入此条等高线的高程；如果生成多条等高线，则在等高距框中输入相邻两条等高线之间的等高距。最后选择等高线的拟合方式，总共有四种拟合方式：不拟合（折线）、张力样条拟合、三次 B 样条拟合和 SPLINE 拟合。观察等高线效果时，可输入较大等高距并选择不光滑，以加快速度。

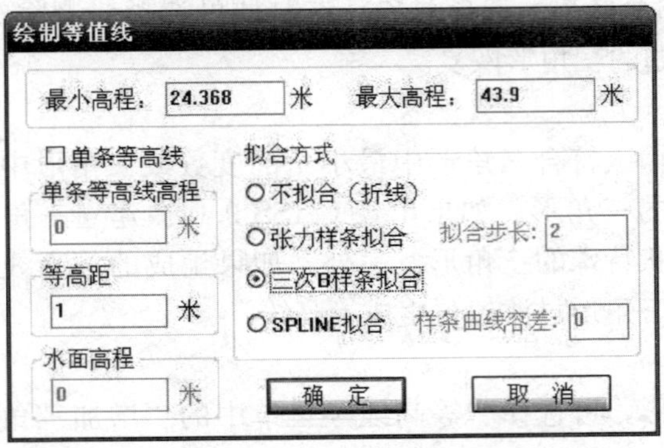

图 10-27　绘制等高线对话框

当命令区显示“绘制完成!”，便完成等高线（图 10-28）的绘制工作。

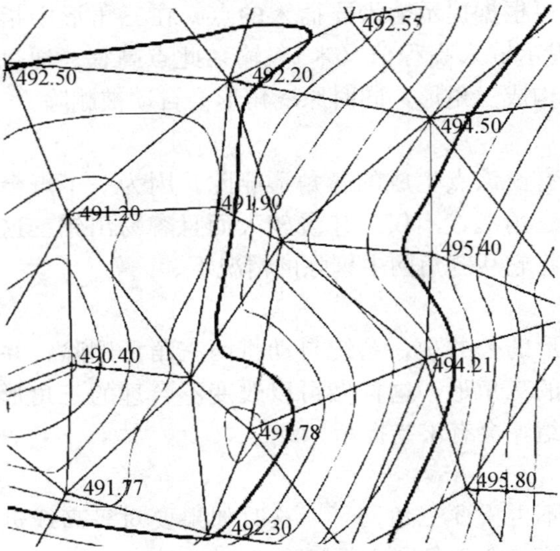

图 10-28　绘制完成的等高线

4. 等高线的修饰

（1）注记等高线

用“窗口缩放”项得到局部放大图见图 10-29，再选择“等高线”下拉菜单之“等高线注记”的“单个高程注记”项。

命令区提示：

选择需注记的等高（深）线：移动鼠标至要注记高程的等高线位置，见图 10-30 的位置 A，按左键。

依法线方向指定相邻一条等高（深）线：移动鼠标至见图 10-30 的等高线位置 B，按左键。

等高线的高程值即自动注记在 A 处，且字头朝 B 处。

（2）等高线修剪

左键点击“等高线/等高线修剪/批量修剪等高线”，弹出图 10-30 所示对话框。

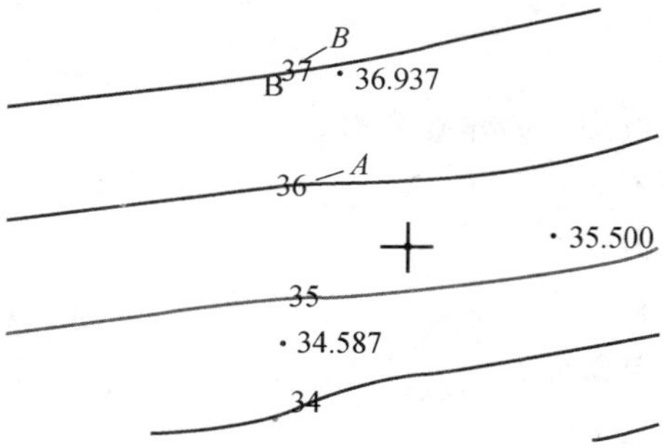

图 10-29 等高线高程注记

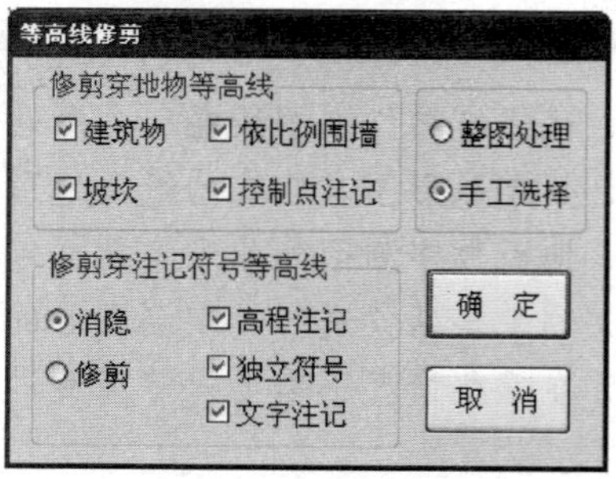

图 10-30 等高线修剪对话框

首先选择是消隐还是修剪等高线，然后选择是整图处理还是手工选择需要修剪的等高线，最后选择地物和注记符号，单击确定后会根据输入的条件修剪等高线。

(3) 切除指定两条线间等高线

命令区提示：

选择第一条线：用鼠标指定一条线，例如选择公路的一边。

选择第二条线：用鼠标指定第二条线，例如选择公路的另一边。

程序将自动切除等高线穿过此两条线间的部分。

(4) 切除指定区域内等高线

选择一封闭复合线，系统将该复合线内所有等高线切除。注意，封闭区域的边界一定要是复合线，如果不是，系统将无法处理。

5. 绘制三维模型

建立了 DTM 之后，就可以生成三维模型，观察一下立体效果。

移动鼠标至“等高线”项，按左键，出现下拉菜单。然后移动鼠标至“绘制三维模型”项，按左键，命令区提示：

输入高程乘系数＜1.0＞：输入 5。

如果用默认值，建成的三维模型与实际情况一致。如果测区内的地势较为平坦，可以输入较大的值，将地形的起伏状态放大。因本图坡度变化不大，输入高程乘系数将其夸张显示。

是否拟合？(1) 是 (2) 否 ＜1＞回车，默认选 1，拟合。

另外，利用“低级着色方式”、“高级着色方式”功能还可对三维模型进行渲染等操作，利用“显示”菜单下的“三维静态显示”的功能可以转换角度、视点、坐标轴，利用“显示”菜单下的“三维动态显示”功能可以绘出更高级的三维动态效果。

以上即是绘制等高线的全过程。

10.5.4 图形编辑

对于图形的编辑，CASS 9.0 提供“编辑”和“地物编辑”两种下拉菜单。其中，“编辑”是由 AutoCAD 提供的编辑功能：图元编辑、删除、断开、延伸、修剪、移动、旋转、比例缩放、复制、偏移拷贝等，“地物编辑”是由 CASS 系统提供的地物编辑功能：线型换向、植被填充、土质填充、批量删剪、批量缩放、窗口内的图形存盘、多边形内图形存盘等。

习题

1. 试述经纬仪测图法在一个测站上测绘地形图的作业步骤。
2. 数字地形图与传统的纸质地形图有何不同?
3. 地面数字测图外业采集数据包括哪些内容?
4. 利用全站仪进行数字测图时的作业步骤。
5. 在哪些情况下需要对等高线进行修剪与断开?

11 数字地形图的应用

本章导读

【本章提要】本章主要介绍地形图的识读和应用方法。内容包括：地物、地貌的识读方法，如何应用地形图求点的坐标和高程，求某直线的坐标方位角、长度和坡度，如何应用地形图绘制断面图和选定等坡度线，如何在地面上确定汇水面积、进行场地平整及土（石）方量计算，如何在地形图上量算图形面积，数字地形图在城乡规划专业中的应用。

【学习目标】掌握数字地形图的基本应用和在城乡规划专业中的应用。

11.1 地形图的识读

地形图的识读是正确应用地形图的基础。地形图是用各种规定的符号和注记表示地物、地貌及其他有关资料。通过对这些符号和注记含义的准确判读，可使地形图成为展现在人们面前的实地立体模型，以判断其相互关系和自然形态，这就是地形图判读的主要目的。地形图的判读，可按“先图外，后图内；先地物，后地貌；先主要，后次要；先室内，后野外”的基本顺序，并参照相应的《国家基本比例尺地图图式》逐一阅读。

11.1.1 地形图图外注记的识读

读图时，首先要了解地形图的图廓外注记，内容包括：图号、图名、接图表、比例尺、坐标系、使用图式、等高距、测图日期、测绘单位、图廓线、坐标格网、三北方向线和坡度尺等，它们分布在东、南、西、北四面图廓线外。

1. 图号、图名和接图表

为了区别各幅地形图所在的位置和拼接关系，每一幅地形图都编有图号和图名。图号是根据统一的分幅进行编号的，图名是用本图内最著名的地名、最大的村庄或突出的地物、地貌等的名称来命名的。图号、图名注记在北图廓上方的中央，见图 11-1。

在图的北图廓左上方，画有该幅图四邻各图号（或图名）的略图，称为接图表。中间一格画有斜线的代表本图幅，四邻分别注明相应的图号（或图名）。接图表的作用是便于查找到相邻的图幅，见图 11-1。

此外，地形图图廓外还有必要的文字说明。文字说明是了解图件来源和成图方法

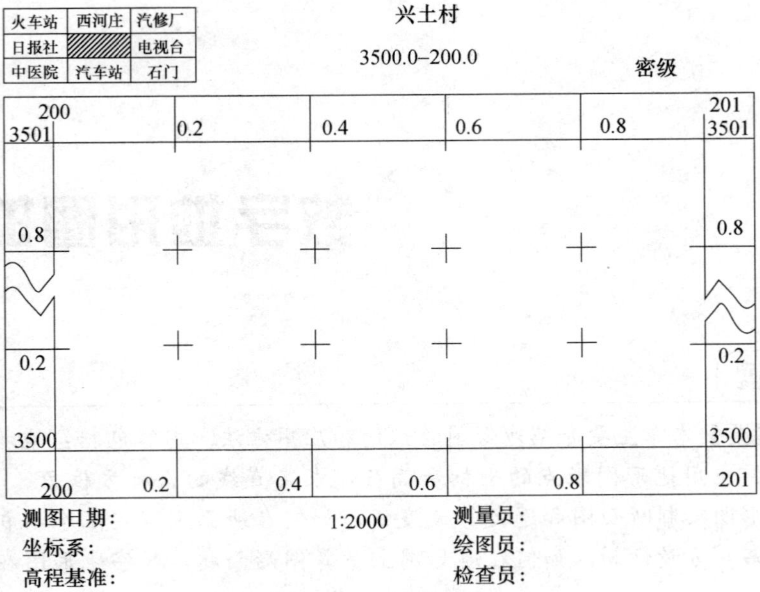

图 11-1　图号、图名、接图表

的重要资料。见图 11-1，通常在图的下方或左、右两侧注有文字说明，内容包括测图日期、坐标系、高程基准、测量员、绘图员和检查员等。在图的右上角标注图纸的密级。

2. 比例尺

见图 11-1 下方，在每幅图南图框外的中央均注有数字比例尺，在数字比例尺下方绘出直线比例尺，见图 11-2，直线比例尺的作用是便于用图解法确定图上直线的距离。对于 1∶500、1∶1 000 和 1∶2 000 等大比例尺地形图，一般只注明数字比例尺，不注明直线比例尺。

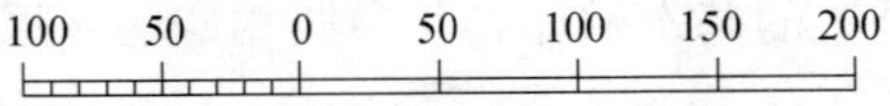

图 11-2　直线比例尺

3. 三北方向线

在许多中、小比例尺地形图的南图廓线右下方，通常绘有真北、磁北和轴北之间的角度关系图，称为三北方向线。

三北方向是指真子午线北方向 N、磁子午线北方向和高斯平面坐标系的纵轴方向。见图 11-3，该图幅的磁偏角为 2°16′（西偏）；坐标纵轴偏于真子午线以西 0°21′；而磁子午线偏于坐标纵线以西 1°55′。利用该三北方向关系图，可对图上任一方向的真方位角、磁方位角和坐标方位角三者之间进行相互换算。

4. 坡度比例尺

为了便于在地形图上量测两条等高线（首曲线或计曲线）间两点直线的坡度，通常在中、小比例尺地形图的南图廓外绘有图解坡度比例尺，见图 11-4，它按下列关系式制成：

$$i=\tan\alpha=\frac{h}{dM} \tag{11-1}$$

式中，i 为地面坡度；α 为地面倾角；h 为等高距；d 为相邻等高线平距；M 为比例尺分母。

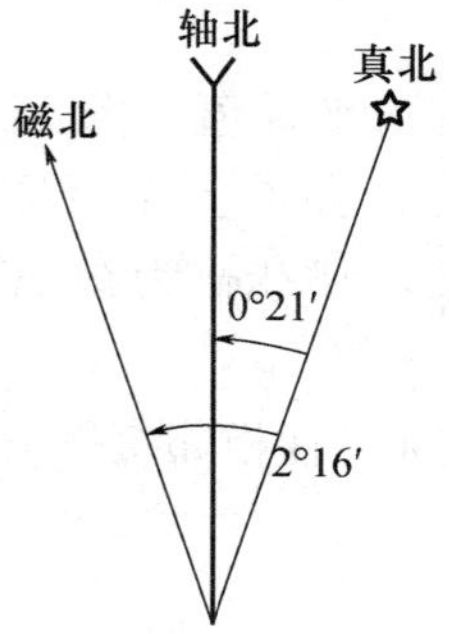

图 11-3　三北方向线

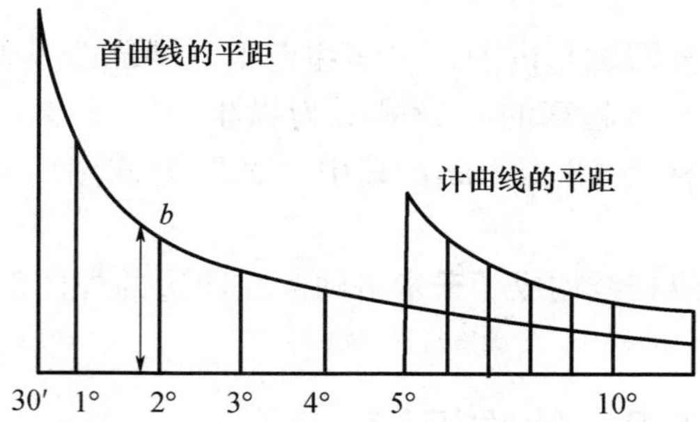

图 11-4　坡度尺

使用坡度比例尺，用分规卡出图上相邻等高线的平距后，在坡度尺上使分规的两针尖下面对准底线，上面对准曲线，即可在坡度尺上读出地面倾角 α。

5. **图廓和坐标格网**

图廓是地形图的边界，正方形图廓只有内、外图廓之分。内图廓为直角坐标格网线，也是图幅的边界线，线粗为 0.1mm，外图廓线为图幅的最外围边线，用 0.5mm 的实线描绘。外图廓与内图廓之间，用来标记以千米为单位的平面直角坐标值。见图 11-1,左下角的纵坐标为 3 500.0km，横坐标为 200.0km，并在内廓线内侧，每隔 10cm 绘有 5mm 的短线，表示坐标格网线的位置。在图幅内绘有每隔 10cm 的坐标格网交叉点。

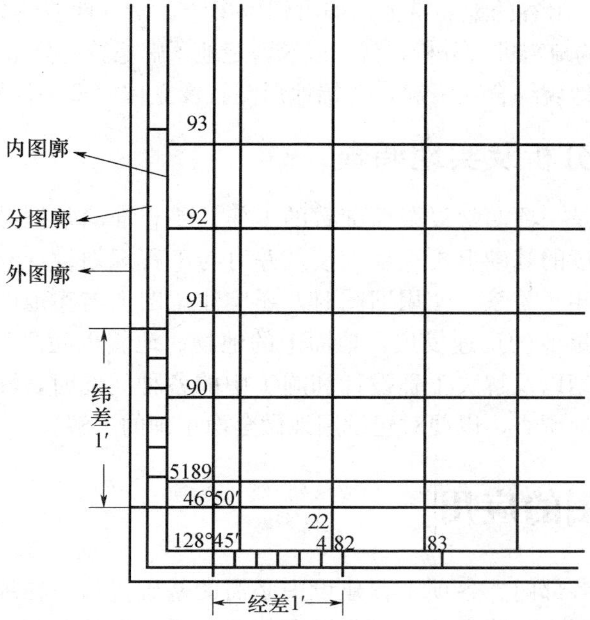

图 11-5　图廓和坐标格网

由经纬线分幅的地形图，内图廓呈梯形，见图 11-5。西图廓经线为东经 128°45′，南图廓纬线为北纬 46°50′，两线的交点为图廓点。内图廓与外图廓之间绘有黑白相间的分图廓，每段黑白线长表示实地经差或纬差 1′。

连接东西、南北相对应的分度带值便得到大地坐标格网，可供图解点位的地理坐标用。

分图廓与内图廓之间注记了以“km”为单位的高斯直角坐标值。图 11-5 中左下角从赤道起算的 5 189km 为纵坐标，其余的 90、91 等为省去了前面两位数“51”。横坐标为 22 482km，其中“22”为该图所在的投影带号，482km 为该纵线的横坐标值。

纵横线构成了千米格网。在四边的外图廓与分度带之间注有相邻接图号，供接边查用。

11.1.2 地物识读

地物识读的目的是了解地物的大小、种类、位置和分布情况。通常按先主后次的顺序，并顾及取舍的内容与标准进行。按照地物符号先识别大的居民点、主要道路和需要的地物，然后再扩大到识别小的居民点、次要道路、植被和其他地物。通过分析，就会对主、次地物的分布情况、主要地物的位置和大小形成较全面的了解。

11.1.3 地貌识读

地貌识读的目的是了解各种地貌的分布和地面的高低起伏状况。识别时，主要是根据基本地貌的等高线特征和特殊地貌（如陡崖、冲沟等）符号进行。山区坡陡，地貌形态复杂，尤其是山脊和山谷等高线犬牙交错，不易识别。可先根据水系的江河、溪流找出山谷、山脊，无河流时可根据相邻山头找出山脊；再按照两山谷间必有一山脊，两山脊间必有一山谷的地貌特征，即可识别山脊、山谷地貌的分布情况。结合特殊地貌符号和等高线的疏密进行分析，就可以较清楚地了解地貌的分布和高低起伏情况。

最后将地物、地貌综合在一起，整幅地形图就像立体模型一样展现在眼前。

11.1.4 综合分析及实地调查

地形图的判读是一项非常复杂而细致的工作，要想准确掌握某图幅或某地区的详细情况，必须在粗读的基础上再逐项细读，并对与工程规划设计有关的地图要素进行综合分析，确定其相互关系。使用旧图时，还应注意图上与实地的各类地物地貌的变化，由于城乡建设事业的迅速发展，地面上的地物、地貌也随之发生变化。因此，在应用地形图进行规划以及解决工程设计和施工中的各种问题时，除了细致地判读地形图外，还需进行实地调查，以便对建设用地做全面正确的了解。

11.2 地形图的应用

地形图是国家各部门、各项工程建设中必需的基础资料，在地形图上可以获取多种所需信息。从地形图上确定地物的位置和相互关系及地貌的起伏形态等情况，比实地更全面、更方便、更迅速。

11.2.1 地形图的基本应用

1. 确定图上某点的坐标

欲确定地形图上某点的坐标，可根据格网坐标用图解法求得。图框边线上所注的数字就是坐标格网的坐标值，它们是量取坐标的依据。

见图 11-6，欲求图上 P 点的坐标，首先找出 P 点所处的小方格，并用直线连成小正方形 $abcd$，其西南角 a 点的坐标为（x_a，y_a），再量取 ae 和 ag 的长度，即可获得 P 点的坐标为：

$$\begin{cases} x_P = x_a + ae \times M \\ y_P = y_a + ag \times M \end{cases} \tag{11-2}$$

式中，x_a、y_a 为 P 点所在方格西南角点的坐标；M 为地形图比例尺。

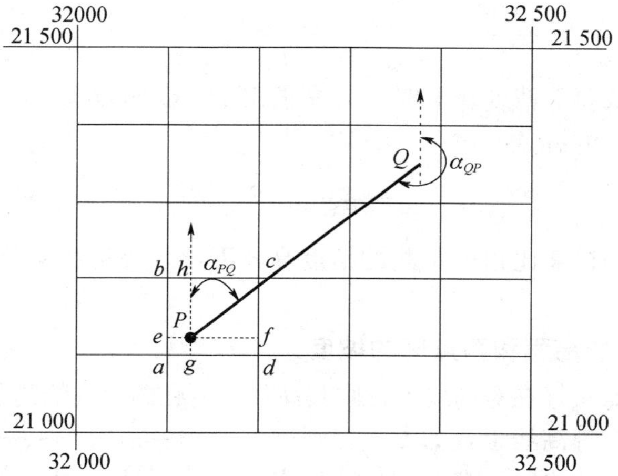

图 11-6 确定点的坐标、直线距离、方位角

由于图纸的伸缩，在图纸上实际量出的方格长度往往不等于其理论长度 l（一般为 10cm），为了提高坐标量算的精度，这时就需要考虑图纸伸缩的影响。设在图纸上量得 ab 的实际长度为$\overline{ab}$，量得 ad 的实际长度为$\overline{ad}$，则 P 点的坐标按下式计算：

$$\begin{cases} x_P = x_a + \dfrac{l}{\overline{ab}} \times \overline{ae} \times M \\ y_P = y_a + \dfrac{l}{\overline{ad}} \times \overline{ag} \times M \end{cases} \tag{11-3}$$

式中，$\overline{ab}$、$\overline{ae}$、$\overline{ad}$、$\overline{ag}$为图上量取的长度（单位为 mm），量至 0.1mm；x_a、y_a 为 P 点所在方格西南角点的坐标；M 为地形图比例尺。

2. 量测两点间的水平距离

见图 11-6，欲确定图上 PQ 两点间的距离，常用以下两种方法。

（1）图解法

该方法属于直接量测法。用卡规在图上直接卡出线段 PQ 长度，再与图示比例尺比量，即可得其水平距离。也可以用毫米尺量取图上长度并按比例尺 M 换算为水平距离，但后者受图纸伸缩的影响。

（2）解析法

利用图上两点的坐标计算出两点间的距离。这种方法能消除图纸变形的影响，提高精度。

见图 11-6 所示，在图上量得直线两端点 P 和 Q 的坐标（x_P，y_P）和（x_Q，y_Q），反算直线度 D_{PQ}：

$$D_{PQ}=\sqrt{(x_Q-x_P)^2+(y_Q-y_P)^2} \tag{11-4}$$

3. 量测直线的坐标方位角

在图 11-6 中，欲确定直线 PQ 的坐标方位角，可用以下两种方法。

（1）图解法

见图 11-6，求直线 PQ 的坐标方位角时，可先过 P、Q 两点精确地作平行于坐标格网纵线的直线，然后用量角器直接量测坐标方位角。同一直线的正、反坐标方位角之差应为 180°。

（2）解析法

当直线较长，或要求精度较高时，可先求出 P、Q 两点坐标，然后按照下式计算直线 PQ 的坐标方位角 α_{PQ}：

$$\alpha_{PQ}=\arctan\frac{y_Q-y_P}{x_Q-x_P} \tag{11-5}$$

由于坐标量算的精度比角度量测的精度高，因此，解析法所获得的方位角比图解法可靠。

4. 确定地面点的高程和两点间的坡度

见图 11-7，P 点正好在等高线上，则其高程与所在的等高线高程相同。

如果所求点不在等高线上，如 k 点，则过 k 点作一条大致垂直于相邻等高线的线段 mn，量取 mn 的长度 d，再量取 mk 的长度 d_1，k 点的高程 H_k 可按比例内插求得，即：

$$H_k=H_m+\frac{d_1}{d}h \tag{11-6}$$

式中，H_m 为 m 点的高程；h 为等高距。

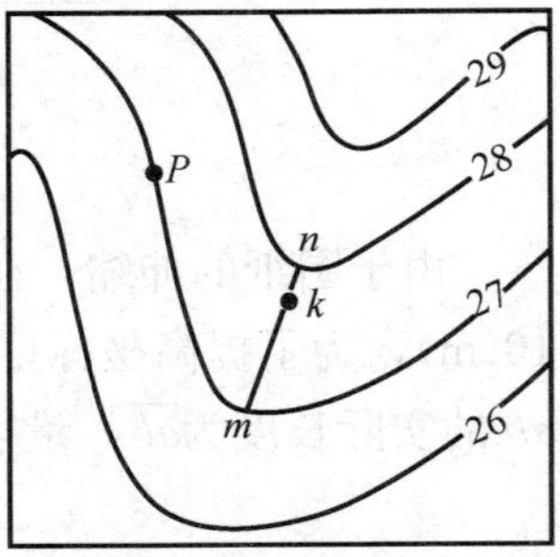

图 11-7 确定地面点高程

在地形图上求得相邻两点间的水平距离 D 和高差 h 后，可计算两点间的坡度。坡度是指直线两端点间高差与其平距之比，用 i 表示，即：

$$i=\tan\alpha=\frac{h}{D}=\frac{h}{dM} \tag{11-7}$$

式中，d 为图上直线的长度；h 为直线两端点间的高差；D 为该直线的实地水平距离；M 为比例尺分母。坡度 i 一般用百分率（%）或千分率（‰）表示，上坡为正，下坡为负。如果两点间距离较长，中间通过数条等高线且等高线平距不等，则所求地面坡度是两点间的平均坡度。

11.2.2 图形面积的计算

在地形图上量算面积是地形图应用的一项重要内容。量算面积的方法有几何图形法、坐标解析法、模片法、求积仪法等。

1. 几何图形法

若待量算面积的图形为规则的几何图形，例如矩形、三角形、梯形等，可量测其几何要素，用相应的几何面积计算公式计算其面积。

若待量算面积的图形不是简单几何图形时，可以将复杂的多边形分割成若干个简单几何图形进行量算，见图 11-8。

对复杂多边形，一般是将其划分为若干个三角形进行量算。为保证量算精度，所划分三角形的底高之比以接近 1∶1为最好。在图上量测图形几何要素长度时，最好使用复式比例尺。若使用一般尺子，必须对其刻度进行校核，不符合精度要求的尺子不能使用。

2. 坐标解析法

坐标解析法是按多边形各顶点的坐标计算其面积的方法。见图 11-9，将多边形各顶点按顺时针方向编号为 1、2、3、4，由图可知，四边形 1234 的面积等于梯形 $12y_2y_1$ 与梯形 $23y_3y_2$ 的面积之和再减去梯形 $43y_3y_4$ 与梯形 $14y_4y_1$ 的面积之和，即：

$$S=\frac{1}{2}[(x_1+x_2)(y_2-y_1)+(x_2+x_3)(y_3-y_2)-(x_3+x_4)(y_3-y_4)-(x_4+x_1)(y_4-y_1)] \tag{11-8}$$

整理后得：

$$S=\frac{1}{2}[x_1(y_2-y_4)+x_2(y_3-y_1)+x_3(y_4-y_2)+x_4(y_1-y_3)] \tag{11-9}$$

同法可得：

$$S=\frac{1}{2}[y_1(x_4-x_2)+y_2(x_1-x_3)+y_3(x_2-x_4)+y_4(x_3-x_1)] \tag{11-10}$$

若图形为 n 边形，则面积计算公式的一般形式为：

$$S=\frac{1}{2}\sum_{i=1}^{n}x_i\ (y_{i+1}-y_{i-1}) \tag{11-11}$$

$$S=\frac{1}{2}\sum_{i=1}^{n}y_i\ (x_{i-1}-x_{i+1}) \tag{11-12}$$

式中，下标为多边形各顶点的序号。计算时要注意，当 $i-1=0$ 时，下标应取 n；当 $i+1=n+1$时，下标应取 1。

坐标解析法是依据图块边界轮廓点的坐标计算其面积的方法。如果是曲线围成的图形，可沿曲线边界逐点采集轮廓点的坐标，然后用坐标解析法计算面积。

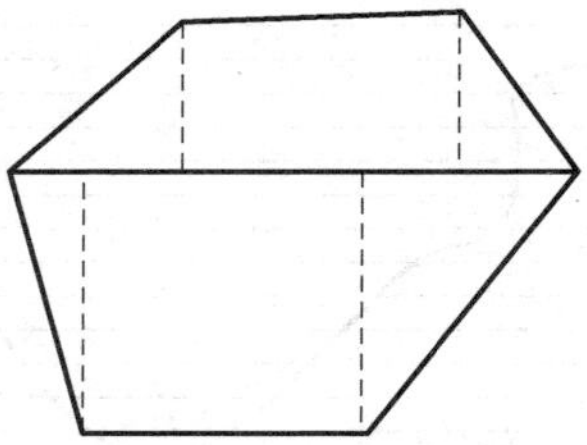

图 11-8　几何图形法

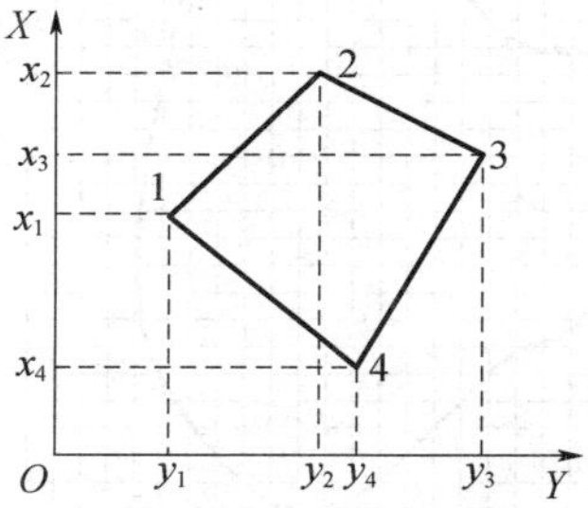

图 11-9　坐标解析法

3. 模片法

模片法是利用赛璐珞、聚酯薄膜、玻璃、透明胶片等制成的模片，在模片上建立一组有单位面积的方格、平行线等，然后利用这种模片去覆盖被量测的面积，从而求得相应的图上面积值，再根据地形图的比例尺，计算出所测图形的实地面积。模片法具有量算工具简单、方法容易掌握，又能保证一定的精度等特点。因此，在图解面积测算中是一种常用的方法。

（1）透明方格法

透明方格法通常是在透明模片上绘出边长为 1mm 的小方格，见图 11-10，每个方格的面积为 $1mm^2$，而所代表的实际面积则由地形图的比例尺决定。将绘有小方格的透明模片蒙在待测图形上，通过统计在待测图形轮廓线内的完整方格和不完整方格的个数来量测面积。

量测图上面积时，将透明方格纸固定在图纸上，先数出完整小方格的数量为 n_1，再数出图形边缘不完整的小方格数量为 n_2。然后按照下式计算整个图形的面积：

$$S=\left(n_1+\frac{n_2}{2}\right)\times\frac{M^2}{10^6} \tag{11-13}$$

式中：S 为所求图形面积，m^2；M 为地形图比例尺分母。

（2）透明平行线法

透明方格法的缺点是数方格困难，为此，可以使用图 11-11 中的透明平行线法。在透明模片上绘有间距为 2～5 mm 的平行线（同一模片上间距相同），把它覆盖在待测算面积的图形上，并转动模片，使平行线与图形的上、下边线相切。此时，被测图形被平行线分割成若干个等高的近似梯形。量出各梯形的底边长度 l_1，l_2，…，l_n，而每个梯形的高均为 h，则各梯形的面积分别为：

$$S_1=\frac{1}{2}(0+l_1)hM^2$$

$$S_2=\frac{1}{2}(l_1+l_2)hM^2$$

$$\vdots$$

$$S_{n+1}=\frac{1}{2}(l_n+0)hM^2$$

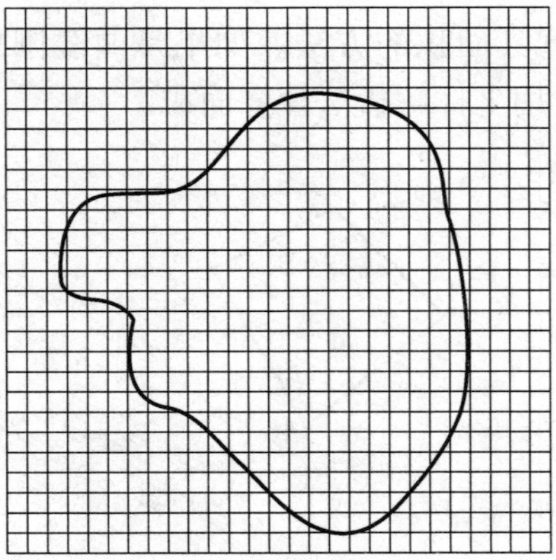

图 11-10　透明方格法量算面积

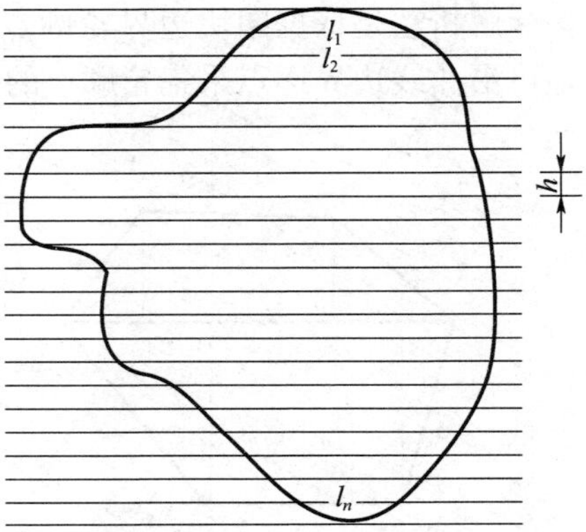

图 11-11　透明平行线法量算面积

则图形的总面积为：

$$S=S_1+S_2+\cdots+S_{n+1}=(l_1+l_2+\cdots+l_n)hM^2 \tag{11-14}$$

式中，S 为所求图形面积，m^2；M 为地形图比例尺分母。

4. 求积仪法

求积仪法是利用求积仪量算图形面积的一种方法。求积仪是一种专门供图上量算面积的仪器，其优点是操作简便、速度快，适用于任意曲线图形，且能保证一定的精度。求积仪有机械式求积仪和电子求积仪两种。安置图纸和电子求积仪时，要求图纸平整无皱折，求积仪跟踪放大镜在待量测图形的中央，且动极轴与跟踪臂应成90°。量算面积时，先设定图形比例尺和计量单位，将描迹点（跟踪放大镜中心红点）按顺时针方向沿图形轮廓线准确移动一周，便可在显示窗内得到面积值。

11.2.3 地形图在工程建设中的应用

在国民经济建设和国防建设中，各项工程建设的规划、设计阶段都需要了解工程建设地区的地形和环境条件等资料，使规划、设计符合实际情况。在一般情况下，都是以地形图的形式提供这些资料的。在进行工程规划、设计时，要利用地形图进行工程建（构）筑物的平面、高程布设和量算工作。因此，地形图是制定规划、进行工程建设的重要依据和基础资料。

1. 按一定方向绘制断面图

在工程设计中，当需要知道某一方向的地面起伏情况时，可按此方向直线与等高线交点的平距与高程，绘制断面图。方法如下：

见图11-12（a），欲沿 MN 方向绘制断面图，首先在图上作 MN 直线，找出与各等高线相交点 a，b，c，…，i。见图11-12（b），在绘图纸上绘制水平线 MN 作为横轴，表示水平距离；过 M 点作 MN 的垂线作为纵轴，表示高程。然后在地形图上自 M 点分别量取至 a，b，c，…，N 各点的距离，并在图11-12（b）上自 M 点沿 MN 方向截出相应的 a，b，c，…，N 各点。再在地形图上读取各点高程，在图11-12（b）上以各点高程作为纵坐标，向上画出相应的垂线，得到各交点在断面图上的位置，用光滑曲线连接这些点，即得 MN 方向的断面图。

为了明显地表示地面的起伏变化，高程比例尺常为水平距离比例尺的10～20倍。为了正确地反映地面的起伏形状，方向线与地性线（山脊线、山谷线）的交点必须在断面图上表示出来，以使绘制的断面曲线更符合实际地貌，其高程可按比例内插求得。

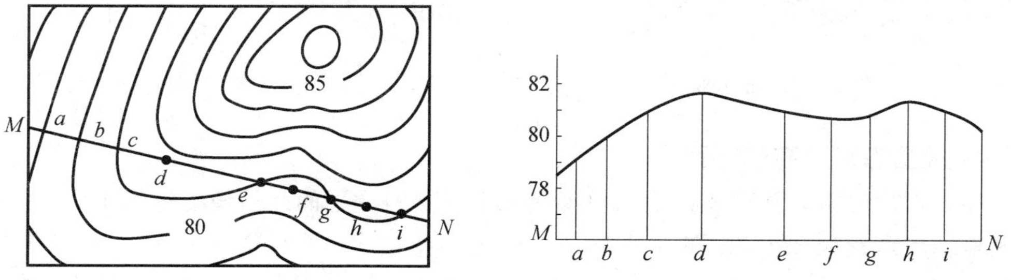

图11-12 按一定方向绘制断面图

2. 确定汇水面积

在桥涵设计中，桥涵孔径大小的确定；水利建设中，水库水坝的设计位置与水库的蓄水量等都是根据汇集于这一地区的水流量来确定的。汇集水流量的区域面积称为汇水面积。山脊线也称为分水线。雨水、雪水是以山脊线为界流向两侧的，所以汇水面积的边界线是由一系列的山脊线连接而成。量算出该范围的面积即得汇水面积。

图 11-13 所示 A 处为修筑道路时经过的山谷，需在 A 处建造一个涵洞以排泄水流。涵洞孔径的大小应根据流经该处的水量来决定，而这水量又与汇水面积有关。由图 11-13中可以看出，由分水线 BC、CD、DE、EF 及道路 FB 所围成的面积即为汇水面积。各分水线处处都与等高线相垂直，且经过一系列的山头和鞍部。

3. 按限制坡度选线

在道路、管道等工程设计时，要求在不超过某一限制坡度条件下，选定最短线路或等坡度线路。此时，可根据下式求出地形图上相邻两条等高线之间满足限制坡度要求的最小平距：

$$d=\frac{h_0}{iM} \tag{11-15}$$

式中，h_0 为等高线的等高距；i 为设计限制坡度；M 为比例尺分母。

见图 11-14，按地形图的比例尺，用两脚规截取相应于 $d_{\min}$ 的长度，然后在地形图上以 a 点为圆心，以此长度为半径，交 54m 等高线得到 a 点；再以 a 点为圆心，交 55m 等高线得到 b；依此进行，直到 B 点。然后将相邻点连接，便得到符合限制坡度要求的路线。同法可在地形图上沿另一方向定出第二条路线 $A—a'—b'—\cdots—B$，作为比较方案。

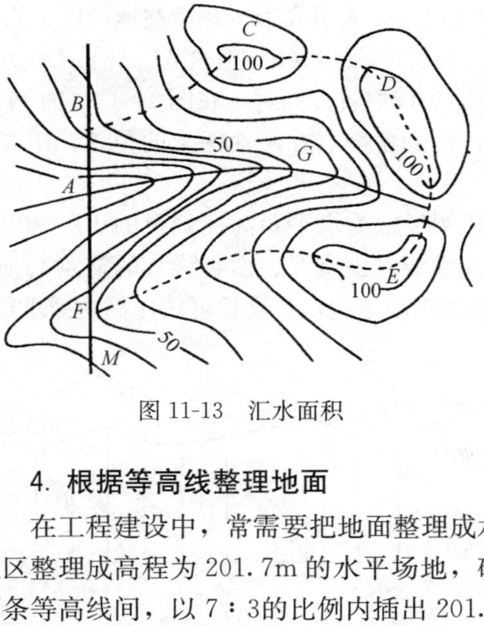

图 11-13 汇水面积

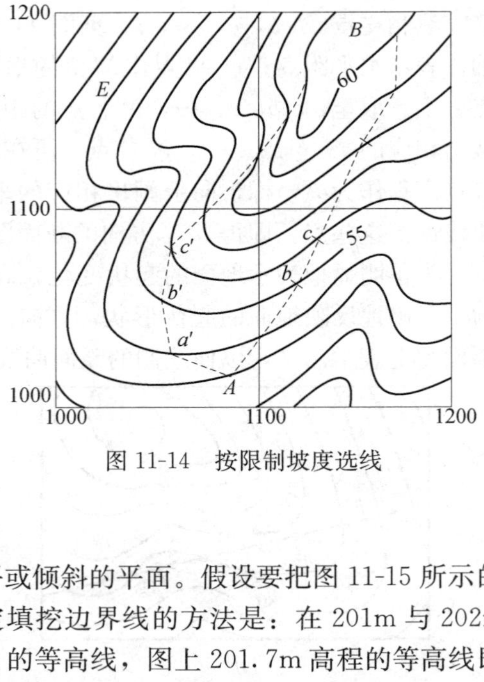

图 11-14 按限制坡度选线

4. 根据等高线整理地面

在工程建设中，常需要把地面整理成水平或倾斜的平面。假设要把图 11-15 所示的地区整理成高程为 201.7m 的水平场地，确定填挖边界线的方法是：在 201m 与 202m 两条等高线间，以 7∶3的比例内插出 201.7m 的等高线，图上 201.7m 高程的等高线即为填挖边界线。在这条等高线上的各点处不填不挖；不在这条等高线上的各点处就需要填或挖，如图上 204m 等高线上各点处要挖深 2.3m，在 198m 等高线上各点处要填高 3.7m。

假定要把地表面整理成倾斜平面，见图 11-16 中，要通过实地上 A、B、C 三点筑成一个倾斜平面。此三点的高程分别为 152.3m、153.6m、150.4m，这三点在图上的相应位置为 a、b、c。

倾斜平面上的等高线是等距的平行线。为了确定填挖边界线，需在地形图上画出设计等高线。首先求出 ab、bc、ac 三线中任一线上设计等高线的位置。以图中 bc 线为例，在 bc 线上用内插法得到高程为 153m、152m 和 151m 的点 d、e、f，同法再内插出与 A 点同高程（152.3m）的点 k，连接 ak，此线即是倾斜平面上高程为 152.3m 的等高线。通过 d、e、f 各点作与 ak 平行的直线，就得到倾斜平面上的设计等高线。这些等高线在图中是用虚线表示的。

在图上定出设计等高线与原地面上同高程等高线的交点，即得到不填不挖点（也称为零点），用平滑的曲线连接各零点，即得到填挖边界线。图 11-16 中有阴影的部分表示应填土的地方，而其余部分表示应挖土的地方。

每处需要填土的高度或挖土的深度是根据实际地面高程与设计高程之差确定的，如在 M 点，实际地面高程为 151.2m，而该处设计高程为 150.6m，因此 M 点必须挖深 0.6m。

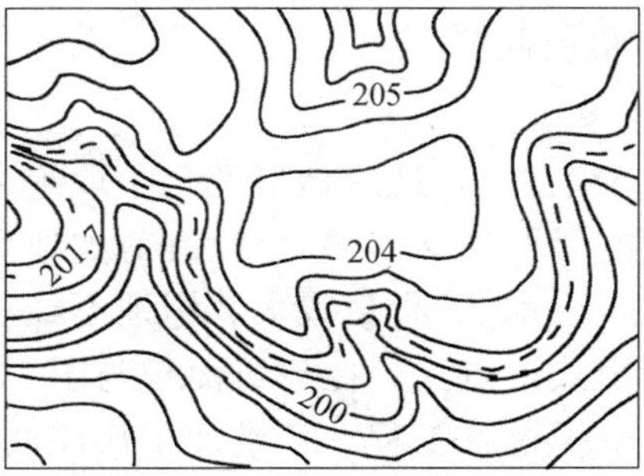

图 11-15 整理成水平面

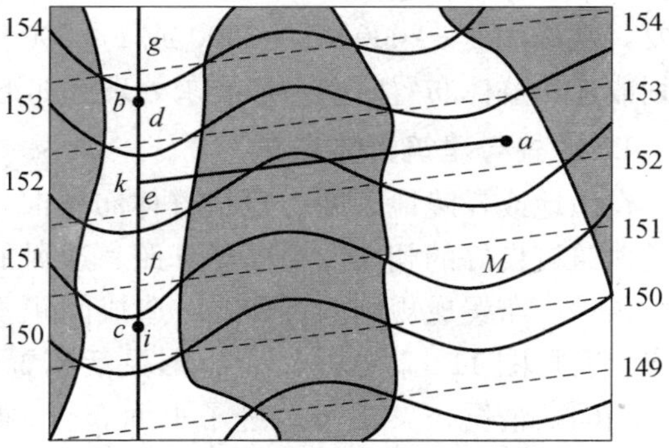

图 11-16 整理成倾斜平面

11.2.4 数字地形图在工程建设中的应用

数字地形图是指用全数字的形式描述地图要素的属性、空间位置和相互关系信息的数据集合，其信息的采集采用数字化测量手段，通过计算机对数据进行传输、存储和管理，实现了对地理信息的自动化采集、实时更新、动态管理和现代化应用。数字地形图是以数字形式存储在计算机存储介质上的地形图，与传统的纸质地形图相比，数字地形图具有更广泛的应用，其优势在于大量的手工计算被计算机所取代，不仅可以直接在图上进行计算和设计，而且精度更高。

目前，数字地形图已广泛地应用于国民经济建设、国防建设和科学研究的各个方面，如工程建设的设计、交通工具的导航、环境监测和土地利用调查等。过去，人们在纸质地形图进行的各种量测工作，利用数字地形图同样能完成，而且精度高、速度快。利用数字测图软件 CASS 系列，在数字地形图上可以很容易地获取各种地形信息，如量测各个点的坐标，量测点与点之间的距离，量测直线的方位角、点的高程、两点间的坡度和在图上设计坡度线等。

利用数字地形图，可以建立数字地面模型（DTM）。利用 DTM 可以绘制不同比例尺的等高线地形图、地形立体透视图、地形断面图，确定汇水范围和计算面积，确定场地平整的填挖边界和计算土方量。在公路和铁路设计中，可以绘制地形的三维轴视图和纵、横断面图，进行自动选线设计。

数字地面模型是地理信息系统（GIS）的基础资料，可用于土地利用现状分析、土地规划管理和灾情分析等。在军事上可用于导航和导弹制导。在工业上，利用数字地形测量的原理建立工业品的数字表面模型，能详细地表示出表面结构复杂的工业品的形状，据此可进行计算机辅助设计和制造。随着科学技术的高速发展和社会信息化程度的不断提高，数字地形图将会发挥越来越大的作用。

11.3 地形图在城乡规划专业中的应用

11.3.1 地形图在城乡规划中的应用

在城乡规划时，根据城市用地范围的大小，在总体规划阶段，常选用 1∶10000 或 1∶5000 比例尺的地形图；在详细规划阶段，为了满足房屋建筑和各项工程初步设计的需要，常选用 1∶2000、1∶1000 或 1∶500 等比例尺的地形图。应用地形图进行小区规划或建筑群体布置时，一般要求处理好如下几方面的问题。

1. 地貌与建筑群体布置

在山地或丘陵地区进行建筑群体布置时，还必须注意，适应地形变化争取绝大部分的建筑有良好的朝向，并提高日照、通风的效果。图 11-17（a）是没有考虑地形和气候条件，布置成规则的行列式，造成间距不符合实际、工程量较大、用地不经济等缺点。若按图 11-17（b）结合地形灵活布置为自由式或点式，在建筑面积与图 11-17（a）相同的情况下，由于改进了平面布置，既减少了挖方工程，又增加了房屋间距，也提高了日照、通风等效果，从而改善了使用条件。可见充分结合地形来确定建筑群体的布置方案是应用地形图进行规划设计的重要问题。

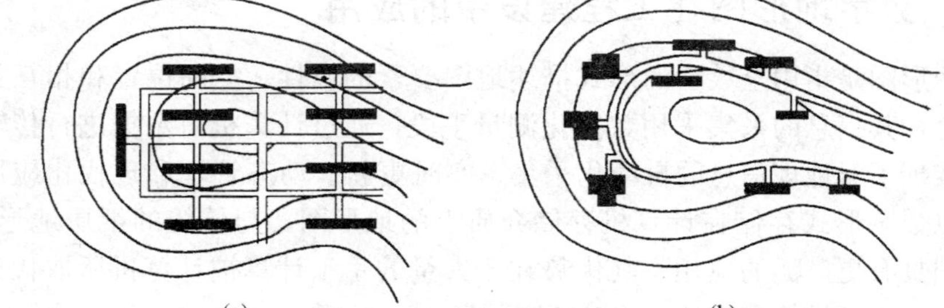

(a)　　(b)

图 11-17　地貌与建筑群体布置

（a）行列式；（b）自由式

2. 地貌与服务性建筑布置

服务性建筑的布置，要使居民能在一定的范围内满足日常生活上的需要。为此，在应用地形图进行居住区规划设计时，要结合地形考虑服务半径的大小，使该区居民均感方便。一般顺等高线方向交通便利，其服务半径可以大些。而垂直等高线的方向，则坡坎或梯道较多，需要上下，交通较为不便，其服务半径则宜小些。

服务性建筑的布置，不仅要考虑服务半径，还需要考虑服务高差，见图 11-18，宜将其设在高差中心处，减少上下坡的距离。

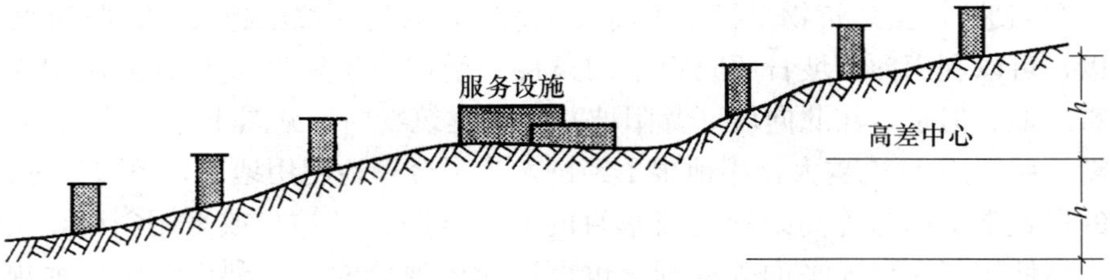

图 11-18　服务性建筑的布置

3. 地貌与建筑通风

山地或丘陵地区的建筑通风，除了季风的影响外，还受建筑用地的地貌及温差而产生的局部地方风的影响，有时这种地方小气候对建筑通风起着主要作用。

见图 11-19，当风吹向山丘时，由于地形影响，在山丘周围会产生不同的风向变化。一般可将山丘分为：迎风坡区、背风坡区、涡风区、高压风区和越山风区。迎风坡区风向垂直于等高线，建筑物平行于等高线或斜交等高线布置，通风最好；顺风坡区风向平行于等高线，为了争取良好的通风，建筑物宜垂直或斜交等高线布置；在背风区和涡风区，可布置一些通风要求不高或不需通风的建筑；在高压风区不宜布置高层建筑，以免背面涡风区产生更大涡流；越山风区夏季凉风较多，宜建亭阁，但冬季要注意防风。由此可见，在山地或丘陵地利用地形图做规划设计时，结合风向与地形的关系考虑建筑分区和布置，也是不可忽视的问题。

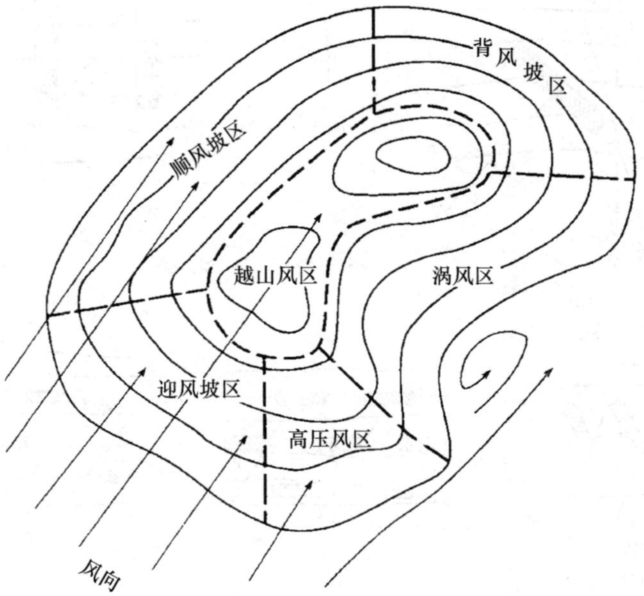

图 11-19　地貌与建筑通风

4. 地貌与建筑日照

利用地形图布置建筑物时，要根据地貌的坡度和坡向密切结合建筑布置形式和朝向，确定合理的建筑日照间距。

山地和丘陵地区，建筑日照的间距受其坡向的影响比较明显。见图 11-20（a），在南向坡（向阳坡），当建筑物平行于等高线布置时，其地面坡度越大，日照间距 D 就越小，所以，可以利用向阳坡日照间距小的条件，增加建筑密度或布置高层建筑，充分利用建筑用地。但是，在北向坡（背阳坡）布置建筑物时，见图 11-20（b），其坡度越大，所需日照间距 D 也越大，用地很不经济。为了合理地利用地形，争取良好的日照，建筑物的布置常采用与等高线斜交或垂直的方式（图 11-21），或采用斜列、交错、长短结合、高低错落和点式平面等处理。也可以在用地分配上，利用背阳坡地规划为绿化、运动、停车等公共设施场地。

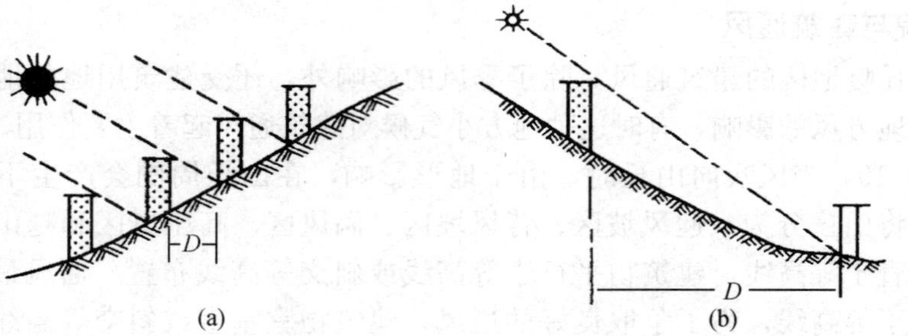

图 11-20　地貌与建筑日照

（a）向阳坡；（b）背阳坡

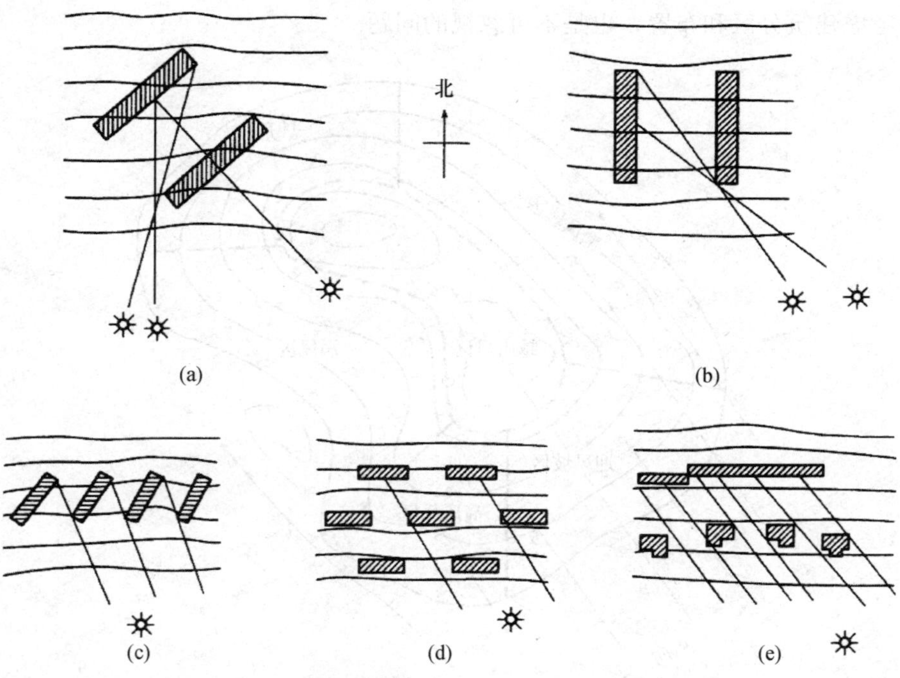

图 11-21　不同坡向的建筑布置

（a）斜交等高线布置（b）垂直等高线布置（c）斜列布置（d）交错布置（e）点式布置

11.3.2 地形图在城乡建设中的应用

1. 城市用地的地形分析

在规划设计前，首先要按城市各项建设对地形的要求，进行用地的地形分析，以便充分合理地利用和改造原有土地。地形分析包括以下内容。

（1）在地形图上标明分水线、集水线和地面流水方向

图 11-21 为用地地区的地形图，从西部小山顶向东北跨过公路，到北部小丘可找出分水线Ⅰ，从小山顶向东到向阳村北侧可找出分水线Ⅱ。在分水线Ⅰ、Ⅱ之间可找到集水线。图 11-22 中的点划线表示集水线。

根据地势情况可定出地面水流方向，见图 11-23 中箭头所示，它是地面上最大坡度方向。

在分水线Ⅰ以北的地面水都排向山丘以北，分水线Ⅱ以南的地面则流向青河，而分水线Ⅰ、Ⅱ之间的地面水则汇向集水线而东流，并可看出这一地段的汇水边界线就是分水线Ⅰ、Ⅱ，从而可确定汇水面积，以便设计有关排水工程。

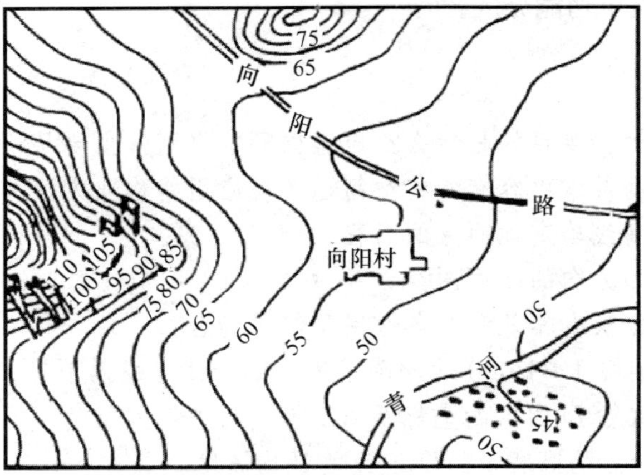

图 11-22　地形图的用地分析

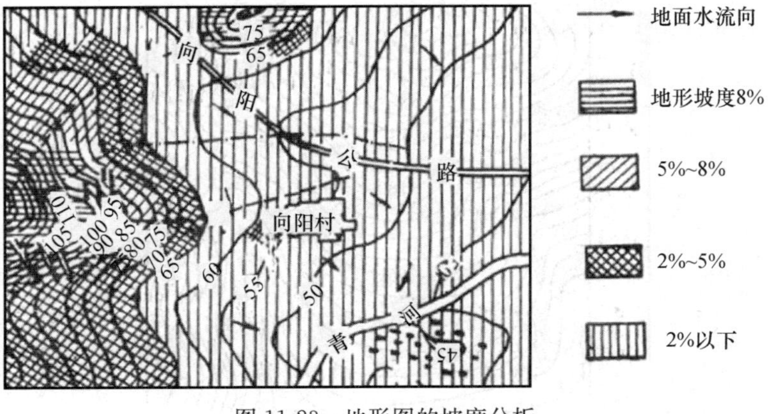

图 11-23　地形图的坡度分析

（2）在地形图上划分不同坡度的地段

城市各项工程建设与设施对用地都有一定的要求（表 11-1），为此，必须在规划之

前，将用地地区划分为各种不同坡度的地段，见图 11-23，应用各种符号或不同的颜色表示出了 2%、2%～5%、5%～8%以及 8%以上等不同地面坡度的地段。

表 11-1 城市各项建设适用坡度

项目	适用坡度	项目	适用坡度
工业运输	0.5%～2%	铁路站场	0～0.25%
居住建筑	0.3%～10%	主干公路	0.4%～3%
高等级公路	0.3%～6%	机场用地	0.5%～1%
低等级公路	0.3%～8%	绿化区	任意坡度

2. 特殊地段分析

见图 11-22、图 11-23，其特殊地段包括：冲沟、坎地、沼泽地等，是否可作为建设用地，必须做进一步调查，结合地质勘探资料进行分析，才能确定某些特殊地段的性质和用途。因此，在地貌复杂或具有特殊要求的地区，城市用地分析，一般除了绘制地形分析图外，还要根据地质、气候等自然条件进行综合分析，以便经济合理地选择城市用地和规划城市功能分区。

习题

1. 地形图识读的主要目的是什么？应遵循哪些原则？主要从哪几个方面进行？
2. 地形图应用的基本内容有哪些？简述各项应用的作业方法。
3. 怎样根据等高线确定地面点的高程？
4. 怎样绘制已知方向的断面图？
5. 面积量算的方法有哪几种？各适用于何种场合？
6. 图 11-24 为某幅 1∶1 000 地形图中的一格，试完成以下工作：

(1) 求 A、B、C、D 四点的坐标及 AC 直线的坐标方位角。

(2) 求 A、D 两点的高程及 AD 连线的平均坡度。

(3) 沿 AC 方向绘制一纵断面图。

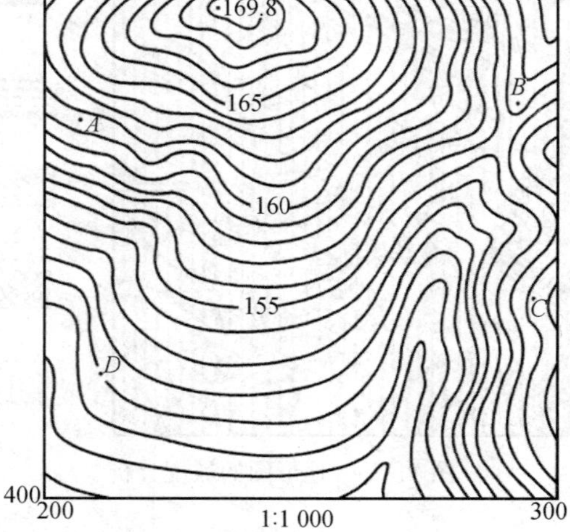

图 11-24 1∶1 000 地形图

12 测设的基本工作

本章导读

【本章提要】本章主要介绍测设的原理和方法。内容包括：测设的基本工作、点的平面位置和高程测设的常用方法。

【学习目标】掌握点的平面位置和高程测设方法。

12.1 水平距离、水平角和高程的测设

地形图的测绘是通过水平距离、水平角和高程来确定地面点的位置，进而绘制出地形图。而测设则是从设计施工图上解算各特征点与控制点的距离、角度、高差等相对位置关系，然后以控制点为依据将各特征点标定于实地，从而确定出工程位置和其他细节。测定和测设这两类工作的过程和方法基本上是一种互逆的关系。

12.1.1 已知水平距离的测设

已知水平距离的测设是指从地面上一个已知点出发，沿给定的方向，量出已知（设计）的水平距离，在地面上定出这段距离另一端点的位置。测设已知水平距离所使用的仪器和工具与测定是一样的，即钢尺和光电测距仪（或全站仪）。

1. 用钢尺测设已知水平距离

使用经过检定的钢尺测设已知水平距离 D，如果超过一个尺长，应进行直线定线工作，然后分段丈量。同时需要计算尺长改正 Δl_d、温度改正 Δl_t 及倾斜改正 Δl_h，注意三项改正数的符号与量距时相反。计算测设水平距离时，应丈量的距离（斜距）D'为：

$$D'=D-\Delta l_d-\Delta l_t-\Delta l_h \tag{12-1}$$

$$\Delta l_d=\frac{\Delta l}{l_0}D=\frac{l'-l_0}{l_0}D$$

$$\Delta l_t=\alpha\ (t-t_0)\ D$$

$$\Delta l_h=-\frac{h^2}{2D}$$

式中，Δl 为钢尺尺长改正数；l'为钢尺的实际长度；l_0 为钢尺的名义长度；α 为钢尺的线膨胀系数；t 为测设时的温度；t_0 为钢尺检定时的温度（标准温度，20℃）；h 为两端点的高差。

如果施工场地经过平整，则不需要倾斜改正；如果高差较大，则倾斜改正公式不适用，需通过解直角三角形将平距化为斜距；另外，尺长改正和温度改正可视其数值的大小和施工的精度要求而取舍。用钢尺测设水平距离适合于场地平整、距离较短（一般不超过一尺段）的情况，在建筑物内部进行建筑物细部放样时，用钢尺测设距离尤为适用。

【例 12-1】 见图 12-1，设拟沿着 AC 方向测设 AB 的水平距离 $D=27.85\text{m}$，经水准测量得到两点的高差为 $h=0.057\text{m}$，量距所用的钢尺名义长度 $l_0=30\text{m}$，在室温 $t_0=20℃$ 时，检定钢尺的长度 $l'=29.996\text{m}$，钢尺的线膨胀系数 $\alpha=1.25\times10^{-5}\text{m}/℃$，设测设时的温度为 $t=26℃$，求测设时在地面应量出的长度为多少？

【解】（1）尺长改正：$\Delta l_d=\dfrac{29.996-30}{30}\times27.85=-0.0037$（m）

（2）温度改正：$\Delta l_t=1.25\times10^{-5}\times(26-20)\times27.85=0.0021$（m）

（3）倾斜改正：$\Delta l_h=-\dfrac{0.057^2}{2\times27.85}=-0.0001$（m）

（4）测设长度为：$D'=D-\Delta l_d-\Delta l_t-\Delta l_h=27.8517$（m）

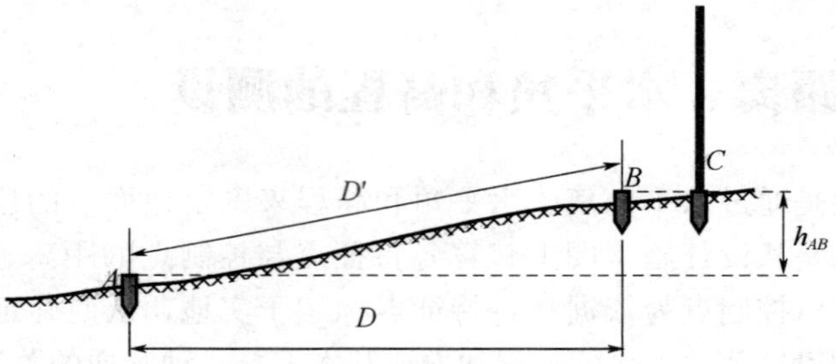

图 12-1 测设已知水平距离

2. 光电测距仪（或全站仪）测设已知水平距离

利用光电测距仪（或全站仪）测设已知水平距离时，由于可以直接测出水平距离，并且能够预先设置改正参数，因此比钢尺测设更为方便。特别是在距离较长、地面不平坦的时候更能显示其优势。

见图 12-2，测设时，在起始点 A 安置测距仪（或全站仪），测出即时的气温和大气压强并输入仪器，仪器能够自动计算气象改正数，同时设置距离显示为“水平距离”；然后瞄准给定方向，沿此方向前后移动反光棱镜，直至仪器显示的水平距离为给定的距离，则在地面棱镜的位置定出点 B。若测距仪只能观测斜距，应读出竖直角，将其改正成平距。

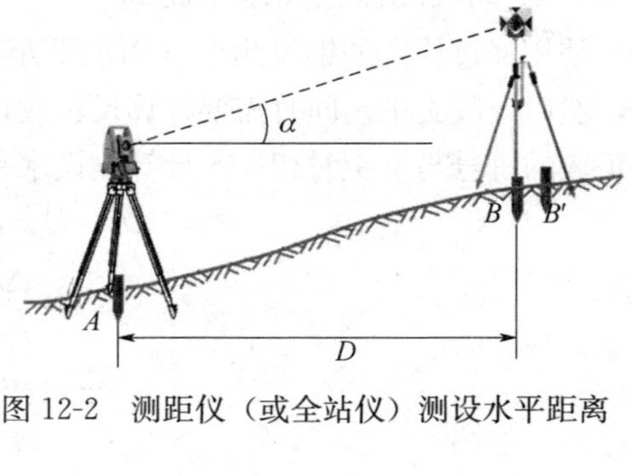

图 12-2 测距仪（或全站仪）测设水平距离

12.1.2 已知水平角的测设

已知水平角的测设就是将地面上一个已知点作为测站点，根据给定的方向（通常是另一个已知点，称作定向点或后视点），然后标定出另一个方向，使两个方向的水平夹角等于已知（设计）的水平角角值。测设水平角常用的仪器为经纬仪或全站仪。常用的方法为正倒镜分中法和多测回修正法。

1. 正倒镜分中法

见图12-3，设地面上已有A、O两个控制点，欲在O点测设水平角β。此时以O点为测站点，以A点为后视点。安置经纬仪（或全站仪）于O点，经对中整平后，以盘左（正镜）位置瞄准A点，并配置度盘读数为$0°00'00''$，然后松开照准部，顺时针旋转，使度盘读数为β，此时应沿视线方向定出一点C'。

为了消除（或减弱）视准轴误差和横轴误差等误差的影响，应以盘右（倒镜）位置依上述方法再测设一次。即以180°瞄准A点，顺时针旋转使读数为$180°+\beta$，然后沿视线方向定出另一点C''。若C''与C'不重合，则取二者中点C。此时，$\angle AOC$就是所要测设的水平角β。

2. 多测回修正法

如果测设水平角的精度要求很高，则采用多测回修正法。见图12-4，置经纬仪（或全站仪）于测站点O处，经过对中整平后，先采用正倒镜分中法测设水平角β，然后对这个角度进行多测回的观测并取其平均值β'。计算其与已知角度β的差值：

$$\Delta\beta=\beta-\beta' \tag{12-2}$$

以及C'点的偏移量：

$$C'C=OC'\tan\Delta\beta\approx OC'\frac{\Delta\beta}{\rho} \tag{12-3}$$

据此修正C'点的位置。若$\Delta\beta$为负值时，自C'点向外侧作OC'的垂线并量取$|C'C|$定出C点；反之，自C'点向内侧作OC'的垂线并量取$|C'C|$定出C点。$\angle AOC$就是所要测设的水平角。

当测设直角，且要求精度不高时，也可采用较简便的方法3-4-5法。其原理为数学中的勾股定理。见图12-5，欲在AB边上的A点定出垂直于AB的直角即AD方向。先在A点上插立测钎，将卷尺零点固定于A点，自A点沿AB方向量出3m得C点，也插立一测钎，然后将卷尺的9m刻度固定于C点，再将尺拉开，将测钎置于卷尺的4m处，拉紧尺子插入地下得出D点，此时有$AD\perp AB$。如果AD边的距离较长，可将上例中的3m∶4m∶5m扩大n倍，即$3n$∶$4n$∶$5n$即可。

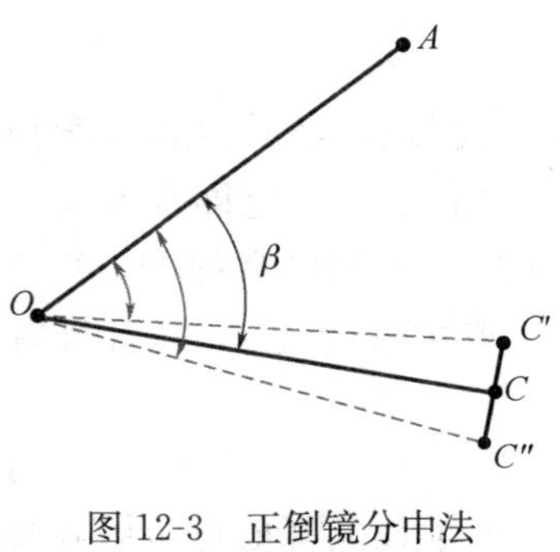

图12-3 正倒镜分中法

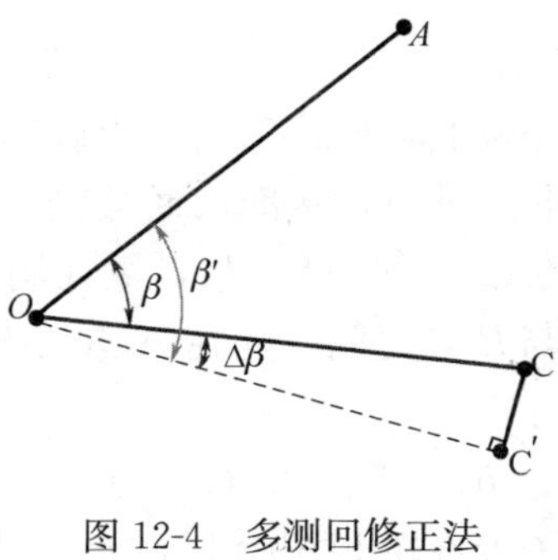

图12-4 多测回修正法

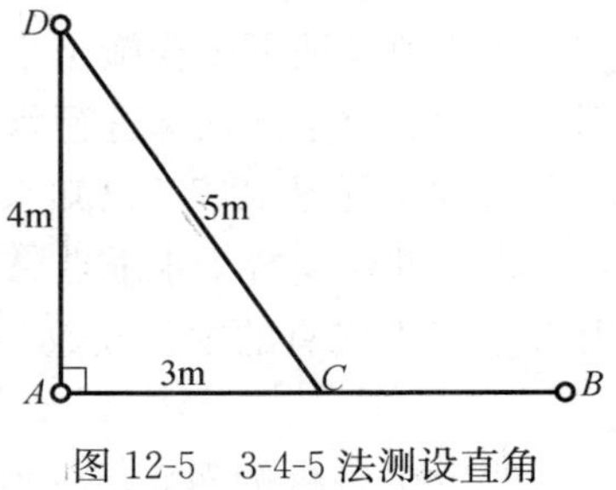

图12-5 3-4-5法测设直角

12.1.3 测设已知高程

测设已知高程是根据一个已知高程的水准点标定其他点的高低位置，使其高程为设计给定的数值。主要用于平整场地、基坑开挖深度的控制、高层建筑楼层高程传递以及确定桥台、桥墩的设计标高等。测设已知高程一般采用水准测量的方法。

1. **测设高程于地面**

在工程建设中，经常需要在地面上设置一些设计给定的高程点（标高点），如建筑物的室内地坪点（±0）等，作为控制施工标高的依据。在测设这类给定标高点时，一般多采用水准测量的方法，从附近的国家水准点或城市水准点引测若干个供施工用的水准点作为高程控制点，然后根据这些高程控制点进行其他高程点的引测。

见图 12-6，已知水准点 A 的高程 H_A，欲在 B 桩上测设高程 H_B 的位置。将水准仪安置于水准点 A 与 B 点之间，先在 A 点尺上读取中丝读数 a，由此计算出视线高：

$$H_i = H_A + a \tag{12-4}$$

再根据设计给定的 B 点高程 H_B，计算出 B 点尺上应有的中丝读数 $b_{应}$：

$$b_{应} = H_i - H_B \tag{12-5}$$

然后在 B 桩侧面立尺，瞄准水准尺，上下移动水准尺。当读数恰为 $b_{应}$ 时，沿尺底面划线于桩上，此线即为设计给定的高程 H_B 的位置。

也可将水准尺直接立于桩顶，读出桩顶读数 b，进而求出桩顶改正数 $h_{改}$，并标于木桩侧面，即：

$$h_{改} = b - b_{应} \tag{12-6}$$

若 $h_{改}>0$，则说明应自桩顶上返 $h_{改}$ 为设计高程，若 $h_{改}<0$，则说明应自桩顶下返 $h_{改}$ 为设计高程。

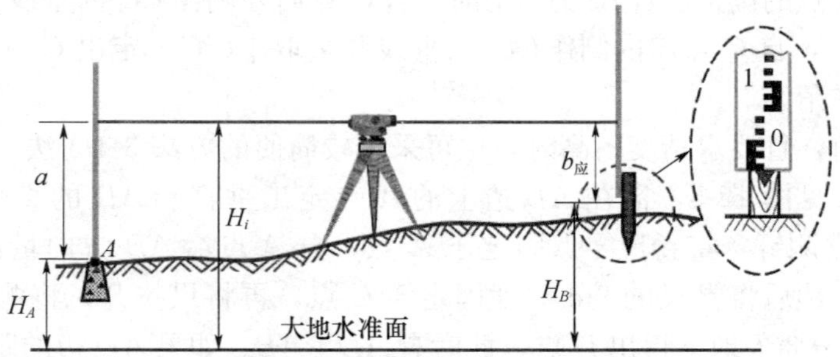

图 12-6　测设高程于地面

2. **测设高程于洞顶**

在隧道及地下工程施工中，为了防止施工过程中破坏，高程点位通常设置在洞顶部。高程点位于洞顶部进行水准测量时，水准尺通常倒立在高程点上，意即水准尺零点在上方。见图 12-7，已知水准点 A 的高程 H_A，欲在洞顶 B 桩上测设高程 H_B 的位置。将水准仪安置于水准点 A 与 B 点之间，先在 A 点尺上读取中丝读数 a，由此计算出 B 点尺上应有的中丝读数 $b_{应}$：

$$b_{应} = H_B - (H_A + a) \tag{12-7}$$

然后在 B 桩侧面立尺（尺子零点在上方），瞄准水准尺，上下移动水准尺。当读数恰为 $b_{应}$ 时，沿尺底面划线于桩上，此线即为设计给定的高程 H_B 的位置。

3. **测设高程于高差较大处**

当向深基坑或较高的建筑物楼面测设高程时，由于测设的高程点和水准点之间的高差很大，可以用悬挂的钢尺代替水准尺，将地面的高程传递到坑底或楼上设置的临时水准点。然后再根据临时水准点测设其他各点的设计高程。

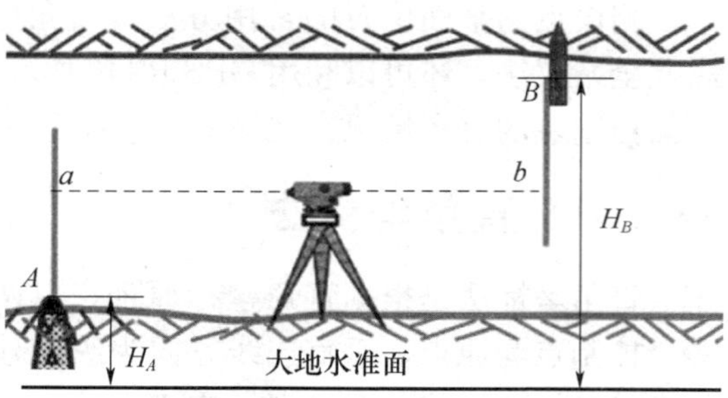

图 12-7 测设高程于洞顶

图 12-8 所示为向深基坑测设高程，已知水准点 A 的高程 H_A，为了在深基坑测设高程，将地面的高程传递到坑底，以获得临时水准点 B 的高程 H_B。在深基坑的另一侧悬挂经过检定的钢尺，零点在下端，并且挂一个重锤，其质量约等于钢尺检定时的拉力。为了减小钢尺的摆动，将重锤放入盛废机油或水的桶内。在地面上和坑内分别安置水准仪，分别瞄准钢尺和水准尺，并读取中丝读数，则：

$$H_B = H_A + a_1 - (b_1 - a_2) - b_2 \tag{12-8}$$

临时水准点 B 的高程 H_B 计算出来后，以 B 点为后视点，测设坑底其他待测设高程点的设计高程。

测设高层建筑的高程与向深基坑测设高程方法相仿，见图 12-9，由室内地坪（±0）向高层建筑传递高程，如向第二层传递临时水准点 B_2 的高程，则：

$$H_{B_2} = H_A + a_1 + (a_2 - b_1) - b_2 \tag{12-9}$$

任一层的临时水准点 B_i 的高程为：

$$H_{B_i} = H_A + a_1 + (a_i - b_1) - b_i \tag{12-10}$$

临时水准点 B_i 的高程 H_{B_i} 计算出来后，以 B 点为后视点，测设高层建筑其他待测设高程点的设计高程。

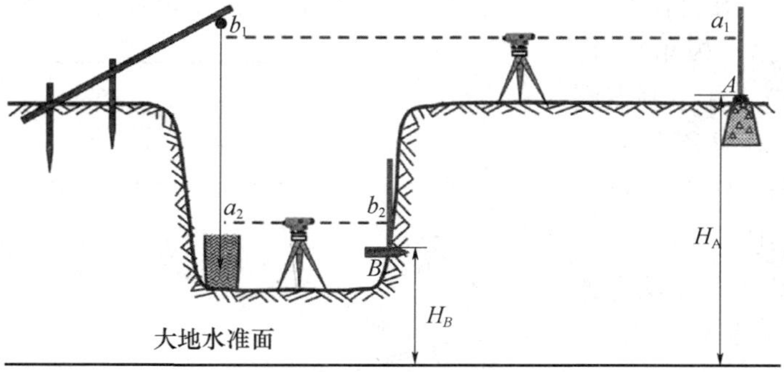

图 12-8 测设高程于深基坑

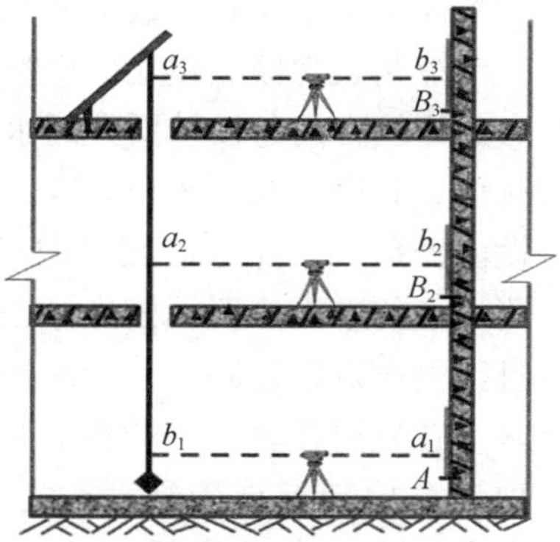

图 12-9 向高层建筑传递高程

12.2 点的平面位置的测设方法

施工前，需要将图纸上设计建（构）筑物的平面位置测设于实地，其实质是将该建（构）筑物的特征点标定在地面上，作为施工的依据。测设点的平面位置之前，应检验校正所使用的仪器，复核控制点的数据，熟悉设计图纸；仔细校核各图纸上的尺寸关系。这些准备工作将有利于保障测设点位的精度，提高测设工作的进度。

测设点的平面位置的常用方法有直角坐标法、极坐标法、角度交会法、距离交会法、全站仪法，还可以利用GPS RTK技术进行点位的放样。测设方法的选择主要根据平面控制点的分布情况、现场地形条件、仪器设备情况以及精度要求等条件。

12.2.1 直角坐标法

直角坐标法是根据直角坐标原理，以两个已知控制点连线的方向为横轴，以其中一个控制点为原点，垂直连线方向为纵轴建立直角坐标系，然后利用待测设点与原点的横纵坐标差，将待测设点标定于实地。直角坐标法适用于施工控制网为建筑方格网或建筑基线的形式，且量距方便的施工场地。

见图12-10，1、2、3、4为建筑场地施工控制网中的平面控制点，A、B、C、D为设计建筑物的轴线点，轴线与控制网的边平行或垂直。

根据设计图上各点坐标，计算测设数据：

$$\left.\begin{aligned}\Delta x=x_A-x_1\\ \Delta y=y_A-y_1\end{aligned}\right\} \qquad (12\text{-}11)$$

安置经纬仪于1点，瞄准4点，沿1-4方向测设水平距离Δy定出M点。然后在M点安置经纬仪，瞄准1、4中较远的点，可利用正倒镜分中法向左测设水平角90°，得MB的方向线。在MB方向上测设水平距离Δx即得A点。同法可测设其他各点。

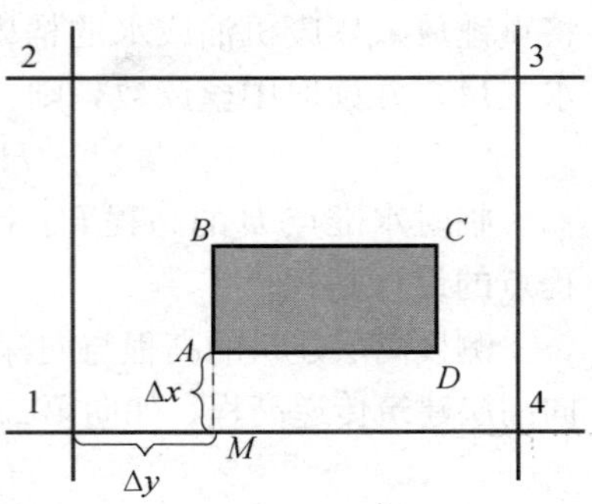

图12-10 直角坐标法测设点位

12.2.2 极坐标法

极坐标法是利用数学中的极坐标原理，以两个已知控制点的连线为极轴，以其中一个控制点为极点建立极坐标系。根据控制点和待测设点的坐标，计算待测设点和极点的连线方向与极轴所夹的水平角（极角）、待测设点和极点的水平距离（极距）。在控制点测设出极角，沿此方向测设出极距，从而得到待测设点的平面位置。极坐标法适用于量距方便，且待测设点距控制点较近的建筑施工场地。

首先要计算测设数据，即按照坐标反算原理计算控制点与待测设点之间的水平距离D，和已知方向与待测设点方向之间的水平角β。见图12-11，A、B为已知控制点，要测设P点的平面位置。计算AP的水平距离：

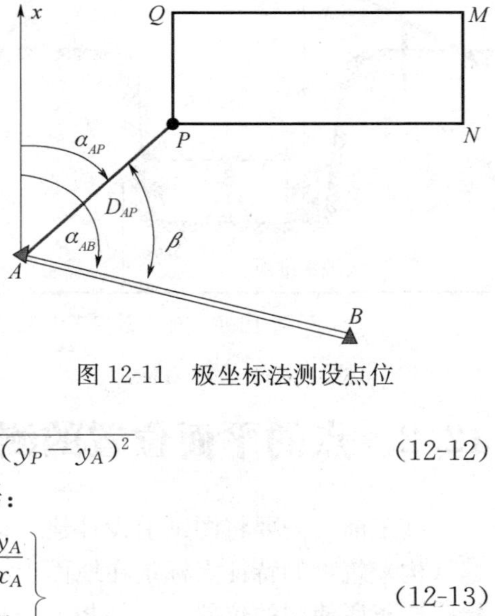

图12-11 极坐标法测设点位

$$D_{AP}=\sqrt{(x_P-x_A)^2+(y_P-y_A)^2} \qquad (12\text{-}12)$$

水平角β是AB、AP的方位角的差值，根据：

$$\left.\begin{aligned}\tan\alpha_{AB}=\frac{y_B-y_A}{x_B-x_A}\\ \tan\alpha_{AP}=\frac{y_P-y_A}{x_P-x_A}\end{aligned}\right\} \qquad (12\text{-}13)$$

计算水平角 β: $\beta=\alpha_{AB}-\alpha_{AP}$ (12-14)

需要指出的是，由式（12-13）求取方位角的时候，要注意 AP（AB）的走向，即 P 点（或 B 点）在 A 点的方位。

然后在施工现场 A 点安置经纬仪，后视 B 点，逆时针测设水平角 β，沿 AP 的方向线测设水平距离 D_{AP}，则 P 点平面位置可定。也可以在瞄准后视点 B 后，直接将度盘配置成 α_{AB}，然后转动照准部至水平度盘读数为 α_{AP}，在此方向上测设水平距离 D_{AP}，从而确定 P 点的平面位置。同法施测其他各点。

12.2.3 角度交会法

角度交会法，又称为方向交会法，就是在两个或多个控制点上安置经纬仪，通过测设两个或多个水平角（或方向），在地面上标定点的平面位置。角度交会法适用于那些待测设点远离控制点或不便于量距而又缺少测距仪的情况。

首先是准备测设数据，见图 12-12，A、B 为控制点，P 为待测设点，仿照式（12-13）、式（12-14）计算出水平角 α、β。然后分别将经纬仪安置于 A 点、B 点，测设 α、β 各角。方向线 AP、BP 的交点即为所求 P 点。

为了保证交会点的精度，通常还要在 C 点上安置经纬仪测设 γ 角，定出 CP 方向。由于误差影响，三方向线将不交于一点，而会形成一个示误三角形。当示误三角形的边长不超过限差时，取示误三角形的重心点作为 P 点的位置。如超限，应重新测设。

12.2.4 距离交会法

距离交会法就是根据已知控制点和待测设点的坐标，计算出待测设点到控制点的水平距离（即交会距离），然后分别以控制点为圆心，交会距离为半径在地面上画弧线，两条弧线的交点即为待测设点的平面位置。距离交会法适用于场地平坦，便于量距，且测设距离不超过一尺段的情况。

见图 12-13，先根据控制点 A、B 和待测设点 P_1 的坐标，按照式（12-12）计算出交会距离，然后用钢尺分别从控制点 A、B 量取 D_{AP_1}、D_{BP_1} 画弧线，其交点即为 P_1 点的平面位置。可同法测设其他点的平面位置。

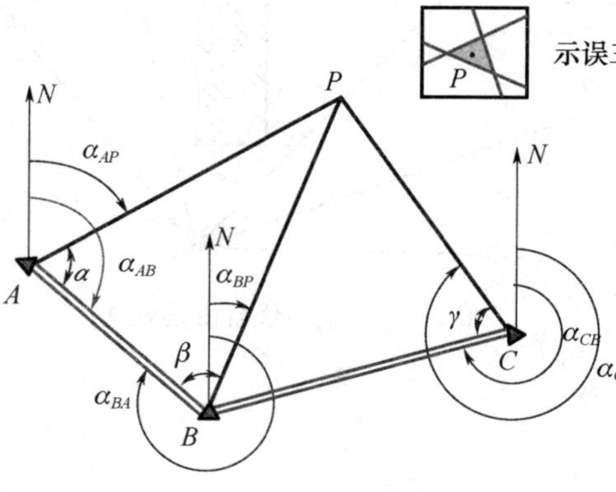

图 12-12 角度交会法测设

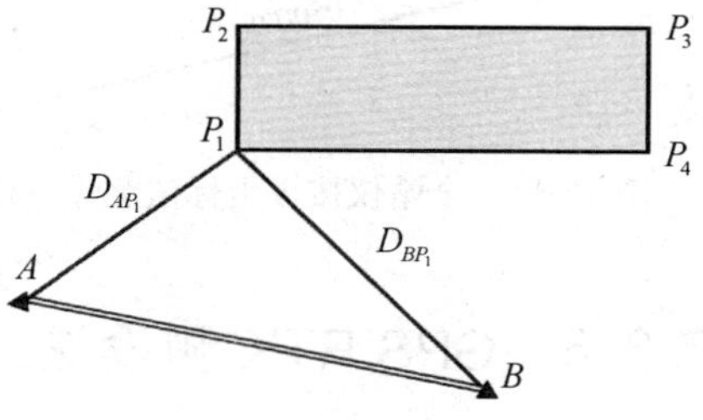

图 12-13 距离交会法测设

12.2.5 全站仪测设法

全站仪测设法适用于各种场合，当距离较远、地势复杂时尤为方便。

1. **全站仪极坐标法**

用全站仪极坐标法测设点的平面位置，不需预先计算放样数据。见图 12-14，如要测设 P 点的平面位置，其施测方法如下。

将全站仪安置在 A 点，瞄准 B 点，将水平度盘设置为 $0°00'00''$。然后，将控制点 A、B 的已知坐标及 P 点的设计坐标输入全站仪，即可自动算出测设数据水平角 β 及水平距离 D。测设水平角 β，并在视线方向上指挥持镜者把棱镜安置在 P 点附近的 P' 点。如持镜者在棱镜端可看到显示的 AP' 的距离值，则可根据 D' 与 D 的差值 $\Delta D=D-D'$，由持镜者在视线方向上用小钢尺对 P' 点进行归化，得 P 点；如果棱镜端无水平距离显示功能，则由观测者按算得的 ΔD 值指挥持镜者移动至 P 点。

2. **全站仪坐标法**

见图 12-14，将全站仪安置在 A 点，使仪器置于放样模式，输入控制点 A、B 的已知坐标及 P 点的设计坐标；瞄准 B 点进行定向；持镜者将棱镜立于放样点附近，照准棱镜，按坐标放样功能键，可显示出棱镜位置与放样点的坐标差，指挥持镜者移动棱镜，直至移动到 P 点。

3. **全站仪自由设站法**

当控制点与放样点间不通视，可用自由设站法。见图 12-15，A、B、C 为控制点，P、Q 为要测设的放样点。自由选择一点 O，在 O 点安置全站仪，按全站仪内置程序，后视 A、B、C 点，交会出 O 点坐标，然后按全站仪极坐标法或全站仪坐标法测设出 P、Q。

由于 O 点是自由选择的，设站非常方便。O 点也可作为增设的临时控制点，并建立标志。

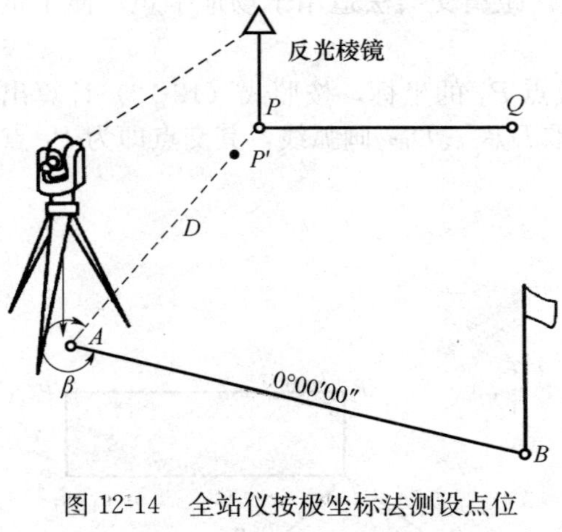

图 12-14　全站仪按极坐标法测设点位

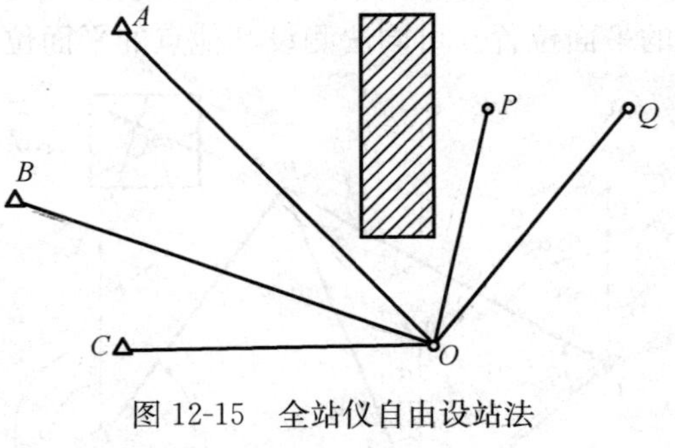

图 12-15　全站仪自由设站法

12.2.6　GPS RTK 测设法

传统的 GPS RTK 技术进行点位的放样需要至少 2 台 GPS 接收机和发射、接收电台，其中一台作为基准站（可安放在已知点上，也可以是未知点）并与发射电台连接，另外的接收机连接好接收电台作为流动站，不要求接收机站点之间通视。目前，一些新的 RTK 设备已经具有 USB 传输功能、红外数据传输功能和蓝牙功能等一些新的功能特点，RTK操作正向个性化、实用化方向发展。

使用电子手簿（控制器）分别与基准站和流动站接收机连接，进行相关的参数设置，并设置好坐标转换参数。坐标转换参数可以使用相关软件根据几个已知点（平面需要至少2个点，高程需要至少3个点）解算出来，也可以利用实地联测的方法获得。

然后选择RTK放样功能，选择事先输入电子手簿的待测设点的坐标和高程（当然也可以现场输入待测设点的坐标和高程），根据电子手簿中的指示方向及目前位置到放样点的方位和水平距离，观测者只需根据箭头的指示放样。当流动站和放样点的距离小于设定值时，手簿上会同时显示表示放样点位置的标志和天线中心位置标志。当流动站天线整平后，并且两个标志中心重合时，可以按“测量”键对该放样点进行实测，并保存观测值。

当基准站与流动站的距离超过10km，前面介绍的方法精度大大降低。可以利用网络RTK技术（以VRS技术使用更为普遍）进行点位的测设，以解决精度与距离的矛盾。网络RTK技术需要有连续运行的GPS基准站（CORS）和一个GPS网络控制中心支持，作业人员只需一台GPS接收机作为流动站，利用移动电话的无线网络与控制中心进行数据传递，最终实现点位的测设。

由于RTK是通过坐标来直接放样的，而且精度很高也很均匀，因而会大大提高外业放样的效率，且只需一个人操作。RTK工程放样与“经纬仪加钢尺”或“全站仪”放样相比，可以说是工程放样的一次深远的测量革命，具有作业简便、直观、高效等诸多优点。

12.3 设计坡度线的测设方法

在工程建设的各分项工程中，如平整场地、铺设管道及修筑道路等，经常需要在地面上测设设计坡度线。坡度线的测设是根据附近水准点的高程、设计坡度和坡度端点的设计高程，利用水准仪或经纬仪将坡度线上各点的设计高程标定在地面上的过程。

坡度线的测设方法主要有两种，分别是水平视线法和倾斜视线法。

12.3.1 水平视线法

见图12-16，A、B点为设计坡度线的端点，H_A为A点的设计高程，AB的设计坡度为i_{AB}，在工程现场有一已知水准点BM32。在AB方向上，每隔距离d（一般取d=10m）在地面上钉一根木桩，然后利用水准仪提供的水平视线测设各桩点上设计高程的位置，这些设计高程的点位的连线就是设计坡度线。其测设步骤如下：

（1）沿AB方向，用钢尺定出间距为d的中间点1、2、3，打下木桩。

（2）计算各桩点的设计高程：

$$\left.\begin{aligned} H_1&=H_A+i_{AB}d\\ H_2&=H_1+i_{AB}d\\ H_3&=H_2+i_{AB}d\\ H_B&=H_3+i_{AB}d \end{aligned}\right\} \tag{12-15}$$

（3）安置水准仪于BM32和B点之间，首先在BM32点立尺，得后视读数a，计算视线高程：

$$H_i = H_{32} + a \quad (12\text{-}16)$$

根据各点设计高程计算测设各步的应读前视读数：

$$b_j = H_i - H_j \ (j=1, 2, 3, 4, A, B) \quad (12\text{-}17)$$

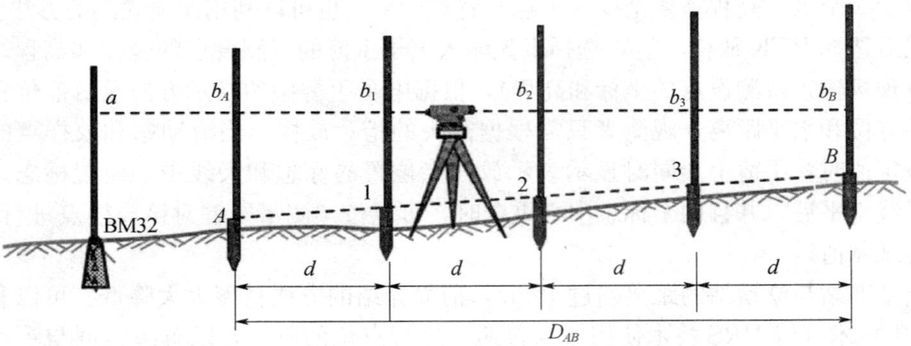

图 12-16 水平视线法测设坡度

(4) 保持水准仪的视准轴不动，将水准尺分别竖立在木桩 A、1、2、3、B 上，读取水准尺中丝读数，逐步将木桩打入土中，直至中丝读数为 b_j，桩顶连线即为 AB 的设计坡度线。

12.3.2 倾斜视线法

若已知 H_A 为 A 点的设计高程，沿 AB 测设一条坡度为 i_{AB} 的坡度线。倾斜视线法测设坡度线可选用经纬仪或水准仪进行测设。

1. 水准仪倾斜视线法

(1) 首先根据坡度 i_{AB} 和 A、B 点间的水平距离 D_{AB}，计算 B 点的设计高程：

$$H_B = H_A + i_{AB} D_{AB} \quad (12\text{-}18)$$

然后根据附近的高程控制点测设 A、B 点的高程位置。

(2) 将水准仪安置在 A 点上并量取仪器高 i，安置时要进行对中，且使一个脚螺旋在 AB 方向上，见图 12-17，另两个脚螺旋的连线大致与 AB 方向线垂直。

(3) 旋转 AB 方向上的脚螺旋，使倾斜视线在 B 点水准尺上的中丝读数等于仪器高 i，此时水准仪的倾斜视线与设计坡度线平行。

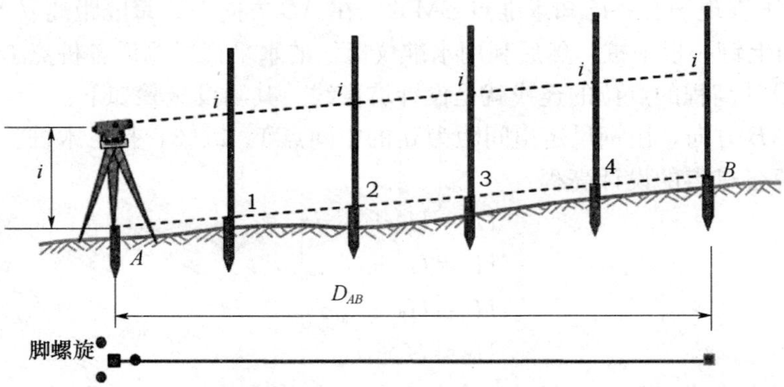

图 12-17 倾斜视线法测设坡度

（4）在视线方向上，隔一定间距 d 在地面上钉木桩，将水准尺分别竖立在木桩 1、2、3、4 上，读取中丝读数并逐步将木桩打入土中，直至读数为仪器高 i，桩顶连线即为 AB 的设计坡度线。

2. 经纬仪倾斜视线法

当设计坡度 i_{AB} 较大时，超出了水准仪脚螺旋的最大调节范围时，应使用经纬仪测设坡度线。

（1）首先根据坡度 i_{AB} 和 A、B 点间的水平距离 D_{AB}，计算 B 点的设计高程：

$$H_B = H_A + i_{AB}D_{AB} \tag{12-19}$$

然后根据附近的高程控制点测设 A、B 点的高程位置。

（2）在 A 点安置经纬仪（图 12-18），量取仪器高 i，瞄准 B 点竖立的水准尺后制动照准部，旋转望远镜直至中丝读数为仪器高 i，制动望远镜，此时视线方向即为要测设的坡度线。

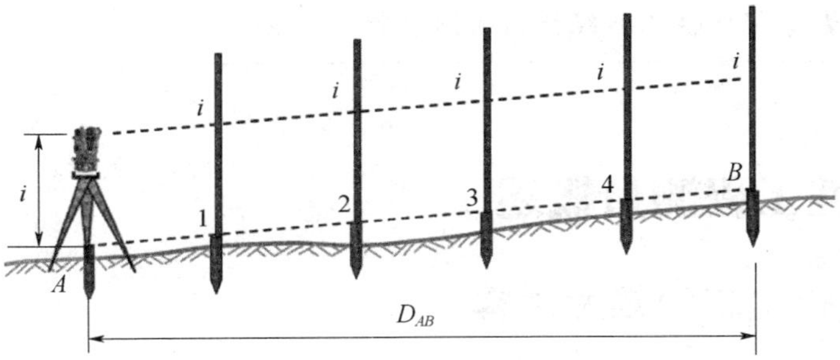

图 12-18 经纬仪测设坡度线

（3）在视线方向上，隔一定间距 d 在地面上钉木桩，将水准尺分别竖立在木桩 1、2、3、4 上，读取中丝读数并逐步将木桩打入土中，直至读数为仪器高 i，桩顶连线即为 AB 的设计坡度线。

当使用电子经纬仪或全站仪时，可以将其竖盘显示单位切换为坡度单位，直接将望远镜视线的坡度值调整到设计坡度值 i_{AB} 即可，而不需要先测设出 B 点的高程。

习题

1. 测设和测定有什么区别？
2. 用钢尺精确测设距离有哪几项改正？
3. 测设点的平面位置有哪几种方法？各适用在什么场合？
4. 测设的基本工作有哪些？
5. 简述测设已知坡度线的步骤。

13
线性工程测量

本章导读

【本章提要】本章主要介绍测量学在线性工程中的基本应用，内容包括：平面曲线的基本理论，纵横断面图绘制。

【学习目标】掌握线性工程纵横断面图绘制。

13.1 线性工程测量概述

13.1.1 线性工程的基本内容

为各种线性工程勘测设计、施工安装与运营管理阶段所进行的测量工作称为线性工程测量。线性工程测量的基本技术内容有：

（1）根据规划设计要求，在各种比例尺的地形图上确定规划线路的走向及相应主点的点位。

（2）根据图上的设计在实地标定出线性工程的基本走向，沿着基本走向进行必要的控制测量。

（3）结合线性工程的需要，沿着线性工程的基本走向进行带状地形图的测绘。

（4）根据规划设计把线性工程走向的点位（中桩）测设到实地中。

（5）测定中桩处的地面点位高程，绘制线路基本走向的纵断面图。根据线性工程的需要测绘横断面图。

（6）按线性工程的施工图进行施工测量。

线性工程测量贯穿于线性工程的规划、勘测设计、施工到营运管理各阶段，是与工程建设紧密结合的专业测量技术。

13.1.2 线性工程测量的基本过程

1. 规划选线

这是各种线性工程建设的可行性阶段工作，一般的工作内容有：

（1）图上选线。根据主管部门审批的“可行性方案”提出的某一线性工程建设的基本思想，利用1∶5000～1∶50000比例尺的地形图，在图上选取线性工程走向的方案。

一张现势性比较好的地形图作为规划选线的重要图件，能为线性工程初步设计反映出线性工程走向的地形状态，提供比较多的地质、水文、植被、居民点、原有交通网络、原有管线网络以及经济建设等现状。图上选线，可以在这些现有资料基础上初步确定多种线性工程的走向，估计线性工程的各种结构物和构造物的位置等项目，测算各种图上选线方案的建设投资费用等。为初步设计打下坚实的基础。

（2）实地考察。根据图上选线的多种方案，进行野外实地视察、踏勘、调查，收集线性工程沿途的实际情况，进一步掌握线性工程沿线的实际资料。其中注意搜集：①有关的控制点；②了解沿途的工程地质情况；③查清规划沿线所经过的建筑物、交通交叉、管线位置；④了解有关土石建筑材料情况。

地形图的现势性往往跟不上经济建设的速度，实际地形与地形图有可能存在差异。因此，实地考察获得的实际资料是初始图上选线设计的重要补充资料。

（3）方案论证比选。即根据图上选线和实地考察的全部资料，结合主管部门的意见进行方案论证，确定规划路线的最终方案。

2. 勘测设计阶段

勘测设计阶段是在规划方案上进行线性工程勘测与设计的整个技术过程，有二阶段（也有三阶段）和一阶段两种形式。

二阶段勘测设计的形式包括有初测与定测两个基本内容。

（1）初测，即在所定的规划方案上进行的勘测工作，主要技术工作内容有控制测量和带状地形图的测绘，目的是为线性工程提供完整的控制基准及详细的地形资料。

① 控制测量：即平面控制测量和高程控制测量。

平面控制测量可以是导线测量，也可以是三角测量或 GPS 测量。一般地，在线性工程中以导线测量进行平面控制测量为主。导线测量中应注意以下几点：沿规划路线布设控制点，控制点之间的距离一般应在 500m 左右；布设的导线两端（两端间隔小于 30km）应与国家控制点联测；导线的转折角用测回法观测。

高程控制测量：在规划方案沿线及大型结构工程规划地段进行高程控制测量布点，为线性工程勘测设计建立满足要求的高程控制点，提供准确可靠的高程值。

② 带状地形图测绘：在已经建立的平面控制和高程控制基础上沿规划方案中线进行碎部测量，测绘带状地形图，带状宽度 200～400m。此外，应注意测绘各种管线和原有的路桥与规划方案的关系，如加测穿越规划方案的管线悬空高或埋深。规划线性工程的桥梁隧道应测绘大比例尺地形图。

初测得到规划方案的大比例尺带状地形图是纸上定线设计（纸上定线）最重要的基础图件。纸上定线的主要技术内容是：在带状地形图上确定线性工程中线的直线段及交点位置，确定线性工程中线直线段连接曲线的有关参数。

（2）定测，主要的技术工作内容为：

①将纸上定线的线性工程中线（直线段及曲线）放样于实地。

②线性工程的纵、横断面测量。为线性工程进行竖向设计、横向设计提供详细高程资料。

初步设计和详细设计（施工图设计）是伴随着初测和定测的两阶段技术过程中实现的，故称为二阶段设计（有些大型工程在这两个过程中加一个技术设计阶段，因此成为三阶段设计）。一般的公路、铁路及大桥、隧道采用二阶段设计，对大型工程更多的实行三阶段设计。对一些修建任务紧急、方案明确、工程简易的低等级公路可采用一阶段设计的技术过程。一阶段设计，一般是一次性提供公路施工的整套设计方案。作为与之相配合的勘测工作是一次性的定测，亦即上述的初测、定测的连续性测量过程。

3. 线性工程的施工阶段

根据施工设计图纸及有关数据放样线性工程的中线、边线及其他的有关点位，为线性工程建设的顺利进行提供施工的依据。

13.1.3 线性工程测量的特点

(1) 全线性。线性工程测量工作贯穿于整个线性工程。以公路工程测量为例，从规划到施工，公路工程测量开始于整个公路的全局，深入于公路施工的具体点位，公路工程建设过程时时处处离不开测量技术工作。

(2) 阶段性。这种阶段性既是测量技术本身的特点，也是设计过程的需要。这种阶段性包含测绘与放样的反复程序，也反映了线性工程建设与测量技术的密切关系。

(3) 渐近性。不论是一阶段设计还是二阶段设计，线性工程建设从规划设计到兴建完工经历一个从粗到精的过程。线性工程的完美设计需要勘测阶段与设计阶段的完美结合，设计技术人员懂测量，会测量；测量技术人员懂设计，明了线性工程的设计思路。

13.2 平面曲线的基本理论

无论是铁路、公路，其平面线形均要受到地形、地物、水文、地质及其他因素的限制而改变线路的方向。在直线转向处要用曲线连接起来，这种曲线称为平曲线。

13.2.1 平曲线的主要类型

(1) 单交点平曲线：包括单圆曲线［图 13-1（a）］、对称式带缓和曲线的圆曲线［图 13-1（b）］和非对称式带缓和曲线的圆曲线［图 13-1（c）］。

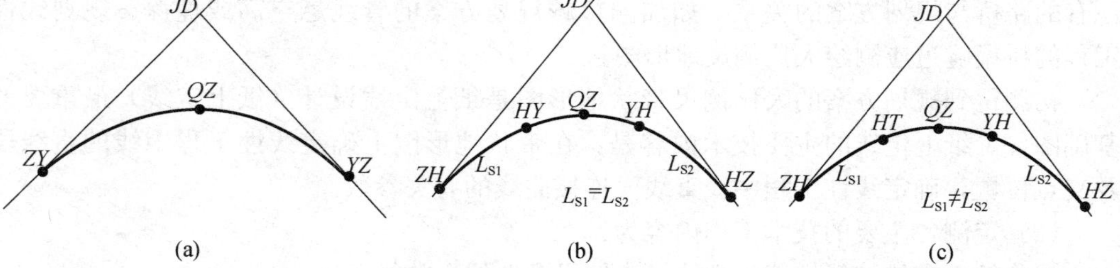

图 13-1 单交点平曲线

(a) 单圆曲线；(b) 对称式带缓和曲线的圆曲线；(c) 非对称式带缓和曲线的圆曲线

(2) 复曲线：复曲线包括两种，一种见图 13-2（a），主曲线和副曲线之间没有缓和曲线段；另一种见图 13-2（b），主曲线和副曲线之间带有缓和曲线段。

(3) 凸曲线：凸曲线见图 13-3，凸曲线是由两段缓和曲线段直接对接，在两段缓和曲线之间没有圆曲线段。

(4) 回头曲线：回头曲线有三种基本形式，即圆心角小于 180°的小头线、圆心角等于 180°的平头线、圆心角大于 180°的大头线，分别见图 13-4。

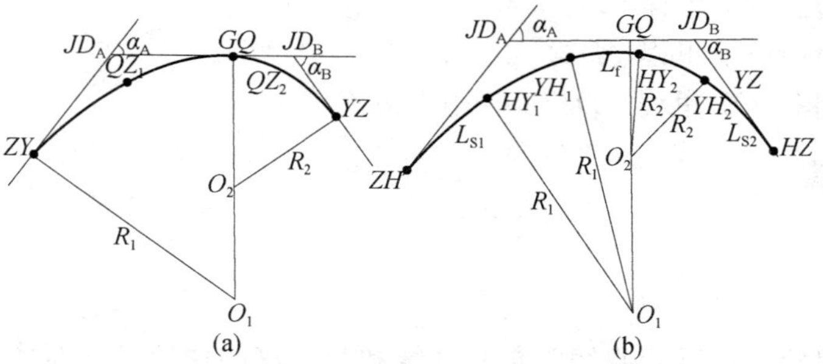

图 13-2 复曲线

(a) 没有缓和曲线段；(b) 带有缓和曲线段

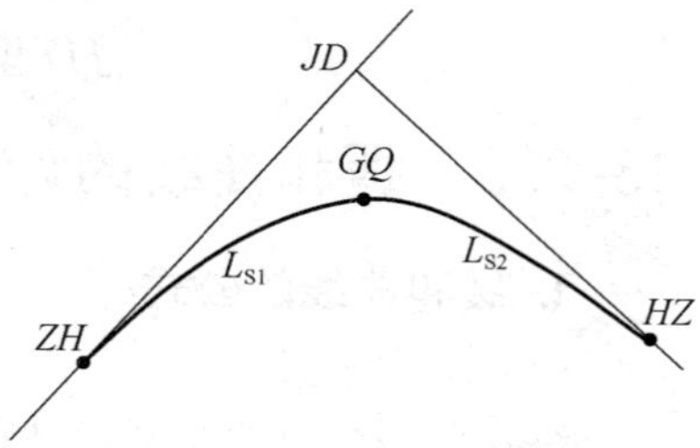

图 13-3 凸曲线

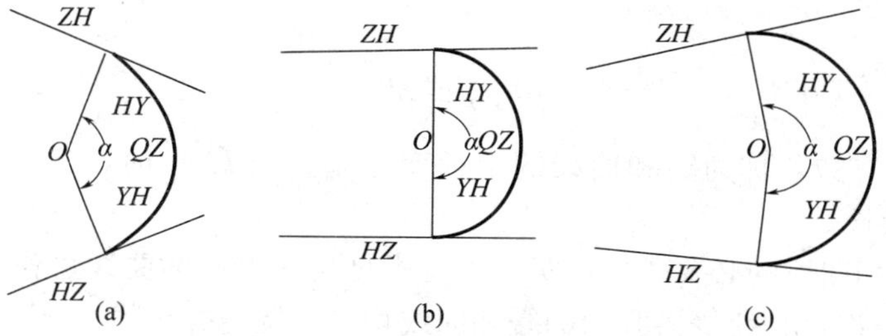

图 13-4 回头曲线

(a) 小头线；(b) 平头线；(c) 大头线

13.2.2 圆曲线的主点、曲线要素及计算

圆曲线有三个主点，即 ZY（直圆点），按线路前进方向由直线进入曲线的分界点；QZ（曲中点），为圆曲线的中点；YZ（圆直点），按线路前进方向由圆曲线进入直线的分界点。见图 13-5，其中两直线相交的点为交点（JD）。

1. 圆曲线要素及其计算

在图 13-5 中，α、R 为计算曲线要素的必要资料，是已知值。α 可由外业直接测出，亦可由纸上定线求得；R 为设计时采用的数据。则圆曲线的测设要素可按下式计算：

$$
\left.\begin{aligned}
&\text{切线长}\quad T=R\tan\frac{\alpha}{2}\\
&\text{曲线长}\quad L=R\alpha\frac{\pi}{180^\circ}\\
&\text{外矢距}\quad E=R\sec\frac{\alpha}{2}-R\\
&\text{切曲差}\quad D=2T-L
\end{aligned}\right\}\qquad(13\text{-}1)
$$

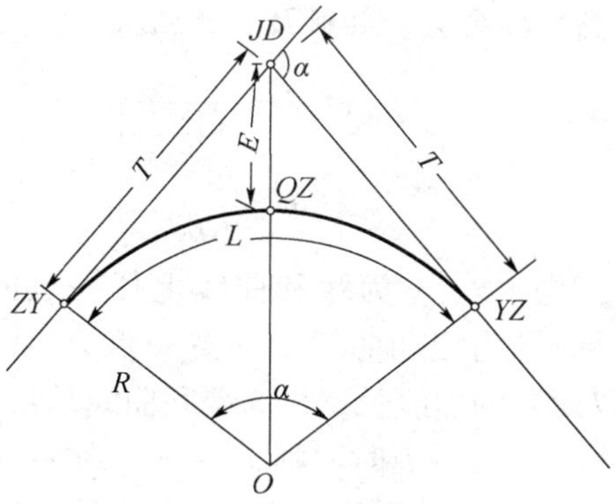

图 13-5 圆曲线要素

2. 圆曲线主点里程计算

主点里程计算是根据计算出的曲线要素，由一已知点里程来推算，一般按以下顺

序进行推算。

$$ZY\text{里程}=JD\text{里程}-T$$
$$YZ\text{里程}=ZY\text{里程}+L$$
$$QZ\text{里程}=YZ\text{里程}-L/2$$
$$JD\text{里程}=QZ\text{里程}+D/2 \quad \text{（用于检核）}$$

13.2.3 缓和曲线的计算

1. 缓和曲线的公式

（1）基本公式

缓和曲线是直线与圆曲线间的一种过渡曲线，它起到缓和与过渡的作用，从而使车辆能安全、舒适、快速地运行，它与直线分界处的半径为∞，与圆曲线相连处的半径与圆曲线半径 R 相等。其特征是缓和曲线上任一点的曲率半径 ρ 与该点到曲线起点的长度成反比。

$$\rho \propto \frac{1}{l} \text{或} \rho l=c \tag{13-2}$$

式中，c 为一个常数，称为缓和曲线的半径变化率。当 $l=l_0$ 时，$\rho=R$，所以 $Rl_0=c$，l_0 为缓和曲线全长。

$\rho l=c$ 是缓和曲线的必要条件，实用中能满足这一条件的曲线可作为缓和曲线，如辐射螺旋线、三次抛物线等。我国的缓和曲线均采用辐射螺旋线。

（2）缓和曲线参数方程

以直缓点（ZH）或缓直点（HZ）为坐标原点，通过该点的缓和曲线切线为 x 轴，半径方向为 y 轴，见图 13-6。按照 $\rho l=c$ 为必要条件导出的缓和曲线方程为：

$$\left.\begin{aligned} x&=l-\frac{l^5}{40c^2}+\frac{l^9}{3456c^4}+\cdots \\ y&=\frac{l^3}{6c}-\frac{l^7}{336c^3}+\frac{l^{11}}{42240c^5}+\cdots \end{aligned}\right\} \tag{13-3}$$

根据测设要求的精度，实际应用中可将高次项舍去，并顾及 $c=Rl_0$，则上式变为：

$$\left.\begin{aligned} x&=l-\frac{l^5}{40R^2l_0^2} \\ y&=\frac{l^3}{6Rl_0} \end{aligned}\right\} \tag{13-4}$$

式中，x、y 为缓和曲线上任一点的直角坐标；l 为缓和曲线上任意一点 P 到 ZH（或 HZ）的曲线长；l_0 为缓和曲线总长度。

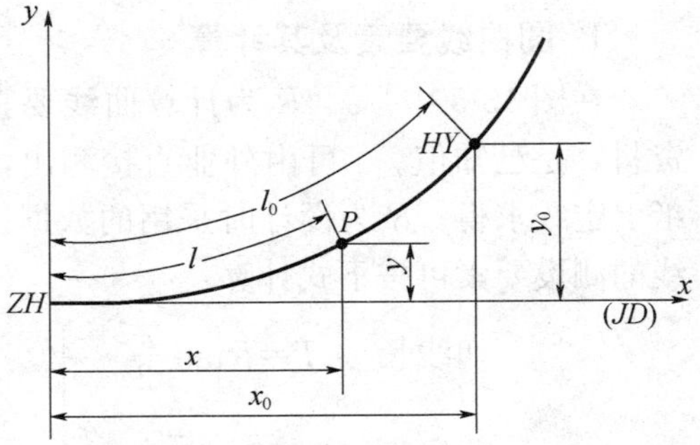

图 13-6 缓和曲线的参数方程

当 $l=l_0$ 时，则 $x=x_0$，$y=y_0$，代入式（13-4）得缓圆点（HY）或圆缓点（YH）的坐标。

$$\left.\begin{aligned} x_0&=l_0-\frac{l_0^3}{40R^2} \\ y_0&=\frac{l_0^2}{6R} \end{aligned}\right\} \tag{13-5}$$

（3）缓和曲线的插入方法

缓和曲线是在不改变曲线段方向和保持圆曲线半径不变的条件下，插入到直线段和圆曲线之间，见图 13-7。缓和曲线的一半长度处在原圆曲线范围内，另一半处在原直线段范围内，这样就使圆曲线沿垂直切线方向，向里移动距离 p，圆心 O 移至 O_1，显然 $O_1O=p\sec\frac{\alpha}{2}$。插入缓和曲线之后，使原来的圆曲线长度变短了。

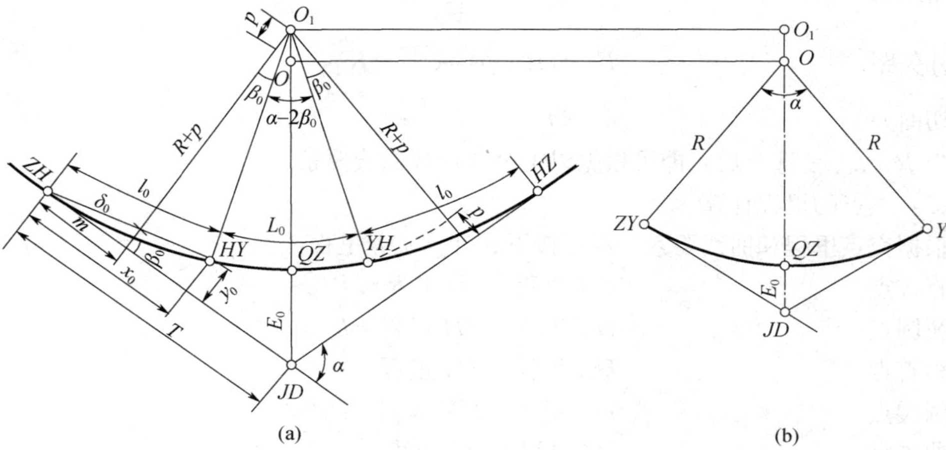

图 13-7 缓和曲线的形成

具有缓和曲线的圆曲线，曲线主点有 5 个，分别是：直缓点 ZH（直线与缓和曲线的连接点）、缓圆点 HY（缓和曲线和圆曲线的连接点）、曲中点 QZ（曲线的中点）、圆缓点 YH（圆曲线和缓和曲线的连接点）及缓直点 HZ（缓和曲线与直线的连接点）。

（4）缓和曲线常数的计算

β_0、δ_0、m、p、x_0、y_0 等通称为缓和曲线常数，其几何关系见图 13-7。

β_0——缓和曲线的切线角，即 HY（或 YH）点的切线与 ZH（或 HZ）点切线的交角，亦即圆曲线一端延长部分所对应的圆心角。

δ_0——缓和曲线的总偏角。

m——切垂距，即 ZH 点或 HZ 点到圆心 O 向切线（x 轴）所作垂线垂足之间的距离，亦称切线增长值。

p——圆曲线的内移量，为垂线长［圆心 O 向切线（x 轴）所作垂线］与圆曲线半径 R 之差。

x_0、y_0 计算见式（13-5），其他常数的计算公式如下：

$$\left.\begin{aligned}\beta_0&=\frac{l_0}{2R}\cdot\frac{180^\circ}{\pi}\\ \delta_0&=\frac{1}{3}\beta_0=\frac{l_0}{6R}\cdot\frac{180^\circ}{\pi}\\ m&=\frac{l_0}{2}-\frac{l_0^3}{240R^2}\\ p&=\frac{l_0^2}{24R}-\frac{l_0^4}{2688R^3}\approx\frac{l_0^2}{24R}\end{aligned}\right\}\tag{13-6}$$

2. 圆曲线带有缓和曲线的综合要素

(1) 曲线综合要素计算

由图 13-7 可知，带有缓和曲线的综合要素，其计算公式如下：

$$\left.\begin{aligned}&\text{切线长} && T=m+(R+p)\tan\frac{\alpha}{2}\\&\text{曲线长} && L=2l_0+\frac{\pi R(\alpha-2\beta)}{180^\circ}=l_0+\frac{\pi R\alpha}{180^\circ}\\&\text{外矢距} && E_0=(R+p)\sec\frac{\alpha}{2}-R\\&\text{切曲差} && q=2T-L\end{aligned}\right\}\tag{13-7}$$

当 R、l_0、α 选定后，即可根据以上公式计算曲线要素。

(2) 主点的里程计算

根据交点里程和曲线要素，即可按下式计算主点里程：

直缓点　　ZH 里程 $=JD$ 里程 $-T$

缓圆点　　HY 里程 $=ZH$ 里程 $+l_0$

缓直点　　HZ 里程 $=ZH$ 里程 $+L$

圆缓点　　YH 里程 $=HZ$ 里程 $-l_0$

曲中点　　QZ 里程 $=HZ$ 里程 $-L/2$

计算检核　JD 里程 $=QZ$ 里程 $+D/2$

13.3 纵横断面图绘制

在各桩点高程数据的基础上绘制纵横断面图是定测阶段的一个重要任务。纵断面图表示了沿中线方向的地势起伏形状，设计中用于研究线路空间线型的起伏布置。横断面图则反映了各中桩处垂直于线路中线方向的地面起伏情况，设计人员结合当地的地形、地质、气候和水文等自然因素，用于确定横断面的形式、各部分位置和尺寸，并为路基土石方量的计算提供依据。

13.3.1 缓和曲线纵断面图绘制

按照线路中线里程和中桩高程，绘制出沿线路中线地面起伏变化的图，称纵断面图。

线路纵断面图中，横向表示里程，比例尺为 1：1000～1：5000；纵向表示高程，比例尺为 1：100～1：500，它比横向比例尺大 10 倍，以突出地面的起伏变化。纵断面图上还包括线路的平面位置、设计坡度、地质状况等资料，因此，它是施工设计的重要技术文件之一，见图 13-8。

13.3.2 线路横断面图的测绘

横断面是指沿垂直线路中线方向的地面断面线。横断面测量的任务是测定中桩两侧垂直于中线方向的地面变坡点与中桩间的距离和高差，并根据这些数据按一定比例尺绘出横断面图。横断面图主要用于路基断面设计、土石方数量计算、路基施工放样等。

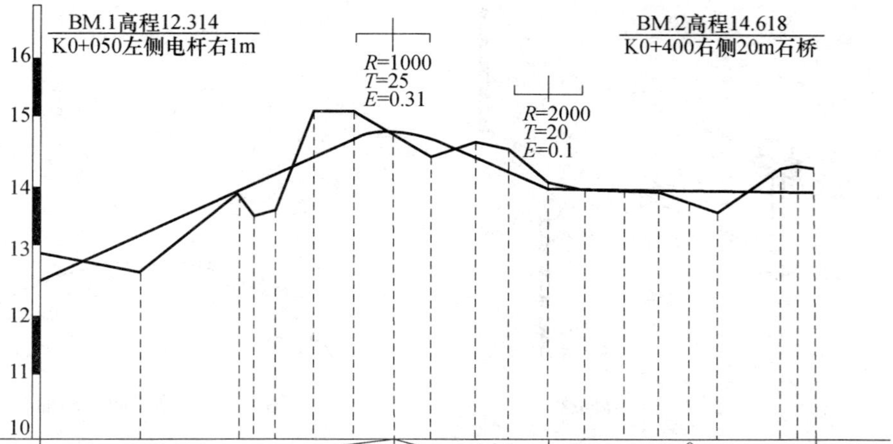

坡度与距离		1.40 180							1.25 80			0 140									
设计高程		12.50	13.20	13.90	14.01	14.18	14.46	14.74	15.02	14.77	14.51	14.27	14.02	14.02	14.02	14.02	14.02	14.02	14.02	14.02	14.02
地面高程		12.89	12.61	13.89	13.48	13.60	15.16	15.14	14.84	14.46	14.65	14.60	14.08	14.01	14.00	13.99	13.79	13.59	14.32	14.37	14.33
填挖土	填		0.59	0.01	0.53	0.58			0.18	0.31				0.01	0.02	0.03	0.23	0.43			
	挖	0.39					0.70	0.40			0.14	0.33	0.06						0.30	0.35	0.31
桩号		0+000	+050	+100	+108	+120	+140	+160	+180	+200	+221	+240	+260	+280	+300	+320	+335	+350	+384	+391	+400
直线与曲线				$JD_1$0+221.70 α=10°50′(右) R=1200 T=113.78 L=226.90 E=5.39																	

图 13-8　纵断面图

1. 横断面测量的密度和宽度

横断面施测的密度和宽度，应根据地形、地质情况和设计需要而定。

一般应在百米桩和线路纵、横向地形明显变化处及曲线控制桩处测绘横断面图。在大桥桥头、隧道洞口、挡土墙重点工程地段及地质不良地段，横断面图应适当加密。

横断面测绘宽度，根据地面坡度、路基中心填挖高度、设计边坡及工程上的需要来决定。一般在中线两侧各测 10～50m，应满足路基、取土坑、弃土堆及排水沟设计的需要和施工放样的要求。

2. 横断面方向的测定

线路横断面方向，在直线上应垂直线路中线；在曲线地段，则应与测点处的切线相垂直。

确定直线地段横断面的方向，可以用经纬仪或方向架直接测定。若用方向架测定，可将方向架置于中桩点上，见图 13-9，以其中一个方向对准线路前方或后方中桩上定向标杆，则方向架瞄准的另一个方向即为横断面的施测方向。

曲线上的横断面方向，若用方向架，则见图 13-10，将方向架立于待测断面 B 上，使其一个方向照准曲线上的 A 点，在另一方向上可标定出 1 点；再用方向架照准与 A 等距的 C 点，同法可标定出 2 点，使 $B_1=B_2$，则 1～2 的中点 N 与 B 的连线即为横断面的方向。若用经纬仪标定方向，则应拨角 90°±δ（δ 为后视点偏角）。

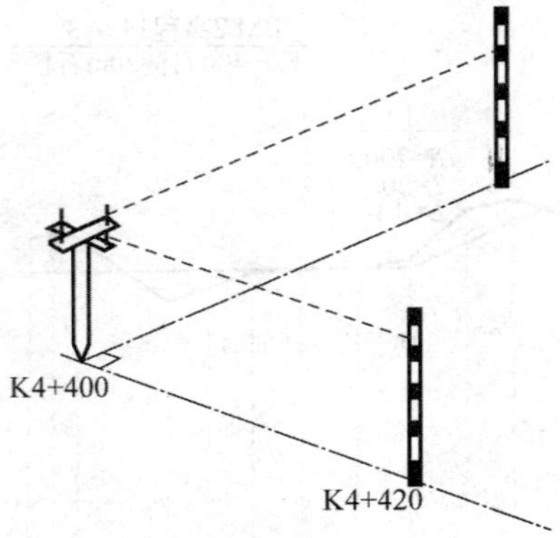

图 13-9　方向架

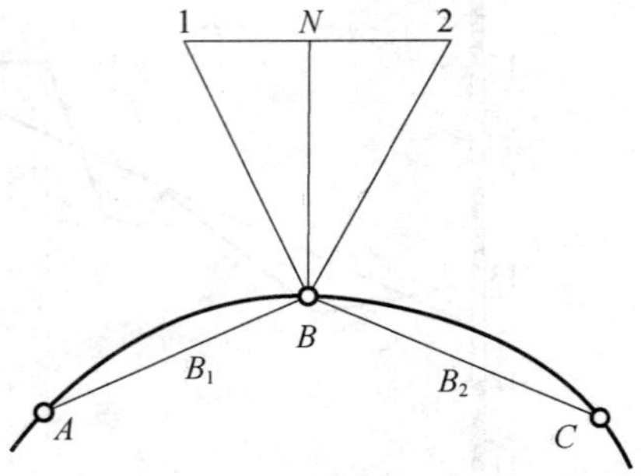

图 13-10　测设曲线断面方向

3. 横断面测绘方法

横断面的测量方法很多，应根据地形条件、精度要求和设备条件来选择。下面介绍几种常用的方法。

(1) 花杆皮尺法

见图 13-11，A 、B 、C …为横断面方向上所选定的变坡点，施测时，将花杆立于 A 点，从中桩处地面将皮尺拉平，量出至 A 点的平距，并测出皮尺截取花杆位置的高度，即为 A 点相对于中桩地面的高差，同法可测出 A 至 B、B 至 C…各测段的距离和高差，直至所需宽度为止。一侧测完后再测另一测，此法简便，但精度较低。

(2) 全站仪法

在测站安置全站仪，路线中桩上安置棱镜，按全站仪斜距测量中桩至测站斜距，然后移动棱镜于中桩横断面地形变化点，利用全站仪的对边测量功能，可直接测得地形变化点至中桩的斜距、平距及高差。利用全站仪测量横断面，不仅速度快、精度高，而且安置一次仪器可以测多个断面。但由于视线长，为防止各断面点互相混淆，应画草图，做好记录。

4. 横断面测绘的精度要求

横断面测量的限差见表 13-1。

表 13-1　横断面测量限差　(m)

线路名称	距离	高程
铁路、汽车专用公路	$\frac{L}{100}+0.1$	$\frac{h}{100}+\frac{L}{200}+0.1$
一般公路	$\frac{L}{50}+0.1$	$\frac{h}{50}+\frac{L}{100}+0.1$

注：h 为检查点至线路中桩的高差（m），L 为检查点至线路中桩的水平距离（m）。

5. 横断面绘制

绘制横断面时，为便于路基断面设计和面积计算，其水平距离和高程采用相同比例尺，比例尺一般采用 1∶200、1∶100，绘制在方格纸上。绘图时，先将中桩位置标出，然后分左右两侧，按照相应的水平距离和高差，将边坡点标在图纸上，再用直线连接相邻各点，即可得出横断面地面线。图 13-12 为横断面图，其中细线为横断面地面线，粗线为横断面设计线。

横断面图最好采取现场边测边绘的方法，这样既可省去记录，又可实地核对检查，避免错误。若用全站仪测量、自动记录，则可在室内通过计算绘制横断面图，大大提高工效。

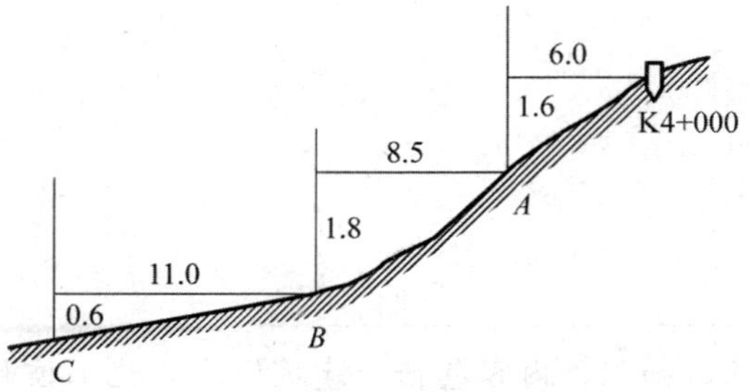

图 13-11 花杆皮尺法

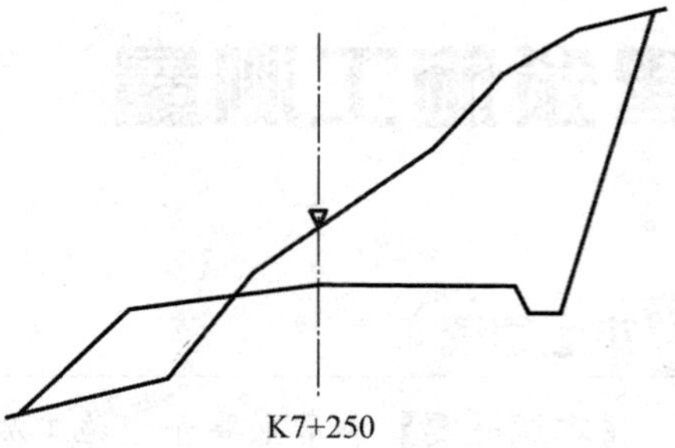

图 13-12 线路横断面

习题

1. 线路工程测量有哪些特点？
2. 圆曲线主点有哪些？简述其测设的基本步骤。
3. 缓和曲线的作用是什么？何谓缓和曲线常数？如何计算？
4. 如何确定横断面的方向？
5. 施测横断面有哪几种常用方法？

14 建筑施工测量

本章导读

【本章提要】 本章主要介绍施工测量的基本知识，内容包括：建筑场地的施工控制测量，高层建筑物、地下建筑物的施工测量，建筑物的变形观测以及竣工图的编绘等内容。

【学习目标】 掌握建立施工控制网的方法，以及高层建筑和地下建筑的施工测量技术与方法，建筑物的变形观测内容。

14.1 施工测量概述

14.1.1 施工测量的目的和内容

施工测量的目的是根据施工的需要，将图纸上设计好的建筑物、构筑物的平面位置和高程，按设计要求，以一定的精度，通过定位、放线和检查，标定到施工的作业面上，以指导施工。并在施工过程中进行一系列的测量工作，以衔接和指导各工序间的施工。

施工测量贯穿于整个施工过程中。从场地平整、建筑物定位、基础施工到建筑物构件安装等，都需要进行施工测量，才能使建筑物、构筑物各部分的尺寸、位置符合设计要求。有些工程竣工后，为了便于维修和扩建，还必须测出竣工图。对于一些高大或特殊的建（构）筑物，为了监视它的安全性和稳定性，还要进行变形观测，以便及时发现和处理相关问题，确保施工和建筑物的安全，同时也为了积累资料，掌握下沉和变形的规律，为今后建筑物的设计、维护和使用提供资料。

14.1.2 施工测量的特点

施工控制网的精度一般要高于测图控制网，控制的范围小、密度大。在施工过程中，测量控制点的使用是频繁的。因此，测量控制点应埋没在稳固、安全、醒目、便于使用和保存的地方。测设精度的要求取决于建筑物或构筑物的大小、材料、用途和施工方法等因素。

施工测量工作与工程质量及施工进度有着密切的联系。测量人员必须了解设计的内容、性质及其对测量工作的精度要求，熟悉图纸上的尺寸和高程数据，了解施工的全过程，并掌握施工现场的变动情况，使施工测量工作能够与施工密切配合。

另外，施工场地工种多、支架林立、交通频繁、材料堆积、场地变化大、机械震动大、干扰多，并有大量土方填挖，地面情况变动大。因此各种测量标志必须埋设稳固且在不易被破坏的位置，其他工作人员也要做到妥善保护，帮助测量人员及时检查；如有破坏，应及时恢复。同时测设方法应力求简捷、快速、可靠，注意人身、仪器的安全。

14.1.3 施工测量的原则

施工现场上有各种建筑物、构筑物，且分布面广，往往又不同时开工兴建。为了保证各个建筑物、构筑物在平面和高程上都符合设计要求，互相连接成统一整体，因此，施工测量必须遵循“由整体到局部，先控制后碎部”的原则。则首先在施工现场建立统一的施工平面控制网和高程控制网，然后以此为基础进行细部施工放样工作。采用这种由总体到局部的放样程序能确保放样元素间的几何关系，保证整体工程达到设计要求。施工测量也遵循“步步工作有检核”的原则，保证放样工作步步到位，防止差错发生。

14.1.4 施工准备工作

在施工测量之前，应建立健全的测量组织和检查制度。并核对设计图纸，检查总尺寸和分尺寸是否一致，总平面图和各细部尺寸是否一致，不符之处要向设计单位提出，进行修正。然后对施工现场进行实地踏勘，根据实际情况编制测设详细计划，计算测设数据，并反复核对。对施工测量所使用的仪器、工具应进行检验、校正，否则不能使用。同时对测量人员进行安全培训，采取必要的安全措施等。

14.2 施工控制测量

14.2.1 施工控制测量概述

为了使图纸上设计好的建筑物、构筑物的平面位置和高程能在实地正确地按设计要求标定出来，必须遵循“由整体到局部、先控制后碎部”的原则。因此，施工以前必须在建筑现场建立施工控制网。

在勘测设计阶段所建立的控制网，可以作为施工放样的基准。但在勘测设计阶段建立控制网时，往往从测图方面考虑，各种建筑物的设计位置尚未确定，一般不适用施工测量的需要，无法满足施工测量的要求。此外，常有相当数量的测图控制点在场地布置和平整中被破坏，或者因建筑物的修建成为互不通视而很难利用。因此，在工程施工之前，一般在建筑场地需要在原测图控制网的基础上，建立施工控制网，作为工程施工和运行管理阶段进行各种测量的依据。

为工程建筑物的施工放样布设的测量控制网称为施工控制网。施工控制网分为平面控制网和高程控制网，如按控制范围可分为场区控制及建筑物的控制。控制网点应根据施工总平面图和施工总布置图设计。

14.2.2 施工平面控制

1. 场区平面控制及建筑物的平面控制

(1) 场区平面控制。建筑场区的平面控制网可根据场区地形条件和建筑物、构筑物的布置情况，布设成建筑方格网、导线网、GPS网或边角网等。

场区的平面控制网，应根据等级控制点进行定位、定向和起算。场区平面控制网的等级和精度应符合下列规定：建筑场地大于1km²或重要工业区，宜建立相当于一级导线精度的平面控制网；建筑场地小于1km²或一般性建筑区，可根据需要建立相当于二级或三级导线精度的平面控制网；当原有控制网作为场区控制网时，应进行复测检查。控制点标桩的埋设深度，应根据冻土线和场地平整的设计标高确定。

（2）建筑物的平面控制。建筑物的平面控制网可按建筑物、构筑物特点，布设成十字轴线或矩形控制网。

建筑物的控制网应根据场区控制网进行定位、定向和起算。建筑物的控制网应根据建筑物结构、机械设备传动性能及生产工艺连续程度，分别布设成一级或二级控制网。其主要技术要求应符合表14-1的规定。

表14-1　建筑物控制网的主要技术要求

等级	边长相对中误差	测角中误差（″）
一级	≤1/30000	$7\sqrt{n}$
二级	≤1/15000	$15\sqrt{n}$

注：n为建筑物结构的跨数。

建筑物的控制测量应符合下列规定。

① 控制网应按设计总图和施工总布置图布设，点位应选择在通视良好、利于长期保存的地方。

② 控制网加密的指示桩宜选在建筑物行列轴线或主要设备中心线方向上。

③ 主要的控制网点和主要设备中心线端点，应埋设混凝土固定标桩。

④ 控制网轴线起始点的测量定位误差不应低于同级控制网的要求，允许误差宜为2cm；两建筑物（厂房）间有联动关系时，允许误差宜为1cm，定位点不得少于3个。

⑤ 角度观测的测回数应根据测角中误差的大小确定。

⑥ 矩形网的角度闭合差，不应大于测角中误差的4倍。

⑦ 当采用钢尺测量距离时，一级网的边长，应以二测回测定；二级网的边长，应以一测回测定。距离应进行温度、倾斜和尺长修正。

⑧ 矩形网应按平差结果进行实地修正，调整到设计位置。

⑨ 点位修正后应进行矩形网角度的检测。

建筑物的围护结构封闭前，应根据施工需要将建筑物外部控制点转移至内部，以便于日后内部继续使用。内部的控制点宜设置在已建成的建筑物、构筑物的预埋件或预埋测量标板上。当由外部控制向建筑物内部引测时，其投点误差：一级不应超过2mm，二级不应超过3mm。

若建筑场地面积不大，如城市中的单幢高层建筑，可不布设场区平面控制网，而直接布设建筑物的平面控制网。

2. 施工坐标系与测量坐标系的坐标换算

在工程建设中，为了便于计算和施工放样，所采用的平面直角坐标系的坐标轴与建（构）筑物主轴线重合、平行或垂直，称为建筑坐标系或施工坐标系，施工坐标系的原点一般设置于总平面图的西南角上，以便使所有建筑物、构筑物的设计坐标均为正值。

当施工坐标系与测量坐标系不一致时，两者之间的坐标可以进行坐标换算。见图 14-1,设 xoy 为测量坐标系，$x'o'y'$为施工坐标系，(x_o'，y_o') 为施工坐标系的原点在测量坐标系中的坐标，a 为施工坐标系的纵轴在测量坐标系中的方位角。设施工坐标系中某点 p 的坐标为 (x'_p，y'_p)，则可按下式将其换算为测量坐标 (x_p，x_p)。

$$x_p = x_o' + x'_p \sin\alpha - y'_p \cos\alpha$$

$$y_p = y_o' + x'_p \sin\alpha - y'_p \cos\alpha$$

如已知 p 点的测量坐标，则可按下式将其换算为施工坐标。

$$x'_p = (x_p - x_o')\cos\alpha + (y_p - y_o')\sin\alpha$$

$$y'_p = -(x_p - x_o')\sin\alpha + (y_p - y_o')\cos\alpha$$

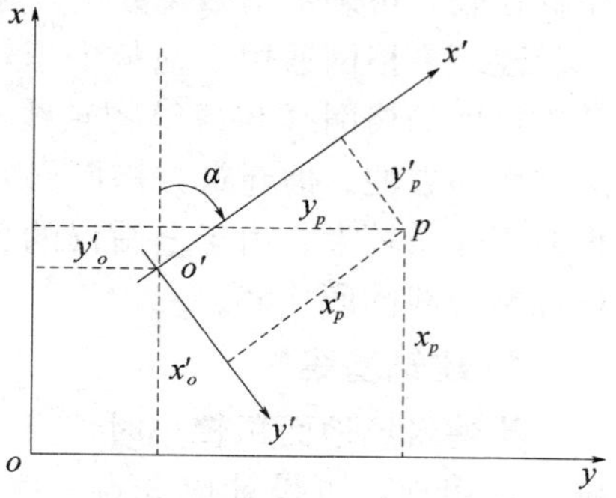

图 14-1 测量坐标与施工坐标的换算

3. 建筑方格网

由正方形或矩形的格网组成的工业建设场地的施工控制网称为建筑方格网，见图 14-2。建筑方格网通常采用建筑坐标系。建筑方格网的主要技术要求应符合表 14-2 的规定。

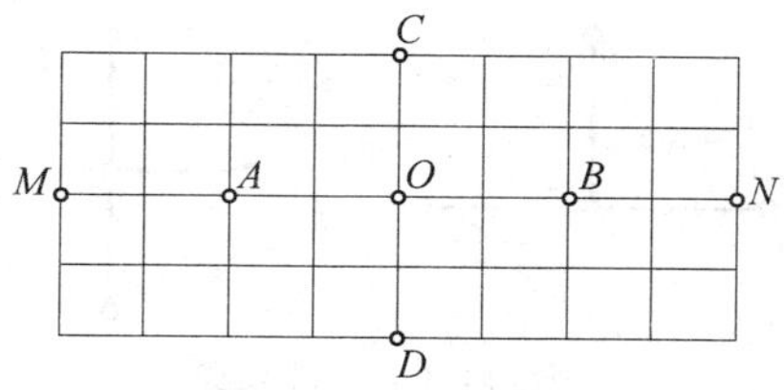

图 14-2 建筑方格网

表 14-2 建筑方格网的主要技术要求

边长（m）	等级	测角中误差 (″)	边长相对中误差
100～300	Ⅰ级	5	≤1/30000
100～300	Ⅱ级	8	≤1/20000

布设建筑方格网，应先布设主轴线，见图 14-2 中的 *MAOBN* 及 *COD*，然后再根据轴线测设其他方格网点。

建筑方格网的主轴线点，依据场区的已知测量控制点和主轴线点的设计坐标，用测设点位的方法进行测设，目前一般采用全站仪按极坐标法测设。施测建筑方格网的主要技术要求如下：

① 轴线宜位于场地的中央，与主要建筑物的基本轴线平行；长轴线上的定位点不得少于 3 个；轴线点的点位中误差不应大于 5cm。

② 放样后的主轴线点位应进行角度观测，检查直线度；测定交角的测角中误差，不应超过 2″.5；直线度的限差应在 180°±5″以内。

③ 轴交点应在长轴线上测量全长后确定。

④ 短轴线应根据长轴线定向后测定，其测量精度应与长轴线相同，交角的限差应在 90°±5″以内。

测设出主轴线后，在长短轴线的各主轴线点上，分别安置经纬仪，以轴交点 O 为起始方向，精密地测设 90°角，用交会法定出一些方格网点。这样就得到了包括主轴线点在内的若干个大矩形组成的方格网，见图 14-3。然后，在各大矩形的各边按方格网边长精密量距，定出其他各点。再将经纬仪安置在各大矩形的其他各点上，用交会法定出所有的方格网点。

为了保证各方格网点正确地位于设计点位上，还应进行建筑方格网的测量，精确测出方格网的角度或各边长，通过平差计算，算得各方格网点的精确坐标，再与设计坐标比较，可确定出归化数据，并将实地标志修正归化到设计位置上。

建筑方格网适用于地势平坦，建筑物、构筑物布置整齐的场区平面控制。由于建筑方格网的格网线与建筑物轴线平行或垂直，因此用直角坐标法进行建筑物的定位、放样较为方便。但建筑方格网必须按总平面图布置，点位容易受施工影响而损坏，测设时工作量较大。由于全站仪的普及，用极坐标法放样非常方便，所以建筑方格网正逐渐被导线网所代替。

4. 建筑基线

当建筑场地面积较小时，可不布设建筑方格网，而布设建筑基线。建筑基线至少由 3 点组成，可设计成 3 点一字形、3 点 L 形、4 点丁字形、5 点十字形等形式，见图 14-4。建筑基线也称施工轴线，测设方法同建筑方格网主轴线点。

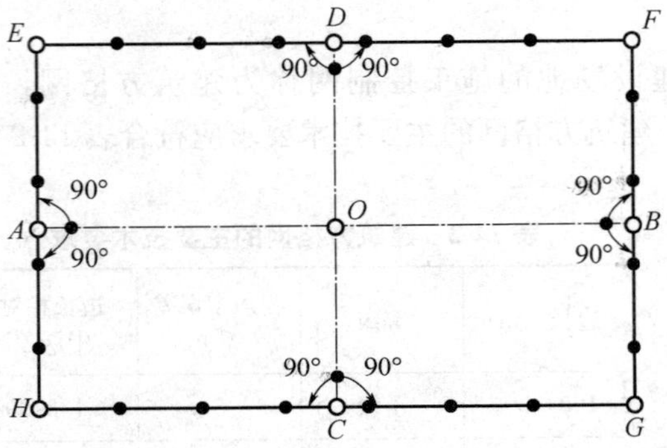

图 14-3 按主轴线点测设方格网点

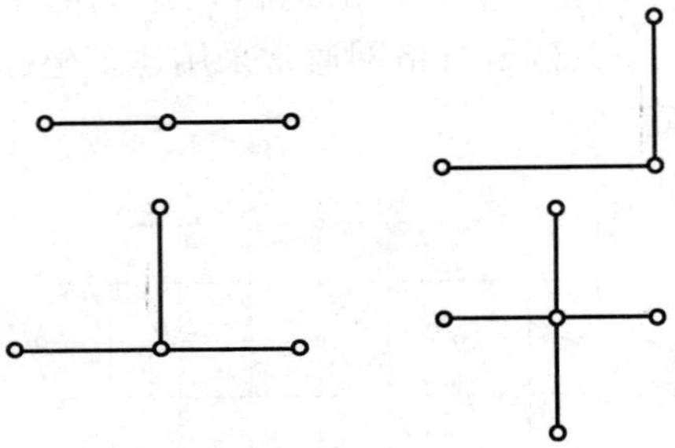

图 14-4 建筑基线

14.2.3 高程控制测量

1. 场区高程控制

场区高程控制网应布设成闭合环线、附合路线或结点网形。一般采用三、四等水准测量的精度建立高程控制网。

场地水准点的间距宜小于 1km。场地水准点距离建筑物、构筑物不宜小于 25m；距离回填土边线不宜小于 15m。

2. 建筑物的高程控制

建筑物高程控制的水准点密度应尽量满足安置一次仪器就能测设出所需的高程点。建筑方格网点、导线网点均可兼作高程控制点。

当施工中水准点标桩不能保存时，应将其高程引测至稳固的建筑物或构筑物上，引测的精度不应低于原有水准测量的等级要求。

若建筑场地面积不大，可从邻近的水准点引测两三个位于建筑场地的临时水准点作为高程控制点。

14.3 高层建筑物施工测量

高层建筑物的特点是建筑物层数多、高度大，多为框架结构，施工场地一般较为狭窄。因此，高层建筑物施工测量的主要任务是控制竖向偏差，严格控制不同层次的轴线定位和高程。

高层建筑物基础定位轴线的测设，可采用工业厂房控制网和柱列轴线的测设方法进行。在基础工程完工后，应及时对原指示桩和柱列轴线进行复核，然后根据轴线控制桩，用经纬仪将轴线精确地投测到建筑物底部。测设时必须保证精度，严防差错。在条件允许时，可将主要轴线延长到建筑物以外的安全地方设桩，作为向上投测轴线的依据。

14.3.1 经纬仪引桩投测法

经纬仪引桩投测法是在建筑物外部，利用经纬仪，根据建筑物轴线控制桩来进行轴线的竖向投测。具体过程如下。

(1) 在建筑物底部投测中心轴线位置：高层建筑的基础工程完工后，将经纬仪安置在轴线控制桩 A_1、A'_1、B_1 和 B'_1 上，把建筑物主轴线精确地投测到建筑物的底部，并设立标志，如图 14-5 中的 a_1、a'_1、b_1 和 b'_1，以供下一步施工与向上投测之用。

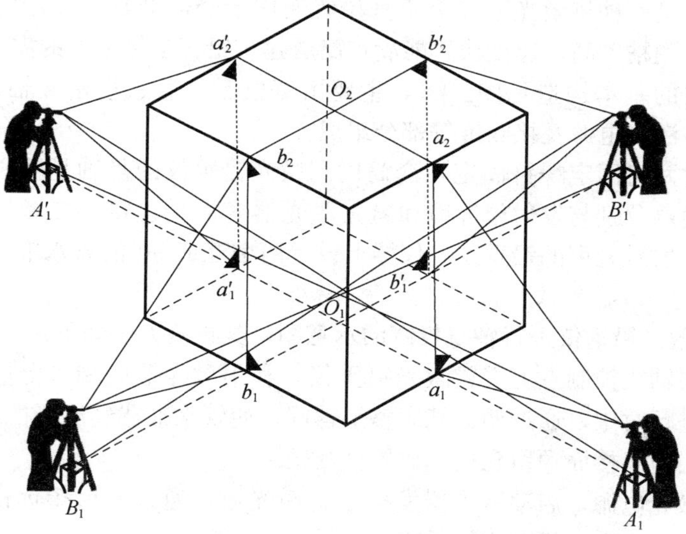

图 14-5 经纬仪投测中心轴线

(2) 向上投测中心线：随着建筑物不断升高，要逐层将轴线向上传递。将经纬仪安置在中心轴线控制桩 A_1、A'_1、B_1 和 B'_1 上，严格整平仪器，用望远镜瞄准建筑物底部已标出的轴线 a_1、a'_1、b_1 和 b'_1 点。用盘左和盘右分别向上投测到每层楼板上，并取其中点作为该层中心轴线的投影点，如图 14-5 中的 a_2、a'_2、b_2 和 b'_2。

(3) 增设轴线引桩：当楼房逐渐增高，而轴线控制桩距建筑物又较近时，望远镜的仰角较大，操作不便，投测精度也会降低。为此，要将原中心轴线控制桩引测到更远的安全地方，或者附近大楼的屋面，具体做法如下：

将经纬仪安置在已经投测上去的较高层（如第十层）楼面轴线 a_{10}、a'_{10} 上。见图 14-6，瞄准地面上原有的轴线控制桩 A_1 和 A'_1 点，用盘左、盘右分中投点法，将轴线延长到远处 A_2 和 A'_2 点，并用标志固定其位置，A_2 和 A'_2 即为新投测的 A_1、A'_1 轴控制桩。

更高各层的中心轴线，可将经纬仪安置在新的引桩上，按上述方法继续进行投测。

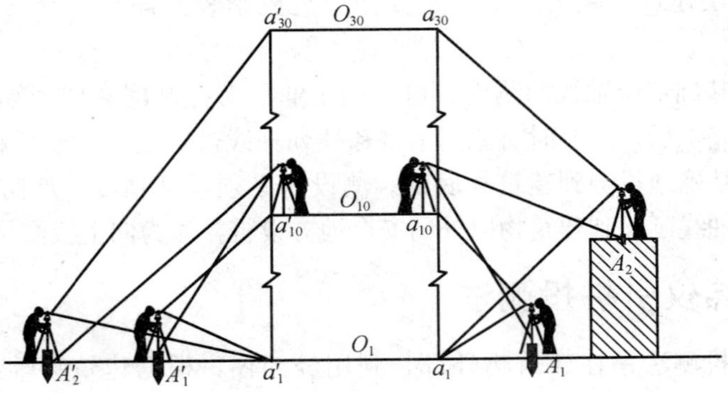

图 14-6 经纬仪引桩投测

14.3.2 激光准直仪投测法

激光准直仪是一种将激光束导至铅垂位置而用于竖向准直的专用定位仪器，它操作方便，竖向投测精度高、速度快，能满足高层建筑铅直定位测量的需要。

激光铅垂仪的基本构造见图 14-7，主要由氦氖激光管、精密竖轴、发射望远镜、水准器、基座、激光电源及接收屏等部分组成。

激光器通过两组固定螺钉固定在套筒内。激光铅垂仪的竖轴是空心筒轴，两端有螺扣，上、下两端分别与发射望远镜和氦氖激光器套筒相连接，二者位置可对调，构成向上或向下发射激光束的铅垂仪。仪器上设置两个互成 90°的管水准器，仪器配有专用激光电源。

图 14-8 为激光铅垂仪进行轴线投测的示意图，其投测方法如下：

（1）在首层轴线控制点上安置激光铅垂仪，利用激光器底端（全反射棱镜端）所发射的激光束进行对中，通过调节基座整平螺旋，使管水准器气泡严格居中。

（2）在上层施工楼面预留孔处，放置接受靶。

（3）接通激光电源，启动激光器发射铅直激光束，通过发射望远镜调焦，使激光束汇聚成红色耀目光斑，投射到接受靶上。

（4）移动接受靶，使靶心与红色光斑重合，固定接受靶，并在预留孔四周做出标记，此时，靶心位置即为轴线控制点在该楼面上的投测点。

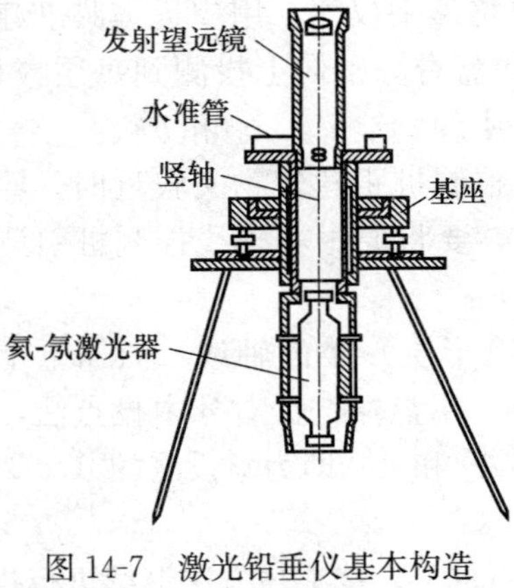

图 14-7 激光铅垂仪基本构造

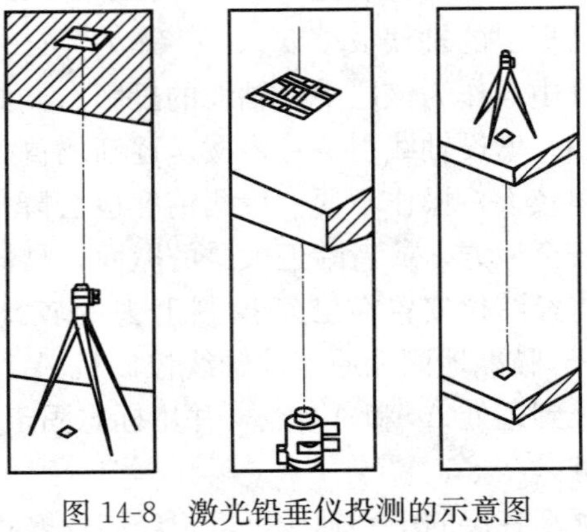

图 14-8 激光铅垂仪投测的示意图

14.3.3 高层建筑的高程传递

高层建筑物的底层室内地坪±0标志，可依据建筑场地附近的水准点来测设。±0以上各层的高程传递通常可采用以下三种方法。

（1）钢尺测量法从底层±0标高线沿墙面或柱面直接垂直向上测量，画出上层楼面的设计标高线或高出设计标高1m标高线。

（2）悬挂钢尺法将钢尺零端朝下悬挂于大楼侧面，用水准仪架设在底层，后视底层1m线，前视钢尺；然后水准仪搬至楼上某层，后视钢尺，前视水准尺，并根据该层的设计标高就可以计算和放样出该层的1m线。

（3）全站仪天顶测距法：将全站仪架于底层轴线控制点上，使望远镜水平（竖直角为0°）向水准尺读得仪器相对地层1m线的高度，然后使望远镜朝上（竖直角为90°），通过各层轴线传递孔直接向上测距，再用水准仪放样该层的1m线。

14.4 建筑物的变形观测

14.4.1 概述

建筑物在施工和运营过程中，由于地质条件和土壤性质的不同、地下水位和大气温度的变化、建筑物荷载和外力作用等影响，导致建筑物随时间发生的沉降、位移、挠曲、倾斜及裂缝现象，统称为变形。用测量仪器定期测定建筑物变形，称为变形观测。

1. 变形观测的特点

（1）观测精度高

由于变形观测的结果直接关系到建筑物的安全，影响对变形原因和变形规律的正确分析，观测必须具有较高的精度。变形观测的精度要求，取决于该工程建筑物预计允许变形值的大小和进行观测的目的。一般来讲，如果变形观测是为了确保建筑物的安全，则测量精度应小于允许变形值的1/10～1/20；如果是为了研究变形的过程，则观测精度还应更高。

（2）重复观测量大

建筑物由于各种原因产生的变形都具有时间效应。计算变形量最基本的方法是计算建筑物上同一点在不同时间的坐标差和高程差。这就要求变形观测必须依一定的时间周期进行重复观测。重复观测的频率取决于观测的目的、预计的变形量大小和变形速率。通常要求观测的次数，既能反映出变化的过程，又不遗漏变化的时刻。

（3）数据处理严密

建筑物的变形一般都较小，甚至与观测精度处在同一个数量级；同时，重复观测的数据量较大。要从大量数据中精确提取变形信息，必须采用严密的数据处理方法。数据处理的过程也是进行变形分析和预报的过程。

2. 变形观测的方法

（1）常规测量方法，包括精密水准测量、三角高程测量、三角（边）测量、导线测量、交会法等。测量仪器主要有经纬仪（光学、电子）、水准仪（光学、电子）、电磁波测距仪以及全站仪等。这类方法的测量精度高，应用灵活，适用于不同变形体和不同的工作环境。

（2）近景摄影测量方法，不需接触被监测的工程建筑物，只采集对象的影像资料，利用影像资料进行变形分析，加之摄影影像的信息量大，利用率高。外业工作量小，观测时间短，可获取快速变形过程，可同时确定工程建筑物上任意点的变形。数字摄影测量和实时摄影测量为该技术在变形观测中的应用开拓了更好的前景。

（3）特殊测量方法，包括各种准直测量法、挠度曲线测量法、液体静力水准测量法和微距离精密测量法等。这些方法可实现连续自动监测和遥测，且相对精度高，但测量范围不大，提供局部变形信息。

（4）空间测量技术，包括甚长基线干涉测量、卫星测高、全球定位系统等。空间测量技术先进，可以提供大范围的变形信息，是研究地球板块运动和区域地壳形变等全球性变形的主要手段。GPS已成功应用于山体滑坡监测，高精度GPS实时动态监测系统实现了对大坝全天候、高频率、高精度和自动化的变形监测。

3. 变形测量点的布设

变形测量点分为基准点、工作基点和变形观测点。

（1）基准点，通常埋设在比较稳固的基岩上或在变形范围以外，应尽可能稳固并便于长期保存。每个工程至少应有三个基准点。

（2）工作点，介于观测点和基准点之间的过渡点，称为“工作基点”。工作基点一般埋设在被观测对象附近，要求在观测期内保持稳定。

（3）变形观测点，应设立在建筑物上能准确反映变形特征的位置上，可从工作基点或邻近的基准点对其进行观测。

14.4.2 建筑物的沉降观测

建筑物的沉降是指建筑物及其基础在垂直方向上的变形（也称垂直位移）。沉降观测就是测定建筑物上所设观测点（沉降点）与基准点（水准点）之间随时间变化的高差变化量。通常采用精密水准测量或液体静力水准测量的方法进行。

沉降观测是变形观测中的重要内容。下列建筑物和构筑物应进行系统的沉降观测：高层建筑物，重要厂房的柱基及主要设备基础；连续性生产和受震动较大的设备基础；工业炉（如炼钢的高炉等）；高大的构筑物（如水塔、烟囱等）；人工加固的地基、回填土；地下水位较高或大孔性土地基的建筑物等。

1. 水准点的布设

沉降观测的基准点或工作点也称为水准点，是观测建筑物地基变形值的基准。因此，要综合考虑水准点的稳定、观测的方便和精度，要求合理布设水准点。

（1）为了相互校核并防止由于个别水准点的高程变动造成差错，一般最少布设三个水准点。三个水准点之间最好安置一次仪器就可进行联测。

（2）水准点应埋设在受压、受震范围以外，埋深至少在冻土线以下0.5m，确保水准点的稳定性。

（3）水准点离观测点的距离不应大于100m，以便于观测和提高精度。

2. 观测点的布设

沉降观测点是固定在建筑物结构基础、柱、墙上的测量标志，是测量沉降量的依据。因此，观测点的数目和位置应根据建筑物的结构、大小、荷载、基础形式和地质条件等情况而确定，要能全面反映建筑物沉降的情况。

一般在建筑物四周角点及每隔 6～12m 设立观测点。在最容易发生沉降变形的地方，如设备基础、柱子基础、伸缩缝两旁、基础形式改变处、地质条件改变处、高低层建筑连接处、新老建筑连接处等也应设立观测点。在高大烟囱、水塔或配煤罐等的周围或轴线上至少布置三个观测点。

观测点分两种形式：图 14-9（a）为设在墙上的观测点；图 14-9（b）为设在柱上的观测点，其标高一般在室外地坪＋0.5m 处较为适宜。

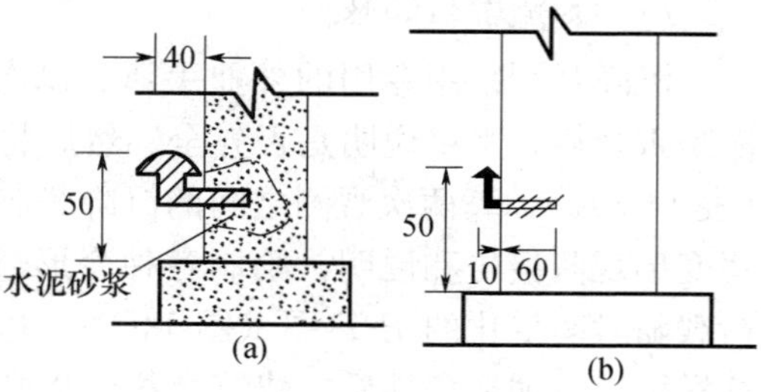

图 14-9 沉降观测点的布置

（a）设在墙上的观测点；（b）设在柱上的观测点

3. 沉降观测实施

应在建筑物基坑开挖之前，开始进行水准点的布设与观测，对沉降点的观测应贯穿于整个施工过程中，持续到建成后若干年，直到沉降现象基本停止时为止。

沉降观测时间与周期的确定：

（1）水准点、观测点埋设稳固后，均应至少观测两次。

（2）施工过程中，一般在增加较大荷重之后（如浇灌基础、安装柱子和屋架、砌筑砖墙、铺设屋面、安装吊车等之后）要进行沉降观测。此外在施工中如中途停工时间较长，应在停工时及复工前进行观测；建筑物周围发生大量挖方、暴雨或地震后，也应观测。

（3）竣工后要按沉降量的大小，定期进行观测。开始可隔 1～2 个月观测一次，以每次沉降量在 5～10mm 以内为限度，否则要增加观测次数。以后，随着沉降量的减小，逐渐延长观测周期，直至沉降稳定为止。

4. 沉降观测的技术要求

沉降观测一般采用精密水准测量的方法。观测时，除应遵循精密水准测量的有关规定外，还应注意如下事项：

（1）水准路线应尽量构成闭合环的形式。

（2）采用固定观测员、固定仪器、固定施测路线的方法来提高观测精度。

（3）观测应在成像清晰、稳定的时间内进行。测完各观测点后，必须再测后视点，同一后视点的两次读数之差不得超过±1mm。

（4）前、后视观测最好用同一根水准尺，水准尺离仪器的距离应小于 40m，前、后视距离用皮尺丈量，使之大致相等。

（5）精度要求：对一般厂房建筑物、混凝土大坝的沉降观测，要求能反映出 2mm 的沉降量；对大型建筑物、重要厂房和重要设备基础的沉降观测，要能反映出 1mm 的沉降量；特殊精密工程如高能粒子加速器、大型抛物面天线等，沉降观测的精度要求为±0.05～±0.2mm 。

（6）水准点的高程变化将直接影响沉降观测的结果，应定期检查水准点高程有无变动。

5. 沉降观测的成果整理和分析

检查、计算观测数据，分析研究沉降变形的规律与特征的工作称为沉降观测的成果整理，属沉降观测的内业工作。

（1）观测资料的整理

沉降观测采用专用的外业手簿。每次观测结束后，应检查手簿记录是否正确，精度是否合格，文字说明是否齐全。然后将各观测点的历次高程等有关数据填入成果表（表 14-3），计算两次观测之间的沉降量与累计沉降量，注明观测日期和荷重情况。编写变形观测报告和说明，绘制各种变形过程曲线，见沉降量随时间变化的 S-T 曲线、荷载随时间变化的 P-T 图（图 14-10）和建筑变形分布图（如反映沉降的等值线图）。这样可以更加形象地看出建筑物各点及整个建筑物的沉降量。

（2）观测资料分析

对观测数据进行统计分析。分析建筑物沉降过程、沉降规律、沉降幅度、沉降原因、沉降值与引起沉降变形因素之间的关系，判断建筑物沉降情况是否正常，并预报今后的变形趋势。

14.4.3 建筑物的倾斜观测与裂缝观测

1. 倾斜观测

建筑物因地基的不均匀沉降或其他原因，往往会产生倾斜。建筑物的倾斜分为两类：一类表现为以不均匀的水平位移为主，另一类表现为以不均匀的沉降为主。例如高层建筑物、塔式建筑物倾斜属于前一类，而基础的倾斜属于后一类。

倾斜观测是用经纬仪、水准仪或其他专用仪器测量建筑物的倾斜度随时间而变化的工作。对于上述两类倾斜，一般分别采用不同的观测方法，前者可采用先测出水平位移然后计算倾斜的方法，即所谓的“直接法”；后者可通过测量建筑物基础相对沉降的方法进行测定，即先测出沉降后计算倾斜的方法，也就是所谓的“间接法”。为了测定设备基础、平台等局部小范围内的倾斜，还可以利用气泡式倾斜仪进行观测。

（1）直接法

直接法的基本原理见图 14-11。A 点与 B 点位于同一竖直线上，当建筑物发生倾斜时，A 点相对于 B 点平移了某个数值 a 至 A' 点，定义建筑物的倾斜度为：

$$i=\tan\alpha=\frac{a}{h} \tag{14-1}$$

式中，i 为建筑物主体的倾斜度；α 为倾斜角，（°）；a 为建筑物顶部观测点相对于地基观测点的偏移值，m；h 为 A 点相对于 B 点的高程或建筑物的净高。

高层建筑物和构筑物的倾斜观测必须分别在互成垂直的两个方向上进行。

① 一般建筑物的倾斜观测

见图 14-12，在离墙面大于墙高的地方选一点 A 安置经纬仪。照准墙顶一点 M，向下投影得点 N，做一标志。过一段时间，用经纬仪再照准同一点 M（由于建筑物有倾斜，M 点实际上已移到 M'），向下投点得 N' 点。量出 NN' 的距离 a，则建筑物在垂直于视线方向上的倾斜度为 $i=\frac{a}{h}$。

表 14-3 沉降观测成果表

工程名称:某工业厂房

工程编号 10-1

观测日期（年．月．日）	荷载（kN/m²）	观测点																	
		1			2			3			4			5			6		
		高程（m）	本次下沉（m)m	累计下沉（mm）	高程（m）	本次下沉（mm）	累计下沉（mm）	高程（m）	本次下沉（mm）	累计下沉（mm）	高程（m）	本次下沉（mm）	累计下沉（mm）	高程（m）	本次下沉（mm）	累计下沉（mm）	高程（m）	本次下沉（mm）	累计下沉（mm）
2003.4.20	45.0	50.157	±0	±0	50.154	±0	±0	50.155	±0	±0	50.155	±0	±0	50.156	±0	±0	50.154	±0	±0
5.5	55.0	50.155	−2	−2	50.153	−1	−1	50.153	−2	−2	50.154	−1	−1	50.155	−1	−1	50.152	−2	−2
5.20	70.0	50.152	−3	−5	50.150	−3	−4	50.151	−2	−4	50.153	−1	−2	50.151	−4	−5	50.148	−4	−6
6.5	95.0	50.148	−4	−9	50.148	−2	−6	50.147	−4	−8	50.150	−3	−5	50.148	−3	−8	50.146	−2	−8
6.20	105.0	50.145	−3	−12	50.146	9ω	−8	50.143	−4	−12	50.148	−2	−7	50.146	−2	−10	50.144	−2	−10
7.20	105.0	50.143	−2	−14	50.145	−1	−9	50.141	−2	−14	50.147	−1	−8	50.145	−1	−11	50.142	−2	−12
8.20	105.0	50.142	−1	−15	50.144	−1	−10	50.140	−1	−15	50.145	−2	−10	50.144	−1	−12	50.140	−2	−14
9.20	105.0	50.140	−2	−17	50.142	−2	−12	50.138	−2	−17	50.143	−2	−12	50.142	−2	−14	50.139	−1	−15
10.20	105.0	50.139	−1	−18	50.140	−2	−14	50.137	−1	−18	50.142	−1	−13	50.140	−2	−16	50.137	−2	−17
2004.1.20	105.0	50.137	−2	−20	50.139	−1	−15	50.137	±0	−18	50.142	±0	−13	50.139	−1	−17	50.136	−1	−18
4.20	105.0	50.136	−1	−21	50.139	±0	−15	50.136	−1	−19	50.141	−1	−14	50.138	−1	−18	50.136	±0	−18
7.20	105.0	50.135	−1	−22	50.138	−1	−16	50.135	−1	−20	50.140	−1	−15	50.137	−1	−19	50.136	±0	−18
10.20	105.0	50.135	±	−22	50.138	±0	−16	50.134	−1	−21	50.140	±0	−15	50.136	−1	−20	50.136	±0	−18
2005.1.20	105.0	50.135	±0	−22	50.138	±0	−16	50.134	±0	−21	50.140	±0	−15	50.136	±0	−20	50.136	±0	−18

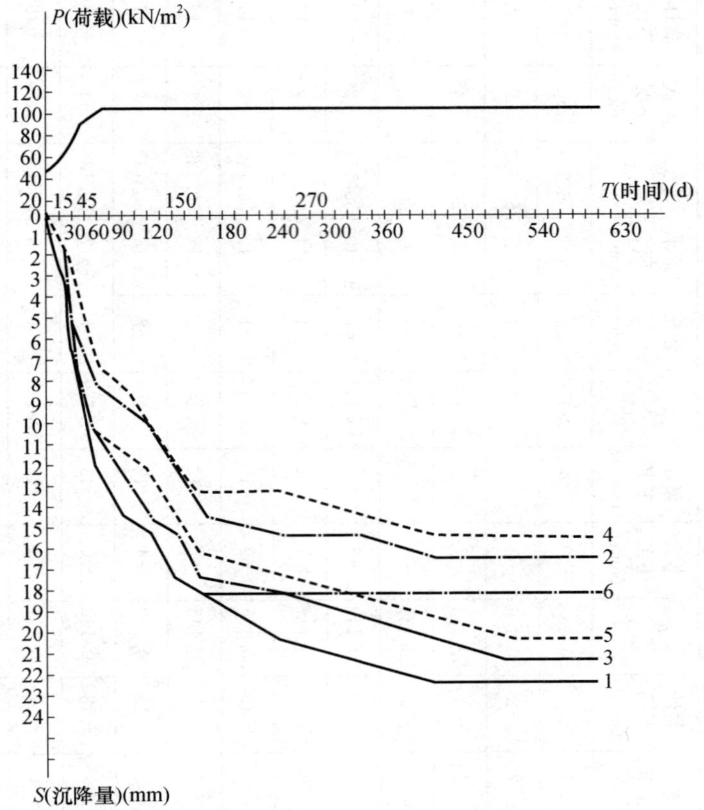

图 14-10　S-T 和 P-T 关系图

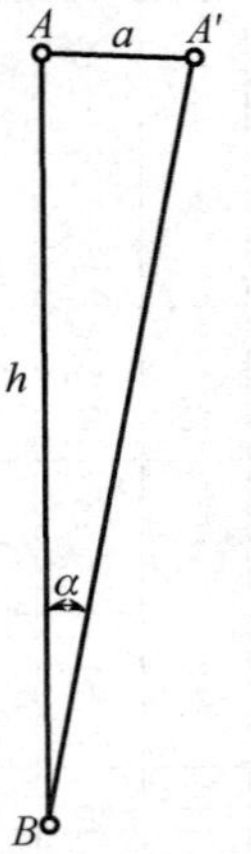

图 14-11　直接观测法

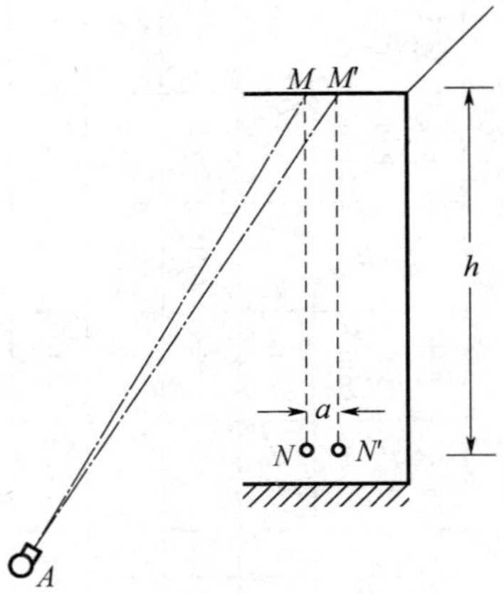

图 14-12　建筑物的倾斜观测

② 圆形高大建筑物的倾斜观测

测定圆形建筑物如烟囱、水塔等的倾斜度时，首先要求有顶部中心对底部中心的偏距。为此，可先在建筑物底部放一块木板，用经纬仪把顶部边缘两点 A、A'（图 14-13）投到木板上，得中心位置 A_0，再把底部边缘两点 B、B' 投到木板上，得另一个中心位置 B_0。B_0 与 A_0 之间的距离 a 就是在 AA' 方向上顶部中心偏离底部中心的距离。此

建筑物的倾斜度 $i=\frac{a}{h}$，h 是建筑物的高度。

（2）间接法

用水准测量方法、液体静力水准测量方法或使用各种类型的倾斜仪测量基础的相对沉降量，来测定建筑物基础的倾斜。采用二等水准进行施测，求得倾斜的精度可达 1″～2″。利用处在同一水平面内的匀质液面取代水准仪的水平视线来测定观测点之间的高差，这是静力水准测量的基本原理。倾斜观测点一般与沉降观测点配合使用。

2. **裂缝观测**

建筑物基础的不均匀沉降、温度变化和外界各种荷载的作用，都可能使建筑物内部的应力大大超过允许的限度，使建筑物的结构产生破坏和出现裂缝。测定建筑物上裂缝发展情况的观测工作即为裂缝观测。

若在建筑物中发现裂缝，应立即进行全面检查，对裂缝编号，画出裂缝分布图，然后开始进行裂缝观测，观测每一裂缝的位置、走向、长度、宽度和深度。

混凝土建筑物上的裂缝观测，通常要求有较高的精度。因此要采用专门的特殊的观测标志。特制的观测标志可测量裂缝在三维空间三个坐标轴方向上的增量。图 14-14 是常用的简单的裂缝观测标志。标志用两片白铁片制成，一片 150mm×150mm，并使其一边和裂缝的边缘对齐，另一片为 50mm×200mm，固定在裂缝的另一侧，并使其一部分紧贴在 150mm×150mm 的白铁片上，白铁片的边缘彼此平行。标志固定好后，在两片白铁片露在外面的表面涂上白色油漆，并用黑油漆在矩形白铁皮上写明编号和标志设置日期。

标志设置好后，如果裂缝继续发展，白铁皮将被逐渐拉开，露出正方形白铁皮上没有涂油漆的部分，它的宽度就是裂缝加大的宽度，可以用尺子直接量出。

裂缝往往与不均匀沉降有关，因此，进行裂缝观测的同时，一般要进行沉降观测。

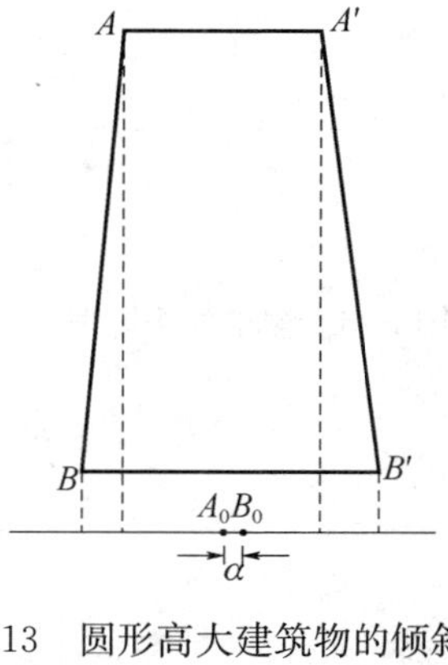

图 14-13 圆形高大建筑物的倾斜观测

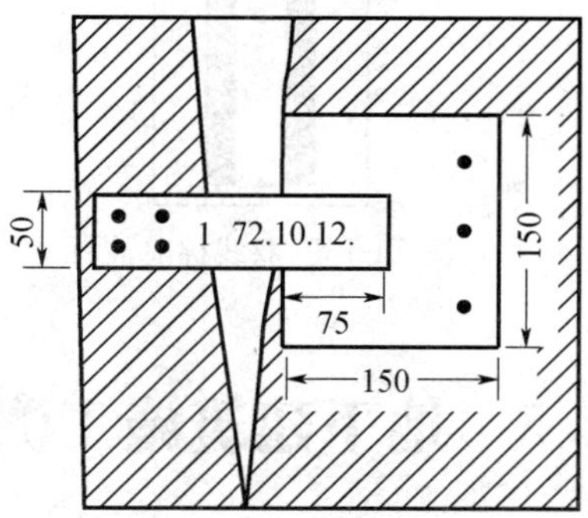

图 14-14 裂缝观测标志设置

14.4.4 建筑物的水平位移观测

建筑物水平位移观测是测定建筑物在规定平面位置上随时间变化的位移量。水平位移观测的方法较多，有常规方法，如导线法、前方交会法；还有各种专用方法，如基准线法，正、倒垂线法等。

基准线法的基本原理是以通过建筑线或平行于建筑物轴线的竖直平面为基准面，

在不同时期分别测定大致位于轴线上的观测点相对于此基准面的偏离值。比较同一点在不同时期的偏离值，即可求出观测点在垂直于轴线方向的水平位移。下面介绍基准线法中的测小角法。

1. 观测墩与标志

由于建筑物的位移值一般都很小，观测精度要求很高，对于基准线法，一般都采用钢筋混凝土观测墩提高精度。观测墩底座部分要求直接浇筑在基岩上，以确保其稳定性。在观测墩顶面埋设固定的强制对中设备，以减少仪器和标志的安置误差。通常要求它能使仪器和标志的偏心误差小于0.1mm。

为减小照准误差，可采用如图14-15的双线标志觇标（白底、标志为黑色）。其双线标志的宽度l可按下式计算：

$$l=\frac{3b}{f}S \tag{14-2}$$

式中，S为视线长度；b为十字丝丝粗；f为物镜焦距。

对于近距离照准，可采用单线标志。

2. 测小角法

测小角法的基本原理见图14-16。AB为基准线，在工作基点A点上安置仪器，在工作基点B及观测点P_i上设立标志，用精密经纬仪（如DJ_1级）测出小角α_i，则P_i相对于基准线的偏离值（水平位移）λ_i按下式计算：

$$\lambda_i=\frac{\alpha_i}{\rho}S_i \tag{14-3}$$

式中，S_i为基线端点A到观测点P_i的距离；$\rho=206265''$。

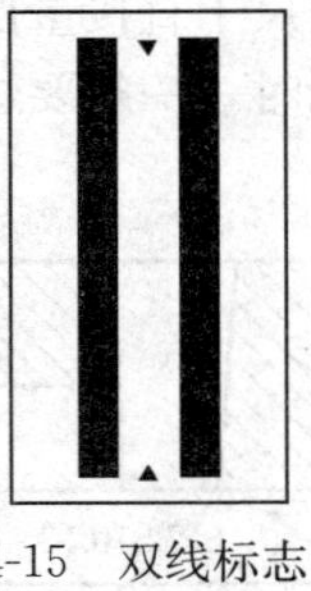

图14-15 双线标志觇标

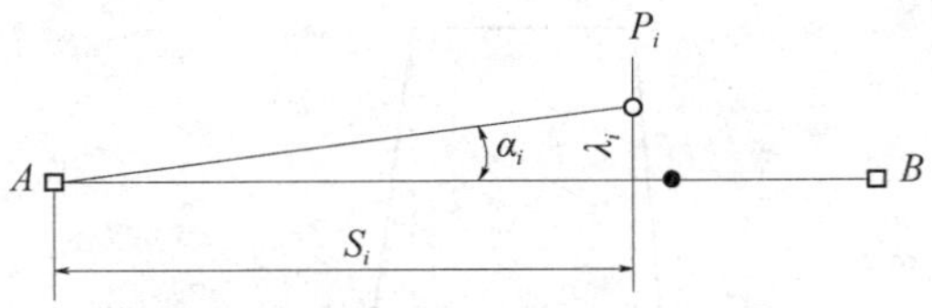

图14-16 测小角法原理

14.5 地下建筑施工测量

14.5.1 地下建筑概述

地下建筑主要是指城市地铁、地下商场、地下医院、地下仓库、地下电站及地下人防工程等，考虑到地下建筑物的结构特点，各类地下建筑工程大多是由短隧道组合成的各种形式的洞室。地下建筑施工测量工作的内容包括如下几个方面：

（1）在地面建立施工测量的平面和高程控制网；

（2）随着施工的进展，将地面点的坐标、方向和高程传递到地下的连测工作；

（3）建立地下平面与高程控制的地下导线和地下水准测量；

（4）进行指导地下隧道开挖方向、放样洞体几何形状和安模定位、确定隧道坡度等工作的地下建筑施工测量。

地下工程施工由地面转入地下的施工方法，根据地形条件可采用竖井（图 14-17）、斜井（图 14-18）或平洞（图 14-19）的形式。为了加快施工进度，一般都在两个洞口进行相向开挖。长隧道施工中，往往还要在两洞口间增设井口以缩短相向开挖距离和增加掘进工作面。

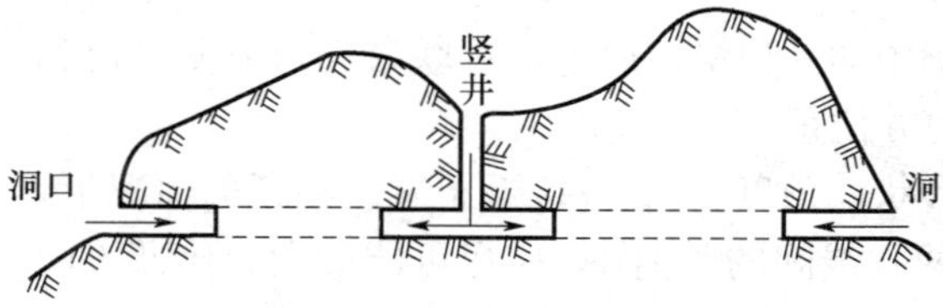

图 14-17　竖井布置

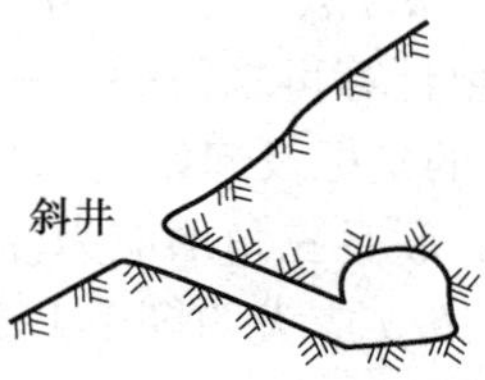

图 14-18　斜井布置

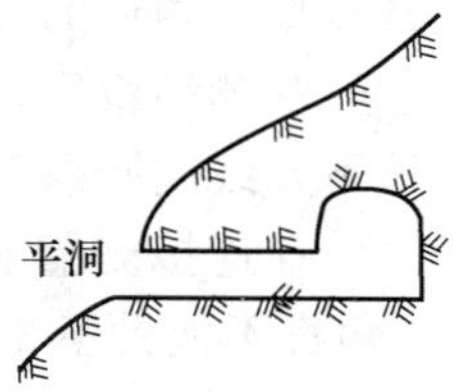

图 14-19　平洞布置

在地下进行施工测量的工作条件要比地面困难，隧道贯通前只能以支导线形式伸展，除往、返观测外，无其他检核条件。另外，由于施工场地狭窄，测量与施工相互干扰，给测量工作带来很多困难。

地下建筑施工测量的精度要求，主要是指相向开挖的隧道，在贯通面上中线的横向偏差和高程偏差的限度。测量工作应根据限差要求，确定地面控制网的等级，选择测量仪器和测量方法。《既有铁路测量技术规则》（TBJ 105—1988）中规定：长度小于4km 的铁路隧道，横向贯通限差不超过±100mm；高程贯通限差不超过±50mm。其他地下工程应根据实际情况而定，但施工方法对贯通限差要求影响甚大。

14.5.2　地面与地下的连测

地面与地下连测的目的是将地面控制点的坐标、方向和高程传递到地下，建立地下控制，然后再根据地下起始点的坐标、高程和起始边方向，敷设地下导线及隧道中心线，用以指导隧道掘进方向，保证隧道按设计要求贯通；同时指导洞体的施工测量。由于隧道地形条件的不同，可分为平洞、斜井连测和竖井连测。

1. 平洞、斜井连测

采用平洞或斜井法开挖的隧道，洞口的控制点即是地下控制起始点。其连测可用一般导线测量的方法，将地面点的坐标、高程和方向引进地下。

2. 竖井连测

竖井形式施工的隧道，地下起始点的坐标、高程和方向均由竖井传递到地下。竖井连测称为联系测量。传递坐标、方向的测量工作称为竖井定向测量。定向方法有：一井定向、两井定向和陀螺经纬仪定向。下面着重介绍一井定向。

（1）竖井定向测量

见图 14-20，一井定向是在井筒内挂两条吊垂线，在地面根据近井控制点测定两吊垂线的坐标 x、y 及其连线的方位角。在井下，根据投影点的坐标及其连线的方位角，确定地下导线点的起算坐标及方位角。一井定向分为投点和连接测量两部分。

① 投点

通常采用单荷重稳定投点法。吊锤质量与钢丝直径随井深而异（如井深为 100m

时，吊锤重60kg，钢丝直径0.7mm)。投点时，先在钢丝上挂一个较轻的垂球（例如2kg)，用绞车将钢丝导入竖井中，然后在井底换上作业重锤，并将它放入重油桶中，使其稳定，防止洞内通风的扰动。

② 连接测量

通常采用联系三角形法。见图14-20，A 为地面近井点，O_1、O_2 为两吊垂线。A_1 为地下近井点，即地下导线起点。在 A、A_1 分别安置经纬仪，观测 α、ω 和 α'、ω' 角，并测量三角形的边长 a、b、c 和 a'、b'、c'。

观测结束后，由计算可求得联系三角形中的 β 和 β'，通过解算联系三角形便可得到地下导线起始点 A_1 的坐标及起始边 A_1M 的方位角。

在连接测量中，联系三角形应为伸展形状，角度 α、β 应接近于零。在任何情况下，α 角都不能大于3°。b/a 应大约等于1.5。两垂线间的距离 a，应尽可能最大。传递方向时，应选择经过小角 β 的路线。

一井定向测量也可以采用激光准直仪投点和陀螺经纬仪定向的方法进行。

(2) 竖井高程传递

通过竖井传递高程（也称导入高程）的目的是将地面上水准点的高程传递到井下水准点上，建立井下高程控制，使地面和井下纳入统一的高程系统。

在传递高程之前，必须对地面上起始水准点的高程进行复核。

在传递高程时，应同时用两台水准仪、两根水准尺和一把钢尺进行观测，其布置见图14-21。将钢尺悬挂在架子上，其零端放入竖井中，并在该端挂一重锤（一般为10kg)。一台水准仪安置在地面上，另一台水准仪安置在隧道中。由地面上水准仪在起始水准点 A 的水准尺上读取读数 a，而在钢尺上读取读数 r_1。由地下水准仪在钢尺上读取读数 r_2，在水准点 B 的水准尺上读取读数 b。r_1 及 r_2 必须在同一时刻观测，而观测时应量取地面及地下的温度。

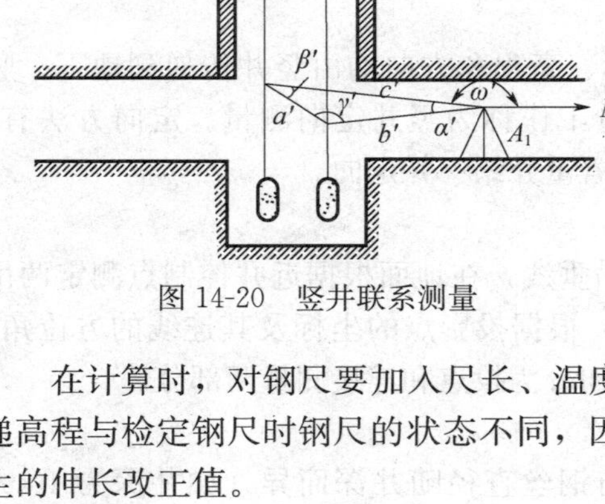

图14-20 竖井联系测量

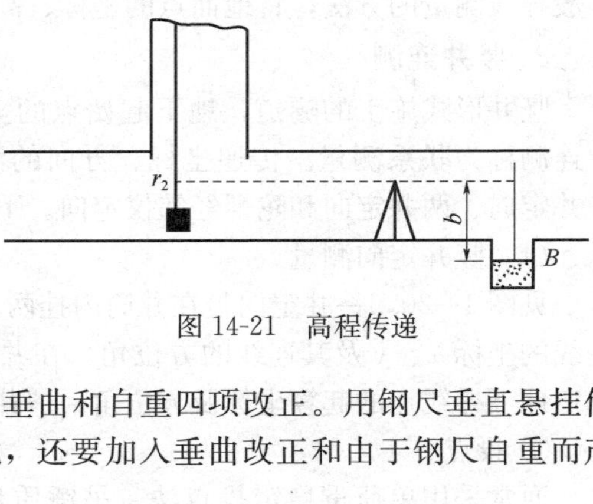

图14-21 高程传递

在计算时，对钢尺要加入尺长、温度、垂曲和自重四项改正。用钢尺垂直悬挂传递高程与检定钢尺时钢尺的状态不同，因此，还要加入垂曲改正和由于钢尺自重而产生的伸长改正值。

这时地下水准点 B 的高程可用下列公式计算：

$$H_B = H_A + a - [(r_1 - r_2) + \Delta l_t + \Delta l_d + \Delta l_c + \Delta l_s] - b \tag{14-4}$$

式中，Δl_t 为钢尺的温度改正数；Δl_d 为钢尺的尺长改正数；Δl_c 为钢尺的垂曲改正数；Δl_s 为因钢尺自重而产生的伸长改正值。

$$\Delta l_c = \frac{p^2 L}{24H^2} \tag{14-5}$$

$$\Delta l_s = \frac{r}{E} \cdot \frac{L^2}{2} \tag{14-6}$$

式中，L 为钢尺的名义长，m；p 为钢尺的总重，kg；H 为检定时的拉力，kg；r 为钢尺的比重，一般取为 7.85；E 为钢的弹性模量，一般为 $2\times10^{-6}\mathrm{kg/cm^2}$。

14.6 竣工图的测绘与编绘

竣工总平面图是设计总平面图在施工结束后实际情况的全面反映。由于在施工过程中经常出现设计时没有考虑到的因素而使设计有所变更，设计总平面图与竣工总平面图一般不会完全一致。这种临时变更设计的情况必须通过测量反映到竣工总平面图上，因此，施工结束后应及时编绘竣工总平面图。其目的如下：

（1）对建筑物竣工成果和质量的验收测量。

（2）便于日后进行各种设施的维修工作，特别是地下管道等隐蔽工程的检查和维修工作。

（3）为企业的改、扩建提供了原有各建筑物、地上和地下各种管线及测量控制点的坐标、高程等资料。

编绘竣工总平面图，需要在施工过程中收集一切有关的资料和必要的实地测量，并对资料加以整理，然后及时进行编绘。为此，从建筑物开始施工起，就应有所考虑和安排。

14.6.1 竣工总平面图的编绘

在建筑物施工过程中，每一个单位工程完成后，应该进行竣工测量，并提出该工程的竣工测量成果。对具有竣工测量资料的工程，若竣工测量成果与设计值之差不超过所规定的定位容许误差时，按设计值编绘；否则，应按竣工测量资料编绘。

对于各种地上、地下管线，应用各种不同颜色的墨线绘出其中心位置，注明转折点及井位的坐标、高程及有关注记。在一般没有设计变更的情况下，墨线绘的竣工位置与按设计原图用铅笔绘的设计位置应该重合。随着施工的进展，逐渐在底图上将铅笔线都绘成墨线。在图上按坐标展绘工程竣工位置时，和在底图上展绘控制点的要求一样，均以坐标格网为依据进行展绘，展点对邻近的方格而言，其容许误差为±0.3mm。

另外，建筑物的竣工位置应到实地去测量，如根据控制点采用极坐标法或直角坐标法实测其坐标。外业实测时，必须在现场绘出草图，最后根据实测成果和草图，在室内进行展绘，便成为完整的竣工总平面图。

14.6.2 竣工总平面图的附件

为了全面反映竣工成果，便于管理、维修和日后的扩建或改建，下列与竣工总平面图有关的资料，应分类装订成册，作为竣工总平面图的附件保存。

（1）建筑场地及其附近的测量控制点布置图及坐标与高程一览表。

（2）建筑物或构筑物沉降及变形观测资料。

（3）地下管线竣工纵断面图。

（4）工程定位、检查及竣工测量的资料。

（5）设计变更文件。

（6）建设场地原始地形图等。

习题

1. 建筑施工测量工作包括哪些内容？它在工程施工中起什么作用？
2. 建筑基线、建筑方格网如何设计？如何测设？
3. 高层建筑轴线的投测方法有哪几种？如何控制高层建筑的垂直度？
4. 建筑物为什么要进行沉降观测？它的特点是什么？
5. 地下建筑为什么要进行联系测量？有哪些方法可以实现联系测量？
6. 沉降观测点的布置要点是什么？
7. 为什么要进行竣工测量？

附录
测量实验

第一部分　测量实验须知

一、测量实验注意事项

1. 实验课的目的一方面是为了验证、巩固在课堂上所学的知识；另一方面是熟悉测量仪器的构造和使用方法，培养学生进行测量工作的基本操作技能，使学到的理论与实践紧密结合。

2. 实验前应预习实验指导书，弄清实验目的、方法、步骤及注意事项，以保证按时完成实验任务。

3. 每次实验，由组长根据实验内容适当安排分工和轮换。每人都必须认真、仔细地操作，培养独立工作能力和严谨的科学态度，同时也要发扬互相协作精神。

4. 实验时学生必须严格遵守实验纪律及操作规程，避免仪器和工具遭到不应有的损坏。

5. 在实验过程中或实验结束时，发现仪器或工具有遗失、损坏等情况，应立即报告指导教师，同时要查明原因，根据情节轻重，给予适当处理。

6. 实验结束时，应把实验结果交给指导教师审阅，合乎要求后，方可结束实验。

二、使用仪器、工具注意事项

1. 携带仪器时，注意检查仪器箱是否扣紧、锁好，拉手和背带是否牢固，并注意轻拿轻放。

2. 开箱时，应将仪器箱放置平稳。开箱后，记清仪器在箱内安放的位置，以便用后按原样放回。

3. 取仪器时，应握住仪器坚实部位，轻拿轻放，切勿用手提望远镜。仪器取出后，应关好仪器箱，严禁在箱上坐人。

4. 安置仪器于三脚架上时，应一手握住仪器，一手拧连接螺旋，使仪器与三脚架牢固连接。

5. 不可置仪器于一旁而无人看管。应撑伞遮阳、避雨，严防仪器日晒雨淋。

6. 若发现透镜表面有灰尘或其他污物，须用软毛刷或擦镜头纸拂去，严禁用手帕、粗布或其他纸张擦拭，以免损坏镜面。

7. 各制动螺旋勿拧过紧，以免损伤，各微动螺旋勿转至尽头，防止失灵。

8. 近距离搬站，应松动制动螺旋，一手握住三脚架放在肋下，一手托住仪器，放置胸前稳步行走。不准将仪器斜扛肩上，以免碰伤仪器。若距离较远，必须装箱搬站。

9. 仪器装箱时，应松开各制动螺旋，按原样放回后先试关一次，确认放妥后，再拧紧各制动螺旋，以免仪器在箱内晃动，最后关箱上锁。

10. 水准尺、标杆不准用作担抬工具，以防弯曲变形或折断。

三、记录、计算注意事项

1. 实验所得各项数据的记录和计算，必须按记录格式用 2H 铅笔认真填写。字迹应清楚并随观测随记录。不准先记在草稿纸上，然后誊入记录表中，更不准伪造数据。

2. 观测者读出数字后，记录者应将所记数字复诵一遍，以防听错、记错。

3. 记录错误时，不准用橡皮擦去，不准在原数字上涂改，应将错误的数字划去并把正确的数字记在原数字上方。

4. 简单的计算及必要的检核，应在测量进行时完成。

5. 记录之数字应正确表示观测者的精度，例如读尺精确至毫米，则应记为 1.320m，勿记为 1.32；反之，若仅读至厘米，应记 1.32m，不可记为 1.320m。测量数据运算，应根据所取位数，按“四舍六入、五前单进、双舍”的规则进行数字凑整。

第二部分　测量实验及课堂作业

实验一　水准仪的使用

一、目的和要求

1. 了解 DS_3 级水准仪各部件的名称及作用。

2. 练习水准仪的安置、瞄准与读数。

3. 测定地面两点间高差。

二、仪器和工具

DS_3 水准仪 1 台，水准尺 1 把，记录本 1 个，伞 1 把。

三、方法和步骤（下述所安置的仪器为微倾式水准仪，非自动安平水准仪）

1. 安置仪器

（1）将脚架张开，使其高度适当，架头大致水平，并将脚尖踩入土中。

（2）用连接螺旋将仪器固连在脚架上（注意打开仪器盒盖后要观察仪器在仪器盒中的放法）。

（3）粗略整平：松开水平制动，转动水准仪使圆气泡转到两脚螺旋的中垂线上；调整这一对脚螺旋，使圆气泡移动到该中垂线方向上；后转动另一脚螺旋使圆气泡居中，注意气泡移动的方向与左手拇指运动方向一致。

2. 瞄准水准尺、精平与读数

（1）甲立水准尺于某地面点上，乙松开水准仪制动螺旋，用准星和照门粗瞄水准尺，固定制动螺旋，用微动螺旋使目标大致位于视场中央。

（2）转动目镜调焦螺旋，看清十字丝；再转动物镜对光螺旋看清物像。如有视差，应仔细进行物镜对光消除视差。

（3）转动微倾螺旋使长水准器气泡两端的影像吻合（即成一圆弧状），也称精平。

（4）读数：用中丝在水准尺上读取四位读数，即米、分米、厘米及毫米位。

3. 测定地面两点间的高差

(1) 在地面选定 A、B 两个较坚固的点或用尺垫选择两点。

(2) 在 A、B 两点之间安置水准仪，使仪器至 A、B 两点的距离大致相等。

(3) 竖立水准尺于点 A 上，瞄准水准尺，精平后读数，此为后视读数，计入表中。

(4) 再将水准尺立于点 B，瞄准水准尺，精平后读取前视读数，并计入表中。

(5) 计算 A、B 两点的高差，并计入表中。

$$h_{AB}=\text{后视读数}-\text{前视读数}$$

实验二 水准测量

一、目的和要求

1. 练习等外水准测量的观测、记录、计算与检核的方法。

2. 由一个已知高程点 BM_A 开始，进行闭合水准路线测量，求出待定高程点 B、C、D 的高程。高差闭合差的容许值（单位为 mm）为（等外水准测量）：

$$f_h=\pm 12\sqrt{n}$$

或

$$f_h=\pm 40\sqrt{L}$$

式中，n 为测站点数；L 为水准路线的千米数。

二、仪器和工具

DS_3 水准仪 1 台，水准尺 2 把，尺垫 2 个，记录本 1 个，伞 1 把。

三、方法与步骤

1. 在地面选定 B、C、D 三个固定点作为待定高程点。BM_A 为已知高程点，其高程值由教师提供。安置仪器于点 A 和转点 TP_1（放置尺垫）之间，步测前、后视距离大致相等，进行粗略整平和目镜对光。测站编号为 1。

2. 后视 A 点上的水准尺，精平，读取后视读数，并记入手簿。

3. 前视 TP_1 上的水准尺，精平，读取前视读数，并记入手簿。

4. 升高（或降低）仪器 10cm 以上，重复 2 与 3 步骤。

5. 计算高差：高差等于后视读数减前视读数。两次仪器高测得高差之差的绝对值不大于 5mm，取其平均值作为高差。

6. 迁至第二站继续观测。沿选定的路线，将仪器迁至 TP_1 的前方，仍用第一站施测的方法，后视 TP_1，前视 B 点，依次连续设站观测，最后仍回至 A 点。

7. 计算检核：后视读数之和减前视读数之和应等于高差之和，作为计算检核。

8. 高差闭合差的计算与调整（见 3.5.2 普通水准测量的内业）。

9. 计算待定高程点：根据已知高程点 A 的高程和改正后的高差计算 B、C、D、A 四点的高程，最后算得 A 点的高程应与其已知值相等，以资校核。

四、注意事项

1. 在每次读数之前，应使水准管气泡准确居中。读数前必须消除视差。

2. 应使前、后视距大致相等，且水准尺上读数位置离地面不应小于 0.3m。

3. 在已知高程点和待定高程点上不能放置尺垫。转点用尺垫时，应将水准尺置于尺垫半圆球的顶点上。

4. 尺垫应踏入土中或置于坚固地面上，观测过程中不得碰动仪器或尺垫，迁站时应保护前视尺垫不得移动。

实验三　微倾式水准仪的检验与校正

一、目的和要求

1. 了解微倾式水准仪各轴线间应满足的几何条件。
2. 掌握微倾式水准仪检验与校正的方法。
3. 要求检校后的 i 角不得超过 20″，其他条件检校到无明显偏差为止。

二、仪器和工具

DS_3 水准仪 1 台，水准尺 2 把，皮尺 1 盘，或尺垫 2 个，螺丝刀和校正针各 1 个。

三、方法和步骤

1. 一般性检验（附表 1）

附表 1　一般性检验

日期________　天气________　班级________　小组________

仪器型号________　检验________　记录________

检验项目	检验结果
三脚架是否牢固	
制动与微动螺旋是否有效	
微倾螺旋是否有效	
对光螺旋是否有效	
脚螺旋是否有效	
望远镜成像是否清晰	

2. 圆水准器轴平行于仪器竖轴的检验与校正（附表 2）

检验：转动一对脚螺旋和另一个脚螺旋，使圆水准器气泡居中；将仪器绕竖轴旋转 180 °以后，如果气泡仍居中，说明此条件满足；如果气泡偏出分划圈之外，则需校正。

校正：先略旋松圆水准器底部中央的固紧螺旋，然后用校正针拨动圆水准器校正螺丝，使气泡向居中方向退回偏离量一半，再转动脚螺旋使气泡居中，最后旋紧固紧螺旋，直到仪器校正后转到任何方向，气泡均无明显偏离为止。

附表 2　圆水准器轴平行于仪器竖轴的检验与校正

检验（旋转仪器 180°）次数	气泡偏离情况	检验者

3. 十字丝横丝应垂直于仪器竖轴的检验与校正（附表 3）

检验：用十字丝交点瞄准一明显的点状目标 P，然后转动微动螺旋，若目标点始终在横丝上移动，表明此条件满足；否则，需校正。

校正：旋下十字丝分划板护罩（有的仪器没有护罩），用螺丝刀旋松分划板座三个固定螺丝，转动分划板座，使目标点 P 与横丝重合。重复检验与校正，直到条件满足为止。

附表 3　十字丝横丝应垂直于仪器竖轴的检验与校正

检验次数	气泡偏离情况	检验者

4. 视准轴应平行于水准管轴的检验与校正（附表 4 和附图）

检验：在 S_1 处安置水准仪，用皮尺从仪器向两侧各量约 40m，定出等距离的 A、B 两点，打桩或放置尺垫，见附图（a）。用变动仪器高（或双面尺）法测出 A、B 两点的高差。当两次测得的高差不大于 3mm 时，取其平均值作为最后结果，用 h_{AB} 表示。

再安置仪器于 B 点附近的 S_2 处，距离 B 点 3m 左右，瞄准 B 点水准尺，精平后读数为 b_2，见附图（b），再根据 A、B 两点的正确高差算得 A 点尺上应有读数 $a_2=h_{AB}+b_2$，与在 A 点尺上的实际读数 a'_2 比较，得误差 $\Delta h=a'_2-a_2$，由此计算 i 角值（单位为“″”）：

$$i=\frac{\Delta h}{S_A-S_B}\rho$$

当 i 角大于 20″时，需校正。

校正：转动微倾螺旋使中横丝对准 A 点尺上应有的读数 a_2，这时水准气泡必然不居中，用校正针拨动水准管一端上、下两个校正螺丝，使气泡居中。松紧上、下两个校正螺丝前，先略微旋松左、右两个螺丝，校正完毕，再旋紧。重复检验，直到 i 角校正到小于限差 20″为止。

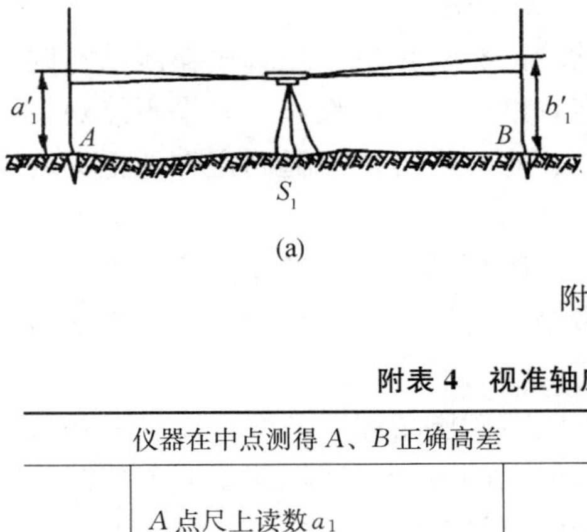

(a)

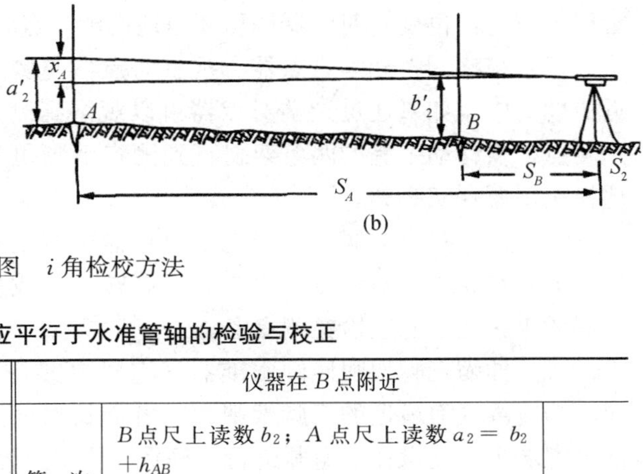

(b)

附图　i 角检校方法

附表 4　视准轴应平行于水准管轴的检验与校正

仪器在中点测得 A、B 正确高差			仪器在 B 点附近		
第一次	A 点尺上读数 a_1 B 点尺上读数 b_1 A、B 两点高差 $h=a_1-b_1$		第一次	B 点尺上读数 b_2；A 点尺上读数 $a_2=b_2+h_{AB}$ A 点尺上实际读数 a'_2；误差 $\Delta_h=a'_2-a_2$ 两轴不平行误差 i	
第二次	A 点尺上读数 a'_1 B 点尺上读数 b'_1 A、B 两点高差 $h'=a'_1-b'_1$		第二次	B 点尺上读数 b_2；A 点尺上读数 $a_2=b_2+h_{AB}$ A 点尺上实际读数 a'_2；误差 $\Delta_h=a'_2-a_2$ 两轴不平行误差 i	
平均高差	$h_{AB}=\frac{1}{2}(h_1+h'_1)$		第三次	B 点尺上读数 b_2；A 点尺上读数 $a_2=b_2+h_{AB}$ A 点尺上实际读数 a'_2；误差 $\Delta_h=a'_2-a_2$ 两轴不平行误差 i	

实验四　经纬仪的使用

一、目的和要求

1. 了解 DJ_6 经纬仪各部件的名称和使用。

2. 练习经纬仪对中、整平、瞄准和读数的方法。

3. 要求对中误差小于 3mm，整平误差小于一格。

二、仪器和工具

DJ_6 经纬仪 1 台，木桩 1 个，斧子 1 把，伞 1 把。

三、方法和步骤

1. 经纬仪的安置

（1）准备三角架。松开三角架腿上的旋钮，把架腿伸长到适当长度。将脚架张开，使其高度适当，架头大致水平，并将脚尖踩入土中。

（2）粗略安置三脚架。抓紧三脚架两条架腿，把第三条腿安放在合适位置。移动握住的两条腿，保持三脚架高出地面的高度与测量人员的身高协调。三脚架腿均匀分布在测点周围，相互间成 120°，后退一步观察架头平面是否水平，架头是否位于测点正上方。

（3）把经纬仪安装在三脚架上。把仪器箱放在地上或硬的地方。取出经纬仪，将仪器放于三脚架架头上，一只手握住仪器，另一只手旋紧中心螺旋。

（4）测站点调焦。通过光学对中器目镜观察，旋转对中器的目镜至分划板十字丝看得最清楚，再旋转对中器调焦环至地面测站点看得最清晰。

（5）粗略调整光学对点器。观察对点器与测站点的相对位置。把脚放在测站点附近协助对中。如果通过光学对点器可以观察到测点，继续下一步操作。如果不能观察到测点，需移动手握的两条架腿直到测点清晰可见。此时，再把架腿固定在地上。若遇松土，要踩实脚架。

（6）光学对点器居中。当光学对点器中测站点清晰可见时，用经纬仪的三脚螺旋使地上测点和光学对点器中心重合。旋转一个或多个三脚螺旋可达目的。注意光学对点器的十字丝中心应恰在测点上。

（7）伸缩三脚架腿使圆水准器气泡居中。上下调节三脚架腿，一次只调整一条架腿，缩短离气泡最近的三脚架腿，或者伸长离气泡最远的三脚架腿，使仪器上的圆水准气泡居中。此操作需重复进行，确保光学对点器十字丝中心与测站点重合或接近。

（8）使照准部水准器气泡居中。松开水平制动钮转动照准部，使照准部水准器轴平行于三个脚螺旋中两个脚螺旋的连线方向，旋转这两个脚螺旋使气泡居中。然后将照准部旋转 90°，使照准部水准器轴垂直于以上两个脚螺旋的连线，旋转第三个脚螺旋使气泡居中。气泡移动的方向与左手大拇指的运动一致。

（9）检查照准部水准器气泡在任何方向上是否都水平。

（10）检查光学对点器和测站点的相互关系。由于调节了脚螺旋，光学对点器十字丝中心可能稍偏离观测点。

（11）在三脚架头上平移仪器。稍微松开三脚架上的中心螺旋。一边观测光学对点器，一边前、后、左、右移动仪器直到测点位于十字丝中心后，锁紧中心螺旋。重新检验照准部水准器气泡。

（12）再次检查确认照准部水准器气泡是否居中。如果不居中，重复上述第 8 步后的操作，直到经纬仪照准部水准器气泡绝对水平，光学对点器在测站点的铅垂线上。当这些要求达到后，反复检查仪器，确保仪器水平。

2. 瞄准目标

（1）望远镜对向天空，转动目镜调焦螺旋使十字丝清晰。

（2）用望远镜上的粗略瞄准器瞄准目标，再从望远镜中观看，若目标位于视场内，可固定望远镜制动螺旋和水平制动螺旋。

（3）转动物镜对光螺旋使目标影像清晰，再调节望远镜和照准部微动螺旋，在靠近十字丝中心位置，使纵丝平分目标（或将目标夹在双丝中间）。

（4）眼睛左右微微移动，检查有无视差，如有，转动物镜对光螺旋和目镜调焦螺旋消除。

3. 读数

（1）打开反光镜，调节反光镜使读数窗亮度适当，旋转读数显微镜的目镜，看清读数窗分划，仔细区分水平度盘读数窗与竖盘读数窗及测微尺最小格值。

（2）使用分微尺读数：度数由位于分微尺中的刻划线注记读出；小于 1°的数值，以分微尺零刻划线作为指标线，在分微尺上读取，估读至 0.1′（秒值应为 6″的整数倍）。

（3）盘左瞄准一目标，读出水平度盘度数，纵转望远镜，盘右再瞄准该目标，读数，两次读数之差约为 180°，以此检核读数是否正确。每人按上述步骤瞄准三个目标进行三组读数。

4. 记录表（附表 5）

附表 5　记录表

日期________　天气________　班级________　小组________

仪器型号________　观测________　记录________

目标	盘左读数 (°　′　″)	盘右读数 (°　′　″)	备　注

5. 识别下列部件并写出它们的功能（附表 6）

附表 6　部件名称及功能

部件名称	功能
水平制动螺旋	
水平微动螺旋	
望远镜制动螺旋	
望远镜微动螺旋	
竖盘指标水准管	
竖盘指标水准管微动螺旋	
照准部水准管	
度盘转换器	

实验五 测回法测量水平角

一、目的和要求

1. 掌握测回法测量水平角的操作方法、记录及计算。

2. 每人对同一角度观测一测回，上、下两半测回角值之差不得超过 40″。

二、仪器和工具

DJ_6 经纬仪 1 台，记录本 1 个，伞 1 把，木桩 1 个，斧子 1 把。

三、方法和步骤

1. 每组选一测站点 O 安置仪器，对中、整平后，再任选 A、B 两个目标。

2. 盘左位置转动仪器瞄准 A 目标，读取水平盘读数 a_1，记入手簿。

3. 顺时针方向转动照准部，瞄准 B 目标，读数 b_1 并记录，盘左测得$\angle AOB$ 角为：

$$\beta_{左}=b_1-a_1$$

4. 纵转望远镜为盘右，先瞄准 B 目标，读数 b_2 并记录，逆时针方向转动照准部，瞄准 A 目标，读数 a_2 并记录，盘右测得$\angle AOB$ 角为：

$$\beta_{右}=b_2-a_2$$

5. 若上、下两个半测回角值之差不大于 40″，取其平均值作为所测结果，即：

$$\beta=1/2\ (\beta_{左}+\beta_{右})$$

实验六 全圆方向观测法测量水平角

一、目的和要求

1. 练习用全圆方向观测法观测水平角的操作方法、记录和计算。

2. 在半测回中归零差不得超过 18″。

3. 各测回同一方向值的较差不得超过 24″。

二、仪器和工具

DJ_6 经纬仪 1 台，木桩 1 个，伞 1 把，斧子 1 把，记录本 1 个。

三、方法和步骤

1. 在测站点 O 安装仪器，对中、整平后，选定 A、B、C、D 四个目标。

2. 盘左瞄准起始目标 A，并使水平度盘读数略大于零，读数并记录。

3. 顺时针方向转动照准部，依次瞄准 B、C、D、A 各目标，分别读取水平度盘读数并记录，归零差不得大于 18″。

4. 纵转望远镜，盘右，逆时针方向依次瞄准 A、D、C、B、A 各目标，读数并记录，归零差不得大于 18″。

5. 计算

（1）计算两倍照准误差 $2C$ 值

$$2C=盘左读数-(盘右读数\pm180°)$$

（2）计算各方向的平均读数

$$平均读数=1/2[盘左读数+(盘右读数\pm180°)]$$

（3）计算归零后的方向值

将各方向的平均读数分别减去起始方向 OA 的平均数，即得各方向的归零方向值。

6. 第二人观测时，起始方向的度盘读数安置于 90°附近，同法观测第二测回。

7. 各测回同一方向归零方向值的互差不得超过 24″，取其平均值，作为该方向的结果。

实验七　竖直角测量及竖盘指标的检验

一、目的与要求

1. 练习竖直角观测、记录及计算的方法。

2. 了解竖盘指标差的计算方法。

3. 同一组所测得的竖盘指标差的互差不得超过 25″。

二、仪器和工具

DJ_6 经纬仪 1 台，木桩 1 个，斧子 1 把，伞 1 把，记录本 1 个。

三、方法和步骤

1. 在测点 O 安置仪器，对中、整平后，选定 A、B 两个目标。

2. 先观察一下竖盘注记形式并写出竖直角的计算公式：盘左将望远镜大致放平，观察竖盘读数，然后将望远镜慢慢上仰，观察读数变化情况，若读数减小，则计算竖直角的计算公式等于视线水平时的读数减去瞄准目标时的读数，反之，则相反。

3. 盘左，用十字丝中横丝切于 A 目标顶端，转动竖盘指标水准管微动螺旋，使气泡居中，读取竖盘读数 L，记入手簿并算出竖直角 a_L。

4. 盘右，同法观测 A 目标，读取盘右读数 R，记录并计算竖直角 a_R。

5. 计算竖盘指标差

$$\alpha=1/2\ (a_R-a_L)$$

或

$$\alpha=1/2\ (L+R-360°)$$

6. 计算竖直角平均值

$$\alpha=1/2\ (a_R+a_L)$$

7. 同法测定 B 目标的竖直角并计算出竖盘指标差。同组测得指标差的互差不得超过 25″。

实验八　经纬仪的检验与校正

一、目的和要求

1. 了解 DJ_6 级经纬仪各主要轴线之间应满足的几何条件。

2. 掌握经纬仪检验与校正的操作方法。

二、仪器和工具

DJ_6 经纬仪 1 台，钢尺 1 把，皮尺 1 把，校正针 1 个，螺丝刀 1 个，记录本 1 个。

三、方法和步骤

1. 一般性检验（附表 7）

附表 7　一般性检验

日期________　天气________　班级________　小组________

仪器型号________　检验________　记录________

检验内容	检验结果
三脚架是否牢固，架腿伸缩是否灵活	

续表

检验内容	检验结果
水平制动与微动螺旋是否有效	
望远镜制动与微动螺旋是否有效	
照准部转动是否灵活	
望远镜转动是否灵活	
望远镜成像是否清晰	
脚螺旋是否有效	

2. 照准部水准管轴应垂直于仪器竖轴（附表 8）

检验：将仪器大致整平，转动照准部使水准管平行于一对脚螺旋连线，转动脚螺旋使气泡精确居中。将照准部旋转 180 °，若气泡仍居中，说明条件满足；若气泡中点偏离水准管零点超过一格，则需校正。

校正：用校正针拨动水准管一端的校正螺丝，应先松一个后紧一个，使气泡退回偏离量的一半，再转动脚螺旋使气泡精确居中。然后重复检验，校正到满足限差要求为止。

附表 8　照准部水准管检验与校正

检验（仪器旋转 180°）次数	气泡偏离格数	检验者

3. 十字丝竖丝应垂直于横轴（附表 9）

检验：用十字丝交点瞄准一清晰的点状目标 P，上、下微动望远镜，若目标 P 始终不离开竖丝，该条件满足，否则，需校正。

校正：旋下分划板护盖，松开四个压环螺丝，转动分划板座，使竖丝与目标点重合。然后重复检验，校正到该条件满足为止。校正完毕，应旋紧压环螺丝，并旋上护盖。

附表 9　十字丝竖丝的检验与校正

检验次数	偏离情况	检验者

4. 视准轴应垂直于横轴（附表 10）

检验：在 O 点上安置经纬仪，从该点向两侧量取 30～50m，定出等距离的 A、B 两点。于点 A 设置目标，点 B 横放一根有毫米刻划的小钢板尺，尺身与 AB 方向垂直，与仪器大致同高。盘左瞄准 A 目标，固定照准部，纵转望远镜在 B 点尺上读数为 B_1；盘右再瞄准 A 目标，同法在尺上读取 B_2。若 $B_1 = B_2$，该条件满足。否则，应按下式计算出视准轴误差 C（单位为“″”）：

$$C=\frac{B_1B_2}{4OB}\rho$$

当 $C>1'$ 时，则需校正。

校正：先在 B 点尺上定出 B_3，使 $B_2B_3=(B_1B_2)/4$，旋下分划板护盖，用校正针拨动左、右两个十字丝校正螺旋，一松一紧，使十字丝交点与 B_3 重合。再重复检验，直到 C 角校正到小于 $1'$ 为止。然后，旋上护盖。

附表 10　视准轴的检验与校正

检验次数	尺上读数		正确读数 $B_3=B_2-(B_2-B_1)/4$	视准轴误差 C	观测者
	盘左：B_1	盘右：B_2			

5. 横轴应垂直于仪器竖轴（附表 11）

检验：在距一高目标 P（竖直角不小于 30°）20～30m 处（用皮尺量出该距离 D）安置仪器。盘左瞄准点 P，固定照准部，使竖盘指标水准管气泡居中，读竖盘读数并计算出竖直角 α_L。再将望远镜大致放平，将十字丝交点投在墙上定出一点 P_1，纵转望远镜，盘右同法又定出一点 P_2，若 P_1、P_2 两点重合，该条件满足。否则，按下式算出横轴误差 i（单位为"″"）：

$$i=\frac{\overline{P_1P_2}\cot\alpha}{2D}\rho$$

当 $i>1'$ 时，则需校正。

校正：使十字丝交点瞄准 P_1P_2 的中点 P_M，固定照准部，将望远镜向上仰视 P 点，这时，十字丝交点必然偏离点 P。取下望远镜右支架盖板，校正偏心轴环，升、降横轴一端，使十字丝交点准确对准点 P。重复检验，直到 i 角校正到小于 $1'$ 为止。最后，装上盖板。

附表 11　横轴的检验与校正

检验次数	P_1P_2 距离	竖盘读数	竖直角 α	仪器至墙面距离 D	横轴误差	观测者

6. 竖盘指标差的检验和校正（附表 12）

检验：整平仪器，用盘左、盘右观测同一目标点 P，转动竖盘指标水准管微动螺旋使气泡居中后，读记竖盘读数 L 和 R，竖盘指标差 $x=1/2(L+R-360°)$，当 $x>1'$ 时，需校正。

校正：仪器位置不动，仍以盘右瞄准原目标点 P，转动竖盘指标水准管微动螺旋使竖盘读数为 $(R-x)$，这时，气泡必然偏离。用校正针一松一紧水准管一端的校正螺丝，使气泡居中。再重复检验，直到 x 校正到不超过 $1'$ 为止。

附表 12　竖盘指标差的检验与校正

检验次数	竖盘位置	竖盘读数 (° ′ ″)	竖直角 (° ′ ″)	指标差 (′ ″)	盘右正确读数 (° ′ ″)	观测者

实验九　距离测量和磁方位角的测定

一、目的和要求

1. 掌握钢尺丈量的一般方法。

2. 学会使用罗盘仪测定直线的磁方位角。

3. 要求往、返丈量的距离，相对误差不大于 1/3000；往、返测定的磁方位角，误差不大于 1°。

二、仪器和工具

钢尺 1，罗盘仪 1，标杆 3，测钎 6，木桩 2，斧子 1，记录本 1。

三、方法与步骤

1. 在地面上选择相距约 100m 的 A、B 两点，打下木桩，桩顶钉一小钉或画十字作为点位。

2. 在 A、B 两点的外侧竖立标杆。

3. 后尺手执尺零端，插一根测钎于起点 A，前尺手持尺盒（或尺把）并携带其余测钎沿 AB 方向前进，行至一尺段处停下。

4. 一人立于 B 点后 1～2m 处定线，指挥持标杆者将标杆左、右移动，使其插在 AB 方向上。

5. 后尺手将尺零点对准点 A，前尺手沿直线拉紧钢尺，在尺末端竖直地插下测钎，这样便量完一尺段。后尺手拔起 A 点测钎与前尺手共同举尺前进。同法继续丈量其余各尺段。

6. 最后，不足一整尺段时，前尺手将某一整数分划对准 B 点，后尺手在尺的零端读出厘米及毫米数，两数相减求得余长。往测全长 $D_{往}=nl+q$（n 为整尺段数；l 为钢尺长度；q 为余长）。

7. 同法由 B 向 A 进行返测，但必须重新进行直线定线。

8. 计算往、返丈量结果的平均值及相对误差，若超过 1/3000 须重测。

9. 安置罗盘仪于 A 点，对中、整平后，放松磁针固定螺旋，放下磁针。

10. 用罗盘仪上的望远镜（当使用无望远镜的罗盘仪时，可用其前、后觇板）瞄准 B 点标杆，待磁针静止后，用磁针北端读取读数，即为 AB 直线的磁方位角。

11. 同法测定 BA 直线的磁方位角。两者之差与 180°相比较，其误差不超过 1°时，取平均值作为最后结果。

四、注意事项

1. 使用钢尺时，不得让车碾、人踏，也不准在地面上拖拉。尺身应平之不得有扭结，用后应及时擦去泥垢并涂油防锈。

2. 拉出钢尺时当快到末端不要猛拉，不必全部拉出，拉到最后分划即可，拉紧钢尺时须先看有无扭结，如发现扭结应立即理开，切勿骤然猛拉。

3. 不得握住尺盒拉紧钢尺，以防钢尺末端从盒内拉出。

4. 使用罗盘仪时，应避开铁器干扰；罗盘仪迁移时将磁针支起，于整平定向后读数时将磁针放下。

实验十　全站仪的使用

一、目的和要求

1. 了解全站仪各部件的名称和使用。

2. 练习全站仪对中、整平、瞄准和读数的方法。

3. 要求对中误差小于 3mm，整平误差小于一格。

二、仪器和工具

全站仪 1 台，木桩 1 个，斧 1 把。

三、方法和步骤

1. 全站仪的安置见实验四经纬仪的使用。

2. 全站仪的使用见相应的使用说明书。

四、注意事项

1. 严禁直接用望远镜观察太阳，以免造成眼睛失明。

2. 禁止用望远镜观察经棱镜或其他反光物体反射的太阳光，以免损伤视力。

3. 仪器在大气比较稳定和通视良好的条件下进行观测。

4. 仪器不要暴晒雨淋，在强烈阳光下要撑伞遮阳，经常保持仪器清洁和干燥，在运输过程中要注意防震。

5. 测试完毕需注意关机，不要带电迁站，迁站时必须将仪器从三脚架上取下。

6. 更换电池前务必先关闭电源开关。

参考文献

[1] 杨小明．土木工程测量［M］．北京：中国建材工业出版社，2006.
[2] 潘正风，程效军，成枢，等．数字测图原理与方法［M］．2 版．武汉：武汉大学出版社，2009.
[3] 潘正风，程效军，成枢，等．数字地形测量学［M］．武汉：武汉大学出版社，2015.
[4] 李刚，刘福臻，杜子涛．工程测量［M］．北京：化学工业出版社，2011.
[5] 郇连河，张家平，测量学［M］．哈尔滨：哈尔滨工业大学出版社，2010.
[6] 王晓光．测量学［M］．北京：北京理工大学出版社，2011.
[7] 河海大学《测量学》编写组．测量学［M］．北京：国防工业出版社，2014.
[8] 张剑锋，邵黎霞．测量学［M］．北京：中国水利水电出版社，2011.
[9] 王依，过静珺．现代普通测量学［M］．北京：清华大学出版社，2009.
[10] 杨正尧．测量学［M］．北京：化学工业出版社，2005.
[11] 王铁生，袁天奇．测绘学基础［M］．北京：科学出版社，2016.
[12] 沙从术，耿宏锁．现代测量学［M］．北京：化学工业出版社，2016.
[13] 合肥工业大学，重庆建筑大学，天津大学，哈尔滨建筑大学．测量学［M］．4 版．北京：中国建筑工业出版社，1995.
[14] 覃辉．土木工程测量［M］．上海：同济大学出版社，2006.
[15] 潘正风，杨正尧，程效军，等．大比例尺数字测图［M］．北京：测绘出版社，1996.
[16] 杨俊志，刘宗泉．数字水准仪的测量原理及其检定［M］．北京：测绘出版社，2005.
[17] 何保喜．全站仪测量技术［M］．郑州：黄河水利出版社，2005.
[18] 汤国安，刘学军，闾国年．数字高程模型及地学分析的原理与方法［M］．北京：科学出版社．2005.
[19] 高井祥，张书毕，于胜文，等．测量学［M］．徐州：中国矿业大学出版社，2007.
[20] 宁津生，陈俊勇，李德仁，等．测绘学概论［M］．武汉：武汉大学出版社，2008.
[21] 翟翊，赵夫来，郝向阳，等．现代测量学［M］．北京：测绘出版社，2008.
[22] 刘福臻．数字化测图教程［M］．成都：西南交通大学出版社，2008.
[23] 李青岳，陈永奇，工程测量学［M]，北京：测绘出版社，2008.
[24] 梁勇，邱健壮，厉彦玲．数字测图技术及应用［M］．北京：测绘出版社，2009.
[25] 高井祥．数字测图原理与方法［M］．徐州：中国矿业大学出版社，2010.
[26] 顾孝烈，鲍峰，程效军．测量学［M］．上海：同济大学出版社，2011.
[27] 冯仲科．测量学原理［M］．中国林业出版社，2002.
[28] 章书寿，陈福山．测量学教程［M］．北京：测绘出版社，2006.
[29] 华锡生，田林亚．测量学［M］．南京：河海大学出版社，2001.
[30] 陆国胜，王学颖．测绘学基础［M］．北京：测绘出版社，2006.